大宗工业固废赤泥资源化原理与技术

李　彬　刘霄龙　著

科　学　出　版　社

北　京

内容简介

本书针对铝行业大宗固废赤泥治理和资源化过程中存在的技术瓶颈和挑战，全面分析了赤泥的危害、治理现状和资源化技术的优缺点，探讨了赤泥资源化治理的技术原理和最新进展，重点介绍了赤泥脱硫脱硝技术、外场强化赤泥脱硫脱硝、赤泥中提取有价金属、赤泥基环境功能材料以及赤泥与其他污染物的耦合治理进展。书中还分析了赤泥资源化技术瓶颈与发展趋势，以及我国赤泥综合利用的相关政策和技术规范等，并对今后赤泥资源化大规模消纳前景进行了预测，提出了赤泥大规模利用的对策与建议，为我国赤泥资源化治理提供了原理、技术和示范，也为多污染物耦合低成本治理提供了新思路，为我国赤泥资源化利用提供了技术支撑和参考。

希望本书不仅对高等学校及研究院所等科研机构提供参考，更能够为政府机构、企业单位等非科研机构提供学习的资料，使读者通过阅读本书能加深对大宗固废赤泥治理和资源化原理与技术的理解。

图书在版编目(CIP)数据

大宗工业固废赤泥资源化原理与技术 / 李彬，刘霄龙著. —北京：科学出版社，2023.2

ISBN 978-7-03-074858-4

Ⅰ. ①大… Ⅱ. ①李… ②刘… Ⅲ. ①赤泥-资源利用-研究 Ⅳ. ①TF821

中国国家版本馆 CIP 数据核字（2023）第 022984 号

责任编辑：霍志国 郑欣虹 / 责任校对：杜子昂

责任印制：吴兆东 / 封面设计：东方人华

科学出版社 出版

北京东黄城根北街 16 号

邮政编码：100717

http://www.sciencep.com

北京中科印刷有限公司 印刷

科学出版社发行 各地新华书店经销

*

2023 年 2 月第 一 版 开本：720×1000 1/16

2023 年 2 月第一次印刷 印张：19 3/4

字数：398 000

定价：150.00 元

（如有印装质量问题，我社负责调换）

前　言

赤泥是氧化铝生产过程中产生的碱性大宗工业固体废物，因其富含 Fe_2O_3，呈红褐色，而被称为赤泥。根据氧化铝生产方式的不同可将赤泥分为烧结法赤泥、拜耳法赤泥和联合法赤泥。其中烧结法单位能耗大，流程复杂，一般用于从低品位铝土矿提炼氧化铝；拜耳法生产氧化铝则能获得更高质量的氧化铝产品。每生产 1t 氧化铝产出约 1.5t 赤泥，如果加上分离过程中附带产生的碱液，实际赤泥产生量还会更高。据统计，2021 年全球赤泥累积排放量已超过 45 亿 t，而且在以每年约 1 亿 t 的排放量不断增加。我国 2021 年赤泥产生量为 1.2 亿 t，累积赤泥堆存量超过 6 亿 t，与巨大的产量形成鲜明对比的是，我国赤泥的利用率远低于全球水平，赤泥的实际综合利用率不足 5%。

赤泥具有强碱性且成分与性质复杂，金属氧化物含量丰富，特别是铁元素含量较高，本身还具备颗粒分散性好、比表面积大等多孔材料的特征，而且在溶液中稳定性好，这些特点一方面对赤泥的处理及其周围环境状况不利，而另一方面使其在建材、冶金、环保等领域用途颇广，所以赤泥资源化无论对经济还是环境方面，都具有重要意义。赤泥的综合处理及应用主要分为金属回收及赤泥整体资源化，而资源化研究中赤泥自身高碱性和浸出毒性是制约其应用的关键因素。本书综述了赤泥的特征、国内外资源化研究进展和存在的技术瓶颈，研究了赤泥脱硫脱硝、赤泥与臭氧耦合脱硫脱硝、赤泥与泥磷耦合脱硫脱硝以及赤泥与不同添加剂联合脱硫脱硝，证实了赤泥矿浆脱硫过程中液相催化氧化作用的存在，脱硫的主体是赤泥中存在的固体碱等基础理论。试验过程和分析测试证实了赤泥脱硫脱硝的机理属于复杂的气-液-固三相传质反应。在液相中分为三个阶段：第一阶段（pH 从 10.03 下降到 7.0）是酸碱中和反应；第二阶段（pH 从 7.0 下降到 5.0）是赤泥中的钠碱与方解石溶解反应；第三阶段（pH 已经降到 3.5）是赤泥中硅铝酸钠水合物、钙霞石、石榴石发生溶解反应，NO_2 与液相中的 SO_3^{2-}、SO_4^{2-} 发生反应，Fe^{3+} 对 SO_2 的液相催化氧化反应。在实验室研究的基础上，开展了中试试验研究和示范工程建设，为后续赤泥大规模用于烟气脱硫脱硝提供了技术支撑。

本书还使用硫酸浸出脱硫脱硝后的赤泥，考察了硫酸添加量、反应温度、浸出时间、液固比对铁铝浸出率的影响，并取得了提取 70% 以上铁资源的效果。通过将铅渣和赤泥混合粉置于温度为 1300 ~ 1400℃ 的空气氛围中高温熔融 40 ~ 60min，在不外加任何晶核剂和助熔剂的情况下，利用高温熔融法制备出主要成

分为 SiO_2、Al_2O_3、CaO、Na_2O、Fe_2O_3的微晶玻璃，大大提高了铅渣和赤泥的利用率。同时，还利用赤泥制备了一系列催化剂和吸附剂，在有机物净化及资源化、羰基硫净化方面，都取得了良好的效果，构建了赤泥全量化利用的技术体系。本书通过气固耦合治理、多污染耦合治理、赤泥多元耦合利用等赤泥利用的新思路探索，大大拓展了赤泥综合利用的途径，如实现赤泥回收铁资源与赤泥基铁碳复合材料制备，赤泥与铅渣制备微晶玻璃，赤泥制备羰基吸附剂和水热反应用催化剂，实现“固废治理-气体净化-资源回收-全量资源化”一体化的解决途径与工业化思路。

本书由昆明理工大学李彬教授整体策划和统稿。感谢昆明理工大学宁平教授、中国科学院过程工程研究所朱廷钰研究员、刘霄龙副研究员和中南大学薛生国教授为本书的编写给予的大力指导和帮助。研究生耿冉参与了第 1 章的编写，研究生齐佳敏、王紫嫙参与了第 2、第 3 章的编写，研究生刘帅、郭俊江参与了第 4、第 5 章的编写，研究生杨迪、朱恒希参与了第 6 章的编写。在本书成稿过程中，研究生张宇威、周鹏翔等参与了书稿校对工作，朱恒希对其中的插图做了大量工作。科学出版社的霍志国编辑、郑欣虹编辑在本书立项及出版各环节提供了诸多建议和帮助，在此一并表示感谢。同时，感谢国家自然科学基金项目（52060010）、国家重点研发计划项目（2019YFC0214400）和云南省自然科学基金项目（202001AT070088）的资助。

受研究范围、研究时间和作者水平的限制，书中不足之处在所难免，恳请广大读者批评指正。

李彬

2022 年 10 月

于昆明

目　录

第1章　赤泥来源与环境危害

1.1　氧化铝生产工艺概况

1.1.1　铝土矿来源及禀赋

2018年，全球探明资源储量300亿t，主要分布在以下国家，几内亚为74亿t，澳大利亚为60亿t，越南为37亿t，巴西为26亿t，牙买加为20亿t，前五个国家储量合计占全球铝土矿总储量的72.5%[1]，如图1.1所示，中国铝土矿储量仅占全球铝土矿总储量的3.3%。

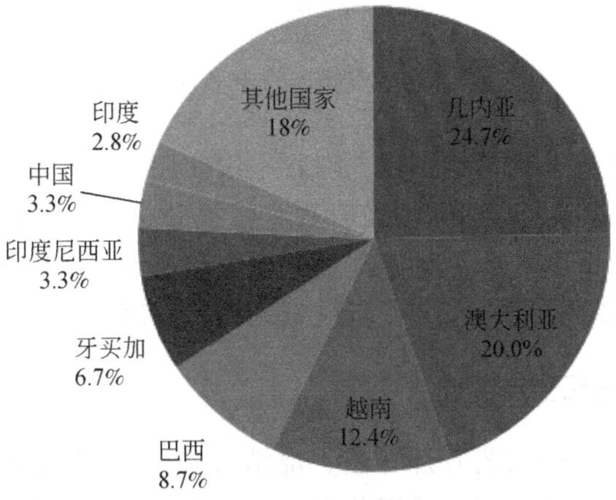

图1.1　2018年全球主要国家铝土矿储量占比[1]

数据来源：USGS，2018

我国铝土矿资源储量并不丰富且禀赋不佳。根据自然资源部公布的全国铝土矿储量数据，截至2019年底，中国铝土矿查明资源储量为54.7亿t，基础储量10.4亿t，储量估计为5.5亿t[2]。我国铝土矿资源主体为沉积型铝土矿床，98%以上为一水硬铝石，属于高铝、高硅、低铁、难溶矿石，采用选矿拜耳法、石灰拜耳法，以及混联法、串联法等生产工艺，流程长且能耗高，而易于开采和易溶出的三水铝石不足2%[2]。并且，经过多年高强度的开采，高品位矿基本上消耗殆尽，如山西地区铝土矿的铝硅比已经降至4。

我国铝土矿资源分布较为集中。华北地台、扬子地台、华南褶皱系及东南沿海四个成矿区都具有一定的铝土矿成矿条件，其中晋中-晋北、豫西-晋南、黔北-黔中三个成矿带成矿条件较好，桂西-滇东及川南-黔北等成矿带也有一定的远景，这些成矿区也是我国铝工业发展的主要资源集中地[2-3]。2019 年我国铝土矿查明储量占比如图 1.2 所示。

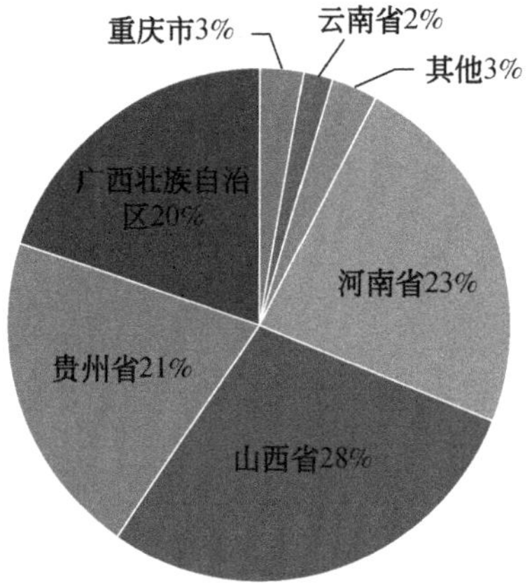

图 1.2 2019 年我国铝土矿查明储量占比

由于国内资源匮乏且禀赋不佳，随着中国使用进口矿的氧化铝产能不断扩大，转为进口铝土矿，铝土矿对外依存度大幅提升。2020 年我国进口 11156 万 t 铝土矿，当年中国铝土矿总需求量为 19087 万 t，按照“铝土矿对外依存度=进口铝土矿量/铝土矿需求量”计算，铝土矿对外依存度为 58%[2]。

1.1.2 常见的氧化铝生产工艺

常见的氧化铝生产工艺有拜耳法、烧结法和拜耳-烧结联合法。这三种方法的区别在于生产工艺不同、适用范围不同以及产品质量不同。其中应用最为广泛的是拜耳法工艺，目前超过 90% 的氧化铝和氢氧化铝是通过拜耳法生产的。

拜耳法是在高温高压条件下以 NaOH 溶液溶出铝土矿，使其中的氧化铝水合物生成铝酸钠溶液，铁、硅等杂质进入赤泥；向彻底经过赤泥分离后的铝酸钠溶液添加晶种（氢氧化铝），在不断搅拌和逐渐降温的条件下进行分解，析出氢氧化铝，并得到含大量氢氧化钠的母液；母液经过蒸发浓缩后再返回用于溶出新的铝土矿；析出的氢氧化铝经焙烧脱水后得到产品氧化铝。拜耳法的特点是，适合高 A/S（铝硅比）矿石（A/S>9），流程简单，能耗低，成本低；产品质量好，纯度高[4]。

烧结法是在铝土矿中配入石灰石（或石灰）、纯碱，形成炉料，炉料在高温下烧结得到含有固态铝酸钠的熟料（铝酸钠、铁酸钠、原硅酸钙和钛酸钙），用水或稀碱溶液溶出熟料得到铝酸钠溶液，铝酸钠溶液净化后通入二氧化碳便可分解结晶出氢氧化铝，氢氧化铝经过焙烧即为氧化铝，分解后的母液经蒸发后可循环使用。烧结法的特点是，适合于处理低 A/S 矿；流程复杂，能耗高，成本高；产品质量较拜耳法低，但可以处理高硅铝土矿。

拜耳法和烧结法的联合生产流程（拜耳–烧结联合法）可以兼有两种方法的优点而消除其缺点，取得比单一的拜耳法和烧结法更好的经济效果，还可充分利用铝土矿资源。联合法又可分为串联、并联和混联三种流程[4-5]。其特点是，适合处理中等 A/S 矿；流程复杂，成本高，能耗高；产品质量较拜耳法低，但铝土矿资源利用率高。

1.2　赤泥来源及特征

1.2.1　赤泥来源及产量

赤泥是从铝土矿中提取氧化铝之后产生的废渣，因含有大量氧化铁而呈红色，故被称作赤泥。按生产工艺主要分为烧结法赤泥、拜耳法赤泥以及联合法赤泥[6]。根据铝矿石的品位，国外主要以拜耳法赤泥为主，而国内主要以联合法赤泥为主。在我国，每生产 1t 氧化铝就会产生 1.0～2.0t 赤泥[7]，除少部分应用于建筑材料等用途外，大多数赤泥采用湿法露天筑坝堆存，现今国内赤泥累积堆存已达几亿吨，为世界之最。赤泥堆存不但需要一定的基建费用，占用大量土地，而且高碱性、高盐度的赤泥废液造成周边土壤盐碱化，恶化生态环境，并使赤泥中的许多可利用成分得不到合理利用，造成资源的二次浪费，严重地阻碍了铝工业的可持续发展。

1.2.2　赤泥组成特征

表 1.1 为世界不同国家的赤泥主要成分调研结果，表 1.2 为我国赤泥主要成分分析结果。国内外铝土矿因矿物成分及品位不同而采用不同的氧化铝生产工艺，其中澳大利亚铝土矿为三水铝石和一水软铝石，采用拜耳法生产工艺；国内山东样品为烧结法赤泥，河南与云南样品为拜耳法赤泥，山西样品为联合法赤泥。从表 1.3 可以看出，不同生产方法产生的赤泥的矿物组成有明显差异。

表 1.1　世界不同地区赤泥的主要化学成分　　（质量分数,%）

国家	来源	主要成分					
		Fe_2O_3	Al_2O_3	TiO_2	SiO_2	Na_2O	CaO
中国	云南	29.02	18.74	5.25	14.51	7.73	19.31
意大利	Eurallumina	35.2	20	9.2	11.6	7.5	6.7
土耳其	Seydisehir	36.9	20.4	4.9	15.74	10.1	2.2
英国	ALCAN	46.0	20	20	5	8	1
法国	Aluminum	26.6	15	15	4.9	1	22.2
加拿大	ALCAN	31.6	20.6	20.6	8.8	10.3	1.6
澳大利亚	AWAAK	28.5	24	24	18.8	3.4	5.2
巴西	Alunorte	45.6	15.1	15.1	15.6	7.5	1.2
德国	AOSG	44.8	16.2	16.2	5.4	4.0	5.2
西班牙	Alcoa	37.5	21.2	21.2	4.4	3.6	5.5
美国	RMC	35.5	18.4	18.4	8.5	6.1	7.7

表 1.2　我国不同地区赤泥的主要化学成分　　（质量分数,%）

地区	Al_2O_3	Fe_2O_3	SiO_2	CaO	Na_2O	TiO_2
云南（拜耳法赤泥）	18.74	29.02	14.51	19.31	7.73	5.25
山东（烧结法赤泥）	8.32	5.70	32.50	41.62	2.33	—
河南（拜耳法赤泥）	25.48	11.77	20.58	13.97	6.55	4.14
山西（联合法赤泥）	10.50	6.75	22.20	42.25	3.00	2.55

表 1.3　不同生产方法所产赤泥的矿物组成[8]　　（质量分数,%）

成分	硅酸二钙	水合硅酸铝钠	水化石榴石	方解石	褐铁矿	一水软铝石	钙钛矿	铁铝酸四钙	三斜霞石	二硫化亚铁	其他
烧结法赤泥	46	4	5	14	—	—	4	6	7	1	1
联合法赤泥	43	4	2	10	4	1	12	12	8	—	—
拜耳法赤泥	—	20	20	19	4	21	15	—	—	—	1

不同来源的赤泥主要成分基本相同，分别为 Al_2O_3、Fe_2O_3、SiO_2、CaO、Na_2O、TiO_2等，由表1.1可以看出各赤泥化学组分因样品来源、氧化铝的生产工艺、生产过程中加入的添加剂等的不同而有所不同；拜耳法赤泥中 Fe_2O_3、Al_2O_3、Na_2O 的含量比烧结法赤泥或联合法赤泥高，CaO、SiO_2的含量相对较低；大量的金属氧化物使赤泥 pH 保持在 12～14[8]。

1.3　赤泥的环境危害

1.3.1　赤泥污染水环境

由于赤泥中含有大量的强碱性化学物质，稀释 10 倍后其 pH 仍为 11.25～11.50（原土 pH 为 12 以上），极高的 pH 决定了赤泥对生物和金属、硅质材料的强烈腐蚀性[9]。高碱度的污水渗入地下或进入地表水，使水体 pH 升高，以致超出国家规定的相应标准，同时由于 pH 的升高，会影响水中化合物的毒性，因此还会造成更为严重的水污染。一般认为碱含量为 30～400mg/L 是公共水源的适合范围，而赤泥附液碱度高达26 348mg/L，如此高碱度的赤泥附液进入水体，其对生态环境的不良影响必须引起人们的高度重视。

1.3.2　赤泥占用土地

在我国，每生产 1t 氧化铝就会产生 1.0～1.8t 赤泥。目前国内赤泥累积堆存已远超13 亿 t，占地面积可达 12 万亩①。赤泥堆存不但需要一定的基建费用，占用大量土地，而且高碱性、高盐度的赤泥废液造成周边土壤盐碱化，恶化生态环境[10]。目前国内外氧化铝厂大多将赤泥输到堆场，筑坝湿法堆存，靠自然沉降分离回收利用部分碱液。另一种方法是将赤泥干燥脱水后堆存，这虽然减少了堆存量且可增加堆存的高度，但处理成本增加，并仍需占用土地，同时南方雨水充足，也容易造成土地碱化及水系的污染。

1.3.3　赤泥带来生态危害

高碱性、高盐度的赤泥废液会渗入地表，通过渗透作用，高碱性的废液会使周边土壤盐碱化。盐碱化程度越高，理化性状就越差，湿润时容易膨胀、泥泞、分散，干燥时则收缩、坚硬、板结，通气和透水性能都特别差[11]。高盐碱度的土壤溶液浓度增大，溶液的渗透压增高，从而引起植物的生理干旱，使植物脱水

① 1 亩≈666.67m^2。

而死。赤泥废液还会渗入地表水，增大地表水的碱度，从而危害人类以及水生生物的生态环境（图 1.3）。

图 1.3　赤泥对环境造成的危害

参考文献

[1] 王颖．全球铝土矿资源态势及勘查投资选区［D］．北京：中国地质大学，2019. DOI：10. 27493/d. cnki. gzdzy. 2019. 000962.

[2] 闫瑾．中国铝土矿供给保障问题研究［J］．世界有色金属，2021，(16)：159-162.

[3] 黎奉武．利用锂云母渣及低品位铝矾土制备硫铝酸盐水泥的研究［D］．南昌：南昌大学，2012. DOI：10. 7666/d. y2141299.

[4] 邓宝．氧化铝厂的生产工艺流程与设备改造［J］．中国金属通报，2020，(10)：109-110.

[5] 李秀江．拜耳法低温管道化溶出工艺技术改造研究［D］．西安：西安建筑科技大学，2010.

[6] 闫玉才，常征，符勇．赤泥资源化利用研究进展［J］．能源与环保，2020，42（10）：134-138.

[7] 左晓琳，李彬，胡学伟，等．氧化铝厂赤泥烟气脱硫的研究进展［J］．矿冶，2017，26（2）：52-55.

[8] 李彬，张宝华，宁平，等．赤泥资源化利用和安全处理现状与展望［J］．化工进展，2018，37（2）：714-723.

[9] 段明丰．一种煤矸石和赤泥处理方法：CN102671906A［P］．2012.

[10] 李彬，左晓琳，胡学伟，等．一种利用拜耳法赤泥浆液催化氧化处理低浓度 SO_2 烟气的方法：CN106563353A［P］．2016.

[11] 王美娟，王齐龙，王巍峰，等．一种改良碱性土壤的肥料及其制备方法：CN110698291A［P］．2020.

第 2 章　赤泥资源化原理与进展

赤泥矿浆的实际组成取决于矿山的位置、铝土矿的类型和拜耳法工艺的不同参数。赤泥矿物组成复杂，过渡金属元素丰富，且含有活性碱和固体碱，为环境材料开发提供了无限可能。对于 90% 的赤泥，粒径分布通常小于 75μm，比表面积为 10 ~ 30m^2/g。由于赤泥的固有特性，一方面处理处置不当会产生较为严重的环境问题，但另一方面赤泥复杂的矿物组成和酸碱度也为其在环境中的应用提供了条件。在全球范围内，人们已经寻找了许多合适的赤泥资源化途径，本章将主要探讨赤泥脱硫脱硝、金属回收、环境材料制备、建材及土壤化的原理，并介绍国内外进展。

2.1　赤泥脱硫脱硝原理

由于矿物组成和生产工艺不同，拜耳法赤泥、烧结法赤泥和联合法赤泥的组成也有明显差别，三种赤泥的用途稍有不同，但经适当处理后都可以作为环境材料或环境材料的载体。我国产生的赤泥以拜耳法赤泥为主，其主要矿物成分为文石、方解石、蛋白石、三水铝石和针铁矿，其中含有大量的活性碱和化学结合碱，这就使得赤泥具有较高的碱性，可以用来吸收 SO_2、NO_x 等酸性气体，达到脱硫脱硝的目的。

2.1.1　赤泥脱硫原理

1. *赤泥反应过程原理*

赤泥的化学组成和矿物成分分析结果表明，赤泥含有大量的碱性氧化物 MgO、CaO 和 Na_2O，具备与酸性气体 SO_2、H_2S 反应的活性，且具有固硫的天然属性[1]。赤泥也具有比表面积大、颗粒粒径达到脱硫过程粒径要求的特点，因此国内外学者对其脱硫性能进行了研究。但鉴于当地资源、工业生产等的影响，近年来国外对赤泥脱硫的研究越来越少，而且未对赤泥脱硫的机理进行深入探索。国内学者在赤泥脱硫等资源化应用及机理探索方面做了大量工作。综合国内外学者研究成果，得出赤泥脱硫主要化学反应方程式[2-5]：

$$2Al_2O_3+9SO_2 \longrightarrow 2Al_2(SO_4)_3+3S \tag{2.1}$$

$$CaO+SO_2+H_2O \longrightarrow CaSO_3 \cdot H_2O \tag{2.2}$$

$$2CaO \cdot SiO_2 + SO_2 \longrightarrow 2CaSO_3 + SiO_2 \tag{2.3}$$

$$Ca(OH)_2 + SO_2 \longrightarrow CaSO_3 + H_2O \tag{2.4}$$

$$2CaSO_3 + O_2 \longrightarrow 2CaSO_4 \tag{2.5}$$

$$Na_2O + SO_2 \longrightarrow Na_2SO_3 \tag{2.6}$$

对于赤泥脱除 H_2S，王学谦等[5-6]利用赤泥附液去除 H_2S，认为主要的反应机理为碳酸钠与硫化氢反应，通过生成亚硫酸钠和亚硫酸氢钠达到脱硫效果。在此基础上，姜怡娇[7]认为赤泥脱硫剂脱硫主要是利用活性组分氧化铁，使 $Fe_2O_3 \cdot H_2O$ 与 H_2S 反应生成 Fe_2S_3，该阶段为气固相非催化反应；随后空气中的氧与 Fe_2S_3 接触生成 Fe_2O_3 与 S，该过程的不可逆性可更好地去除 H_2S。对于赤泥脱除 SO_2，杨金姬[8]、位朋等[9]对其进行了动力学与热力学分析，发现脱硫过程是物理作用与化学作用的同步作用过程。这个过程是在气-液-固三相之间自发进行的，根据双膜理论可把此过程分为三个阶段：第一阶段为 SO_2 以分子的形式从气相扩散到液相中，进而溶解电离，该过程受到气膜阻力与液膜阻力；第二阶段为赤泥溶解，赤泥可溶性离子从固相出发抵达液相，该过程需要克服液相阻力；第三阶段为 SO_2 溶于水，电离出来的 H^+ 与赤泥浆液中 OH^- 发生酸碱中和反应，然后溶解态的 SO_2、SO_3^{2-}、SO_4^{2-}、HSO_3^- 等会与赤泥中大部分阳离子发生氧化还原反应。左晓琳等[10]继续对赤泥中 Fe 脱硫机理进行探究，得到以下结果：$pH<4$ 时 Fe^{3+} 从赤泥浆液中溶出，而且溶出的 Fe^{3+} 会将 SO_3^{2-} 氧化成 SO_4^{2-}，使得 SO_2 朝着电离方向进行，加快了 SO_2 的溶解，证实了 Fe^{3+} 的存在会促进赤泥脱硫。通过脱硫前后赤泥物相分析（图 2.1 和图 2.2），脱硫前赤泥的钙霞石、水化石榴石（$3CaO \cdot Al_2O_3 \cdot SiO_2 \cdot 4H_2O$）、铝钠硅酸盐水合物在脱硫后完全消失，脱硫后出现硫酸钙水合物与斜钠明矾等新物相，说明 Na_2O、CaO 与 Al_2O_3 在赤泥脱硫反应中起相当重要的作用。由此可以推测出赤泥中水化石榴石的反应机理。

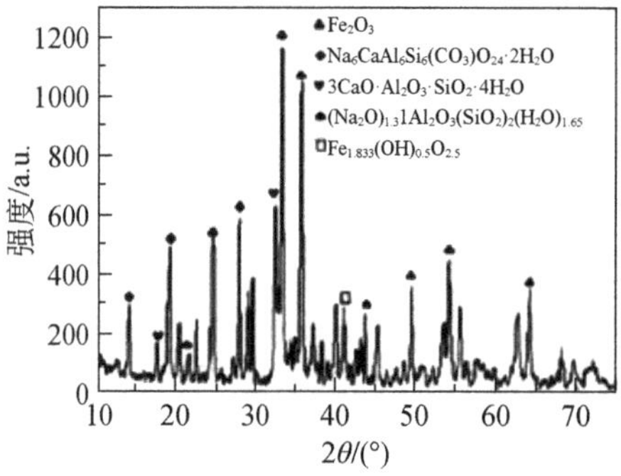

图 2.1　脱硫前赤泥 X 射线衍射（XRD）图谱

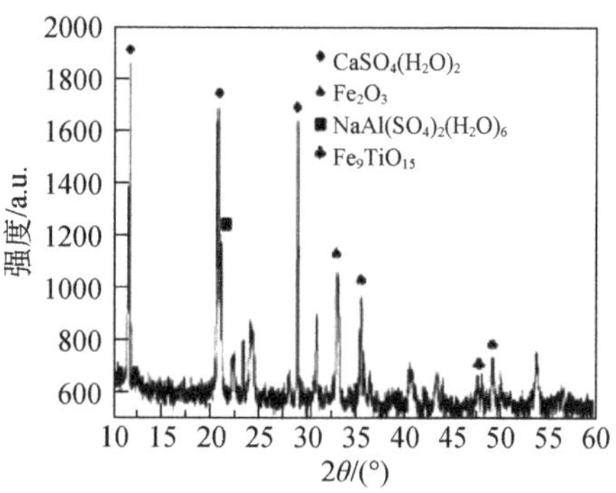

图 2.2　脱硫后赤泥 XRD 图谱

（1）水化石榴石实质上可看作是 CaO 和 Al_2O_3 的硅酸盐，硅酸盐不稳定，遇酸即分离出硅酸，反应如下：

$$3CaO \cdot Al_2O_3 \cdot SiO_2 \cdot 4H_2O \longrightarrow 3CaO \cdot Al_2O_3 + H_2SiO_3 + 3H_2O \quad (2.7)$$

（2）反应生成的硅酸，在初始接近中性阶段生成的硅酸形成凝胶，以胶体状态存在于赤泥浆液中，随着反应的进行，浆液 pH 下降，胶体状态会逐渐被破坏，此时产生硫酸铝，硫酸铝本身是电解质，也会破坏胶体，硅酸凝胶生成 $SiO_2 \cdot 2H_2O$ 沉淀。与此同时，烟气中的 SO_2、O_2 与 $3CaO \cdot Al_2O_3$ 反应生成石膏与硫酸铝，反应如下：

$$2CaO + CaO \cdot Al_2O_3 + 6SO_2 + 3O_2 + 6H_2O \longrightarrow 3CaSO_4 \cdot 2H_2O + Al_2(SO_4)_3 \quad (2.8)$$

2. 赤泥分阶段反应原理

为了研究赤泥浆液的脱硫效果，根据要求配制赤泥浆液用于脱硫，并得出了反应器 SO_2 出口浓度和赤泥浆液 pH 随时间的变化关系，其结果如图 2.3 所示。

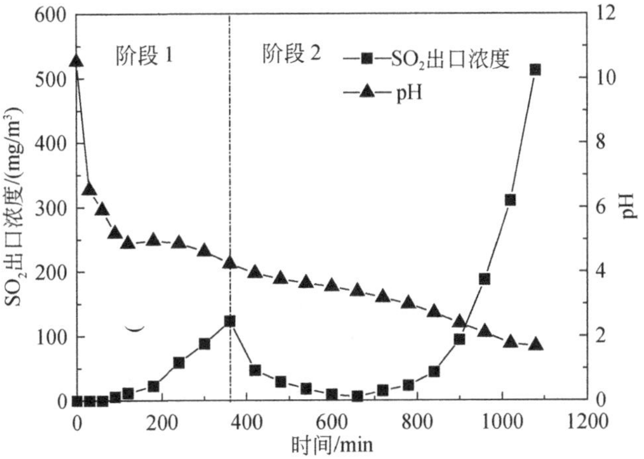

图 2.3　赤泥脱硫过程中 SO_2 和 pH 随时间的变化

从图 2.3 中可见，随着脱硫时间的增加，赤泥脱硫过程中 SO_2 出口浓度呈现出先上升后下降再上升的现象。在反应 0～360min 之间，SO_2 出口浓度逐渐上升至 $123mg/m^3$；360～660min 之间，SO_2 出口浓度又逐渐下降，并在 660min 时 SO_2 出口浓度降至最低 $6mg/m^3$；随后 SO_2 出口浓度又逐渐上升，并最终达到与进口浓度持平。赤泥浆液 pH 随着脱硫的进行先迅速下降至 5 左右，后缓慢下降并最终降至 1.58 左右。本实验 SO_2 出口浓度出现先上升后下降再上升的“特殊”现象，这与简单的酸碱中和原理不符，且赤泥在 $pH<4$ 时还能进行长时间脱硫，这与位朋等[9]认为赤泥浆液 pH 降到 7.2 时浆液失去吸收能力的结论不符，因此有必要弄清楚赤泥脱硫过程中的机理，特别是在 $pH<4$ 时赤泥浆液的脱硫机理。

以现有火力发电锅炉及燃气轮机组 SO_2 污染物排放浓度（200mg/m^3）来要求，计算得出每克赤泥能容硫约为362.7mg。通过计算，在赤泥脱硫过程中赤泥消耗的氢离子的量约为0.03mol。

机理推测如下。根据图2.3，在脱硫进行到360min时，SO_2 出口浓度突然降低，但此时浆液的pH并没有上升，可以推断此时浆液中除了固体碱起作用外，还有新的物质生成，其有利于 SO_2 的吸收，因此将赤泥浆液脱硫机理分为阶段1和阶段2。阶段1中：由于赤泥浆液中NaOH和 $Ca(OH)_2$ 等易溶于水的碱性物质的存在，SO_2 溶于水生成亚硫酸，其与少量碱性物质反应，使赤泥浆液pH迅速下降，而随着浆液中易溶于水的碱性物质反应完全，难溶解的碱性物质逐渐与 SO_2 发生反应，pH下降变缓，反应效率变低，因而 SO_2 出口浓度不断增加。根据阶段1中硫容比较可知，赤泥浆液中难溶解碱性物质比溶于水碱性物质的容硫量更大。阶段2中：随着浆液pH的下降，赤泥中的固体碱性物质进一步溶解，且浆液中各种金属离子不断溶出，而赤泥中存在大量氧化铁，铁离子属于过渡金属，因此推测铁离子有利于促进 SO_2 的吸收。

3. 赤泥中铁的催化氧化证明

为进一步研究赤泥脱硫机理，有必要研究Fe在脱硫过程中的作用机制。图2.4显示了含 Fe^{3+} 去离子水脱硫过程中 SO_2 出口浓度和pH随时间的变化关系。随着时间的延长，SO_2 出口浓度逐渐增加，最终反应进行到8h左右，此时溶液pH为0.99，溶液已无继续脱硫的能力，脱硫终止。对比纯水脱硫可知，加入了 Fe^{3+} 的去离子水，其脱硫效率和时间都大大增加，且其反应最终的pH也由2.05降至0.99。这不仅证明了 Fe^{3+} 能够促进 SO_2 的吸收，也表明 Fe^{3+} 的存在加速了 SO_2 的溶解，降低了反应终止时的pH。

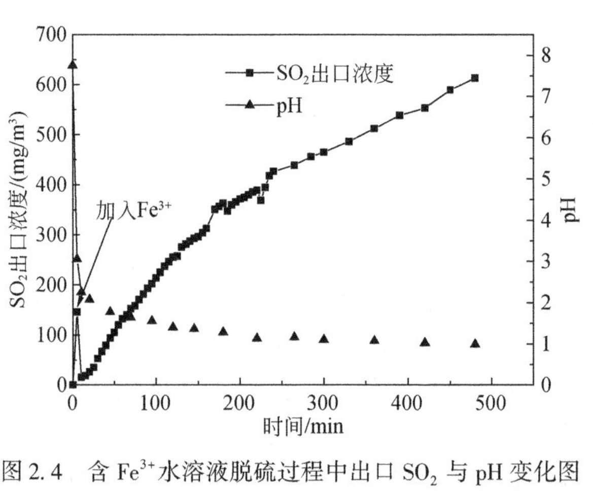

图2.4　含 Fe^{3+} 水溶液脱硫过程中出口 SO_2 与pH变化图

（1）Fe^{3+}持续脱硫能力：纯水吸收 SO_2 饱和后，向饱和溶液中加入 Fe^{3+}时仍具有脱硫效率。图 2.5 显示了容硫饱和水加 Fe^{3+}后 SO_2 出口浓度和 pH 随时间的变化关系。

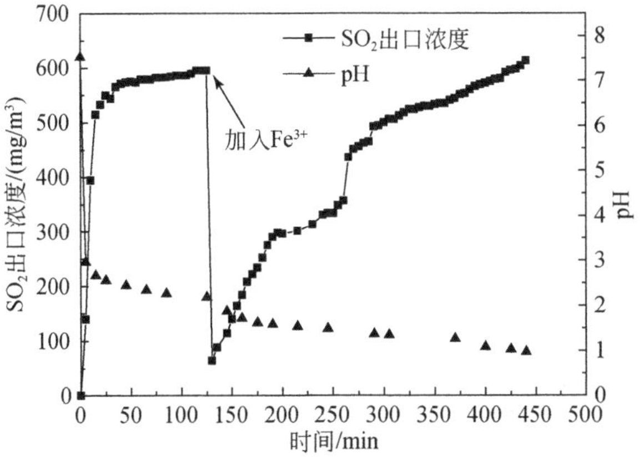

图 2.5　水脱硫完全后加 Fe^{3+}后的脱硫变化图

从图 2.5 可知，在容硫不再增加的水中（pH 为 2.2）持续加入 Fe^{3+}，其溶液能够进一步脱硫，且 pH 也继续下降，最终达到 0.97，与纯水中加入 Fe^{3+}的脱硫反应中最终的 pH 相符，说明 Fe^{3+}的加入能进一步促进 SO_2 朝溶解的方向进行，在此过程中 Fe^{3+}加速 SO_2 的溶解，但并未改变 SO_2 吸收的量，因此，Fe^{3+}在此过程中起到了催化作用。而后纯水中溶解 SO_2 的量并未达到理论值，其原因可能是随着溶液 pH 的下降，溶液中的亚硫酸根变少，此时溶液中的二氧化硫基本以水合二氧化硫和亚硫酸氢根的形式存在，当亚硫酸氢根的含量也变少时，Fe^{3+}的催化作用下降，且在 pH 小于 2 时，水合二氧化硫占主导地位，水合二氧化硫中 SO_2 分子与 H_2O 分子之间的作用很微弱，在曝气和搅拌的作用下，SO_2 气体明显逸出[11]，最终导致脱硫效率迅速下降，反应不再进行。

（2）Fe^{3+}对水中氧化还原电位（ORP）的影响：溶液的 ORP 反映该溶液中氧化态与还原态物质的相对关系[12]，为此对单纯氧气和氧气+Fe^{3+}两种氧化条件下的溶液氧化还原电位进行了考察。

图 2.6 为溶液中氧化还原电位随时间的变化。含氧气和 Fe^{3+}的溶液中的 ORP 随时间的增加而逐渐上升，而含氧气的溶液中 ORP 随着时间的增加先迅速上升，而后缓慢下降，二者最后都趋于定值。在 Fe^{3+}存在的条件下，溶液的 ORP 一开始就达到 250mV，说明 Fe^{3+}提高了溶液的 ORP，在 $t=5\sim30$min 时，与单纯氧气氧化条件相比，Fe^{3+}的存在使溶液 ORP 提高了 30mV 左右，表明 Fe^{3+}的存在显著提高了溶液的 ORP，使溶液氧化性增强。

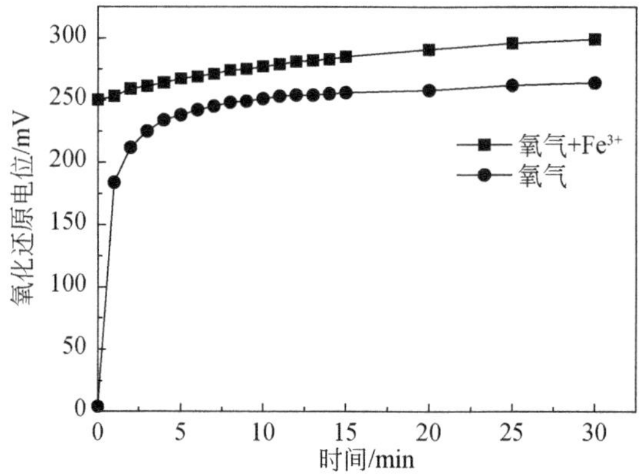

图 2.6　溶液中 ORP 随时间的变化

Fe^{3+}催化氧化 SO_3^{2-}促进硫容提升：为了弄清楚 Fe^{3+}在溶液中与 SO_2是如何作用的，对 Fe^{3+}和 SO_3^{2-}溶液进行了实验研究。

图2.7（a）中1、2 分别显示的是没有通入 SO_2气体的 Fe^{3+}溶液和通入 SO_2气体的 Fe^{3+}溶液。其中，1 的颜色色度要比 2 深，说明 2 中通入 SO_2的 Fe^{3+}溶液中 SO_2和 Fe^{3+}发生了化学反应，溶液中的 Fe^{3+}被还原成 Fe^{2+}，使黄棕色 Fe^{3+}溶液颜色变浅。图 2.7（b）中 A、B、C 分别显示的是 Fe^{3+}原溶液、含有 SO_3^{2-}和氧的 Fe^{3+}溶液、含 SO_3^{2-}的 Fe^{3+}溶液。对比 A、B 和 C 三种颜色色度，C 颜色色度明显较浅，而 A 和 B 颜色色度差异不明显，分析原因可知 C 中存在 SO_3^{2-}和 Fe^{3+}，能发生氧化还原反应[13]，溶液中 Fe^{3+}被还原成 Fe^{2+}，使其颜色变浅；而 B 中因为氧气的存在，溶液中生成的 Fe^{2+}又迅速被氧化成 Fe^{3+}，因此其溶液颜色相比原溶液并没有明显的改变。

实验还做了在 SO_3^{2-}溶液中加入 Fe^{3+}和不加 Fe^{3+}的对比，考察溶液中 SO_4^{2-}的浓度。实验结果得出，在相同反应条件下，在 SO_3^{2-}浓度为 1200mg/L 的原溶液中，加入了 Fe^{3+}和氧气的溶液中 SO_4^{2-}浓度为 218.53mg/L，氧化率为 18.21%，而只加入氧气的溶液中其 SO_4^{2-}浓度为 131.26mg/L，氧化率为 10.94%，其原因是在没有催化剂的情况下，S（Ⅳ）的氧化在液体中相对缓慢，反应速率取决于溶解氧的浓度[14]。因此可知 Fe^{3+}的加入加快了溶液中亚硫酸向硫酸的转化，使二氧化硫的吸收推动力增强[15]。这表明 Fe^{3+}促进二氧化硫的吸收，其作用机制为 Fe^{3+}可以提高溶液中的氧化性，Fe^{3+}能够与溶液中 SO_3^{2-}发生氧化还原作用，加速溶液中的 SO_3^{2-}氧化成 SO_4^{2-}，促进 $SO_3^{2-} \longrightarrow SO_4^{2-}$这一平衡向右进行。

4. 赤泥脱硫机理验证

X 射线光电子能谱（XPS）具有很高的灵敏度，能测定元素的化学结合能，

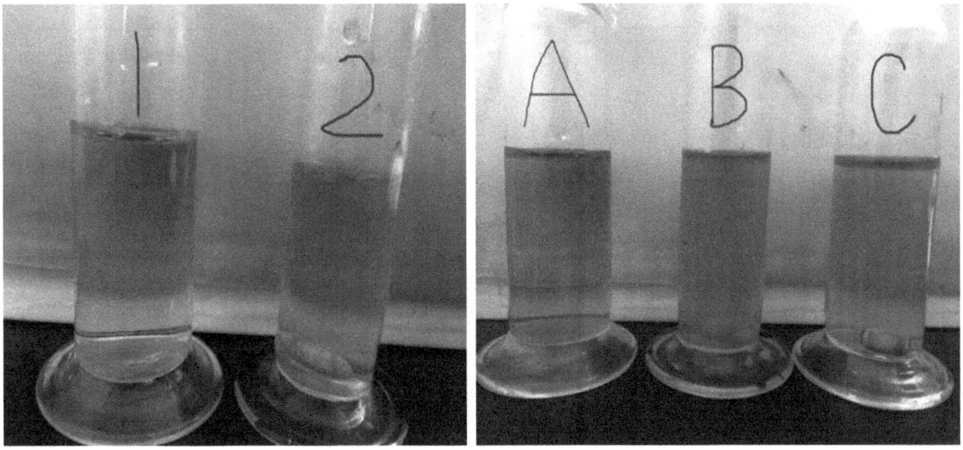

(a)　　　　(b)

图 2.7　不同 Fe^{3+} 溶液颜色色度对比

确定元素所处的化学环境，从而了解其存在状态[16]。通过测定赤泥脱硫前后样品中铁元素的化学结合能的变化，来推测其在脱硫过程中的作用机制。

图 2.8（a）和（c）分别是脱硫前后赤泥表面铁元素的 XPS 扫描图，（b）和（d）分别是脱硫前后赤泥表面 O（1s）的 XPS 扫描图。反应前 Fe（2p）的结合能为 724.1eV 和 711.1eV，O（1s）的结合能为 530.8eV，表明赤泥表面铁和氧的结合形式主要为 Fe_2O_3；反应后 Fe（2p）的结合能为 712.3eV 和 725.7 eV，O（1s）的结合能为 532.6eV，说明赤泥表面的铁元素主要以 Fe_2O_3 和 $FeSO_4$ 的形式存在。反应后赤泥中铁的结合能出现了谱峰向低结合能出和向高结合能出的位移，说明在赤泥表面形成了其他价态的铁元素[17]。XPS 图谱表明脱硫后的赤泥中生成了 Fe^{2+}，而 Fe^{2+} 的生成表明赤泥在脱硫过程中发生了氧化还原反应，即证实了铁离子的催化氧化作用。

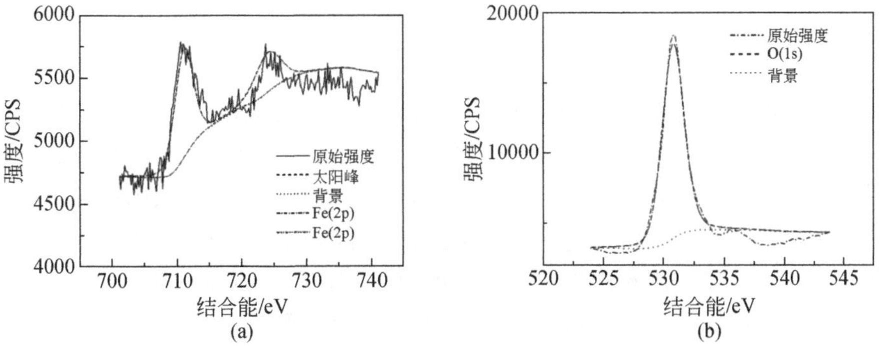

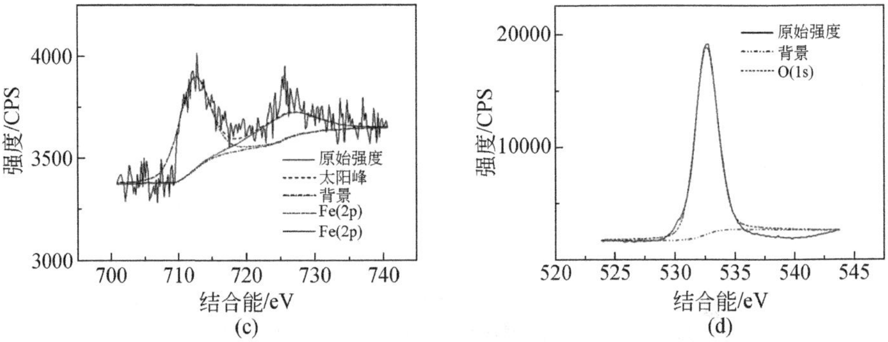

图 2.8　脱硫前和脱硫后赤泥中 Fe（2p）和 O（1s）的 XPS 图谱

2.1.2　赤泥脱硝原理

近年来，国内外学者对赤泥脱硝也做了研究，试验结果表明赤泥本身对 NO_x 有脱除活性。根据赤泥脱硫的机理可分析出赤泥对 NO_2 的脱除应该与脱硫的过程机理接近，物相分析可知赤泥含有钙钛矿成分，虽然钙钛矿并不能直接参与脱硝反应，但 Hwang 等[18] 与 Kim 等[19] 认为钙钛矿的表面可以催化氧化 NO_x，因此钙钛矿对赤泥脱硝是有促进作用的。赤泥脱硝的关键是如何将 NO 氧化成为 NO_2 或 N_2O_3，部分学者[20-22] 根据赤泥独特的性质（多孔结构与较大的比表面积），以其作为载体负载活性组分后做成脱硝催化剂，成功地提高了氮氧化物的转化率。虽然他们为将赤泥用于脱硝提供了可行性思路，但是并未对其脱硝机理与反应过程进行深入的探究。工业烟气中硫硝共存的特点，也决定了脱硝效果必将影响赤泥在脱硫方面的应用，更加深入地研究赤泥脱硝的反应机理，认识赤泥脱硝的过程，并据此探索脱硝工艺参数，有助于今后赤泥脱硝的工业化应用。

2.1.3　脱硫液相资源化原理

酸性条件下，Fe 的浸出以硫酸亚铁反应为主，脱硫过程中铁的实验浸出率为 62%（图 2.9），是铁作为资源回收的重要依据。在赤泥石灰石浆液进行脱硫以后，对赤泥石灰石浆液进行固液分离，得到上清液及剩余浑浊固液混合物，其中上清液富含 Fe^{2+}，用其可制备聚合硫酸铁，可用于冶炼企业的废水治理。具体步骤如下：第一步，用硫化亚铁将少量的离子沉淀，生成硫化混合物。第二步，过滤后的脱硫液加入硫酸、双氧水、铁盐，在 60℃下，经过氧化-水解-聚合生成液体聚合硫酸铁产品，反应如下。

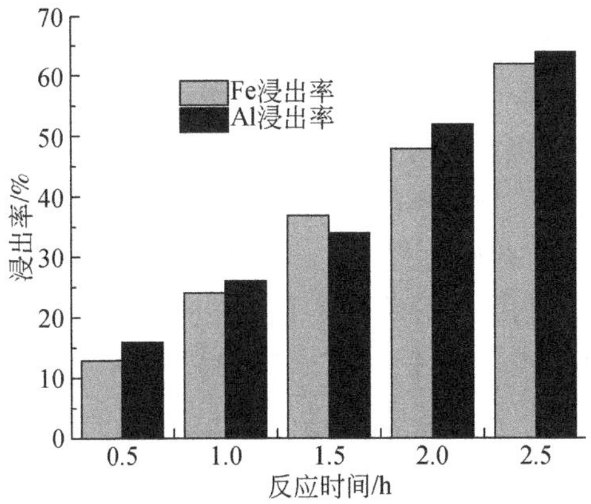

图2.9　反应时间对Fe和Al浸出率的影响

（1）氧化反应。

$$2FeSO_4+H_2O_2+H_2SO_4 = Fe_2(SO_4)_3+2H_2O \tag{2.9}$$

（2）水解反应（快反应）：在60℃下进行水解。

$$Fe_2(SO_4)_3+nH_2O = Fe_2(OH)_n(SO_4)_{3-n/2}+n/2H_2SO_4 \tag{2.10}$$

（3）聚合反应（快反应）。

$$mFe_2(OH)_n(SO_4)_{3-n/2} = [Fe_2(OH)_n(SO_4)_{3-n/2}]_m \tag{2.11}$$

其中，反应条件为脱硫液在60℃，转速30r/min，反应75min制得的液体聚合硫酸铁。实验样品符合硫酸铁（GB/T 14591—2016）液体聚合硫酸铁指标。

2.2　添加剂强化脱硫脱硝原理

赤泥矿浆脱硫脱硝的过程属于气-液-固三相传质及复合反应过程。在研究中，为了强化赤泥矿浆脱硫脱硝的效果，往往会向其中加入有机或无机添加剂。加入不同添加剂所追求的效果不同，无机添加剂二氧化锰、O_3、黄磷等的加入，强化的是其氧化性能，但具体作用原理不尽相同。有机添加剂抗坏血酸、抗坏血酸钠等的加入，能够稳定硫、硝的吸收效率。

2.2.1　无机添加剂脱硫脱硝

1. 二氧化锰添加剂

二氧化锰可与SO_2直接发生氧化还原反应，溶出的锰离子对SO_2具有催化氧化作用，并且赤泥溶出的铁离子和锰离子具有协同催化氧化作用，从而提高赤泥浆液的脱硫效率。有研究表明软锰矿脱硫时，主要作用为二氧化锰与SO_2直接发生氧化还原反应和锰离子的催化氧化。赤泥浆液加入二氧化锰后，脱硫浆液中发生的化学反应主要有酸碱中和吸收、二氧化锰与 SO_2 的氧化还原反应以及金属离子对 SO_2 的催化氧化。Mn^{2+} 在 pH 升高至 10.1 才完全沉淀，锰离子形态存在的 pH 范围比铁离子宽，可以在脱硫时更好地发挥催化作用。锰离子对 S（Ⅳ）的催化氧化效果优于铁离子，锰离子对 SO_2 氧化吸收具有很好的催化效果，铁锰离子存在时具有协同作用。脱硫过程中更多的 SO_2 被吸收，脱硫浆液 pH 不断降低，电离出更多的 H^+，将促进赤泥碱性物质溶出参与脱硫，从而提高脱硫效率。MnO_2 强化赤泥脱硫可用式（2.12）~式（2.13）表示：

$$MnO_2 + SO_2 \longrightarrow MnSO_4 \tag{2.12}$$

$$2SO_2 + O_2 + 2H_2O \longrightarrow 2H_2SO_4 \tag{2.13}$$

2. 臭氧添加剂

臭氧联合赤泥脱硫脱硝的机理如图 2.10 所示。从图中可以看出该反应过程是一个复杂的气-液-固三相的传质反应。

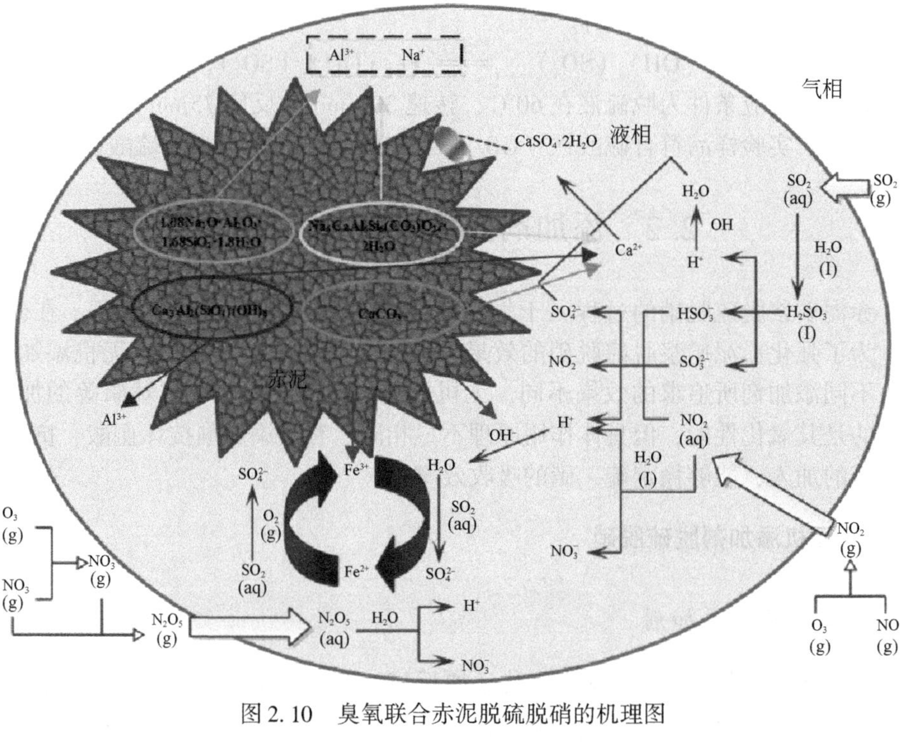

图 2.10　臭氧联合赤泥脱硫脱硝的机理图

气相：O_3通入后将模拟烟气中的 NO 氧化成 NO_2，一部分 NO_2与过多的 O_3继续反应生成了 NO_3，而 NO_3易于与 NO_2生成 N_2O_5。

固相：赤泥中的硅铝酸钠水合物、钙霞石、石榴石、赤铁矿以及方解石随着浆液的 pH 的降低而先后发生分解，溶解出来的 Al^{3+}、Na^+、Ca^{2+}、Fe^{3+}进入液相。

液相：液相是参与化学反应的主体（图 2.11）。在液相中赤泥脱硫脱硝机理可概括为三个阶段。第一阶段：反应前 25min，pH 从 10.03 下降到 7.0，液相中的 SO_2发生水解生成 H^+、SO_4^{2-}和少量 SO_3^{2-}，NO_x（主要是 NO_2与 N_2O_5）水解生成 H^+、NO_3^-和少量 NO_2^-。这两者水解生成的 H^+在液相中与赤泥中的 OH^-反应，该阶段属于酸碱中和反应。第二阶段：反应 25～180min，pH 从 7.0 下降到 5.0，该阶段主要是赤泥中易溶的钠碱和方解石先分解出 Ca^{2+}和 Na^+，液相中游离的 Ca^{2+}开始与 SO_4^{2-}生成 $CaSO_4$晶体沉积到赤泥的表面。第三阶段：反应 180min 后，pH 已经降到 3.5，赤泥中难溶的钠碱（硅铝酸钠水合物、钙霞石、石榴石）开始分解出 Al^{3+}、Na^+、Ca^{2+}，Ca^{2+}的增多致使生成的硫酸钙晶体变多，这些晶体沉积下来堵塞了赤泥中的孔隙，阻碍了气体进入继续跟赤泥接触反应，脱硫效率也随之降低。液相中的 NO_2开始与游离的 SO_3^{2-}、SO_4^{2-}发生反应，生成 H^+、SO_4^{2-}以及 NO_2^-，该反应是导致脱硝效率上升的主要原因。此外，SO_2曲线尾部有略微上升的趋势，这是随着 pH 的降低，赤泥中的赤铁矿溶解了一部分 Fe^{3+}进入液相，Fe^{3+}会与液相中的 SO_2反应生成 H^+、SO_4^{2-}和 Fe^{2+}，而 Fe^{2+}在高氧环境下容易与 SO_2反应生成 Fe^{3+}和 SO_4^{2-}。

3. 黄磷添加剂

黄磷乳浊液耦合赤泥同时去除 NO_x和 SO_2的机理可归纳为两个阶段（图 2.11）：第一阶段是酸碱中和阶段，反应前 10h 时，pH 从 10.39 急剧下降到 2.41，加热乳化后的黄磷与 O_2发生接触反应后，黄磷立刻被氧化为 P_2O_5并释放出活性 O，活泼的 O 一方面将 NO 氧化为 NO_2，另一方面继续和 O_2化合生成 O_3。O_3是一种具有强氧化性的氧化剂，可迅速将难溶于水的 NO 氧化为 NO_2，由于 NO_2结构的不稳定性，两分子 NO_2可二聚生成 N_2O_4，通常情况下二者混合存在，随后 N_2O_4与水生成 NO_2^-和 NO_3^-；另外 NO_2也可与烟道气中的 NO 反应生成 N_2O_3，N_2O_3进一步溶于水生成 NO_2^-，随后 N_2O_3与 NO_2反应生成 N_2O_5，溶于水后生成 NO_3^-，P_2O_5则与水生成 PO_4^{3-}；SO_2发生水解生成 H^+、SO_4^{2-}和少量 SO_3^{2-}，NO_x水解生成 H^+、NO_3^-和少量 NO_2^-。该阶段主要是碱性赤泥作为 pH 缓冲剂，大量的易溶游离碱（钠碱）和方解石（$CaCO_3$）分解，中和了体系生成的硝酸、硫酸和磷酸，使吸收液的 pH 保持在利于 NO_x和 SO_2吸收的范围内，来维持体系稳定高效的 NO_x和 SO_2同时去除的效率。

第二阶段是催化氧化阶段：10h 后，pH 呈缓慢下降趋势，从 2.41 下降至 1.22，NO_x和 SO_2的去除效率开始处于急剧下降的趋势，该阶段主要是赤泥中难溶的化学结合碱［赤铁矿（Fe_2O_3）、钙霞石（$Ca_3Al_2(SiO_4)(OH)_8$）、水钙铝榴石（$Na_6CaAl_6Si_6(CO_3)O_{24}(H_2O)_2$）］开始分解溶出 Al^{3+}、Na^+、Ca^{2+}、Fe^{3+}，赤铁矿溶解的部分 Fe^{3+}进入液相，与 SO_2发生催化氧化反应生成 H^+、SO_4^{2-}和 Fe^{2+}，Fe^{2+}性质不稳定，在 O_2充足的环境下易与 SO_2反应生成 Fe^{3+}和 SO_4^{2-}，因此，Fe^{3+}在催化氧化吸收阶段发挥着主导作用，最后 Ca^{2+}与 SO_4^{2-}生成新的产物——石膏 $CaSO_4 \cdot 2H_2O$。此外，还有剩余少量难溶的赤铁矿，因为这些晶体的大量沉积堵塞了赤泥的孔隙，使得赤泥中表面的块状结构解体，形成许多小颗粒结构，颗粒之间的孔隙变小，赤泥表面不能吸附更多的外来物质，从而导致 NO_x和 SO_2的去除效率迅速下降。

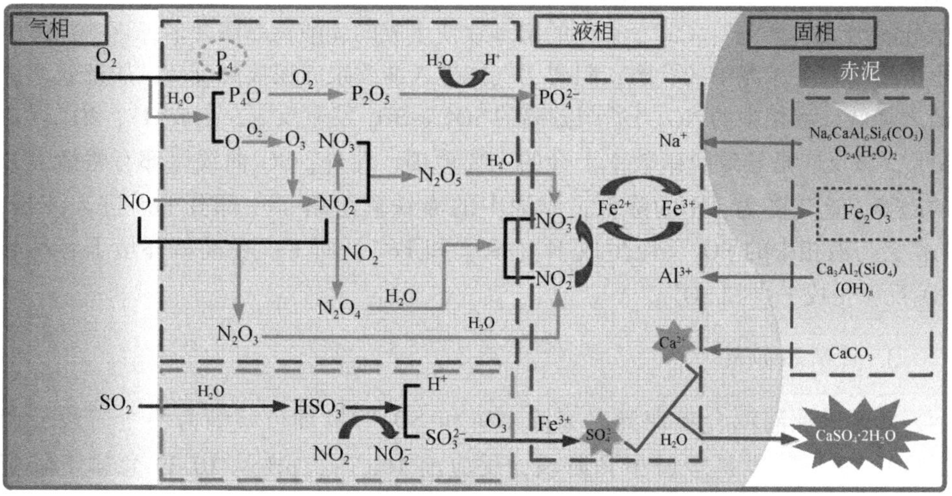

图 2.11　黄磷联合赤泥脱硫脱硝的机理图

2.2.2　有机添加剂脱硫脱硝

研究发现抗坏血酸钠的加入对 SO_2的吸收影响较小，而对二氧化氮的吸收有显著的促进作用。在详细分析反应前后固相、液相产物变化的基础上，揭示了赤泥（RM）+抗坏血酸钠（SA）浆液吸收二氧化氮的反应机理。

综合相表征分析和 SA 与二氧化氮之间的反应，分析了 RM+SA 浆液的脱硫和脱氮机理，如图 2.12 所示。从图中可以看出，该反应过程是一个复杂的气-液-固三相传质反应。在气相反应中，O_3将 NO 氧化成二氧化氮，在混合气体中与 SO_2一起氧化，克服传质阻力，到达反应中所涉及的液相。在固相反应中，

RM 中的钙、石榴石和赤铁矿随着 pH 的降低而依次分解，溶解的 Al^{3+}、Na^{+}、Ca^{2+}和 Fe^{3+}进入液相。在液相反应中，包括了 SA 和 NO_2/NO^{2-}的反应及其与 O_2的氧化还原反应。混合浆液与 SO_2和 NO_2 的反应主要分为三个阶段。第一阶段是 SO_2和 NO_2 水解，在溶液中生成 H^{+}和酸离子，与液相中的 OH^{-}反应。然后，将结合的碱溶解在酸性浆液中，在 SA 的帮助下与 SO_2和 NO_2 反应生成硫酸钙沉淀。然后将 RM 中的可溶性金属氧化物部分溶解在水中，主要是 Fe^{3+}，与 SO_2反应生成 H^{+}、SO_4^{2-}和 Fe^{2+}，Fe^{2+}与 SO_2反应生成 Fe^{3+}和 SO_4^{2-}。

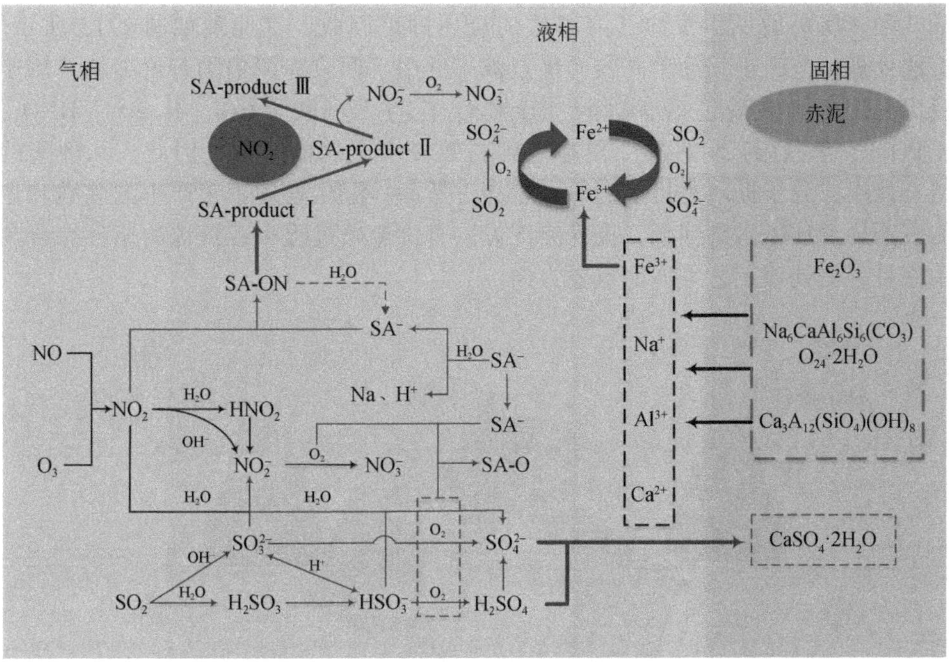

图 2.12　SA 联合赤泥脱硫脱硝的机理图

2.3　赤泥中多金属回收原理

从赤泥中回收有价值的元素的方法有很多，如酸浸出、固态碳热还原、磁性和流化床分离，以及在高炉中冶炼。但赤泥中现有的 Mg、Al、Na、S、P、Na、Ca 和 Si 阻碍了其在实际中的应用。这是因氧化铝的存在可能会造成矿渣的流动性和高碱度不适合用于解决碱堆积和耐火材料问题[23]。政府组织、行业和研究人员一直在努力从赤泥中回收有价值的金属。赤泥的完全利用被认为是实现零浪费和充分利用残留物内隐藏的资源的合理方式。这将有助于氧化铝工业回收包括铁在内的有价值的矿物，并使其在环境和经济上都可持续。

赤泥中的有价金属是赤泥资源回收利用的重点，赤泥中的铁主要采取湿法工艺、火法工艺及物理处理工艺提取。拜耳法赤泥被认为是一种低品位铁矿石，品位为 5wt% ~ 20wt%[24]。因此，只有经过特定的处理之后才能达到铁回收的标准。

2.3.1 液相回收途径及原理

湿法处理工艺主要是指对赤泥进行酸浸提铁，酸浸主要是利用赤泥中一种或几种金属与酸发生反应，溶解后的金属即可回收，其原理如图 2.13 所示。湿法处理工艺由于其简单高效的优点被广泛用于回收赤泥中的有价金属。用于浸出有价金属的酸包括有机酸（$H_2C_2O_4$）与无机酸（HCl、H_2SO_4、HNO_3、H_3PO_4），单独用某一种酸，很难达到高效浸出金属的目的，因此，几种酸的结合使用或分步提取是目前的研究趋势。然而，湿法处理工艺产生的废酸和赤泥废渣导致环境污染问题，提升赤泥提取有价金属过程中各资源的循环综合利用率是湿法处理工艺发展的重要方向。

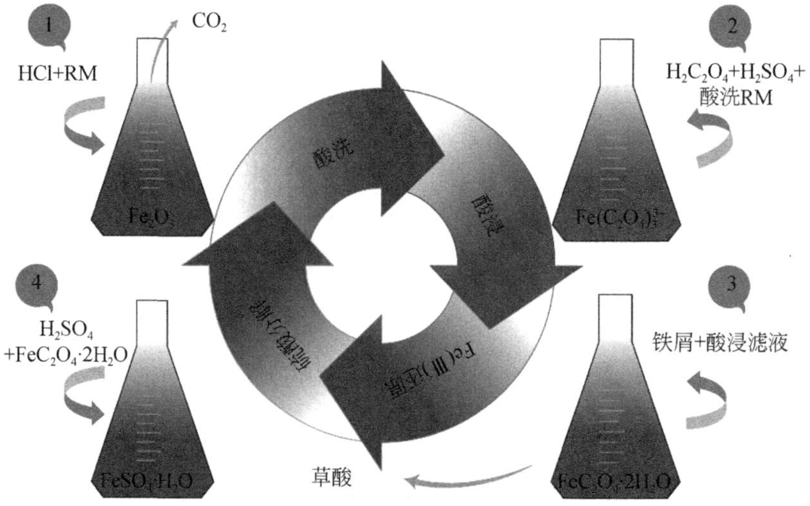

图 2.13 赤泥中提铁的原理示意图

赤泥酸浸提铁已取得显著的研究成果，酸浸过程中诸多试验条件会对提铁效率产生影响，如赤泥类型、酸浓度、温度、时间、搅拌速度等。表 2.1 总结了不同酸浸提铁过程中的实验条件对提铁率的影响，由结果可知提铁率几乎都可达 95% 以上，对应的温度都不低于 80℃。

表 2.1　不同酸浸提铁过程中的实验条件对提铁率的影响

序号	赤泥产地	酸浸方案	实验条件				提铁率/%	参考文献
			液固比/(mL/g)	温度/℃	时间/h	搅拌速度/(r/min)		
1	中国贵州	3mol/L HCl；$H_2C_2O_4$: H_2SO_4 = 3 : 2	2；16.25	25；95	1；1.5	未报道	94.15	[25]
2	中国广西	9.36mol/L HCl	4	85	3	300	95.9	[26]
3	中国广西	9mol/L HCl	7	100	2	未报道	96.13	[27]
4	澳大利亚	5mol/L HCl	800	80	160	未报道	78	[28]
5	中国贵州	2.8mol/L H_2SO_4	4	50	0.75	未报道	67.93	[29]

2.3.2　固相回收途径及原理

火法工艺是目前赤泥回收铁的主流方法，大量研究结果表明，火法工艺主要是通过将弱磁性赤铁矿和针铁矿还原为强磁性磁铁矿甚至铁金属，以此来进行铁回收，如表 2.2 所示，该过程可能发生的反应见式（2.14）~式（2.25）[30,31]，这个过程需要能量和固相或气相的还原剂。火法工艺主要分为还原熔炼法和还原焙烧法，工艺流程如图 2.14 所示。Li 等[32]使用立式电阻炉通过还原焙烧和磁选从赤泥中回收铁。在还原焙烧过程中，钠盐对促进金属铁颗粒的生长起着重要作用。在钠盐存在下，铁的浸出率从 51.9% 提高到 94.7%。在 1050℃ 的还原温度下进行还原焙烧后，采用磁选法从焙烧物料中提取还原时间 60min、Na_2SO_4用量 6%、Na_2CO_3用量 6%、铁含量 90.2% 的磁精矿，铁回收率为 95.0%。Liu 等[33]将赤泥中的氧化铁（Fe_2O_3）与黄铁矿（FeS_2）通过厌氧共焙烧转化为磁铁矿（Fe_3O_4），黄铁矿的热分解化合物（单硫化铁、磁黄铁矿和元素硫）将赤铁矿还原为磁铁矿，30g 赤泥与 0.74g 黄铁矿最终得到 4.5 g 磁性材料（含铁量 36.9%）被磁分离，剩余固体仅含 0.61% 的铁（含铁量 0.87%）。刘万超等[34]在焙烧温度 1300℃、m（碳粉）: m（赤泥）= 18 : 100、m（添加剂）: m（赤泥）= 6 : 100、焙烧时间 110min 时，磁选精矿中总铁含量达到 89.05%，金属化率为 96.98%，回收率为 81.40%。

$$3Fe_2O_3+C \longrightarrow 2Fe_3O_4+CO \tag{2.14}$$

$$Fe_3O_4+C \longrightarrow 3FeO+CO \tag{2.15}$$

$$FeO+C \longrightarrow Fe+CO \tag{2.16}$$

$$Fe_3O_4+4C \longrightarrow 3Fe+4CO \tag{2.17}$$

$$3Fe_2O_3+CO \longrightarrow 2Fe_3O_4+CO_2 \tag{2.18}$$

$$Fe_3O_4+CO \longrightarrow 3FeO+CO_2 \tag{2.19}$$

$$Fe_3O_4+4CO \longrightarrow 3Fe+4CO_2 \quad (2.20)$$

$$FeO+C \longrightarrow Fe+CO_2 \quad (2.21)$$

$$3Fe_2O_3+H_2 \longrightarrow 2Fe_3O_4+H_2O \quad (2.22)$$

$$Fe_3O_4+H_2 \longrightarrow 3FeO+H_2O \quad (2.23)$$

$$Fe_3O_4+4H_2 \longrightarrow 3Fe+4H_2O \quad (2.24)$$

$$FeO+H_2 \longrightarrow Fe+H_2O \quad (2.25)$$

表 2.2　火法工艺提铁

序号	赤泥产地	含铁物相	实验条件		物相转化	铁回收率/%	参考文献
			焙烧温度/℃	焙烧时间/h			
1	印度	赤铁矿、针铁矿	1150	1	磁铁矿、金属铁	61.85	[31]
2	中国河南	赤铁矿、钙铁榴石	1450	1	未报道	65.4	[35]
3	中国山西、河南	赤铁矿	600	0.5	磁铁矿	59.89	[28]
4	中国山东	赤（褐）铁矿	1300	11/6	磁铁矿、金属铁	81.40	[36]
5	印度	赤铁矿	1150	1	磁铁矿、金属铁	70	[31]

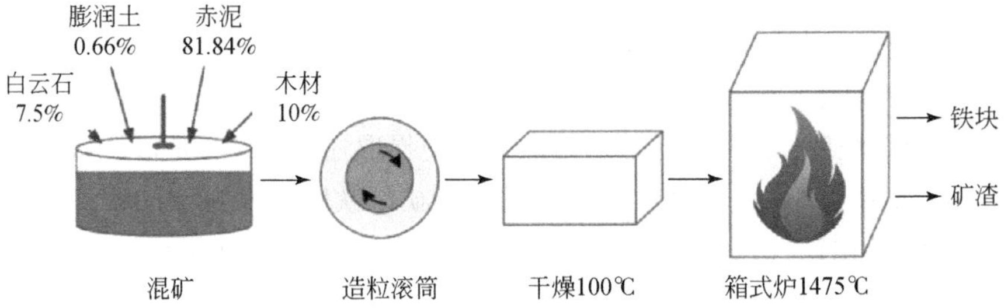

图 2.14　还原熔炼法和还原焙烧-磁选法实验方案[30]

2.3.3　其他回收途径及原理

1. 直接磁分离

磁选工艺采取物理方法将赤泥中非磁性物质去除，磁性物质有效分离。赤泥中的铁以赤铁矿或者针铁矿的形式存在，赤铁矿和针铁矿为弱磁性，其他物质为非磁性，即可利用外加磁场将赤泥中磁性物质富集回收[30]。磁选产生的产品可用于铁冶炼，剩余的赤泥可用于建筑材料与火法冶金等。与其他回收方法相比，该方法降低了能源成本[37]。

磁选工艺简单、清洁、环保，与火法工艺或湿法工艺等其他方法相比，其操作成本较低。然而，磁法工艺的总体铁回收率通常较低，杂质含量较高，赤泥中赤铁矿、褐铁矿颗粒多为细粒，磁性弱，细粒铁矿物、脉石矿物易包裹结块，不利于铁矿物的分离[30]。所以，仅用磁法工艺的方法很难实现赤泥 RM 中铁的有效回收利用。因此，磁选工艺常常与其他处理方法同时使用，如焙烧后的赤泥，进行磁选将其中磁铁矿等物质回收。单一地采用某个工艺很难达到高效率铁回收，多种工艺结合或改进工艺的应用已成为赤泥回收铁的研究趋势，有利于铁回收效率的提高。

2. 生物技术

生物技术将是从赤泥中回收金属的潜在选择，因为它们经济实用，与传统技术相比，它们是清洁的替代品[38]。生物浸出过程是被广泛研究的消除不同铁杂质和从矿石中分离铁的方法。在生物浸出过程中，金属的回收率是通过使用微生物来完成的。通常，在生物浸出过程中使用两种微生物，包括真菌和细菌。细菌不能在高 pH 下存活，因此不适合进行赤泥的生物浸出。而真菌可以在高 pH 下使用，并在有机培养基中排泄蛋白质、氨基酸和有机酸等代谢物。在生物浸出过程中，铁化合物的溶解度可以通过羧酸、腐殖酸、草酸、柠檬酸和柠檬酸络合来提高，该过程中使用了好氧细菌。厌氧生物能够通过有机物的发酵产生有机酸，因此为铁提供了额外的溶解方式。两种不同类型的铁还原机制已经被发现，包括异化（铁溶解）和同化（铁进入细胞的吸收）。

3. 流化床分离器回收金属

利用稳定均匀密度的微泡流化床分离器可以有效地分离赤泥。在实际应用中，由气泡穿过床层所引起的扰动有助于在流化床中混合中等大小的颗粒。此外，实际的扰动率在很大程度上取决于流体介质固体的粒径。因此，小/中尺寸的颗粒被用来提高分离的效率，这是因为空气的低表面速度有助于减少介质固体的背面混合。然而，减小介质固体颗粒的尺寸会提高黏度，从而限制了从赤泥中回收有价值的金属。一般来说，未经处理的赤泥的平均粒径太小（即小于 10μm），因此可能需要增大粒径才能从赤泥中最佳地分离出有价值的金属。对赤泥颗粒进行热处理，在 150℃ 温度下，颗粒的平均尺寸从 11.8μm 增加到 18.1μm，在约 200℃温度下达到 91.76μm。从而提高赤泥中有价值的金属的回收效率。

2.4　赤泥基环境材料制备原理

2.4.1　环境材料制备途径

1. 气体净化材料制备

RM 吸附剂的制备过程为：将 RM 烘干后研磨，过 200 目筛，混合均匀待用。用 25mL 超纯水溶解一定量的聚乙二醇（PEG），倒入 5g RM 样品，在 25℃下磁力搅拌 12h 左右，再调整为 40℃磁力搅拌至半干。放入 50℃真空干燥箱烘干后，在氮气氛围下用管式炉焙烧一定时间。之后取出样品压片，过 40～60 目筛。改性 RM 吸附剂的具体制备过程如下。

（1）配料：选取 RM、PEG 作为原料，所述改性助剂质量分别为 RM 质量的 0%～10%。

（2）预处理：将 RM 进行预处理，先称一定量的 RM 放入鼓风干燥箱中，在 105℃下将 RM 烘干 48h。烘干后放入研钵，将 RM 研磨后过 200 目筛，过筛后置于真空干燥皿中存放待用。

（3）混合：称量一定量预处理后的 RM 备用。称量一定量分子量为 5500～6500 的 PEG，质量分别为 RM 质量的 0%、0.5%、1%、3%、5%、10%。将 PEG 加入少量水中，用玻璃棒搅拌溶解。待 PEG 溶解后倒入备用 RM 中并在烧杯内搅拌均匀，同时添加超纯水冲洗杯壁和玻璃棒，控制总固液比为 1∶5 以控制变量。

（4）搅拌分散：将磁力转子投入烧杯，放入水浴锅中，在 25℃下磁力搅拌 8～16h 后，将温度调整为 40℃，磁力搅拌蒸发至半干块状。

（5）干燥：将呈块状吸附剂取出，置于 50℃的真空干燥箱中，用油泵抽真空干燥 2h，去除水分。

（6）焙烧：将干燥后的吸附剂置于研钵中，研磨后放于管式炉中，在氮气氛围下以每分钟 5℃的升温速率分别升温至 350℃、400℃、450℃、500℃、550℃，并分别恒温 4h、8h、12h、16h，焙烧完成后在炉内自然冷却至室温。

（7）压片：将焙烧后的吸附剂用粉末压片机压片，放入研钵破碎后过 40～60 目筛，得到改性 RM 吸附剂成品。

2. 水热反应催化剂制备

（1）合金催化剂的制备流程：在电子天平上放置好称量纸，按所需的催化剂金属负载量称取相应的金属硝酸盐和催化剂载体[40]。再将称量纸上的金属硝酸盐转移至烧杯中后，通过添加超纯水配制成金属硝酸盐溶液。将催化剂载体倒入金属硝酸盐溶液中，通过玻璃棒搅拌均匀。烧杯在超声机（NT-1450，科源超声波设备有限公司）中以 400W 的功率超声半小时。超声结束后，将烧杯封口并静置 12h。待静置结束，再将烧杯在 70℃的水浴锅（Yuhua Instrument Co., Ltd., DF-101T）中搅拌 4h。待烧杯中的固液混合体完全干燥，将烧杯放入 100℃的烘箱（Hangzhou Yijie Technology Co., Ltd., VYJG-9070A）中干燥 12h。将浸渍好的催化剂前驱体取出，置于研钵中粉碎成粉末后，筛分至 200 目。将这些催化剂粉末放入管式炉中，在 5% H_2和 95% N_2的气氛下，于 550℃下高温还原 2h。管式炉的设置参数是：管式炉升温速率为 7℃/min，升温至 550℃，并保温 2h；在转子流量计的控制下，5% H_2和 95% N_2的气体流速为 15mL/min。待管式炉还原至室温后，将催化剂取出后，放置在真空干燥箱内避光保存。

（2）赤泥催化剂的制备流程：将块状赤泥放入烘箱中以 100 ~ 120℃条件下烘干 24h 进行干燥处理。取出干燥的赤泥并研磨至细小颗粒状，然后将其放入振筛机中，过 200 目筛。再将过筛后的赤泥放入管式炉中，在 N_2气氛，于不同的温度下高温活化 2h。管式炉的设置参数是：管式炉升温速率为 7℃/min，保温 2h；在转子流量计的控制下，N_2流速为 15mL/min。待管式炉还原至室温后，将催化剂取出后，放置在真空干燥箱内避光保存。最后得到活化赤泥并将其置于真空条件中进行常温避光保存。

（3）催化剂回收：首先，将反应后含有催化剂的抗生素降解液收集至烧杯中。混合纤维膜放置在布氏漏斗上后，用玻璃棒引流，将降解抗生素溶液转移到滤纸上。同时运用抽滤机对降解抗生素溶液进行抽滤。为了防止抗生素及其降解产物残留在催化剂上，采用乙醇喷洒保留在滤纸上的催化剂，静置片刻后，再将其抽干。清洗环节重复多次后，将催化剂收集至玻璃皿中，在烘箱机中于 60℃下烘干 12h，再将催化剂放入真空干燥皿中并置于冰箱内真空保存，以便后续使用。

2.4.2　催化与吸附原理

1. 气体羰基硫催化原理

改性 RM 吸附剂的制备和吸附机理见图 2.15。改性 RM 吸附剂吸附羰基硫（COS）时的主要活性物质为 RM 表面的碱、FeOOH 和 Fe_3O_4。在制备过程中，将 RM 加入 PEG 溶液中搅拌，使得 RM 表面物质分散、均匀，增加了比表面积，团聚现象减轻，通过 500℃下焙烧 8h 来调整改性 RM 的成分，增加了 FeOOH 和 Fe_3O_4的含量，最后压片成型。在吸附过程中，COS 在改性 RM 孔隙中缓慢扩散，与吸附剂表面的碱、FeOOH 和 Fe_3O_4 发生化学吸附反应，表面的—COO、

—C ═O等含氧基团参与反应，最终累积于吸附剂表面的吸附产物为 $Na_2S_2O_3$、Na_2SO_3、Na_2SO_4和 FeS_2等物质。在最佳吸附条件下是以化学吸附为主导的，同时存在物理吸附作用。

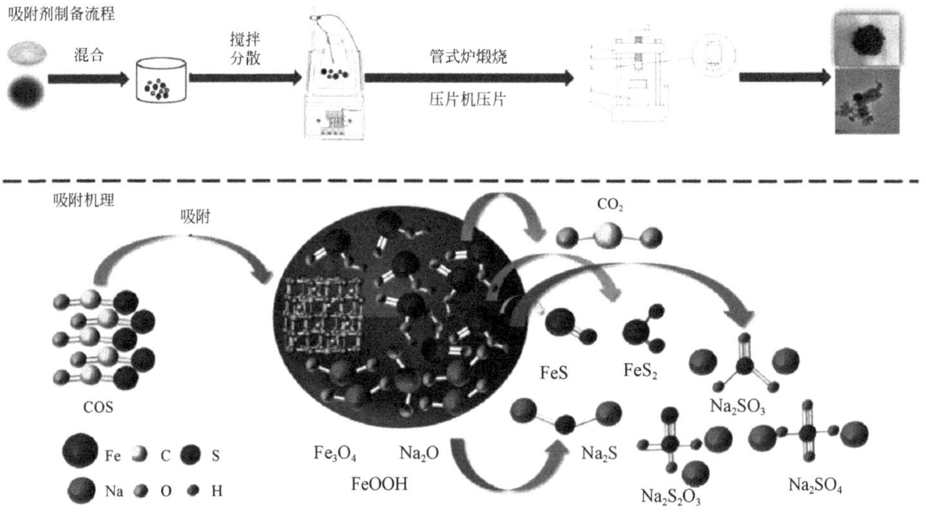

图 2.15　改性 RM 吸附剂的制备和吸附机理图

2. 吸附废水中重金属的原理

赤泥目前在水处理中用于去除有毒重金属、无机阴离子、类金属离子（包括氟、硝酸盐和磷酸盐），以及有机物如酚类化合物、染料和细菌。赤泥已被广泛认为是去除金属离子的潜在低成本吸附剂。赤泥也被用于治理纺织废液形式的染料。此外，Zhu 等[39]研究了从水溶液中去除镉离子。他们的结论是，颗粒赤泥对镉离子有适当的吸附作用。课题组采用原位还原氧化法将拜耳法赤泥中提出的 $FeSO_4 \cdot H_2O$（RM）作为铁源负载于农林废弃物核桃壳生物炭上，可以制备纳米级铁碳复合材料 Fe_xO_y-BC（RM），采用同样方法将 $FeSO_4 \cdot 7H_2O$ 作为铁源制备纳米级铁碳复合材料 Fe_xO_y-BC，其可以吸附废水中的重金属（图 2.16）。因为赤泥含有丰富的羟基活性基团和表面官能团，可用于吸附废水中的氟离子、砷酸根、磷酸盐等阴离子。又由于其中活性碱等成分的存在，其也可以用于去除重金属（图 2.17）。

从吸附机理可以看出，本研究 Fe_xO_y-BC（RM）对 Cd（Ⅱ）的吸附途径与图 2.16 中其他研究同样复杂多样。本研究利用铝土矿废渣和农林废弃物核桃壳制备了性能优良的铁碳复合材料 Fe_xO_y-BC（RM），不仅降低了吸附剂制备成本，还展示出吸附 Cd（Ⅱ）的巨大潜力。

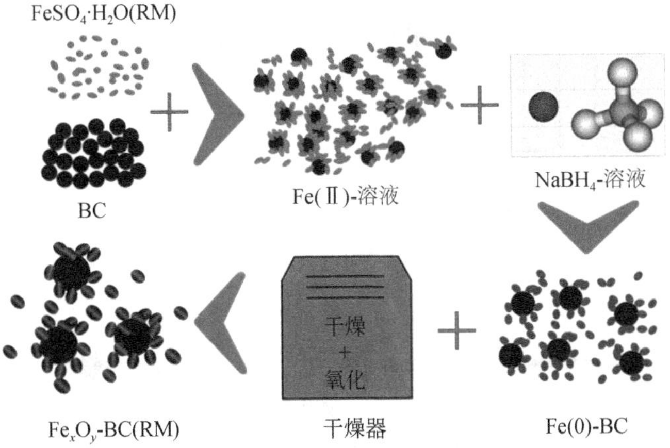

图 2.16　重金属吸附剂合成原理

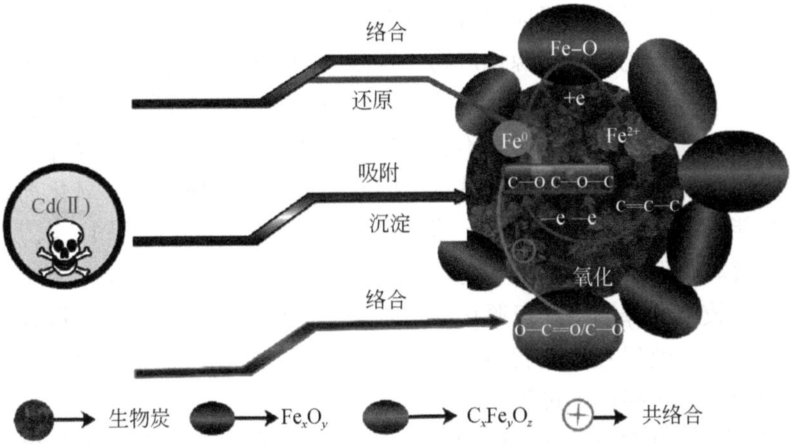

图 2.17　Fe_xO_y-BC（RM）对 Cd（Ⅱ）的吸附机理

3. 降解抗生素途径及原理

在水热体系下制药废水资源化降解诺氟沙星模拟制药废水时，在较低温度（低于 150℃）时可以达到较高的降解率、资源化利用率和较低的矿化率。而在亚/超临界体系中的实验虽然可以达到较高的降解率和矿化率，但是资源化利用率较低。造成这一现象的原因一方面是作为目标产物的有机酸类物质的存在会提高降解物中的 TOC 浓度。通过提高实验条件中反应温度和压力，虽然能突破能量壁垒，有效提高矿化率，但也会使得有机酸类产物难以保存。另一方面是诺氟沙星作为一种结构复杂的有机化合物，在氧化过程中会通过分解生成一种或多种结构碎片。若要继续氧化分解这些结构碎片，实现最终矿化成小分子物质，可能需要提高活化能。因此，诺氟沙星在水热体系下的氧化反应历程如图 2.18 所示。

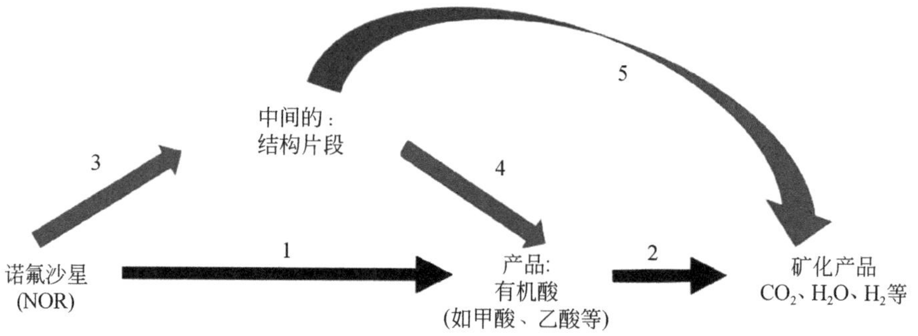

图 2.18 诺氟沙星在水热体系下的氧化反应历程

如图 2.18 所示，当反应温度和氧化剂添加量较低，且体系整体能量较低、氧化性较弱时，诺氟沙星氧化反应以过程 3 为主，分解成较多的结构碎片，且结构碎片并未能够充分转化生成资源化产物。这是因为过程 3 的活化能可能比其他过程所需要的活化能小，但是随着反应的进行，NOR 的浓度不断下降，过程 3 的作用持续减弱，仅通过增加反应时间不能够持续氧化分解产生的结构碎片，从而使诺氟沙星的氧化反应历程无法继续进行。因此通过优化反应温度、氧化剂添加剂等实验参数能够有效影响体系能量，提供反应活化能，强化过程 1、4，从而提升资源化降解率。但若当体系能量过大，会导致过程 2、5 的增强，虽然一方面能使实验获得较高的降解率和资源化产物收率，但是另一方面也会使得有机酸等资源化产物无法有效保存，使得资源化利用率降低。如图 2.19 所示，诺氟沙星的资源化途径主要包括以下过程。

（1）哌嗪环的氧化分解：由 EPR 测试结果可知，在水热体系中的氧化反应以羟基自由基为主。哌嗪环键能较弱，因此羟基自由基会优先作用于 NOR 分子中的哌嗪环，通过打开哌嗪环而生成产物 M6 和 M11。然后 M6 在 · OH 的持续作用下使得被打开的哌嗪环被进一步分解，通过脱除 C_4H_7N 后，由 M6 生成 M7。随后 · OH 自由基进攻取代 H_2N^-，由 M7 生成 M8； · OH 自由基通过直接取代 M11 中被打开的哌嗪环，由 M11 转化成 M12[41-43]。

（2）萘啶环的氧化分解：萘啶环与其相连的羧基侧链的化学键键能较小，因此 · OH 自由基会优先进攻 NOR 的萘啶环上的羧基，发生脱羧反应，从而生成产物 M1 和 M12。其中， · OH 自由基持续作用于 M1 中萘啶环上的双键结构，使萘啶环被继续氧化、开环，从而由 M1 转化成 M2。

（3）哌嗪环和萘啶环的共同氧化：由于体系中的氧化反应具有非特异性，

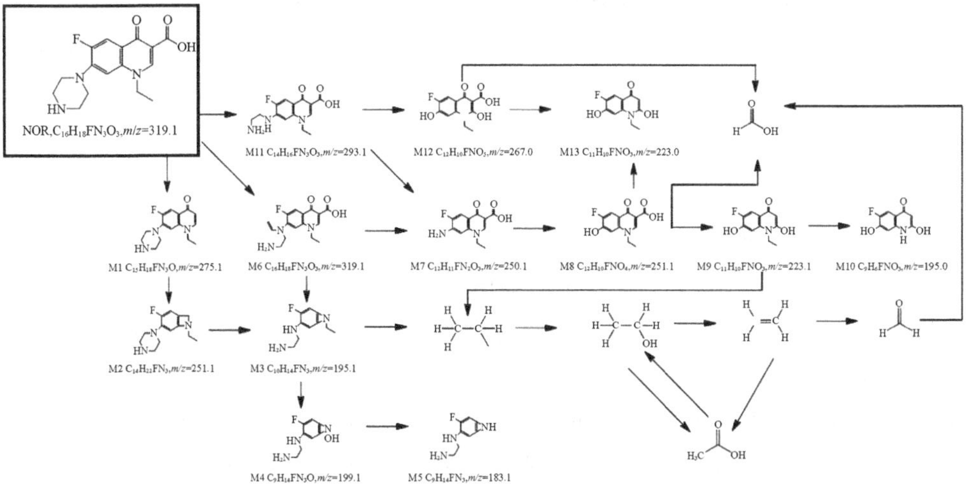

图 2.19　LC-MS 降解路径图

因此，NOR 上的哌嗪环和萘啶环的氧化分解反应大部分是同步或是多步进行的。如 M3、M4、M10、M13 等结构碎片均是经过哌嗪环和萘啶环的共同氧化反应后生成的。例如，M3 是由 ·OH 自由基与 NOR 分子中的哌嗪环和萘啶环同时发生氧化降解后生成的，随后，·OH 自由基持续进攻和取代萘啶环上的乙基，以生成 M4、M5。而 M10 和 M13 是在 ·OH 自由基取代 NOR 的哌嗪环后，继续发生在萘啶环上的脱羧和脱乙基反应后生成的。

（4）有机酸的生成转化：NOR 的主体结构主要分为苯环、萘啶环以及哌嗪环，其侧链连接着羧基、氟原子以及乙基等。由于羧基与萘啶环相连的化学键键能较小，因此在反应初始阶段会先通过脱羧反应以脱除侧链上的羧基，而羧基再与体系中存在的 ·H 相结合生成甲酸。而随着反应的进行，萘啶环被不断分解，并发生脱乙基反应。脱除后的乙基与 ·OH 结合生成乙醇。乙醇一方面能够发生脱水反应后生成乙烯，另一方面与 O_2 反应生成乙酸，其反应见式（2.26）和式（2.27）。

$$CH_3CH_2OH \longrightarrow CH_2{=}CH_2+H_2O \tag{2.26}$$

$$CH_2{=}CH_2+O_2 \longrightarrow CH_3COOH \tag{2.27}$$

而乙烯既可以在氧化条件下转化成甲醛，甲醛与 O_2 结合后生成甲酸，其反应过程如式（2.28）所示，又可以与 H_2O 发生加成反应生成乙酸。

$$CH_2{=}CH_2 \longrightarrow CH_2O+O_2 \longrightarrow CH_2O_2 \tag{2.28}$$

据 Johnston 等[44]的研究，在高温高压的体系中，赤泥含有的铝硅酸盐、硅酸钠等碱金属硅酸盐物质能够通过非均相催化将乙酸转化为乙醇。因此，该氧化降解中生成的乙酸可通过上述多步反应，最终转化成甲酸。

$$CH_3COOH \longrightarrow CH_3CH_2OH \longrightarrow CH_2 = CH_2 \longrightarrow CH_2O + O_2 \longrightarrow CH_2O_2 \quad (2.29)$$

2.5 相关技术及研究进展

2.5.1 赤泥脱硫脱硝研究进展

近些年来，国内学者对于赤泥浆液用于工业烟气直接进行脱硫方面进行了不少研究，并取得了一定的进展。于绍忠等[60]将赤泥浆液用于热电厂烟气喷淋脱硫工业化试验，其试验烟气处理量为119 732.8Nm^3/h，处理前后SO_2浓度分别为5 987Nm^3/h和1 146Nm^3/h，其脱硫效率在80%以上，该方法在工业上具有可行性，且具有巨大的经济效益和社会效益。郑州大学李慧萍、位朋、靳苏静等[62]将联合法赤泥用于工业烟气脱硫，在热电厂现场脱硫实验室进行了小型吸收塔的赤泥浆液循环吸收SO_2实验，实验配制一定液固比的赤泥浆液与设定烟气流量的SO_2在喷淋塔内充分接触吸收，当赤泥浆液$pH \geqslant 7.2$时，SO_2吸收率可达80%以上，可持续时间较长。并且通过正交试验方案得出了赤泥的液固比、烟气流量、液气比等因素对烟气中SO_2吸收率的影响的最佳工艺条件：液固比7∶1，烟气流量3.6m^3/h，液气比12L/m^3。在此条件下，赤泥吸收烟气中的SO_2的效率高达95%以上。此外，在相同条件下赤泥脱硫效果优于热电厂现行的石灰石-石膏湿法脱硫工艺。

贾帅动等[63]采用拜耳-烧结联合法以赤泥浆液为原料处理电厂工业废气，在赤泥浆液的$pH>5$时，脱硫效率可一直稳定在93%左右，脱硫反应易于发生；而当其$pH<5$时，赤泥浆液的脱硫效率开始下降，需要补充新鲜浆液以保证赤泥脱硫效率。此结论与王京刚等利用拜耳法赤泥附液吸收模拟SO_2烟气得到的结论相同。与此同时，经脱硫反应后的改良赤泥更易于实现工业废弃物赤泥的资源化利用。此外，杨国俊等[64]利用拜耳法生产氧化铝的过程中，以赤泥附液和赤泥浆液吸收电厂排放烟气中的SO_2，研究赤泥矿浆的pH与烟气中的SO_2进出口浓度、SO_2吸收量的关系。结果表明，赤泥矿浆的$pH>5$时，SO_2的出口浓度基本为零；在pH约为6时，每吨氧化铝赤泥可以吸收约20kg SO_2。由此可见，在一定pH环境下，拜耳法赤泥可以高效地吸收含硫烟气中的SO_2，达到以废治废、变废为宝的目的，可成为拜耳法生产氧化铝过程中废气、废液治理新的重要途径。

赤泥浆液吸收SO_2的脱硫过程是一个在气-液-固三相之间自发进行的物理与化学吸收的过程，对赤泥的物相分析可知，物相组成中的钙、铝、钠、铁等都可以与硫进行化学反应[65-67]。碱性的赤泥浆液在与酸性烟气接触后，烟气中的SO_2溶解在水中形成酸性溶液，与碱性赤泥浆液发生中和反应及氧化还原反应，从而与工业烟气中的SO_2发生化学反应，将SO_2中的硫转入硫酸盐中，最终达到赤泥固硫的目的。

一些学者认为赤泥干法脱硫的机理是催化氧化，但其机理阐述的文献较为罕见。而且，其机理研究还存在一些不尽完全甚至有些矛盾的地方，特别是在Fe_2O_3的固硫促进机理上，分歧比较大，有的结论甚至完全相反。成思危等[68]的研究发现Fe_2O_3的加入对硫的固定起促进作用，而且主要是促进$CaO+SO_2 \longrightarrow CaSO_3$这一反应过程。而有的研究者[69]则认为$Fe_2O_3$对CaO的固硫起阻止作用。

赤泥脱硫过程是一个较复杂的过程，赤泥干法脱硫和湿法脱硫的机理也不相同。湿法脱硫相对干法脱硫更为复杂，其涉及SO_2在气膜中的扩散阻力、化学反应阻力、SO_2在液膜中的扩散阻力、SO_2在固体颗粒周围的液膜中的扩散阻力，以及过渡金属的催化氧化作用和絮凝作用等。因此，赤泥脱硫的机理，特别是赤泥中多种离子的协同净化机理，都有待进一步深入的研究。国内外对在酸性条件下Fe液相催化氧化S（Ⅳ）的研究已有上百年历史，但其反应机理至今仍存有争议。拜耳法赤泥中含有大量的铁化合物，铁离子作为一种过渡金属能够在酸性条件下促进溶液对SO_2的吸收，目前利用磷矿浆和飞灰中铁离子进行脱硫的研究已有报道，但利用赤泥浆液中铁离子脱硫的研究报道国内外文献较为罕见。与此同时，赤泥浆液脱硫的机理在国内外也少有研究，如果可以阐明赤泥浆液中铁离子的催化氧化机理，将会大大提高赤泥矿浆脱硫的效率。

过渡金属离子液相催化氧化进行烟气脱硫是利用在溶液中加入Fe、Mn等过渡金属离子通过氧化作用来催化脱除烟气中SO_2的技术[85]。过渡金属离子液相催化氧化研究最早始于19世纪70年代，Deacon等[72]发现了液相中的Cu（Ⅱ）离子的存在能加速SO_2生成硫酸，由此越来越多的研究人员开始关注液相催化氧化SO_2。由于液相催化氧化脱硫技术不存在石灰石-石膏脱硫法的管道结垢等问题，该技术越来越受到重视，并在20世纪30年代正式被作为废气脱硫的主要方法之一。随着研究深入，人们发现Fe^{3+}、Mn^{2+}、Cu^{2+}、Al^{3+}、Zn^{2+}等过渡金属离子对SO_2的氧化均有一定的催化作用，其中以Fe^{3+}和Mn^{2+}效果最好，且Mn^{2+}的催化效果强于Fe^{3+}，而其他几种金属离子的催化活性都比较低[73]。

Fe（Ⅱ）/Fe（Ⅲ）离子是液相催化氧化脱除SO_2体系过程中最早研究的金属离子之一。Huss等[13]的研究认为Fe（Ⅲ）和S（Ⅳ）体系可在一定条件下迅速发生氧化还原反应。赖庆柯等[74]利用酸性铁离子溶液对模拟烟道气中SO_2进行净化，其研究表明酸性铁溶液去除SO_2过程中，在一定范围内存在一个最佳的Fe（Ⅲ）离子浓度，分析得知铁离子脱硫率下降的原因是Fe（Ⅱ）离子和硫酸铁配合物生成。张春风等[75]研究了Fe（Ⅲ）催化氧化S（Ⅳ）的机理和动力学，其研究认为当Fe（Ⅱ）离子浓度为0～0.01mol/L时，其氧化速率随Fe（Ⅲ）浓度的增加而加快，且继续增加铁离子的浓度，氧化速率没有明显变化；实验推测反应为自由基链反应机理。Bart 以金属 Fe（Ⅱ）对冶炼厂 SO_2尾气进行处理，实验不仅取得了对尾气中 SO_2的良好脱除效果，而且得到了 15% ~20% 稀硫酸产品，相对于传统脱硫工艺，不仅可以有效地去除 SO_2，还可以得到附加值更高的副产品[76]。

在金属 Fe（Ⅱ）/Fe（Ⅲ）离子体系中，除了用铁离子溶液去除 SO_2外，还有研究者以更为廉价的含铁矿浆脱硫。刘卉卉、宁平等[77]曾采用磷矿浆吸收低质量浓度的 SO_2，其研究表明磷矿浆脱硫效果好、脱硫时间长，脱硫后的产物可作为 H_3PO_4生产的原材料，且不产生二次污染。林剑波等[78]采用煤浆法处理烟气中的 SO_2，煤浆液中的铁离子浓度随 pH 的降低而上升，特别是当 pH 下降至 3.00 以下，Fe（Ⅲ）浓度上升明显。陆永琪等[79]利用飞灰中铁离子来吸收 SO_2，实验表明当飞灰浆液 pH 为 2 ~3 时，浆液对 SO_2的吸收量最佳，且三价铁离子的脱硫反应符合过渡态催化氧化机理。

金属离子之间的协同作用，一是可加速还原性金属离子在催化氧化还原过程中的氧化过程；二是通过协同作用可使催化氧化速率大于单一金属离子的催化氧化速率。有研究人员通过分析动力学过程提出 Fe-Mn 得以发生协同作用是因为 Mn（Ⅱ）的存在能极大地加速液相催化氧化过程中 Fe（Ⅲ）的链引发过程。许丽等[80]利用低浓度 Fe（Ⅱ）-Mn（Ⅱ）协同催化氧化去除烟气中 SO_2，结果表明其脱硫效果显著，并在该实验确定的条件下，0.0005mol/L 的 Fe（Ⅱ）-Mn（Ⅱ）混合溶液就可使脱硫达到99%。

对于多元金属离子之间的协同作用目前的研究较少。其中宁平等[77]曾对 Fe（Ⅱ）、Mn（Ⅱ）、Zn（Ⅱ）、Al（Ⅲ）之间的协同作用即液相催化氧化性能进行了实验室小试研究。当四种金属离子溶液的浓度分别为 Fe（Ⅱ）1%、Mn（Ⅱ）0.5%、Zn（Ⅱ）0.5%、Al（Ⅲ）3%时脱硫效果最佳。

综上所述，利用赤泥脱除 SO_2的效率较高，且固体废弃物赤泥脱除大气污染物 SO_2，具有以废治废等优点，从环保和经济的角度来看具有广阔的应用前景。然而，当前赤泥脱硫工业化存在如脱硫设备结垢等问题，且赤泥脱硫机理方面的研究较少。同时，为进一步提高赤泥脱硫效率，我们需要系统地研究拜耳法赤泥脱硫的脱硫特性以及脱硫机理，这对赤泥脱硫工业化具有一定的指导意义。

2.5.2 添加剂强化赤泥脱硫脱硝进展

1. 添加剂强化臭氧氧化脱硫脱硝

湿法脱硫技术具有运行稳定、操作简单等特点，在工业烟气脱硫过程中得到广泛应用。然而，由于烟气中 NO_x的主要成分是 NO，NO 在水中的溶解度小，湿

法吸收技术对 NO_x 的去除受到了抑制，这使得湿法吸收技术无法在烟气脱硝中得到大规模的推广应用[81]。因此，有效地吸收、催化 NO，或者将 NO 氧化为溶解度更高的 NO_2 和 N_2O_5 等高价态 NO_x，是促进湿法吸收脱除工艺中脱硝性能的最关键。湿法脱硝技术主要包括酸吸收法、碱吸收法、氧化还原吸收法和络合吸收法[82-83]。

岑超平等[84-87]使用尿素作吸收剂，在其中加入有机胺类、卤化物类、磷酸盐类、弱有机酸类添加剂，发现这些添加剂的加入在一定程度上可以提升溶液的脱硝效率。韩少强[88]研究了无机添加剂（溴化钾、碘化钾）、有机添加剂（乙二胺、三乙醇胺）、表面活性剂类添加剂（EDTA、柠檬酸钠）、带特殊官能团表面活性剂类添加剂（LAO-30、CMEA）等不同种类添加剂对尿素溶液去除 NO 的影响，发现不同种类添加剂都能在一定程度上增加 NO 脱除率，只是增加程度不同。其中 LAO-30 对 NO 脱除率的增强效果比较明显，在 LAO-30 质量浓度为 0.04%时，NO 的脱除率可以达到 76.8%，相比尿素单独脱硝，LAO-30 脱硝效率提高了 20%。王颖[89]探究了添加剂过硫酸铵和硫氰酸铵对亚硫酸铵与尿素组成的吸收液脱硝效率的影响，结果表明过硫酸铵对吸收液脱硝的促进效果优于硫氰酸铵，并且二者的作用机理不同。过硫酸铵通过氧化作用促进脱氮，而硫氰酸铵只有在被 O_2 氧化后才表现出促进脱硝的特性，且过量的硫氰酸铵反而对脱硝过程起到抑制作用。

Kameda 等[90]使用特制的 Mg-Al 浆液结合 H_2O_2 吸收 NO 和 NO_2，发现 NO_2 的去除效率和 NO_x 在水中的溶解度会随 H_2O_2 浓度的增加而增加。H_2O_2 会把 NO 和 NO_2 直接氧化为 NO_3^-。

$$2NO+3H_2O_2 \longrightarrow 2NO_3^-+2H^++2H_2O \tag{2.30}$$

$$2NO_2+H_2O_2 \longrightarrow 2NO_3^-+2H^+ \tag{2.31}$$

Wang 等[91]采用 $FeSO_4$、$FeCl_2$、$Fe_2(SO_4)_3$、$MnSO_4$、$MgCl_2$ 作为 $CaSO_3$ 浆液的添加剂，促进 NO_2 的吸收，实验发现金属盐能与 SO_3^{2-} 之间形成络合物，促进 NO_2 的吸收，其中 Fe^{2+} 离子对 NO_2 吸收的促进效果最好。Xu 等[93]以氢氧化钠为吸收剂，用 O_3 将 NO 氧化为 NO_2 进行吸收，发现高锰酸钾的添加可以促进碱液对 NO_2 的吸收，当 $NO/NO_2=1$、添加的高锰酸钾浓度为 0.025mol/L 时，NO_x 的去除率可以达到 97.86%。高锰酸钾可以增强碱液对 NO_x 的吸收能力，但高锰酸钾性质活泼，有强氧化性，且价格高、制作工艺复杂，不利于大规模的工业应用。Shap 等[94]研究发现设置 O_3/NO 摩尔比为 1，使用 KI 作添加剂可以促进 Na_2CO_3 溶液对 NO_2 的吸收，NO_x 的去除率随添加剂浓度的增加而增加，脱硝率最高可以达到 95%。张梦笛[95]使用 $MgSO_3$ 为吸收剂、邻苯二酚为添加剂进行湿法脱硝试验，结果表明添加少量的邻苯二酚就能强化 $MgSO_3$ 浆液对于 NO_2 的吸收，邻苯二酚主要作为自由基反应剂来达到抗氧化作用，同时还可与 NO_2 直接反应形成4-硝基邻苯二酚。

赵烨[96]研究了 MgO 中添加 $NaClO_2$ 作为氧化剂同时脱硫脱硝的实验，当 $NaClO_2$ 浓度达到5mmol/L后，NO的脱除率为68.94%。Wu等[97]在MgO浆液为吸收剂的脱硫脱硝过程中，加入三乙醇胺作为添加剂以促进脱硝，研究表明，添加三乙醇胺有利于提高脱硝率，脱硝率可以从78%提高到98%，不同浓度的三乙醇胺对脱硝效果不同，最佳添加量是0.01mol/L。NO_2 被吸收，主要产生 NO_2^- 和 NO_3^-，其中以 NO_2^- 为主。孙承朗[98]在研究中加入了硫代硫酸钠、抗坏血酸和对苯二酚，通过抑制 SO_3^{2-} 的氧化来提高脱硝率。

王智化等[99]用 O_3 结合尾部湿法洗涤（吸收液为水）的方法对模拟锅炉烟气中的 SO_2、NO_x 进行脱除，在反应器温度为100℃，O_3/NO摩尔比为0.9时，SO_2 几乎完全被水吸收，而 NO_x 的去除率能达到86.27%。杨业等[100]利用 O_3 结合湿法喷淋（吸收液为硫代硫酸钠）对模拟烟气同时脱硫脱硝，在 O_3/NO摩尔比为1.1~1.2时，增加吸收液浓度能促进对 NO_x 的吸收，吸收产物主要含有的阴离子包括 SO_4^{2-}、NO_2^- 以及少量 NO_3^-。Sun等[101]采用 O_3 结合自制鼓泡反应器（吸收液为锰矿浆）对烟气脱硫脱硝，研究结果表明，锰矿浆中的 MnO_2 可以将 SO_2 和 NO_2 氧化成 $MnSO_4$ 和 $Mn(NO_3)_2$，当进口NO浓度为750ppm，进口 O_3 浓度为900ppm，锰矿浆浓度为500g/L，温度为25℃时，NO_x 的去除率能达到82%且Mn的浸出率在80%~86%。

目前，O_3 氧化吸收技术已有工业化的例子。LoTOx是美国BOC开发的一个低温氧化技术，其原理就是利用 O_3 与 O_2 混合，将烟气中NO氧化成高价态 NO_x，然后通过洗涤的方式以产物为 HNO_3 的形式去除，对 NO_x 的去除范围为70%~90%[117]。因此，我们将吸收液替换成赤泥浆液，有望成为一种新型的臭氧氧化脱硝技术。

2. 泥磷强化臭氧脱硫脱硝

美国加州大学劳伦斯伯克利国家实验室（Lawrence Berkeley Laboratory，LBL）最早开发出来的含碱（$CaCO_3$）黄磷乳浊液同时去除 SO_2 和 NO_x 的方法被命名为 $PhoSNO_x$ 技术，该技术是通过喷射含碱的黄磷乳浊液，使之与烟道气中的气流逆向接触，黄磷乳浊液与 O_2 接触产生的 O_3 和O将NO氧化为易溶于水的 NO_2，NO_2 溶解转化为 NO_2^- 和 NO_3^-，SO_2 则溶于水被转化为 HSO_3^-/SO_3^{2-}，大部分 HSO_3^-/SO_3^{2-} 与 O_2 反应产生 H_2SO_4，另一部分 HSO_3^-/SO_3^{2-} 与 NO_2 反应产生S-N化合物，最终水解为 $(NH_4)_2SO_4$ 和石膏除去。Bchtel公司对LBL · $PhoSNO_x$ 技术进行验证，试验结果表明，NO浓度范围在60~600ppm，L/G>60（gal/min）/

(1000cuft/min) 时，化学计量比 P/NO 可低至 0.6，NO 的去除率能达到 90% 以上，与传统的 SCR 法相比，不但可以获得高效的 NO 去除率，而且大大降低了设备费和成本预算，该技术工艺流程如图 2.20 所示。

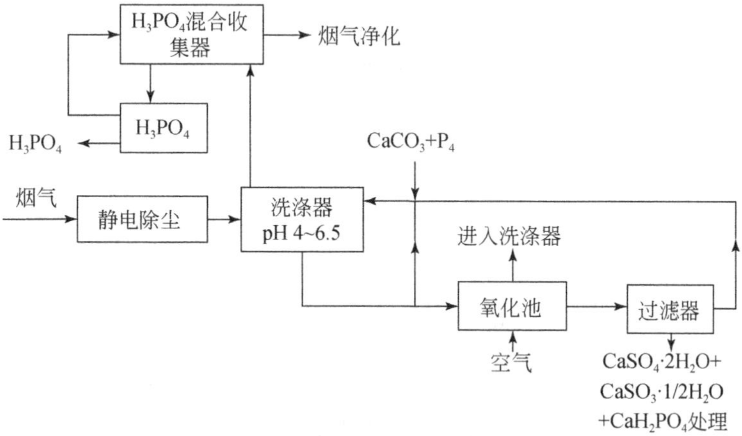

图 2.20　湿法 $PhoSNO_x$ 系统工艺流程图[118]

近年来，国内许多研究学者在 $PhoSNO_x$法的基础上，利用我国矿产资源丰富的特征（如石灰石、磷矿、熔炼炉铜渣等）开发出新型高效的同时脱硫脱硝技术，这些矿产资源的组成成分中都不同程度地含有碱性的金属物质（表 2.3），从而来代替 $CaCO_3$作为吸收液的 pH 缓冲剂，使溶液的 pH 维持在适宜的吸收范围内，既可以实现大气污染物的治理，又可以实现废弃物的资源化利用，而且工艺流程简单，价廉易得，还可以达到“以废治废”的目的，具有一定的环保和经济效益[109-116]。

表 2.3　不同矿产资源组成成分　　（质量分数,%）

矿品	成分						
磷矿	P_2O_5	MgO	CaO	SiO_2	Fe_2O_3	Al_2O_3	F
	26.5	1.1	41.6	20.9	0.8	1.6	3.0
熔炼炉铜渣	Fe	O	Si	Ca	Zn	Al	
	41.66	31.44	14.93	2.84	2.74	1.89	

泥磷是生产黄磷过程中形成的一种含 P_4的有害物质，主要是由单质磷、粉尘杂质和水组成，与黄磷成分相似，理化性质也类似。泥磷中的含磷量随着精制程度不同而有所差异，一般含磷 5% ~ 50%，其他杂质主要为 SiO_2、CaO、C、Fe_2O_3、As、F、Al_2O_3等，其余是水[119]。根据泥磷中磷元素含量的高低，可以将其分为富泥磷、贫泥磷和弱泥磷。一般来说，泥磷中磷元素的含量在50% ~60%

称为富泥磷，富泥磷主要是来自粗磷精制过程中分离产品后的剩余物质；泥磷中磷元素的含量在20% ~40%称为贫泥磷，贫泥磷主要来自各个分离工段产生的剩余污泥[120]。此外，还有从黄磷污水处理系统产生的污泥，其中磷含量低于5%的称为弱泥磷[121]。电炉法制磷的过程中产生的泥磷组成分类见表2.4[122]。

表2.4　不同来源的泥磷组成[123]

来源	组成					分类
	湿基/%			干基/%		
	磷	固体杂质	水分	固体杂质	磷	
精磷槽放出	87.70	2.0	19.10	2.45	97.55	富泥磷
预沉器收集	62 ~51	20	18	25 ~28	75 ~72	富泥磷
污水沟	20 ~40	40 ~25	40 ~35	17 ~39	33 ~61	贫泥磷
平流池	1.38 ~3.5	19.5 ~29.6	79 ~67	89.2 ~93.5	6.4 ~10.7	弱泥磷

泥磷作为黄磷的副产物，成分与黄磷相似，因此泥磷理论上也具有脱硫脱硝的能力。泥磷中有用的磷资源以及 Fe^{3+}等过渡金属离子反应产生 O_3，从而有效地催化氧化脱除 NO_x，NO_x的去除率可达80% ~96%[124,125]。磷矿浆法烟气脱硫是以磷矿中过渡金属铁离子为催化剂，利用烟气中剩余的 O_2，将溶液中 H_2SO_3催化氧化为 H_2SO_4，不断增加溶液的硫容量和吸收烟气中 SO_2的能力，达到脱硫的目的[126-128]。梅毅等[127]在此基础上开发出了一种利用磷矿浆和泥磷脱除锅炉烟气中 SO_2和 NO_x的新方法。贾丽娟等[107]通过向磷矿浆中加入泥磷乳浊液，将 $PhoSNO_x$法与磷矿浆液相催化氧化脱硫脱硝技术相结合，探究新型高效脱硝技术，试验结果表明：反应温度为60℃，气流量为300mL/min，氧含量为20%，泥磷乳液固液比为0.125g/mL，系统运行880min时，脱硫率为99%，系统运行860min后，脱氮率仍为99%。

宁平等[105]公开了一种利用磷矿粉和泥磷对烟气脱硫脱硝并副产硝酸磷肥的系统及方法，使烟气中的 SO_2和NO达到排放标准，并采用 NH_4HCO_3氨化磷酸得到硝酸磷铵肥料，废水经处理后返回作为配浆使用，硝酸磷铵肥料具有速效的硝基氮 NO_3^-与水溶性 P_2O_5，以及长效氨态氮 NH_4^+与枸溶性 P_2O_5。图2.21为磷矿浆添加泥磷脱硫脱硝一体化工艺流程图[130]，先将燃煤锅炉烟气通入氧化塔，泥磷与磷矿混合作为氧化吸收剂，使其与烟气逆向充分接触反应，泥磷中单质磷可与烟气中的 O_2反应产生 O_3，其将烟气中的难溶于水的NO氧化为高价态的 NO_x，然后将烟气依次通入一级和二级吸收塔，磷矿浆可循环吸收烟气中的硫化物和 NO_x，生成相应的盐类，反应后的磷矿浆可回收用于湿法磷酸的生产，净化后的烟气经除沫器排空[129]。

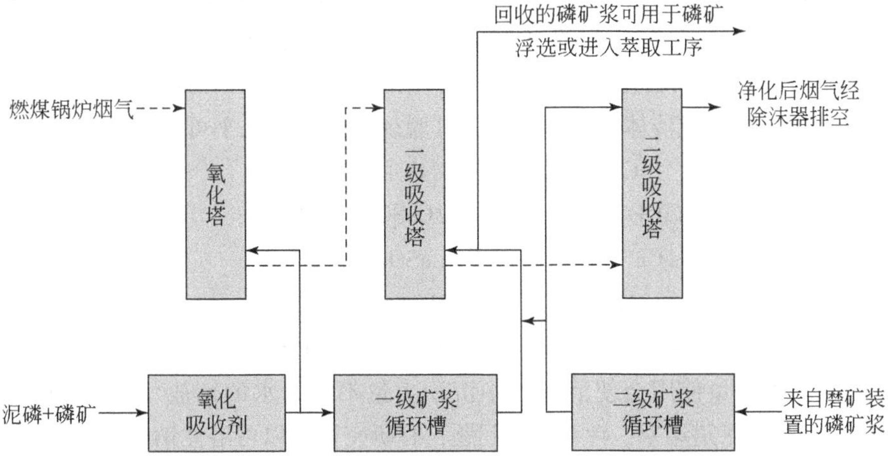

图 2.21　磷矿浆添加泥磷脱硫脱硝一体化工艺流程图[130]

贾丽娟等[107]开展了泥磷用于烟气脱硝的实验研究，从双膜理论的气液传质动力学角度分析了泥磷烟气脱硝过程的气液传质动力学。根据泥磷吸收 NO 的特性，研究了在不同的反应温度（298.15～343.15K）下，泥磷烟气脱硝过程中的气液传质系数、总传质系数等动力学参数随温度的变化情况，并计算了 NO 的气液传质阻力增强因子。在动力学研究中，脱硝的传质过程是由双膜控制的，在反应温度范围内，随着温度升高，NO 的气相和液相传质系数都呈逐渐上升的趋势，但在 343.15K 时降低；根据计算结果，$K_{G,NO}=k_{G,NO}$，$K_{L,NO}\approx k_{L,NO}$，液相传质阻力占由分压差为推动力的总传质阻力的 90% 以上，为双膜控制的过程；NO 的液相传质阻力随温度的升高而降低，说明温度升高后逐渐由气膜控制主体反应。

王访等[108]采用磷化工行业的固体废物泥磷液相催化氧化氮氧化物。实验结果表明，该方法是可行且有效的。随着温度的升高，泥磷吸收液的脱硝效率提高，当温度达到泥磷熔点时脱硝效率最佳。泥磷吸收液的脱硝效率随固液比的增大而有所下降，而随着 NO 体积分数和气体流量的增大，泥磷吸收液的脱硝效率呈先升后降的趋势。各因素对脱硝率的影响大小顺序为：气体流量>反应温度>固液比>NO 体积分数。在反应温度 60℃、固液比 1∶4、NO 体积分数 0.03%、气体流量 0.3L/min 的最佳工艺条件下，反应 160min 的平均脱硝率可达 97.38%。

3. 其他混合成分脱硫脱硝

（1）黄磷乳浊液+石灰石：石灰石–石膏法中使用的脱硫剂–石灰石是一种较好的 pH 缓冲剂，对 SO_2 有较好的吸收效果。因此，国内外学者首先想到的是将黄磷氧化脱硝与石灰石–石膏法相结合进行同时脱硫脱硝。黄磷乳浊液主要是能

有效地去除 NO_x，由于黄磷乳浊液根本不与 HSO_3^- 反应，因此 SO_2 主要由碱性的石灰石来吸收，NO 被体系生成的 O_3 和 O 迅速有效地转化为高价态 NO_x，黄磷被氧化为 P_2O_5，最终它们转化成含有磷酸盐、硝酸盐和硫酸盐的有价值的潜在肥料，从而免除了对固体或液体废物的处理，其脱硫、脱硝率几乎可达 100%[131-133]。

$$CaCO_3+2H^+ \longrightarrow Ca^{2+}+CO_2\uparrow+H_2O \quad (2.32)$$

$$2CaCO_3+2SO_2+O_2 \longrightarrow 2CaSO_4+2CO_2 \quad (2.33)$$

$$SO_3^{2-}+Ca^{2+}+1/2H_2O \longrightarrow CaSO_3 \cdot 1/2H_2O \quad (2.34)$$

$$HSO_3^{2-}+NO_2^- \longrightarrow HON(SO_3)_2^{2-}+OH^- \quad (2.35)$$

$$3HSO_3^{2-}+NO_2^-+H_2O \longrightarrow NH_4^++3SO_4^{2-}+H^+ \quad (2.36)$$

石灰石的大量使用会使清洗塔中沉积大量不溶于水的钙盐［如 $Ca(OH)_2$ 和 $CaCO_3$ 等］造成管道堵塞。针对上述问题，有研究发现以可溶性钠盐，如亚硫酸钠（Na_2SO_3）、亚硫酸氢钠（$NaHSO_3$）、碳酸钠（Na_2CO_3）、碳酸氢钠（$NaHCO_3$）等代替石灰浆作吸收剂，与黄磷联用来进行工业烟道气处理，不但脱硝、脱硫效率完全可以与石灰石浆法媲美，而且完全避免了不溶物对清洗塔的堵塞[134]。在不同黄磷浓度，不同 pH 条件下，不同介质对不同浓度 NO 的去除率结果如表 2.5 所示，虽然工业碳酸钠的成本比石灰石浆要略高一些，但对于清洗塔的堵塞处理所造成的巨大的电力以及人力、物力的消耗要节约很多倍[135]。

表 2.5　不同黄磷浓度、pH、介质对不同浓度 NO 的去除率结果[136]

P_4/g	NO/ppm	吸收剂	pH	NO 去除率/%	平均	P/NO
1	58	$NaHCO_3$	9～5	100	95.2	4.1
3	62	$NaHCO_3$	9～5	100	88.5	5.3
1	50	Na_2SO_3	6～4	100	75.4	2.7
3	50	Na_2SO_3	6～4	100	84.3	4.8
1	300	Na_2SO_3	6～4	100	75	0.82
3	300	Na_2SO_3	6～4	98	78.2	1.1
12	300	Na_2SO_3	6～4	99	77.9	3.2
3	610	Na_2SO_3	6～4	96	63	0.65
12	610	Na_2SO_3	6～4	98	79	1.3

（2）黄磷乳浊液+磷矿：磷矿含有 Fe_2O_3、MgO、MnO 以及稀土元素 La、Ce 等，因此，可以利用磷矿浆中过渡金属离子的催化作用联合黄磷乳浊液氧化作用对烟气中的 SO_2 及 NO 进行催化氧化，来达到同时脱硫脱硝的目的[137]。黄磷磷矿浆复合吸收液具有较好的脱硝效果，通过控制适宜的条件，脱硝率可达 99% 以

上，在同时脱硫脱硝的探索性试验中，SO_2和 NO_x的脱除率均在 90% 以上，出口浓度分别小于 200mg/m^{3}和 100mg/m^3，说明黄磷磷矿浆复合吸收液具有良好的同时脱硫脱硝的能力，且能满足工业需求[138]。在该反应中，黄磷与 O_2生成 O_3的反应并非以气相反应为主，黄磷与 O_2的反应存在液相反应且以液相反应为主，O_3的产生主要来自液相中气液的接触反应，黄磷反应后有一小部分（约 30%）转化为 H_3PO_4留在了液相，大部分（约 70%）以 P_2O_5颗粒的状态进入了气相[139]。此外，磷矿浆中所含的 Fe_2O_3在酸性条件下迅速由固相进入液相中析出形成 Fe^{2+}、Fe^{3+}，Fe^{2+}与烟气中 NO 发生络合反应生成$[Fe(NO)]^{2+}$，通过烟气中的 O_2对$[Fe(NO)]^{2+}$进行氧化，含氧量不断增加促使络合反应不断向右进行，同时 Fe^{2+}氧化成 Fe^{3+}[140]。在复杂的反应体系下，生成的中间产物 Fe^{3+}具有和过氧化物相似的强氧化性，且 Fe^{3+}还可在 SO_2反应的过程中起催化剂的作用，获得持续高效的 SO_2去除率[141]。

$$Ca_5FPO_3+H^+ \longrightarrow PO_4^{3-}+F^-+Ca^{2+} \tag{2.37}$$

$$Fe^{2+}+NO \longrightarrow [Fe(NO)]^{2+} \tag{2.38}$$

$$4[Fe(NO)]^{2+}+O_2+4H^+ \longrightarrow 4Fe^{3+}+4NO+2H_2O \tag{2.39}$$

$$SO_2+H_2O+Fe^{3+} \longrightarrow 2H^++SO_4^{2-}+2Fe^{2+} \tag{2.40}$$

$$SO_2+O_2+Fe^{2+} \longrightarrow SO_4^{2-}+Fe^{3+} \tag{2.41}$$

（3）黄磷乳浊液+熔炼炉铜渣：有色金属冶炼渣含有大量的 Fe、Mn 等过渡金属，可以参与 SO_2和 NO 的液相催化氧化。肖荷露[118]将五种有色金属冶炼渣与黄磷乳浊液复合，发现脱硫率基本都能达到 95% 以上，而熔炼炉铜渣的脱硝率最佳，这是因为熔炼炉铜渣中金属铁离子的含量最高（表 2.3），有研究表明铁离子的水解产物具有高效催化氧化 NO 的作用[142]。黄磷的存在状态关系着黄磷分散性能，当黄磷为固体蜡状时，黄磷不能形成乳浊状，分散流动性差；当黄磷状态为淡黄色油状时具有最好的 SO_2和 NO 转化率，随着黄磷慢慢被氧化，生成颗粒状物质，黄磷失活，脱硝率降低[143]。反应后有白色晶体 P_2O_5生成，P_2O_5与水反应生成 H_3PO_4，SO_2溶于水生成 H_2SO_4，NO_x被吸收生成 HNO_3和 HNO_2，Fe 等元素在这些酸性氛围下从固相转移到了液相，浸出转化为铁离子，并且参与催化氧化反应，通过还原自身的价态来对反应进行催化氧化，在多种金属离子的协同作用下，催化氧化作用会更强烈，浆液对 SO_2和 NO 的脱除效果更好[144]。

2.5.3　赤泥基吸附剂研究进展

传统的去除 Cd（Ⅱ）的方法有化学沉淀法、离子交换法、电化学法和膜过滤法等，虽然这些方法对 Cd（Ⅱ）的去除效果较好，但不可避免地存在成本高、能耗大、二次污染和对一定浓度范围的选择性等问题[145]。吸附法以其独特的优势被广泛应用于去除重金属离子，而吸附剂的选择起着至关重要的作用，因此，廉价、丰富、高效的铝土矿渣和生物炭等吸附材料在重金属去除领域具有巨大的潜力[146]。

目前可用于处理重金属镉 Cd（Ⅱ）的材料多种多样，如赤泥[147]、腐殖酸[148]、生物炭[149]、赤铁矿[150]等，通过化学沉淀、离子交换、电化学等原理从污染环境中去除镉。赤泥土矿渣中 Cd（Ⅱ）的去除主要取决于其高碱度、富含金属氧化物等物理性质，赤泥铝土矿渣经过热处理、酸化和金属离子改性后，其孔隙结构和官能团发生了变化，对 Cd（Ⅱ）的去除效果较好[151]。赤泥对于重金属镉 Cd（Ⅱ）的吸附研究已经非常成熟，早期的研究如赤泥单独吸附镉 Cd（Ⅱ），罗旭等[152]的研究表明当赤泥投加量为 1g/L，Cd（Ⅱ）初始浓度为 10mg/L，吸附时间为 1h，温度为 25℃时，处理效果最佳，吸附效率达 95.32%。

赤泥对重金属离子的吸附研究相对成熟，表 2.6 主要总结了赤泥对几种重金属的吸附研究。结果表明，赤泥对不同重金属离子的吸附量差距显著，这主要是由赤泥的特性和改性方法决定的。近年来，改性赤泥对重金属离子的吸附性能与 Wang 等[154]总结的结果相比，普遍有了很大的提高。常见的重金属离子，如 Cu^{2+} 等，赤泥对其的吸附效率可保持在 90% ~98%[155]。赤泥的吸附性能受到多种因素的影响，如赤泥表面性质、改性方法、吸附剂制备条件、金属离子类型、吸附条件等。

表 2.6 改性赤泥吸附典型重金属离子

重金属	吸附剂	改性方法	最大吸附量/(mg/g)	最佳 pH	吸附量区间/(mg/g)	吸附机理
Ni^{2+}	赤泥[154]	—	27.4	5	10 ~ 50	通过沸石的孔和晶格的通道进行离子交换
	BRM0.05[155]	酸化	6.76	4		
	RBRM600[156]	蒸馏水+干燥	27.54	3.5		
	磁性 4A 沸石[157]	碱熔+酸浸	41.15	—		
Cu^{2+}	赤泥[163]	—	78.125	—	30 ~ 100	铝和铁氧化物的存在使得 Cu^{2+} 通过特定的球内键而被带正电荷的表面吸附
	Magnetic 4A-zeolite[157]	碱熔+酸浸	35.59	—		
	赤泥[158]	酸化	5.35	5		
	TRM[159]	热活化	132.184	5 ~ 5.5		
Cd^{2+}	RM500[160]	热活化	42.64	6.57	20 ~ 60	通过沸石的孔和晶格的通道进行离子交换
	纳米颗粒赤泥[161]	纳米粒子研磨	23.604	6.5		
	HARM[162]	热活化	55.19	>9		
	Magnetic 4A-zeolite[157]	碱熔+酸浸	56.5	—		

续表

重金属	吸附剂	改性方法	最大吸附量/(mg/g)	最佳 pH	吸附量区间/(mg/g)	吸附机理
Pb^{2+}	磁性碳氢化合物[164]	共水热	47.656	5.5±0.1	50～100	与 Pb^{2+} 发生螯合作用去除 Pb^{2+}
	碳化赤泥[165]	碳化	94	8.2		
	Magnetic 4A-zeolite[155]	碱熔+酸浸	100	—		
	硅化赤泥[166]	酸化+APTES	361	6		
Cr^{3+}/Cr^{6+}	碳化赤泥[165]	碳化	2.6～20.8	8.2	10～50	吸附和还原
	ARM[167]	酸化+氨水沉淀	—	5.21		
	ZVI@ GRM[168]	负载零价铁	51.55	5.21		
	BRB[169]	$FeCl_3$	33.38	5.5		
Zn^{2+}	Magnetic 4A-zeolite[165]	碱熔+酸浸	45.45	—	50～100	阳离子交换是主要吸附机制
	P-200[170]	水热法	89.6	4		
	ANRM[171]	CO_2 中和	51.867	6		
As^{3+}/As^{5+}	CRM[172]	分散在壳聚糖中	0.32	7	0.5～20	表面羟基形成内球络合物而被吸附
	铁基赤泥污泥[172]	$FeCl_2$	0.60	4～8		
	Fe_3O_4-NPs[173]	$NaOH+Fe^{2+}/Fe^{3+}$ ：1.75+ $NH_3\cdot H_2O$	0.4	2.58		
	RMA[174]	NaOH/NaCl+HCl	27.8	2.58		

参考文献

[1] 李彬，吴恒，王枝平，等．碱性固废赤泥脱硫脱硝研究进展［J］．硅酸盐通报，2019，(5)：1401-1407，1419.

[2] 刘树仁，谢刚，李荣兴，等．氧化铝厂废渣赤泥的综合利用［J］．矿冶，2015，24（03）：72-75.

[3] 赵改菊，路春美，田园，等．赤泥的固硫特性及其机理研究［J］．燃料化学学报，2008，(3)：365-370.

[4] 高修涛．赤泥用作环境化学污染物吸附净化材料的研究［D］．烟台：烟台大学，2009.

[5] 王学谦．硫化氢废气的燃烧-吸收法净化研究［D］．昆明：昆明理工大学，2001.

[6] 宁平，王学谦．氧化铝厂硫化氢废气燃烧法处理研究［J］．环境工程，2001，19（2）：3.

[7] 姜怡娇．赤泥脱硫剂净化低浓度硫化氢废气的试验研究［D］．昆明：昆明理工大学，2003.

[8] 杨金姬．赤泥用于工业烟气脱硫的实验研究［D］．郑州：郑州大学，2012.

[9] 位朋，李惠萍，靳苏静，等．氧化铝赤泥用于工业烟气脱硫的研究［J］．化工进展，2011，(S1)：344-347.

[10] 左晓琳，李彬，胡学伟，等．氧化铝厂赤泥烟气脱硫的研究进展［J］．矿冶，2017，26（2）：52-55.

[11] 杨夕，张玉，周集体，等．FeⅢ催化氧化SⅣ动力学研究［J］．环境工程，2009，(S1)：322-325.

[12] 刘丽梅．烟气脱硫液相氧化制硫酸新方法的探索［D］．天津：天津大学，2012.

[13] Huss A，Lim P K，Eckert C A．Oxidation of aqueous dioxide．Ⅱ．High-pressure studies and proposed reaction mechanisms［J］．Journal of Physical Chemistry，1982，86（21）：4229-4233.

[14] He Z Q，Liu J R．RETRACTED ARTICLE：The study of the machanism of iron-based transition state oxides catalytic oxidative desulfurization［J］．2011：1-4.

[15] Vasishtha N，Someshwar A V．Absorption characteristics of sulfur dioxide in water in the presence of a corona discharge［J］．Industrial & Engineering Chemistry Research，1988，27（7）：1235-1241.

[16] 祝丽萍，倪文，高术杰，等．赤泥-矿渣-石膏-少熟料胶凝材料的初期水化过程［J］．硅酸盐通报，2012，31（4）：766-770.

[17] 刘宏芳，钱天伟，张敏刚．利用黄铁矿去除地下水中Se（Ⅳ）污染的XPS分析［J］．光谱学与光谱分析，2015，(2)：543-546.

[18] Hwang J，Rao R R，Giordano L，et al．Perovskites in catalysis and electrocatalysis［J］．Science，2017，358（6364）：751-756.

[19] Kim C H，Qi G，Dahlberg K，et al．Strontium-doped perovskites rival platinum catalysts for treating NO_x in simulated diesel exhaust［J］．Science，2010，327（5973）：1624-1627.

[20] 王悦．BaZrO3/赤泥催化剂的制备及催化氧化烟气的NO的研究［D］．北京：北京化工大学，2013.

[21] Hu Z P，Zhu Y P，Gao Z M，et al．CuO catalysts supported on activated red mud for efficient catalytic carbon monoxide oxidation［J］．Chemical Engineering Journal，2016，302：23-32.

[22] Lammier J F．Utilization of red mud catalytic properties in selective reduction of nitric oxide by ammonia［J］．Gen Precedes，1995，(9)：31-36.

[23] Hammond K，Mishra B，Apelian D，et al. CR3 Communication：red mud-A resource or a waste?［J］．JOM：the Journal of the Minerals，Metals & Materials Society，2013，65（3），340.

[24] Pepper R A，Couperthwaite S J，Millar G J．A novel akaganeite sorbent synthesised from waste red mud：application for treatment of arsenate in aqueous solutions［J］．Journal of Environmental Chemical Engineering，2018，6（5）：6308-6316.

[25] Li P，Liu Z，Yan H，et al．Recover iron from bauxite residue（Red Mud）［J］．IOP Conference Series Earth and Environmental Science，2019，252：042037.

[26] Yang Y，Wang X，Wang M，et al．Recovery of iron from red mud by selective leach with oxalic acid［J］．Hydrometallurgy，2015，157：239-245.

[27] Zhang X K，Zhou K G，Chen W，et al．Recovery of iron and rare earth elements from red mud through an acid leaching-stepwise extraction approach［J］．Journal of Central South University，2019，26（2）：458-466.

[28] 吴烈善，苏翠翠，吕宏虹，等．赤泥酸浸出铁、铝的工艺条件研究及其表征 [J]．工业安全与环保，2014，(12)：4.

[29] Pepper R A, Couperthwaite S J, Millar G J. Comprehensive examination of acid leaching behaviour of mineral phases from red mud: recovery of Fe, Al, Ti, and Si [J]. Minerals Engineering, 2016, 99: 8-18.

[30] Xiao L , Yhab C , Fh D , et al. Characteristic, hazard and iron recovery technology of red mud-a critical review [J]. Journal of Hazardous Materials, 2021: 126542.

[31] 陈红亮，汪婷，柯杨，等．赤泥中钠铁酸法浸出的工艺条件和机理探讨 [J]．无机盐工业，2016，48 (1)：5.

[32] Sadangi J K, Das S P, Tripathy A, et al. Investigation into recovery of iron values from red mud dumps [J]. Separation Science and Technology, 2018, (10/14): 2186-2191.

[33] Liu Y , Zhao B , Tang Y , et al. Recycling of iron from red mud by magnetic separation after co-roasting with pyrite [J]. Thermochimica Acta, 2014, 588: 11-15.

[34] 刘万超，杨家宽，肖波．拜耳法赤泥中铁的提取及残渣制备建材 [J]．中国有色金属学报，2008，18 (1)：187.

[35] Pepper R A, Couperthwaite S J, Millar G J. A novel akaganeite sorbent synthesised from waste red mud: application for treatment of arsenate in aqueous solutions [J]. Journal of Environmental Chemical Engineering, 2018, 6 (5): 6308-6316.

[36] Song Chunguang, Zhang Hongling, Dong Yuming, et al. Investigation on the fabrication of lightweight aggregate with acid-leaching tailings of vanadium-bearing stone coal minerals and red mud [J] . Chinese Journal of Chemical Engineering, 2021, 32: 353-359.

[37] Rayapudi V. Extraction of iron values from red mud [J]. Materials Today: Proceedings, 2018, 5 (9): 17064-17072.

[38] 李彬，王枝平，曲凡，等．赤泥中有价金属的回收现状与展望 [J]．昆明理工大学学报：自然科学版，2019 (2)：10.

[39] Zhu C, Luan Z, Wang Y, et al. Removal of cadmium from aqueous solutions by adsorption on granular red mud (GRM) [J]. Separation and Purification Technology, 2007, 57 (1), 161-169.

[40] Xu Y, Wu Y, Li J, et al. Combustion-impregnation preparation of Ni/SiO_2 catalyst with improved low-temperature activity for CO_2 methanation [J]. International Journal of Hydrogen Energy, 2021, 46 (40): 20919-20929.

[41] Dewitte B, Dewulf J O, Demeestere K, et al. Ozonation of ciprofloxacin in water: HRMS identification of reaction products and pathways [J]. Environmental Science & Technology, 2008, 42 (13): 4889-4895.

[42] Witte B D, Dewulf J, Demeestere K, et al. Ozonation and advanced oxidation by the peroxone process of ciprofloxacin in water [J]. Journal of Hazardous Materials, 2009, 161 (2-3): 701-708.

[43] Karl W, Schneider J, Wetzstein H G. Outlines of an "exploding" network of metabolites

generated from the fluoroquinolone enrofloxacin by the brown rot fungus Gloeophyllum striatum [J]. Applied Microbiology and Biotechnology, 2006, 71 (1): 101-113.

[44] V. J. 约翰斯顿, L. 陈, B. F. 金米奇, 等. 由乙酸制备乙醇的方法 [P]. 中国专利: CN102271805A, 2011. 12. 07.

[45] Taner K. Use of boron waste as a fluxing agent in production of red mud brick [J]. Building and Environment, 2006, 41 (12): 1779-1783.

[46] Kara M, Emrullahoglu O F. Study of seydisehir red mud wastes as brick androofing tiles [C] //Second International Ceramics Congress, Traditional Ceramics, Istanbul: 1994, (1): 181-189.

[47] 罗先进. 赤泥土壤化处置技术研究进展 [J]. 百科论坛电子杂志, 2020, 10: 86.

[48] 薛生国, 吴雪娥, 黄玲, 等. 赤泥土壤化处置技术研究进展 [J]. 矿山工程, 2015, 3 (2): 13-18.

[49] Zuber S M, Behnke G D, Nafziger E D, et al. Multivariate assessment of soil quality indicators for crop rotation and tillage in Illinois [J]. Soil and Tillage Research, 2017, 174: 147-155.

[50] 朱锋, 李萌, 薛生国, 等. 自然风化过程对赤泥团聚体有机碳组分的影响 [J]. 生态学报, 2017, 37 (4): 1174-1183.

[51] 张雪, 王重庆, 曹亦俊. 赤泥固废土壤化修复研究进展 [J]. 有色金属: 冶炼部分, 2021, (3): 9.

[52] Kong X F, Guo Y, Xue S G, et al. Natural evoluticion of alkaline characteristics in bauxite residue [J]. Journal of Cleaner Production, 2017, 143 : 224-230.

[53] Zhu F, Liao J X, Xue S G, et al. Evaluation of aggregate microstructures following natural regeneration in bauxite residue as characterized by synchrotron- based X- ray micro computed tomography [J]. Science of the Total Environment, 2016, 573: 155-163.

[54] Wu H, Xue S G, Zhu F, et al. Thedynamic development of bacterial community following long-term weathering of bauxite residue [J]. Journal of Environmental Sciences, 2020, 90 : 321-330.

[55] Guo Y, Zhu F, Wu C, et al. Dynamic change and diagnosis of physical, chemical and biological properties in bauxite residue disposal area [J]. Journal of Central South University, 2019, 26 (2) : 410-421.

[56] 高燕春, 牟勇霖, 王明明, 等. 长期自然因素作用下赤泥土壤化演化特征分析 [J]. 农业与技术, 2021, 22: 107-110.

[57] 黄琼华. 赤泥土壤化初步研究 [J]. 武汉: 华中科技大学, 2008.

[58] 吴亚君, 李小平, 冷杰彬. 平果铝业公司赤泥的土壤改良 [J]. 有色金属, 2004, 56 (3): 4.

[59] 杨健辉, 郑元枝, 蔺新艳, 等. 改良大宗赤泥土壤的方法及用改良后赤泥烧制陶粒的方法. CN105414146A [P]. 2016.

[60] 于绍忠, 满瑞林. 赤泥用于热电厂烟气脱硫研究 [J]. 矿冶工程, 2005, 25 (6): 3.

[61] 李惠萍, 靳苏静, 李雪平, 等. 工业烟气的赤泥脱硫研究 [J]. 郑州大学学报 (工学

版)，2013，34（3）：34-37.

[62] 位朋，李惠萍，靳苏静，等．氧化铝赤泥用于工业烟气脱硫的研究［J］．化工进展，2011，(S1)：344-347.

[63] 贾帅动，董继业，王博，等．氧化铝赤泥用于烟气脱硫的可行性分析［J］．化工技术与开发，2013，7：3.

[64] 杨国俊，于海燕，李威，等．赤泥脱硫的工程化试验研究［J］．轻金属，2010，9：4.

[65] 王华，祝社民，李伟峰，等．烟气脱硫技术研究新进展［J］．电站系统工程，2006，(6)：5-7.

[66] 赵改菊，路春美，田园，等．赤泥的固硫特性及其机理研究［J］．燃料化学学报，2008，(3)：365-370.

[67] 刘述仁，谢刚，李荣兴，等．氧化铝厂废渣赤泥的综合利用［J］．矿冶，2015，24（3）：72-75.

[68] 成思危．Fe_2O_3 对型煤固硫作用的机理探讨［J］．环境科学，1997，(1)：65-67.

[69] 王军．碱性固硫剂的固硫效果分析［J］．重庆环境科学，1991，(4)：23-25.

[70] 张玉，周集体．过渡金属离子液相催化氧化烟气脱硫［J］．现代化工，2002，(1)：15-18.

[71] Cho E H. Removal of SO_2 with oxygen in the presence of Fe（III）［J］. Metallurgical & Materials Transactions B，1986，17（17）：745-753.

[72] 张冬冬，魏爱斌，张晋鸣，等．液相催化氧化 SO_2 研究进展［J］．昆明理工大学学报（自然科学版），2015，(5)：97-107.

[73] Huss A，Lim P K，Eckert C A. Oxidation of aqueous dioxide. II. High-pressure studies and proposed reaction mechanisms［J］. Journal of Physical Chemistry，1982，86（21）：4229-4233.

[74] 赖庆柯，张永奎，梁斌，等．酸性 Fe（Ⅲ）溶液催化氧化 S（Ⅳ）的研究［J］．环境科学学报，2004，(6)：1091-1097.

[75] 张春风，刘进荣，刘启旺．Fe（Ⅲ）催化氧化 S（Ⅳ）机理及其动力学［J］．环境科学学报，2007，27（8）：1336-1340.

[76] Bart H J，Ning P，Sun P，et al. Chemisorptive catalytic oxidation process for SO_2 from smelting waste gases by Fe（Ⅱ）［J］. Separations Technology，1996，6（4）：253-260.

[77] 刘卉卉，宁平．磷矿浆催化氧化湿法脱硫研究（Ⅱ）［J］．化工矿物与加工，2006，35（2）：10-12.

[78] 林剑波，孙文寿，岳菲菲，等．煤浆法烟气脱硫过程中二硫化铁浸出的研究［J］．上海化工，2008，(12)：4-8.

[79] 陆永琪，姚小红．飞灰浆液脱硫特性的初步研究［J］．环境科学，1999，20（1）：15-18.

[80] 许丽，苏仕军．低浓度 Fe（Ⅱ）和 Mn（Ⅱ）催化氧化脱除烟气中 SO_2 的研究［J］．四川环境，2005，24（2）：27-31.

[81] Sun P S，Ning P，Song W B. Liquid-phase catalytic oxidation of smelting-gases containing SO_2 in low concentration［J］. Journal of Cleaner Production，1998，6（3）：323-327.

[82] Skalska K, Miller J S, Ledakowicz S. Trends in NO_x abatement: a review [J]. Science of the Total Environment, 2010, 408 (19): 3976-3989.

[83] 任俊鹏. 添加剂在湿法烟气脱硝技术中的应用研究 [D]. 北京: 北京化工大学, 2019.

[84] 岑超平, 古国榜. 尿素和添加剂湿法烟气同时脱硫脱氮工艺研究 (Ⅰ) [J]. 环境污染与防治, 2004, (04): 285-7+324.

[85] 岑超平, 古国榜. 尿素/添加剂湿法烟气同时脱硫脱氮研究 (Ⅱ) ——净化过程中 SO_2 和 NO_x 的吸收特性 [J]. 华南理工大学学报 (自然科学版), 2004, (2): 14-7.

[86] 岑超平, 古国榜. 尿素/添加剂湿法烟气同时脱硫脱氮研究 (Ⅰ) ——吸收反应中尿素消耗的动力学方程 [J]. 华南理工大学学报 (自然科学版), 2004, (1): 37-40.

[87] 岑超平, 古国榜. 尿素添加剂湿法烟气同时脱硫脱氮工艺实验研究 (Ⅱ) [J]. 环境污染与防治, 2005, (01): 44-6+2.

[88] 韩少强. 不同添加剂对提高尿素同时脱硫脱硝效率的研究 [D]. 天津: 天津大学, 2015.

[89] 王颖. 湿法同时脱硫脱硝特性及吸收液制过硫酸铵的实验研究 [D]. 南京: 东南大学, 2015.

[90] Kameda T, Kodama A, Yoshioka T. Effect of H_2O_2 on the treatment of NO and NO_2 using a Mg-Al oxide slurry [J]. Chemosphere, 2015, 120: 378-82.

[91] Wang Z, Zhang X, Zhou Z, et al. Effect of additive agents on the simultaneous absorption of NO_2 and SO_2 in the calcium sulfite slurry [J]. Energy & Fuels, 2012, 26 (9): 5583-5589.

[92] 张相. 臭氧结合钙基吸收多种污染物及副产物提纯的试验与机理研究 [D]. 杭州: 浙江大学, 2012.

[93] Xu Z H, Xiao X, Jia Y, et al. Simultaneous removal of SO_2 and NO by O_3 oxidation combined with wet absorption [J]. Acs Omega, 2020, 5 (11): 5844-5853.

[94] Shap J, Ma Q, Wang Z, et al. A superior liquid phase catalyst for enhanced absorption of NO_2 together with SO_2 after low temperature ozone oxidation for flue gas treatment [J]. Fuel, 2019, 247: 1-9.

[95] 张梦笛. NO 的气相氧化及其镁基脱硫体系协同脱除工艺研究 [D]. 杭州: 浙江大学, 2020.

[96] 赵烨. MgO/添加剂同时脱硫脱硝反应特性及机理研究 [D]. 北京: 华北电力大学, 2014.

[97] Wu Q, Sun C L, Wang H Q, et al. The role and mechanism of triethanolamine in simultaneous absorption of NO_x and SO_2 by magnesia slurry combined with ozone gas-phase oxidation [J]. Chemical Engineering Journal, 2018, 341: 157-163.

[98] 孙承朗. 燃煤工业锅炉臭氧氧化结合镁基湿法联合脱硫脱硝工艺研究 [D]. 杭州: 浙江大学, 2015.

[99] 王智化, 周俊虎, 魏林生, 等. 用臭氧氧化技术同时脱除锅炉烟气中 NO_x 及 SO_2 的试验研究 [J]. 中国电机工程学报, 2007, (11): 1-5.

[100] 杨业, 徐超群, 朱燕群, 等. 臭氧氧化结合硫代硫酸钠溶液喷淋同时脱硫脱硝 [J]. 化工学报, 2016, 67 (05): 2041-2047.

[101] Sun W Y, Ding S L, Zeng S S, et al. Simultaneous absorption of NO_x and SO_2 from flue gas with pyrolusite slurry combined with gas-phase oxidation of NO using ozone. [J]. Journal of Hazardous Materials, 2011, 192 (1): 124-130.

[102] 王访, 贾丽娟, 高冀芸, 等. 泥磷液相催化氧化氮氧化物 [J]. 化工环保, 2018, 38 (1): 72-76.

[103] 梅毅, 杨加强, 罗蜀峰, 等. 一种利用磷矿浆和泥磷脱除燃煤锅炉烟气中 SO_2 和 NO_x 方法 [P]. CN105536493A, 2016-05-04.

[104] Jia L J, Li Z Z, Yao M, et al. Simultaneous desulfurization and denitrification of mud-phosphorus emulsion [J]. Journal of Environmental Engineering, 2020, 146 (7): 04020071.

[105] 宁平, 殷梁淘, 张秋林, 等. 一种利用磷矿粉和泥磷对烟气脱硫脱硝并副产硝酸磷肥的系统及方法 [P]. CN109675426A, 2019.

[106] Xian C M, Chen L, Su P C, et al. Scenario analysis of denitration for chinese coal-fired power generation [J]. Materials Science Forum, 2015, 814: 425-429.

[107] 贾丽娟, 耿娜, 李慧, 等. 泥磷液相烟气脱硝的传质动力学研究 [J]. 云南民族大学学报 (自然科学版), 2021, 30 (5): 471-475.

[108] 王访, 贾丽娟, 高冀芸, 等. 泥磷液相催化氧化氮氧化物 [J]. 化工环保, 2018, 38 (1): 5.

[109] 沈迪新. 用含碱黄磷乳浊液同时净化烟气中 NO_x 和 SO_2 [J]. 中国环保产业, 2002 (08): 30-31.

[110] Liu D K, Shen D X, Chang S G. Removal of nitrogen oxide (NO_x) and sulfur dioxide from flue gas using aqueous emulsions of yellow phosphorus and alkali [J]. Environmental Science Technology, 1991, 25 (1): 55-60.

[111] 李天全. 用黄磷水乳液清除烟道气中氮氧化物污染物的研究 [J]. 成都科技大学学报, 1993, (01): 25-30, 94.

[112] Li S, Yang J Q, Wang C, et al. Removal of NO from flue gas using yellow phosphorus and phosphate slurry as adsorbent [J]. Energy & Fuels, 2018, 32: 5279-5288.

[113] 覃岭, 王小妮, 李紫珍, 等. 磷矿浆液相同时脱硫脱硝实验研究 [J]. 应用化工, 2019, 48 (03): 567-570.

[114] Li S, Yang J Q, Wang C, et al. Removal of NO from flue gas using yellow phosphorus and phosphate slurry as adsorbent [J]. Energy & Fuels, 2018, 32: 5279-5288.

[115] 杨加强. 黄磷复合矿浆脱除烟气 NO_x 的研究 [D]. 昆明: 昆明理工大学, 2017.

[116] Li W, Zhao W, Wu Z. Simultaneous absorption of NO and SO_2 by FeII EDTA combined with Na_2SO_3 solution [J]. Chemical Engineering Journal, 2007, 132 (1-3): 227-232.

[117] Karatza D, Prisciandaro M, Lancia A, et al. Calcium bisulfite oxidation in the flue gas desulfurization process catalyzed by iron and manganese ions [J]. Journal of the Air & Waste Management Association, 2004, 60 (6): 75-80.

[118] 肖荷露. 有色金属冶炼渣液相脱硫脱硝研究 [D]. 昆明: 昆明理工大学, 2019.

[119] Brandt C, Eldik R V. Kinetics and mechanism of the iron (III) -catalyzed autoxidation of

sulfur（IV）oxides in aqueous solution. The influence of pH, medium and aging [J]. Transition Metal Chemistry, 1998, 23（6）: 667-675.

[120] 武春锦，吕武华，梅毅，等．湿法烟气脱硫技术及运行经济性分析 [J]. 化工进展，2015, 34（12）: 4368-4374.

[121] Liu P Y, Rao D A, Zou L Y, et al. Capacity and potential mechanisms of Cd（Ⅱ）adsorption from aqueous solution by blue algae-derived biochars [J]. Science of the Total Environment, 2021, 767: 145447.

[122] Elancheahiyan S S O, Karthikeyan P, Rathinamk K, et al. Magnetic kaolinite immobilized chitosan beads for the removal of Pb（Ⅱ）and Cd（Ⅱ）ions from an aqueous environment [J]. Carbohydrate Polymers, 2021, 261: 117892.

[123] Tyab C, Yw C, Ls B, et al. Enhancing Cd（Ⅱ）sorption by red mud with heat treatment: performance and mechanisms of sorption- ScienceDirect [J]. Journal of Environmental Management, 255: 109866.

[124] Wang P, Ding F J, Huang Z B, et al. Adsorption behavior and mechanism of Cd（Ⅱ）by modified coal- based humin [J]. Environmental Technology & Innovation, 2021, 23, 101699.

[125] Zhang S Q, Yang X, Liu L, et al. Adsorption behavior of selective recognition functionalized biochar to Cd（Ⅱ）in wastewater [J]. Materials, 2018, 11（2）: 299.

[126] Li W, Zhang S Z, Jiang W, et al. Effect of phosphate on the adsorption of Cu and Cd on natural hematite [J]. Chemosphere, 2006, 63（8）: 1235-1241.

[127] Yang T, Wang Y , Sheng L , et al. Enhancing Cd（Ⅱ）sorption by red mud with heat treatment: performance and mechanisms of sorption [J]. Journal of Environmental Management, 2020, 255（1）: 109866. 1-109866. 10.

[128] 罗旭，魏保立，袁彪．赤泥处理含镉废水的实验室研究 [J]. 工业水处理，2014, 34（8）: 2.

[129] Wang S, Ang H M, Tade M O. Novel applications of red mud as coagulant, adsorbent and catalyst for environmentally benign processes [J]. Chemosphere, 2008, 72（11）: 1621-1635.

[130] Coruh S, Ergun O N. Copper Adsorption from Aqueous Solutions by Using Red Mud - An Aluminium Industry Waste [M] //Gokcekus H, Turker U, Lamoreaux J W. Survival and Sustainability: Environmental Concerns in the 21st Century. 2011: 1275-1282.

[131] Smiciklas I, Smiljanic S, Peric-Grujic A, et al. The influence of citrate anion on Ni（Ⅱ）removal by raw red mud from aluminum industry [J]. Chemical Engineering Journal, 2013, 214: 327-335.

[132] Smiciklas I, Smiljanic S, Peric-Grujic A, et al. Effect of acid treatment on red mud properties with implications on Ni（Ⅱ）sorption and stability [J]. Chemical Engineering Journal, 2014, 242: 27-35.

[133] Smiljanic S, Smiciklas I, Peric-Grujic A, et al. Study of factors affecting Ni^{2+} immobilization

efficiency by temperature activated red mud [J]. Chemical Engineering Journal, 2011, 168 (2): 610-619.

[134] Xie W M, Zhou F P, Bi X L, et al. Accelerated crystallization of magnetic 4A-zeolite synthesized from red mud for application in removal of mixed heavy metal ions [J]. Journal of Hazardous Materials, 2018, 358: 441-449.

[135] Nadaroglu H, Kalkan E, Demir N. Removal of copper from aqueous solution using red mud [J]. Desalination, 2010, 251 (1-3): 90-95.

[136] Da Conceicao F T, Pichinelli B C, Silva M S G, et al. Cu (Ⅱ) adsorption from aqueous solution using red mud activated by chemical and thermal treatment [J]. Environmental Earth Sciences, 2016, 75 (5): 1-7.

[137] Yan Yubo, Qi Fangjie, Zhang Ling, et al. Enhanced Cd adsorption by red mud modified bean-worm skin biochars in weakly alkali environment [J]. Separation and Purification Technology, 2022, 297: 121533.

[138] Luo L, Ma C, Ma Y, et al. New insights into the sorption mechanism of cadmium on red mud [J]. Environmental Pollution, 2011, 159 (5): 1108-1113.

[139] Tsamo C, Djonga P N D, Dikdim J M D, et al. Kinetic and equilibrium studies of Cr (Ⅵ), Cu (Ⅱ) and Pb (Ⅱ) removal from aqueous solution using red mud, a low-cost adsorbent [J]. Arabian Journal for Science and Engineering, 2018, 43 (5): 2353-2368.

[140] Yang T X, Sheng L X, Wang Y F, et al. Characteristics of cadmium sorption by heat-activated red mud in aqueous solution [J]. Scientific Reports, 2018 (1). DOI: 10.1038/s41598-018-31967-5.

[141] Pulford I D, Hargreaves J, Uriova J, et al. Carbonised red mud-a new water treatment product made from a waste material [J]. Journal of Environmental Management, 2012, 100: 59-64.

[142] 刘江龙，郭淼，何小山，等. 硅烷化赤泥的制备及其对水中铅离子吸附性能分析 [J]. 环境工程，2019，37 (11): 36-44.

[143] Kazak O, Tor A. *In situ* preparation of magnetic hydrochar by co-hydrothermal treatment of waste vinasse with red mud and its adsorption property for Pb (Ⅱ) in aqueous solution [J]. Journal of Hazardous Materials, 2020, 393: 122391.

[144] Pradhan J, Das S N, Thakur R S. Adsorption of hexavalent chromium from aqueous solution by using activated red mud [J]. Journal of Colloid and Interface Science, 1999, 217 (1): 137-141.

[145] Du Y F, Dai M, Cao J F, et al. Fabrication of a low-cost adsorbent supported zero-valent iron by using red mud for removing Pb (Ⅱ) and Cr (Ⅵ) from aqueous solutions [J]. Rsc Adv, 2019, 9 (57): 33486-33496.

[146] Li Yongchao, Huang He, Xu Zheng, et al. Mechanism study on manganese (Ⅱ) removal from acid mine wastewater using red mud and its application to a lab-scale column [J]. Journal of Cleaner Production, 2020, 253: 119955.

[147] Qi X, Wang H, Zhang L, et al. Removal of Cr (Ⅲ) from aqueous solution by using bauxite

residue (red mud): identification of active components and column tests [J]. Chemosphere, 2020, 245: 125560. 1-125560. 9.

[148] Sahu R C, Patel R, Ray B C. Adsorption of Zn (Ⅱ) on activated red mud: neutralized by CO_2 [J]. Desalination, 2011, 266 (1-3): 93-97.

[149] Lopez- Garcia M, Martinez- Cabanas M, Vilarino T, et al. New polymeric/inorganic hybrid sorbents based on red mud and nanosized magnetite for large scale applications in As (Ⅴ) removal [J]. Chemical Engineering Journal, 2017, 311: 117-125.

[150] Li Y, Wang J, Luan Z, et al. Arsenic removal from aqueous solution using ferrous based red mud sludge [J]. Journal of Hazardous Materials, 2010, 177 (1-3): 131-137.

[151] Akin I, Arslan G, Tor A, et al. Arsenic (Ⅴ) removal from underground water by magnetic nanoparticles synthesized from waste red mud [J]. Journal of Hazardous Materials, 2012, 235-236: 62-68.

[152] Gui Y L, Yan Q C, Yan Y K, et al. Chemical reaction mechanism of sintering flue gas desulphurization with pyrolusite slurry [J]. Advanced Materials Research, 2011, 287-290: 2937-2940.

[153] 吴复忠，李军旗，金会心，等. 利用软锰矿进行烧结烟气脱硫的反应机理研究 [J]. 钢铁，2009，44 (10): 87-91.

[154] 赵庆庆，金晶，高新勇，等. 湿法烟气脱硫装置中铁锰离子对 SO_2 催化氧化作用的试验研究 [J]. 热能动力工程，2015，30 (02): 248-252+321-322.

[155] 李帅. 磷矿浆脱硫影响因素及其动力学研究 [D]. 昆明：昆明理工大学，2018.

[156] SMICIKLAS I, SMILJANIC S, PERIC-GRUJIC A, et al. Effect of acid treatment on red mud properties with implications on Ni (Ⅱ) sorption and stability [J]. Chemical Engineering Journal, 2014, 242 (27-35).

[157] SMILJANIC S, SMICIKLAS I, PERIC-GRUJIC A, et al. Study of factors affecting Ni2+ immobilization efficiency by temperature activated red mud [J]. Chemical Engineering Journal, 2011, 168 (2): 610-619.

[158] TSAMO C, DJONGA P N D, DIKDIM J M D, et al. Kinetic and equilibrium studies of Cr (VI), Cu (Ⅱ) and Pb (Ⅱ) removal from aqueous solution using red mud, a low-cost adsorbent [J]. Arabian Journal for Science and Engineering, 2018, 43 (5): 2353-2368.

[159] XIE W M, ZHOU F P, BI X L, et al. Accelerated crystallization of magnetic 4A-zeolite synthesized from red mud for application in removal of mixed heavy metal ions [J]. J Hazard Mater, 2018, 358 (441-449).

[160] NADAROGLU H, KALKAN E, DEMIR N. Removal of copper from aqueous solution using red mud [J]. Desalination, 2010, 251 (1-3): 90-95.

[161] DA CONCEICAO F T, PICHINELLI B C, SILVA M S G, et al. Cu (Ⅱ) adsorption from aqueous solution using red mud activated by chemical and thermal treatment [J]. Environmental Earth Sciences, 2016, 75 (5): 1-7.

[162] YANG T, WANG Y, SHENG L, et al. Enhancing Cd (Ⅱ) sorption by red mud with heat

treatment: Performance and mechanisms of sorption [J]. Journal of Environmental Management, 2020, 255 (Feb. 1): 109866. 1-109866. 10.

[163] LUO L, MA C, MA Y, et al. New insights into the sorption mechanism of cadmium on red mud [J]. Environmental Pollution, 2011, 159 (5): 1108-1113.

[164] YANG TIANXUE, SHENG LIANXI, WANG YONGFENG, et al. Characteristics of cadmium sorption by heat-activated red mud in aqueous solution [J]. Scientific Reports, 2018 (1). DOI: 10. 1038/s41598-018-31967-5.

[165] PULFORD I D, HARGREAVES J, J URIOVA, et al. Carbonised red mud - A new water treatment product made from a waste material [J]. Journal of Environmental Management, 2012, 100: 59-64.

[166] KAZAK O, TOR A. In situ preparation of magnetic hydrochar by co-hydrothermal treatment of waste vinasse with red mud and its adsorption property for Pb (Ⅱ) in aqueous solution [J]. Journal of Hazardous Materials, 2020, 393: 122391.

[167] PRADHAN J, DAS S N, THAKUR R S. Adsorption of hexavalent chromium from aqueous solution by using activated red mud [J]. Journal of Colloid and Interface Science, 1999, 217 (1): 137-141.

[168] DU Y F, DAI M, CAO J F, et al. Fabrication of a low-cost adsorbent supported zero-valent iron by using red mud for removing Pb (Ⅱ) and Cr (VI) from aqueous solutions [J]. Rsc Adv, 2019, 9 (57): 33486-33496.

[169] QI X, WANG H, ZHANG L, et al. Removal of Cr (Ⅲ) from aqueous solution by usingbauxite residue (red mud): Identification of active components and column tests [J]. Chemosphere, 2020, 245 (Apr.): 125560. 1-125560. 9.

[170] SAHU R C, PATEL R, RAY B C. Adsorption of Zn (Ⅱ) on activated red mud: Neutralized by CO2 [J]. Desalination, 2011, 266 (1-3): 93-97.

[171] TINEZ-CABANAS M, VILARINO T, et al. New polymeric/inorganic hybrid sorbents based on red mud and nanosized magnetite for large scale applications in As (Ⅴ) removal [J]. Chemical Engineering Journal, 2017, 311 (117-125).

[172] YANG T, WANG Y, SHENG L, et al. Enhancing Cd (Ⅱ) sorption by red mud with heat treatment: Performance and mechanisms of sorption [J]. Journal of Environmental Management, 2020, 255 (Feb. 1): 109866. 1-109866. 10.

[173] LI Y, WANG J, LUAN Z, et al. Arsenic removal from aqueous solution using ferrous based red mud sludge [J]. Journal of Hazardous Materials, 2010, 177 (1-3): 131-137.

[174] AKIN I, ARSLAN G, TOR A, et al. Arsenic (Ⅴ) removal from underground water by magnetic nanoparticles synthesized from waste red mud [J]. Journal of Hazardous Materials, 2012, 235-236 (none): 62-68.

第3章　赤泥强化脱硫脱硝技术

目前，国内外工业烟气脱硫技术主要有石灰石-石膏法、吸收剂喷射脱硫、旋转喷雾干燥脱硫、循环流化床燃烧脱硫、海水脱硫等；在脱硝方面以SNCR/SCR为主流，采用臭氧、双氧水、次氯酸等强氧化剂脱硝也有报道。赤泥用于工业脱硫脱硝符合国家“以废治废”固废资源化利用的产业导向，国内外学者相关研究也取得了一定进展。

黄芳等[1]从现场获取赤泥浆，并将其与水配成液固比约为1.8的赤泥浆液。SO_2从吸收塔下端进入，与吸收塔上部喷淋出的赤泥浆液接触，赤泥浆液经一次吸收后进入赤泥浆液槽，通过循环喷淋泵实现多次喷淋脱硫，最终SO_2的排出浓度达到400mg/m^3，满足《火电厂大气污染物排放标准》（GB 13223—2011）的要求。除此之外，杨国俊等[2]利用拜耳法赤泥附液与浆液做赤泥脱硫中试实验，搭建了由烟气系统、SO_2吸收系统、赤泥吸收剂供应系统及副产物处理系统等组成的工程化实验平台，实验结果表明保持pH大于5.0，该吸收剂对SO_2的去除率持续达到98%以上。郑州大学庞皓[3]自行设计中试装置，探索了赤泥脱硫中试化工艺参数，为工业化推广提供了理论基础和数据支持。郑州氧化铝厂采用昆明理工大学的技术，建设了20000m^3/h赤泥脱硫工程，其运行状况良好。

表3.1汇总了几种赤泥脱硫技术的对比，发现赤泥应用于脱硫具有较高的去除效率，但脱硝效率一般。近年来，国外未见赤泥脱硫脱硝工业化应用，国内有少量的赤泥脱硫示范工程，但总体来说赤泥脱硫工业化还有待推广。本研究成果有助于为赤泥大规模应用提供技术支撑。

表3.1　不同的赤泥脱硫技术对比

对比项目	赤泥浆液脱硫	赤泥附液脱硫	赤泥脱硫剂脱硫	赤泥基催化剂脱硫
脱硫方式	用赤泥浆液进行脱硫	用赤泥伴有的废液进行脱硫	将赤泥做成脱硫剂进行脱硫	以赤泥作为载体，负载纳米颗粒进行脱硝
脱硫效率	脱硫效率高（93%以上）	脱硫效率较高（90%以上）	脱硫效率较低（70%～80%）	脱硫效率较高（83%～90%）
工程投资	高	高	低	较高
运行成本	高	高	低	低
占地面积	较大	较大	较小	较小

续表

对比项目	赤泥浆液脱硫	赤泥附液脱硫	赤泥脱硫剂脱硫	赤泥基催化剂脱硫
工艺流程	复杂	复杂	简单	简单
应用情况	少数企业工业化	企业中试	暂无	暂无
缺点	需要处理废水；设备管道易堵、腐蚀；固硫率低	需要处理废水；设备管道易堵、腐蚀；固硫率低	需要高温活化催化剂；烟气处理量低；技术要求较高	需要高温活化催化剂；烟气处理量低；技术要求高

3.1　原赤泥矿浆脱硫技术

SO_2是主要控制的大气污染物之一[4]。近年来，我国 SO_2排放标准日趋严格，对脱硫技术提出了更高的要求，且当前广泛采用的石灰石–石膏湿法脱硫技术，存在脱硫所得副产品石膏丰富难以得到利用、经济效益不明显且易造成二次污染等问题[5]。因此，寻找新的脱硫技术来替代石灰脱硫成为研究的新热点。

赤泥脱硫主要分为干法和湿法两种[5]，干法是将赤泥制成固体脱硫剂与含硫废气反应，湿法是将赤泥浆液或赤泥附液与含硫废气反应。本章主要包含原赤泥脱硫、臭氧耦合赤泥脱硫脱硝、泥磷耦合赤泥脱硫脱硝、添加剂对脱硫脱硝的促进及示范工程建设情况。

实验材料所采用的赤泥原料来源于云南省文山铝业有限公司提供的拜耳法赤泥浆液，其原始浆液 pH 为 12.3 左右，其中铝硅比为 1.62。首先将拜耳法赤泥浆液充分搅匀，随机提取一定量的赤泥浆液于烧杯中，将赤泥浆液于 105℃烘箱中烘烤 24h 至干燥，将烘干赤泥磨碎以备用。实验过程中每次使用赤泥质量均为 2.00g。实验采用模拟含 SO_2烟气，其组成（SO_2为质量浓度，其余均为体积百分比）为 SO_2：1000～1400mg/m^3；N_2：78%（空气本底值）；除考察氧含量影响实验外，其余均为空气配气，不考虑氧含量的影响。

3.1.1　赤泥湿法脱硫技术简介

1. 技术路线

赤泥湿法烟气脱硫可以分为赤泥浸出液脱硫和赤泥浆液脱硫，主要研究了赤泥矿浆法烟气脱硫反应的性能及影响因素，包括赤泥液固比、赤泥浆液温度、进口 SO_2浓度、气体流速、原始烟气中 O_2含量等对脱硫效率的影响以及赤矿浆法脱硫反应的最佳条件，从宏观和微观的角度阐述赤泥脱硫过程中在酸性条件下 Fe^{3+}促进赤泥浆液继续脱硫的作用机理，分析赤泥脱硫过程中赤泥各成分对脱硫的作用机制及贡献大小，探索赤泥无害化处理途径，以期为赤泥浆液脱硫工业化和赤泥堆存提供理论指导。其技术路线如图 3.1 所示。

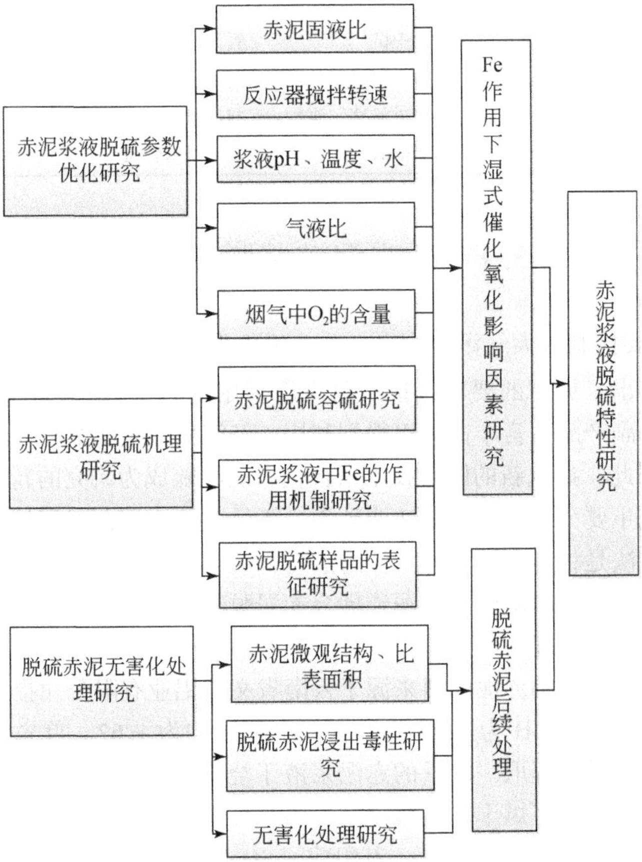

图 3.1　技术路线

2. 实验装置

实验主体脱硫反应器采用自制 U 型鼓泡反应管，其内径为 20mm，高为 100mm，曝气口采用均匀曝气性能好的磨砂头。气体从右侧瓶口进入，通过磨砂头使气体在液相均匀曝气，脱硫后的气体从左侧瓶口排出，收集用于检测。其具体结构见图 3.2。

实验采用静态气袋配气法模拟工业低浓度 SO_2 烟气，由钢瓶来的 SO_2、N_2、O_2 气体按一定比例充入气袋，混合均匀，配制成实验所需浓度的 SO_2 混合气，通过大气采样仪将 SO_2 混合气导入脱硫反应器中进行反应，反应尾气通过 NaOH 溶液吸收。反应器中浆液温度通过恒温水浴锅来调节稳定，浆液搅拌速度由磁力搅

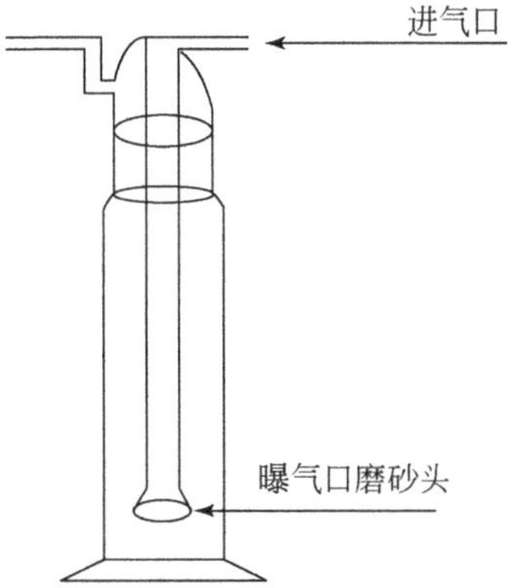

图 3.2　实验主体脱硫反应器

拌器控制，气体流速则通过转子流量计来控制，烟气分析仪测量出口 SO_2 浓度。实验装置流程如图 3.3 所示。

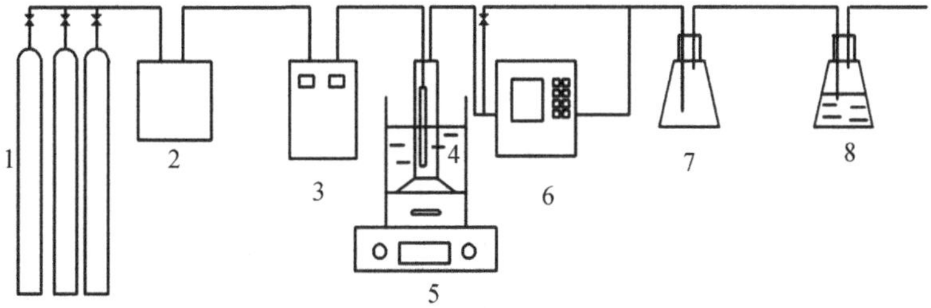

图 3.3　实验装置流程图

1. 高压钢瓶气（分别为 SO_2、N_2、O_2）；2. 配气袋；3. 大气采样仪；4. 脱硫反应器；5. 恒温水浴磁力搅拌器；6. 烟气分析仪；7. 安全瓶；8. NaOH 吸收瓶

3.1.2　原赤泥脱硫影响因素研究

1. 水对 SO_2 的吸收实验

测定纯水吸收 SO_2 实验时，取 40mL 去离子水于脱硫反应器中，通入 SO_2 浓度为 600mg/m^3 左右的实验用气进行脱硫，每时间间隔测定出口 SO_2 浓度和溶液 pH。在赤泥脱硫过程中，考虑到水对 SO_2 具有吸收作用，因此实验在一定条件下考察去离子水于脱硫反应器中进行脱硫对 SO_2 的吸收影响，其结果见图 3.4。

由图 3.4 可见，用去离子水吸收 SO_2，其脱硫效率在 15min 内迅速下降，而期间纯水 pH 也迅速下降至 2.6 左右；在反应进行到 15min 后，纯水脱硫效率缓慢下降，且脱硫效率在 10% 以下，而此时 pH 也呈缓慢下降趋势，反应最终在

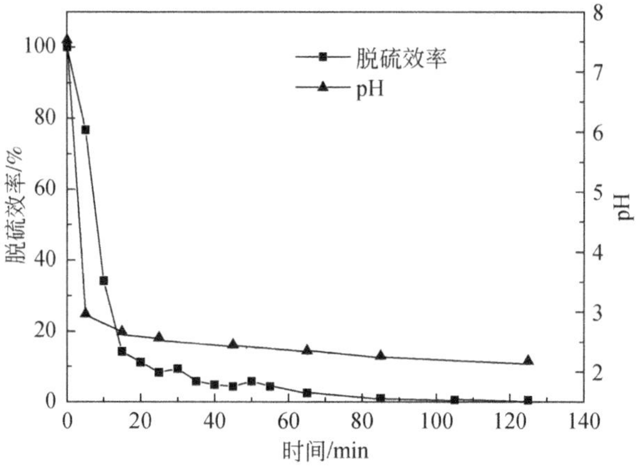

图 3.4　水吸收 SO_2 的脱硫率和 pH 随时间的变化

120min 时，纯水几乎不再脱硫，此时液体最终 pH 为 2.2 左右。

根据理论计算，在 25℃下 SO_2 在纯水中的溶解度为（111.25±1.12）g/L[6]，即 40mL 水中溶解 4.45g SO_2，又根据 pH 计算公式 $pH=(pK+pC)/2$（其中 $pK=1.89$，氢离子浓度约为 1.74mol/L，SO_2 溶于水中二元电离忽略）得出：在理论上 25℃时 SO_2 溶于水饱和时的 pH 约为 0.83，而在实际脱硫反应过程中 pH 最终降至 2.2 左右，其实际和理论 pH 差值的原因可能与 SO_2 气体流速、进口浓度等众多因素有关。计算得知纯水吸收 SO_2 的硫容较少，与拜耳法赤泥浆液硫容量相比，水对 SO_2 的吸收溶解量可以忽略不计，水对脱硫贡献不大。

2. 正交实验设计

采取四因素、三水平设计正交实验，结果如表 3.2 所示。表中 $\overline{K_1}$、$\overline{K_2}$、$\overline{K_3}$ 表示在不同因素、不同水平下脱硫率的平均值。表中最后一行 R 极差反映各因素的水平变动对实验结果脱硫率影响的大小。极差大表示该因素的水平变动对实验结果的影响大，极差小表示该因素的水平变动对实验结果影响小。

表 3.2　原赤泥脱硫正交实验设计

序号	液固比（A）	温度（B）/℃	SO_2 浓度（C）/(mg/L)	气体流速（D）/(L/min)	吸收效率（η）/%
1	1（10/1）	1（25）	1（1000）	3（1.5）	68.1
2	1	2（35）	2（1200）	3	62.67
3	1	3（45）	3（1400）	3	38.14

续表

序号	液固比（A）	温度（B）/℃	SO_2浓度（C）/(mg/L)	气体流速(D)/(L/min)	吸收效率(η)/%
4	2（20/1）	1	2	3	84.92
5	2	2	3	3	88.93
6	2	3	1	3	93
7	3（30/1）	1	3	3	76.57
8	3	2	1	3	93.3
9	3	3	2	3	91
K_1	168.91	229.59	254.4		
K_2	266.86	244.9	238.59		
K_3	260.87	222.14	203.64		
$\overline{K_1}$	56.30	76.53	84.8		
$\overline{K_2}$	88.95	81.63	79.53		
$\overline{K_3}$	86.96	74.05	67.88		
R	30.66	7.58	16.92		

从表中的计算结果可以看出，脱硫率的最优方案为 $A2B2C1D3$，也就是用各因素平均吸收效率最好的水平组合的方案，因此，可以得出因素 $A>C>B$，也就是液固比>SO_2浓度>温度。由正交实验得出最有利脱硫条件为：液固比为20∶1；SO_2浓度为1000mg/m^3；温度为35℃；气体流速为1.5L/min。

3. 液固比对脱硫效率的影响

液固比对SO_2的去除率影响实验，确定模拟气体流量（1.5L/min）、SO_2浓度（1000mg/m^3）和浆液温度（25℃），分别选取液固比10∶1、15∶1、20∶1、25∶1、30∶1的浆液进行脱硫，反应过程中每隔1h通过烟气分析仪记录SO_2出口浓度，反应进行到4h时结束反应，并通过实验结果计算出在4h时不同液固比条件下的脱硫效率。

从图3.5可以看出，当液固比在10∶1～30∶1，随着液固比的增大，赤泥浆液的脱硫效率升高。当液固比在10∶1～15∶1，随着液固比增大，赤泥浆液脱硫效率明显增加，而当液固比大于20∶1时，液固比增大，赤泥浆液脱硫效率趋于平稳，其脱硫效率稳定在85%左右。

当液固比较低时，随着液固比增加，浆液变稀，黏度减小。根据双膜理论可知，SO_2的吸收受液膜控制，黏度的减小有利于液膜因子的增加，且赤泥浆液中的碱性物质更易充分溶于水中，使SO_2能够更好地与赤泥浆液中的碱性物质发生

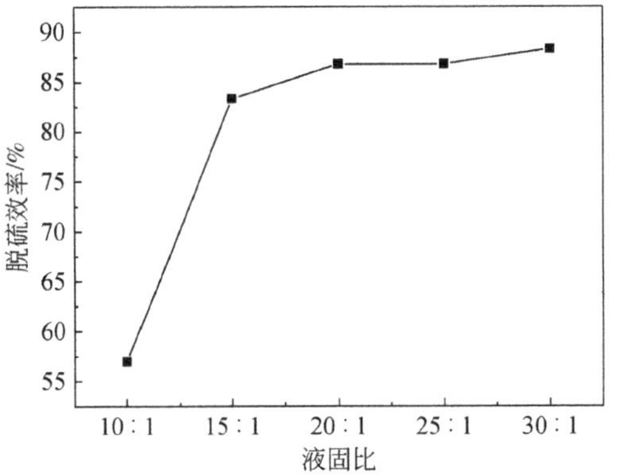

图 3.5　液固比对 SO_2 脱硫效率的影响

反应，因此脱硫效率上升；而当液固比大于 20 ∶ 1 时，赤泥浆液中的碱性物质已经基本上溶解于水中，且液固比继续增大，浆液中的碱性物质也不会增加，因此，随着液固比增加，SO_2 脱硫效率没有明显增加。且液固比增加，会延长脱硫周期，增加耗能，所以综合考虑脱硫的经济因素和效率，在脱硫过程中选取液固比为 20 ∶ 1 最佳。

4. 烟气氧含量对脱硫效率的影响

在烟气中含 O_2 量对 SO_2 的去除效率的影响实验中，确定模拟气体流量（1.5L/min）、SO_2 浓度（1000mg/m^3）、液固比 20 ∶ 1 和浆液温度（25℃），分别配置模拟气体含 O_2 量为 0%、3%、5%、7%、10%、21% 五种不同含氧量烟气进行浆液脱硫，反应过程中每隔 1h 通过烟气分析仪记录 SO_2 出口浓度，并通过实验结果计算出不同 O_2 含量条件下的脱硫效率。

图 3.6 显示为含氧量 0%、3%、5%、7%、10% 和 21% 的含硫烟气分别对赤泥浆液脱硫效率的影响。从图中可知，当烟气氧含量在 7% 以下时，随着烟气中含氧量的增加，脱硫效率明显提高；而当含氧量大于 7% 时，随着含氧量的增加，赤泥浆液的脱硫效率并没有明显的提高，脱硫效率趋于稳定。根据实际情况，对于 7% 的氧含量，一般烟气都可以达到，表明氧含量不是赤泥脱硫的限制因素，烟气中氧含量对脱硫影响不大，在实际脱硫工业中不需要额外补充氧气。后续原始赤泥实验控制烟气中含氧量即为空气中含氧量。

从图 3.6 分析可知，烟气中氧含量低时，适当增加氧气的含量有利于 SO_2 的吸收，这是因为 SO_2 溶于水生成亚硫酸，亚硫酸经烟气中氧气的氧化生成硫酸，从而加速反应进程，促进 SO_2 的吸收，使脱硫效率得到提高；而当烟气中氧气含量达到 7% 时，增加氧气的含量并不会明显提高赤泥浆液的脱硫效率，这是因为烟气中 7% 的氧气已经足够氧化浆液中的亚硫酸根离子，因此随着氧气的增加，

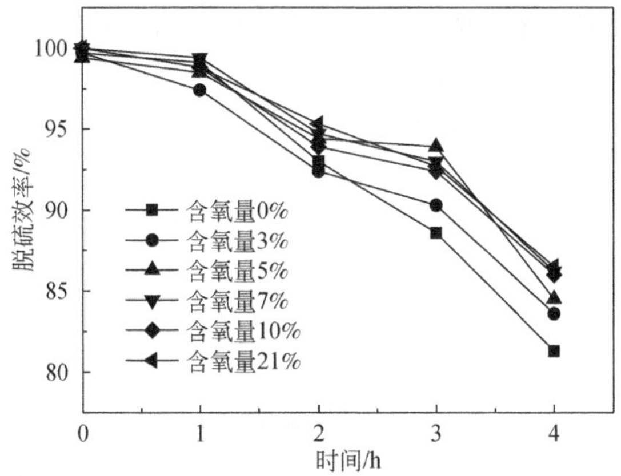

图3.6　烟气中O_2含量对脱硫效率的影响

脱硫效率并没有明显的增加。

5. 浆液温度对脱硫效率的影响

浆液温度对SO_2的去除率的影响实验，确定模拟气体流量（1.5L/min）、SO_2浓度（1000mg/m^3）和液固比20∶1，分别调节25℃、30℃、35℃、40℃、45℃、55℃、65℃七种不同浆液温度进行脱硫，反应过程中每隔1h通过烟气分析仪记录SO_2出口浓度，反应进行到4h时结束反应，并通过实验结果计算出在4h时不同温度条件下的脱硫效率。

从图3.7可以看出，在其他条件不变时，随着温度的增加，赤泥浆液的脱硫效率逐渐下降。当温度为25～45℃，随着温度的上升，浆液的脱硫效率从93%迅速下降至82%，而温度达到40℃以上时，脱硫效率下降缓慢，且稳定在80%左右。

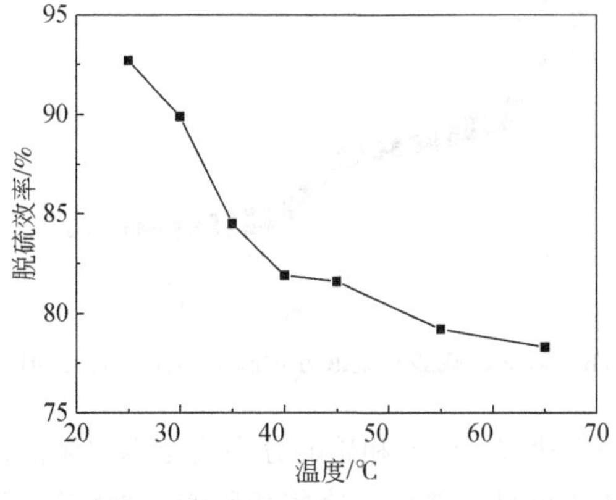

图3.7　赤泥浆液温度对SO_2脱硫效率的影响

赤泥脱硫过程中，反应温度一般为 20～65℃，根据标准摩尔反应吉布斯函数公式，在赤泥浆液中氧化钙、氧化钠、三氧化二铝等几种主要物质，其主要反应式如下[6-8]，并通过热力学计算，得出 25℃时，各反应的标准吉布斯自由能 $\Delta_r G_m^{\ominus}$ 为

$$CaO+4SO_2(g) \longrightarrow CaSO_4+CaS \quad \Delta_r G_m^{\ominus}(298K) = -39.884kJ/mol \tag{3.1}$$

$$4Na_2O+4SO_2(g) \longrightarrow 3Na_2SO_4+Na_2S \quad \Delta_r G_m^{\ominus}(298K) = -333.138kJ/mol \tag{3.2}$$

$$4.5SO_2(g)+Al_2O_3 \longrightarrow Al_2(SO_4)_3+1.5S \quad \Delta_r G_m^{\ominus}(298K) = -198.792kJ/mol \tag{3.3}$$

从上述反应可以看出，三个反应的 $\Delta_r G_m^{\ominus}<0$，说明上述反应都能自发进行，且反应为放热反应，因此随着温度的增加，反应速率下降，故脱硫效率下降；另外，当温度达到 45℃以上，随着温度的上升，赤泥浆液中的水分随着出口气体被迅速带出，导致赤泥浆液的液固比变小，从而使脱硫效率降低。维持赤泥浆液的温度，需要消耗热能，同时考虑到当温度为室温 25℃时，赤泥浆液的脱硫效率达到 93% 以上。综合考虑确定后续脱硫控制赤泥浆液最佳温度为 25℃。

3.1.3　原赤泥脱硫硫容测算

1. 赤泥总碱对脱硫的贡献

为了验证赤泥浆液脱硫过程中赤泥碱性物质在脱硫反应中的作用，分别用硫酸、盐酸、硝酸滴定赤泥浆液来模拟 SO_2 与赤泥浆液反应过程，再计算反应过程中消耗氢离子的量，其结果如图 3.8 所示。

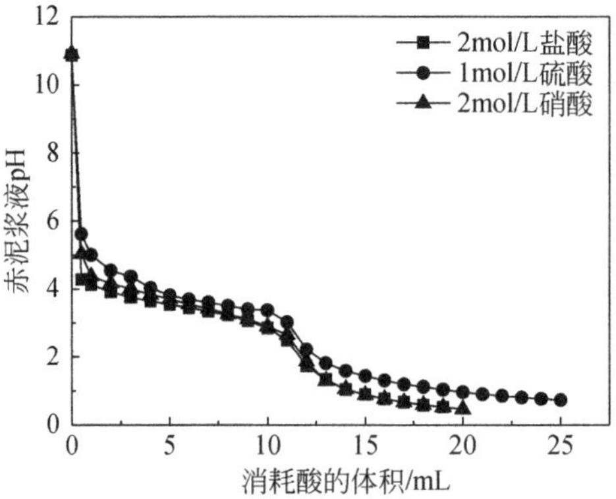

图 3.8　盐酸、硫酸和硝酸分别滴定赤泥浆液的 pH 变化

图 3.8 显示的是用盐酸、硫酸和硝酸分别滴定赤泥浆液，其 pH 随酸的体积的变化关系。从图 3.8 可见，盐酸、硫酸和硝酸三种酸滴定赤泥的曲线基本一

致，且消耗酸的体积越多，赤泥浆液 pH 越低。在消耗 2mL 酸的过程中，浆液 pH 从 11 迅速下降至 5 左右，这阶段主要是酸与浆液中自由碱中和反应；酸的量为 2 ~ 12mL，从浆液 pH = 5 左右开始，随着消耗酸的体积增多，浆液 pH 下降变缓，这阶段主要是赤泥中固体碱溶出与酸发生中和反应；在消耗酸体积为 11 ~ 12mL，pH 为 2 时有突然下降的趋势，可能的原因是浆液中的能溶于酸的固体碱性物质已经基本溶解，氢离子迅速增加，使浆液 pH 迅速下降。

根据实验图表，计算硫酸滴定和脱硫过程中浆液 pH 降至 1. 58 左右时消耗的氢离子浓度。硫酸滴定消耗和溶解的氢离子浓度约为 0. 028mol，赤泥浆液脱硫过程消耗和溶解的氢离子（设 1 份 SO_2 溶于水，全部生成 2 份氢离子）约为 0. 03mol，赤泥脱硫过程碱性物质消耗和溶解的氢离子比硫酸滴定中消耗和溶解的氢离子多 0. 002mol。因此，可以得知赤泥脱硫过程起主要作用的不仅仅是浆液中碱性物质的中和作用，所以需进一步探索脱硫过程中其他机理。

2. 烟气中氧气对脱硫的贡献

为了进一步探索赤泥浆液脱硫过程中的作用机理，利用赤泥浆液分别进行无氧和有氧烟气脱硫实验，其结果见图 3. 9。

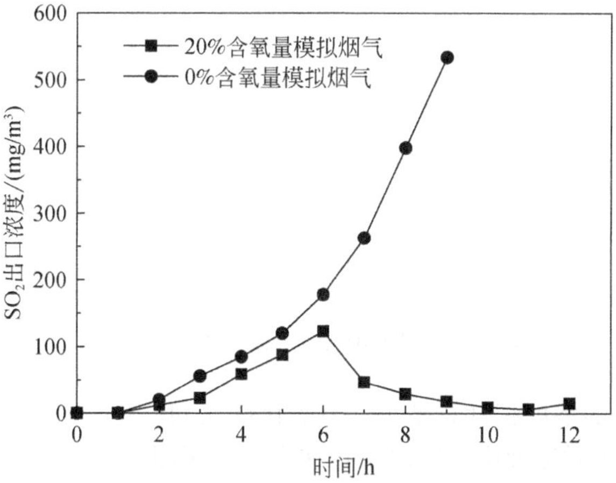

图 3. 9　不同含氧量烟气脱硫过程出口 SO_2 浓度随时间的变化

图 3. 9 显示的是赤泥浆液脱硫含氧量为 0% 和 20% 的含硫模拟烟气脱硫时 SO_2 出口浓度随时间的变化关系。从图中可以看出，在 0 ~ 6h 内，有氧脱硫比无氧脱硫效率高，但提高不明显；而在 6h 后，有氧脱硫效率上升，无氧脱硫效率迅速下降，并在反应进行到 9h 时已经不能够继续脱硫，而有氧脱硫效率在脱硫 12h 之后依然能够继续脱硫。经分析可以知道，如果赤泥浆液脱硫原理仅仅只是酸碱中和反应，那么烟气中含氧量不会在脱硫 6h 之后较大地影响赤泥脱硫的效

率。因此进一步验证了赤泥浆液脱硫过程中存在的包括氧气等其他因素对赤泥脱硫影响，有必要进一步分析赤泥成分中的物质对赤泥脱硫的影响。

3. pH 对赤泥浆液铁离子溶出的影响

据报道[9-11]在酸性条件下铁等过渡金属离子能对 SO_2 起催化氧化作用，且主要是将 S（Ⅳ）氧化为 S（Ⅵ）。为了证明在脱硫过程中新生成的物质是铁离子的溶出促进 SO_2 吸收的推测，进行了对浆液中铁离子的实验研究。而本实验拜耳法赤泥 Fe_2O_3 含量高达 31.56%，这样高氧化铁含量有利于保证在酸性条件下铁离子的浓度，为铁离子在酸性条件下催化氧化脱硫提供基础。

图 3.10 显示的是赤泥浆液在不同 pH 条件下溶出的铁离子浓度。由图可见，赤泥浆液 pH 越低，赤泥浆液溶出的铁离子浓度越高。在 pH>5 时，赤泥浆液中几乎没有铁离子存在；当 pH<5 时，赤泥浆液中铁离子浓度逐渐增加，最终 pH=1.58 时赤泥浆液中铁离子浓度达到 133.88mg/L。

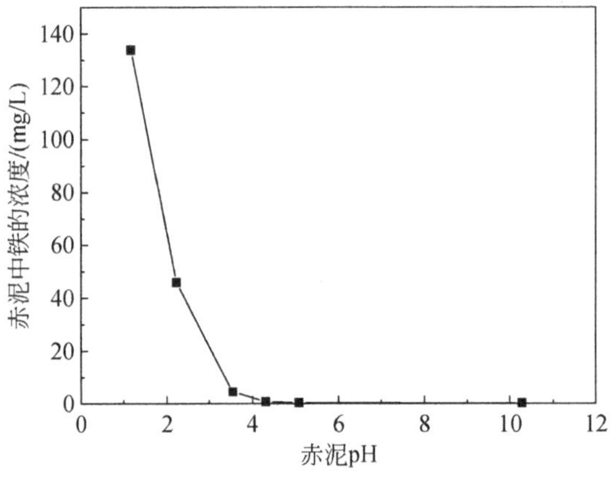

图 3.10　不同 pH 下赤泥浆液中铁离子浓度

根据铁离子的溶度积计算结果，氢氧化铁在 pH=4 左右时，达到沉淀溶解平衡，即在 pH 为 4 时溶液中有铁离子存在[12]，又据报道[13]，在 pH<4 时，铁离子对脱硫有增强作用，而实验表明赤泥浆液在 pH 为 4 时，浆液中恰好已经开始溶出铁离子。结合理论与实验得出，促进 SO_2 吸收的新物质与浆液中铁离子溶出有一定关系，且这种新物质即为铁离子。

4. 投加 Fe^{3+} 对赤泥附液脱硫影响

由于赤泥浆液在 pH 为 4 左右时，浆液中才开始有铁离子的存在，因此原始赤泥浆液中没有铁离子的存在。为了研究铁离子对脱硫的作用，对赤泥附液中投加铁和不加铁脱硫实验进行研究。

图3.11（a）显示的是赤泥附液脱硫时SO_2出口浓度和pH随时间的变化图。从图可见，随着时间的增加，反应器SO_2出口浓度迅速增加，赤泥附液pH也快速下降至3.5左右，脱硫反应进行到60min时，赤泥附液基本不能够继续脱硫。而在相同条件下，赤泥浆液的脱硫时间能持续至1000min以上，明显可以看出赤泥浆液脱硫效果要比赤泥附液更好，这表明赤泥脱硫过程中固相部分脱硫发挥了更大的作用。

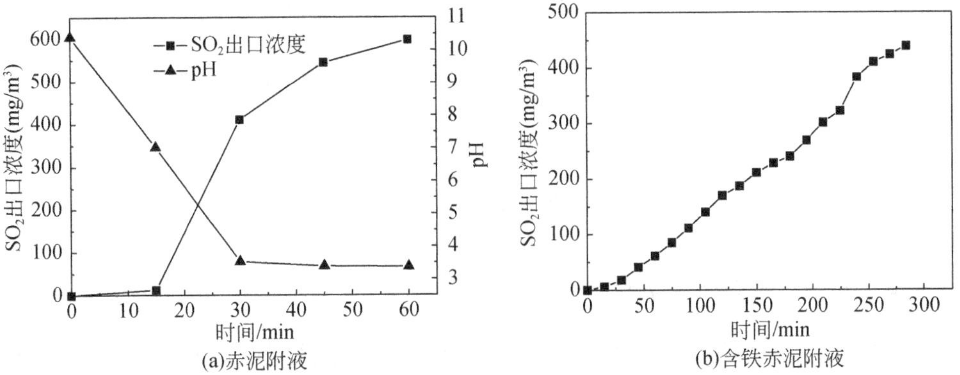

图3.11　附液脱硫过程中SO_2出口浓度随时间变化图

图3.11（b）为加Fe^{3+}赤泥附液脱硫过程中SO_2出口浓度随时间变化关系。可见反应器SO_2出口浓度随时间变化基本呈线性递增，当反应进行到300min左右，附液的脱硫效率明显减少，脱硫基本不能继续。而对比未加Fe^{3+}的赤泥附液脱硫，可知加入了Fe^{3+}的赤泥附液脱硫时间明显更长，脱硫效果更好。因此，可以得出Fe^{3+}有利于SO_2的吸收的结论。

5. 赤泥脱硫过程中硫平衡

将赤泥脱硫过程中所脱的硫的去向分为水吸收、浆液中溶解碱吸收、固体碱吸收、固体碱+Fe催化氧化吸收、Fe催化氧化吸收五个过程，其吸收SO_2的百分含量比见图3.12。

由图可见，在赤泥浆液脱硫过程中其主要作用是固体碱和Fe催化氧化作用，其作用占比达60%左右，水的吸收作用相对赤泥脱硫贡献较少。

综上所述，赤泥脱硫过程中起脱硫作用的是赤泥中的碱性物质。在赤泥浆液脱硫过程中，当浆液pH>4时，起脱硫作用的主要是浆液中易溶于水和难溶于水的碱性物质；而pH≤4时，主要起作用的为赤泥中部分固体碱和浆液中Fe，赤泥浆液中逐渐溶出的铁离子通过提高溶液氧化性来促进SO_2的吸收溶解，且Fe^{3+}在脱硫过程中起到了催化氧化的作用。

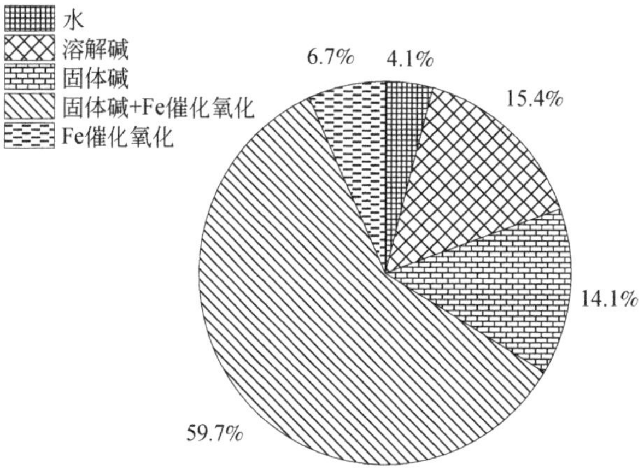

图 3. 12　赤泥脱硫过程中各成分吸收硫百分比

3. 1. 4　原赤泥脱硫研究结论

实验研究了拜耳法赤泥浆液脱硫过程中纯水、浆液温度、液固比、进口 SO_2 浓度、烟气中含 O_2 量和气体流速等具体参数对脱硫效率的影响，并通过正交实验和极差分析确定了最佳脱硫工艺，结论如下。

（1）通过对水吸收 SO_2 实验可知，水对脱硫的贡献不大。主要因素对脱硫效率影响大小顺序为：液固比>SO_2浓度>温度。

（2）赤泥浆液吸收低浓度 SO_2 最佳反应条件为：气体流速为 1. 5L/min、温度 25℃、液固比为 20∶1、进口 SO_2 浓度为 1000mg/m^3；烟气中保持 7% 氧含量，不需要额外补充氧气。

（3）赤泥浆液能在酸性条件下继续脱硫，最终浆液 pH 降至 1. 58，其脱硫效果较好，在排放要求内每克赤泥能容硫 362mg；赤泥脱硫过程中固体碱性物质对脱硫起主要作用，烟气中的氧气促使亚硫酸根离子向硫酸根离子转化，从而提高脱硫效率。

（4）脱硫产物主要为硫酸钙和斜钠明矾，铁元素在脱硫过程中起到了催化氧化作用，且脱硫后赤泥中的铁主要以 Fe_2O_3 和 $FeSO_4$ 的形式存在。

3. 2　臭氧耦合赤泥矿浆脱硫技术

3. 2. 1　试验设备准备

（1）喷淋塔：课题组自行设计了高 400mm、直径 72mm 的小型喷淋塔，可配备不同型号的喷嘴（东莞沙鸥喷雾系统有限公司），经过测试其喷淋状况以及喷淋时的堵塞情况，最终选用1/4内螺纹、孔径为1.0mm的雾炮喷嘴，而与喷嘴相连的蠕动泵的流量定为270mL/min。其实物图如图3.13所示。该装置的工作原理：模拟烟气在喷淋塔内自下而上流动，赤泥浆液通过喷嘴自上而下喷射，气体中的SO_2、NO_x与浆液接触、碰撞、反应后被去除。

图3.13　自制喷淋塔实物图

（2）臭氧发生器：本实验采用Ozonia Lab2B臭氧发生器产生O_3，可以通过控制进气量和臭氧发生器的功率控制O_3的产量。最终，发现通入2L/min的高纯氧作为进气的气源足以满足实验所需。除此之外，经测试发现该仪器在开启4h后才能较稳定地产生实验需要的O_3。因此，在实验前须先将其开启后等待4h才能开始实验。其工作原理：高压交流电作用于中间有绝缘体、间隙的高压电极上，以使干燥的O_2或纯净的空气通过。当高压交流电一定时（10～15kV），会出现蓝色辉光放电的现象，O_2分子被电晕中的自由高能离子解离，之后经过碰撞聚合产生O_3分子。

（3）气体质量流量控制计：本实验采用北京七星华创精密电子科技有限责任公司CS200系列气体质量流量控制计，能够控制标准状态下气体的质量流量。其响应时间<1s，精度为±0.5%，准确度为±1.0%。其基本原理是气体进入进气管道后，大部分气体从分流器通道流走，只有很小的一部分气体进入传感器内部的毛细管道。由于分流器管道结构十分特殊，结果导致这两部分气体流量数值成正比。这一小部分气体的质量流量测量是让传感器预热加温，使得里面的温度比

进入的气体温度要高，之后由毛细管道传热和温差量热法原理计算获得数据。

（4）实验装置组成：O_3氧化 NO 联合赤泥脱硫脱硝流程图和实物图如图 3.14 和图 3.15 所示。整个实验系统由原料供应系统、氧化系统、吸收系统和分析系统四部分组成。

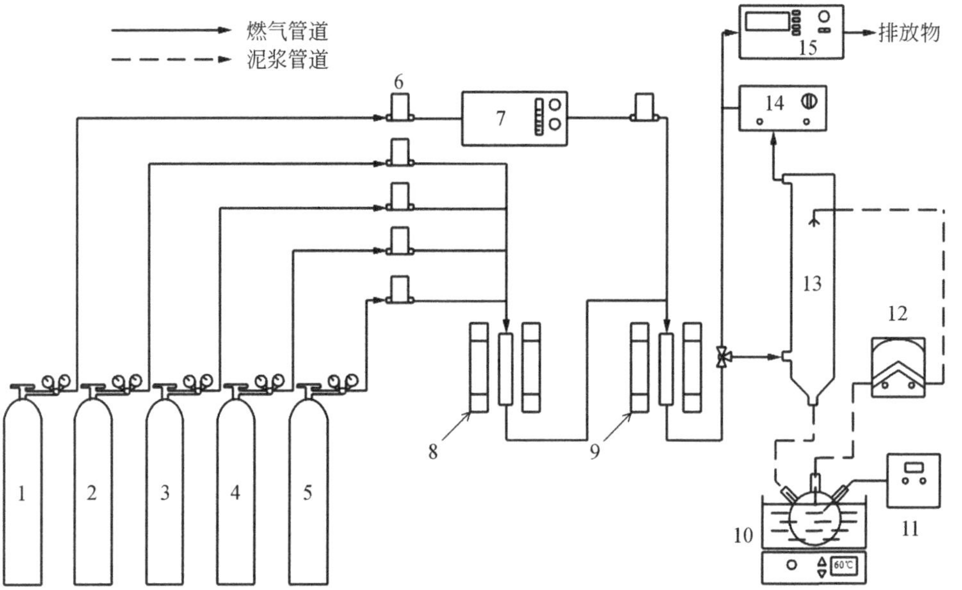

图 3.14 脱硫脱硝实验装置流程图

1. 高纯 O_2瓶；2. 高纯 O_2瓶；3. NO 气瓶（1%，载气为 N_2）；4. SO_2气瓶（1%，载气为 N_2）；5. 高纯 N_2瓶；6. 气体质量流量控制计；7. O_3发生器；8. 气体加热装置；9. 氧化反应器；10. 集热式磁力加热搅拌器；11. pH 计；12. 蠕动泵；13. 自制喷淋塔；14. 车载冰箱；15. 傅里叶变换红外光谱仪

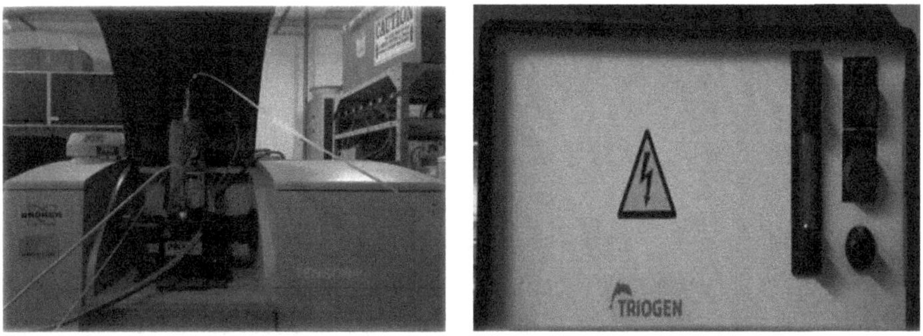

(a)傅里叶变换红外光谱仪 (b)臭氧发生器

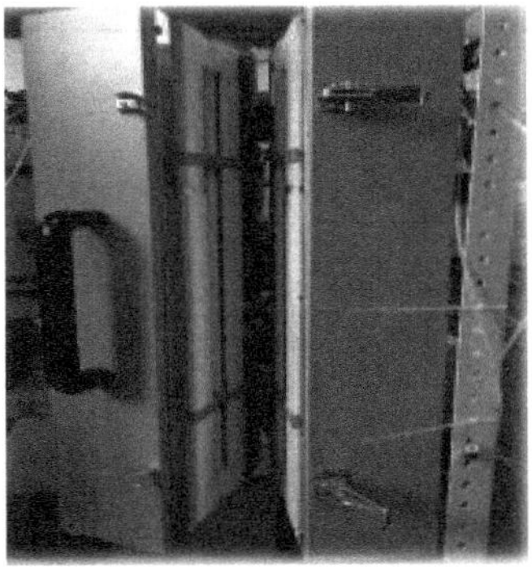
(c)电阻加热炉

(d)蠕动泵和集热式磁力搅拌器

图3.15　脱硫脱硝主要实验装置实物图

原料供应系统：该系统主要由配气与配赤泥浆液这两部分构成。以质量流量控制计（MFC）控制各个钢瓶气体的流量，混合后的气体能够实现模拟石油焦煅烧烟气。臭氧发生器利用高压放电将纯氧转换为臭氧，通过MFC调节出口臭氧浓度以满足实验需求。赤泥浆液的制备是将原赤泥与去离子水按比例混合搅拌而成。

氧化系统：模拟烟气从装置8（气体加热装置）经加热排出后与O_3汇合后进入装置9（氧化反应器），在装置9中实现O_3对烟气中的SO_2和NO的氧化。通过三段式加热炉控制装置9内的反应温度，里面的定制石英管体积可以控制反应时长，参照一般工业烟气臭氧氧化停留时间，将臭氧氧化停留时间定为1.2s。

吸收系统：赤泥浆液储存在2L的三口烧瓶内，用集热式磁力加热搅拌器对其进行加热、搅拌。由蠕动泵将赤泥浆液以流量为270mL/min输送到自制喷淋塔中，赤泥浆液通过雾炮喷嘴喷出，与模拟烟气接触、反应。此外，浆液的pH可通过外连的pH计进行测定。

分析系统：采用傅里叶变换红外光谱对模拟烟气氧化后和出口的两个检测点进行检测，根据红外吸收光谱图对SO_2、NO_x、O_3进行定性定量分析。

本实验模拟气体为石油焦煅烧烟气，因此实验相关参数尽可能以石油焦煅烧烟气实际工况为主，相关参数如表3.3所示。

表3.3　实验参数

参数	取值范围
NO	100 ~400ppm
SO_2	0~3000ppm
O_3	0~500ppm

续表

参数	取值范围
含氧量	16%
氧化温度（T）	90～150℃
氧化停留时间（t）	1.2s
总气量	6L/min
赤泥浆液浓度	20g/L
赤泥浆液流量	270mL/min
赤泥浆液温度	60℃
气液接触时间	10s

3.2.2 工艺参数对脱硫脱硝的影响

1. 臭氧对脱硫脱硝的影响

为了了解氧化后的模拟烟气组分构成，需要考虑臭氧对模拟烟气中的 SO_2、NO 的影响程度。通过改变 O_3/NO 的摩尔比（0.6、0.8、1.0、1.25、1.5、1.8、2.0、2.25、2.5）得到不同组分的氧化后烟气。设计的实验固定条件为：总气体流量为 6L/min，入口 SO_2浓度为 1000ppm，入口 NO 浓度为 200ppm，氧化温度为 130℃，O_2含量为 16%。实验结果如图 3.16 所示。

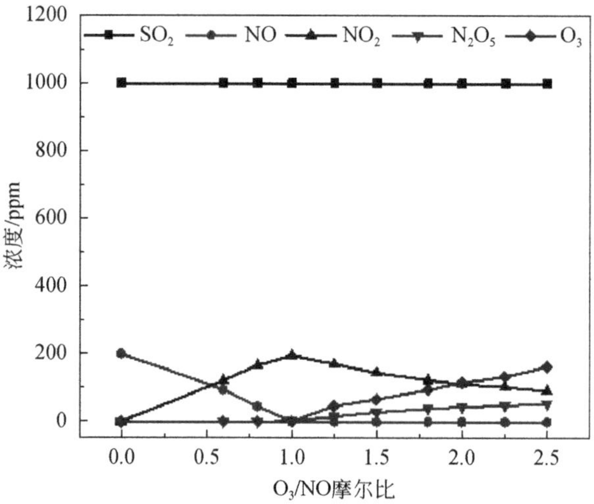

图 3.16 不同 O_3/NO 摩尔比下，氧化后烟气各组分的浓度

通过观察图3.16，SO_2出口浓度基本维持在1000ppm，表明在烟气多组分共存时，SO_2基本不会被臭氧氧化成SO_3。从图中可发现当O_3/NO摩尔比<1时，O_3的作用只是将NO氧化成NO_2；当O_3/NO摩尔比=1时，NO基本被O_3转化为NO_2；当O_3/NO摩尔比>1时，NO_2的含量有所下降，开始有N_2O_5的产生，同时也出现了O_3逸出的现象。

2. 赤泥浓度、O_3/NO摩尔比对脱硫脱硝的影响

根据文献调查[14-16]认为赤泥浓度、氧化温度、O_3/NO摩尔比为赤泥脱硫脱硝的主要影响因素。首先考察赤泥浓度和O_3/NO摩尔比对脱硝效率及臭氧溢出的影响，选取赤泥浓度分别为5g/L、10g/L、20g/L、30g/L，O_3/NO摩尔比分别为0.6、0.8、1.0、1.25、1.5、1.8、2.0、2.25、2.5进行实验。设计实验的固定条件为：总气体流量为6L/min，入口SO_2浓度为1000 ppm，入口NO浓度为200 ppm，氧化温度为130℃，O_2含量为16%，气液接触时间为10 s，实验结果见图3.17。

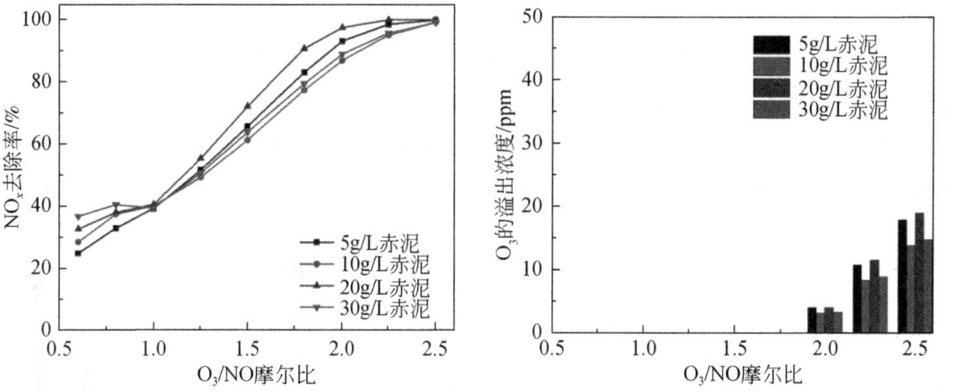

(a)不同赤泥浓度与O_3/NO摩尔比对脱硝影响　(b)不同赤泥浓度与O_3/NO摩尔比对臭氧逸出影响

图3.17　赤泥浓度与O_3/NO摩尔比对脱硫脱硝影响

如图3.17（a）所示，随着O_3/NO摩尔比的增加，高价NO_x产率较高，脱硝效率从25%左右增加到95%以上。过去研究表明[17]，当O_3/NO摩尔比低于1.0［式（3.4）］时，NO_2是主要产物，O_3/NO摩尔比的进一步增加会生成NO_3［式（3.5）］，NO_3很容易与NO_2形成N_2O_5［式（3.6）］，因此在实际检测过程中检测不到NO_3，氧化产物主要是NO_2和N_2O_5。在O_3/NO摩尔比的测试范围内，赤泥浓度对脱硝效率的影响规律性不强。当O_3/NO摩尔比低于1.0时，最高的赤泥浓度（30g/L）提供最高的脱硝效率。但是，当O_3/NO摩尔比大于1.0时，赤泥浓度为20g/L时，脱硝效率最高。造成这种现象的原因应该是：赤泥浓度的增加

使得赤泥浆液变得浓稠，而赤泥浆液黏度过大会导致喷嘴喷射效果不理想，从而影响脱硝效率。

$$O_3+NO \longrightarrow NO_2+O_2 \tag{3.4}$$

$$O_3+NO_2 \longrightarrow NO_3+O_2 \tag{3.5}$$

$$NO_3+NO_2 \longrightarrow N_2O_5 \tag{3.6}$$

除此之外，还对喷淋塔出口的 O_3 溢出量进行了检测。如图 3.17（b）所示，在 O_3/NO 摩尔比为 0.6～1.8 的范围内未观察到 O_3 逸出，并且当 O_3/NO 摩尔比大于 2.0 时发生 O_3 逸出。当摩尔比相对较高（摩尔比 = 2.0）时，存在 O_3 逸出，但低于 1.8 时没有 O_3 逸出。可能原因有两个：①过量的 O_3 与 SO_3^{2-} 等还原性组分反应生成 SO_4^{2-} 和 O_2［式（3.7）］，SO_3^{2-} 在脱硫脱硝过程中必然存在，因此该反应一定发生；②过量的 O_3 在液相 Fe^{3+} 催化下分解为 O_2［式（3.8）］。

$$O_3+SO_3^{2-} \longrightarrow SO_4^{2-}+O_2 \tag{3.7}$$

$$2O_3 \xrightarrow{Fe^{3+}} 3O_2 \tag{3.8}$$

3. 氧化温度对脱硫脱硝的影响

实验探索了氧化温度和 O_3/NO 摩尔比对脱硝效率及臭氧溢出的影响，选取的氧化温度参数分别为 90℃、110℃、130℃、150℃，设计实验的固定条件为：总气体流量为 6L/min，入口 SO_2 浓度为 1000ppm，入口 NO 浓度为 200ppm，赤泥浓度为 20g/L，O_2 含量为 16%，气液接触时间为 10s。实验结果如图 3.18 所示。

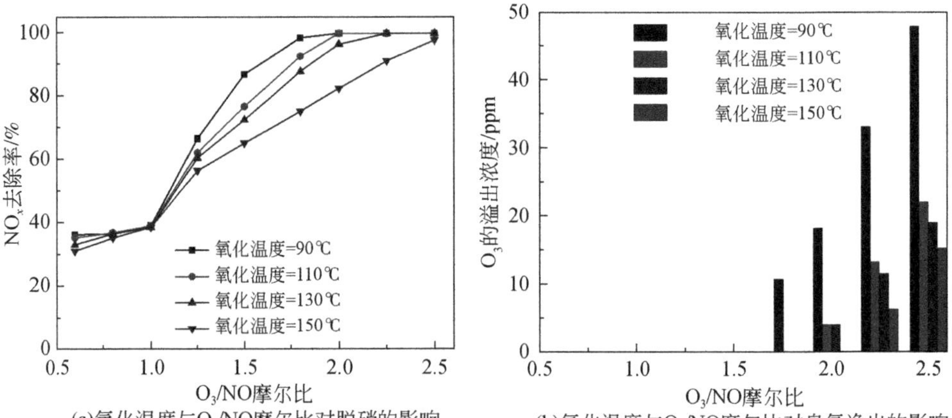

(a)氧化温度与O_3/NO摩尔比对脱硝的影响　　(b)氧化温度与O_3/NO摩尔比对臭氧逸出的影响

图 3.18　氧化温度对脱硫脱硝的影响

图 3.18（a）能观察到 O_3/NO 的摩尔比小于 1.0 时，氧化温度对脱硝效率的影响不大。O_3/NO 摩尔比大于 1.0 时，随着氧化温度从 90℃ 提高到 150℃，

NO_x的去除效率降低。究其原因，O_3/NO摩尔比小于1.0时，NO被氧化的产物主要为NO_2，而NO_2在高温下是比较稳定的，因此氧化温度对NO_x的去除效率几乎没有影响。当O_3与NO的摩尔比大于1.0时，开始有N_2O_5的生成。而N_2O_5性质极其不稳定，在高温下很容易分解为NO_2和O_2，导致脱硝效率下降。在之前的研究中，已经证明了90℃的温度对N_2O_5产率的贡献最大[18]，这也是本工作在90℃脱硝效率最高的主要原因。此外，硝酸盐和亚硝酸盐反应后在水溶液中相对稳定，N_2O_5或NO_2不会被再度释放。硝酸盐和亚硝酸盐溶液可用常规反硝化处理，以此解决脱硫脱硝后废弃浆液的处置问题。

图3.18（b）显示氧化温度对O_3逸出有很大影响。当O_3/NO摩尔比为1.8时，在90℃下观察到11ppm的O_3逸出，并且进一步提升氧化温度不会产生O_3逸出。因此，选择合适的氧化温度和O_3/NO摩尔比对保证脱硝效率和避免O_3逸出至关重要。

该阶段实验结果表明，赤泥在20g/L的反应条件下，O_3/NO摩尔比为1.8时，赤泥对NO_x的吸收效率高达90%。此外，考虑到臭氧投加量的经济效益、臭氧逸出造成的环境危害以及实际石油焦煅烧烟气温度的范围，合适的O_3/NO摩尔比和反应温度对保证脱硝效率和避免O_3逸出显得十分重要。本研究选取20g/L赤泥、O_3/NO摩尔比为1.8、氧化温度为130℃为固定条件，对其他影响因素进行了探讨。

4. pH对脱硫脱硝的影响

溶液酸碱度（pH）往往影响着氧化还原电位以及氧化还原反应速度，正因如此它也是重要参数之一。设计的实验固定条件为：总气体流量为6L/min，入口SO_2浓度为1000 ppm，入口NO浓度为200 ppm，O_3/NO摩尔比为1.8，氧化温度为130℃，赤泥浓度为20g/L，O_2含量为16%，气液接触时间为10 s。实验结果如图3.19所示。

由图3.19可见，吸收时间的延长会导致赤泥浆液的pH降低以及SO_2去除率的降低。根据pH曲线划分可大致将吸收分为两个阶段。第一阶段：反应开始后的25min，pH呈现非常陡峭的下降趋势，直接从10.03下降到7.0。出现此现象归因于赤泥吸收二氧化硫和氮氧化物在该阶段主要是发生酸碱中和反应（模拟烟气中的SO_2水解产生SO_3^{2-}、HSO_3^{2-}和H^+，NO_x水解产生NO_2^-、NO_3^-和H^+，然后两者的共同产物H^+会与赤泥浆液中的OH^-反应，致使pH急剧下降），除此之外，还能观察到此阶段的脱硫效率相对稳定在93%。第二阶段：pH为7.0～3.5，下降趋势比较平缓。这一阶段主要取决于赤泥中活性组分的溶解和与酸性气体的反应能力，直到赤泥中的活性组分完全反应为止。此阶段的SO_2去除效率开始由93%下降到56%，然而在450min后，SO_2去除效率由56%增加到59%，SO_2的出

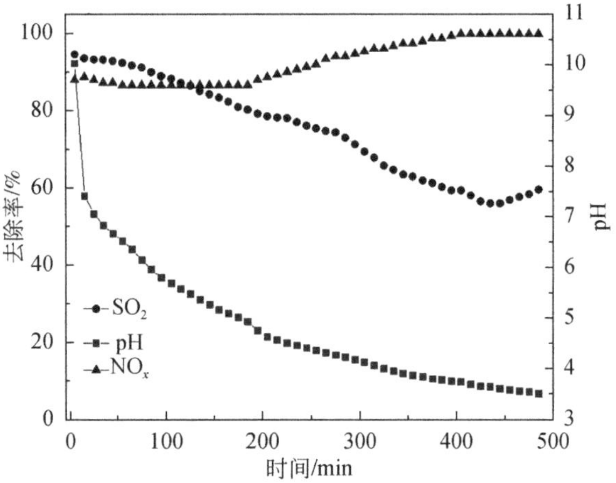

图 3.19　操作 pH 对 SO_2/NO_x 去除效率的影响

口浓度约为 400 ppm。脱硫效率略有提高的原因可能是液相中的 Fe^{3+} 对 SO_2 催化氧化作用［式（3.9）～式（3.11）］。具体而言，Fe^{3+} 的强氧化特性[19-22]能够将 SO_2 氧化成 SO_4^{2-}，而由于在高氧量（16%）以及过量 O_3 的环境下，反应生成的 Fe^{2+} 非常容易又氧化成 Fe^{3+}。自然浆液中 Fe^{3+} 组分高于 Fe^{2+}，也就是说，Fe^{3+} 在该阶段吸收过程中起着主要作用。

$$SO_2+2Fe^{3+}+2H_2O \longrightarrow SO_4^{2-}+4H^++2Fe^{2+} \tag{3.9}$$

$$SO_2+H_2O+\frac{1}{2}O_2 \xrightarrow{Fe^{3+}} SO_4^{2-}+2H^+ \tag{3.10}$$

$$SO_2+2Fe^{2+}+O_2 \longrightarrow SO_4^{2-}+2Fe^{3+} \tag{3.11}$$

观察图 3.19 中 NO_x 去除效率的曲线，在开始的 50min，NO_x 去除效率从 88% 降低到 86%，然后缓慢增加。降低的原因是 pH 的降低对 NO_x 的吸收有一定的抑制作用，因此去除效率也随之下降。50min 后上升的原因则是赤泥浆液吸收 SO_2 会产生 SO_3^{2-} 和 HSO_3^-，当这两者的含量累积到一定程度时会与 NO_2 发生氧化还原反应，生成的 SO_4^{2-} 会与浆液中 Ca^{2+} 形成稳定的晶体粉末以促进反应朝生成 SO_4^{2-} 的方向进行，消耗了更多的 NO_2，进而提高了对 NO_x 的去除效率。主要的化学反应方程式如下。

$$2NO_2+SO_3^{2-}+H_2O \longrightarrow 2H^++SO_4^{2-}+2NO_2^- \tag{3.12}$$

$$2NO_2+HSO_3^-+H_2O \longrightarrow 3H^++SO_4^{2-}+2NO_2^- \tag{3.13}$$

$$Ca^{2+}+SO_4^{2-} \longrightarrow CaSO_4 \tag{3.14}$$

5. 入口 SO_2 浓度对脱硫脱硝的影响

石油焦在煅烧过程中，因种种因素（工艺条件的不同、设备的不一致、石油焦自身的含硫量等）最终导致出口 SO_2浓度并不是处于一个稳定的状态，SO_2的去除效率也会发生改变。根据一般工业石油焦煅烧烟气中的 SO_2浓度波动区间，选取500ppm、1000ppm、1500ppm、2000ppm进行本节实验。设计的实验固定条件为：总气体流量为6L/min，入口NO浓度为200ppm，O_3/NO摩尔比为1.8，氧化温度为130℃，赤泥浓度为20g/L，O_2含量为16%，气液接触时间为10s。实验结果如图3.20所示。

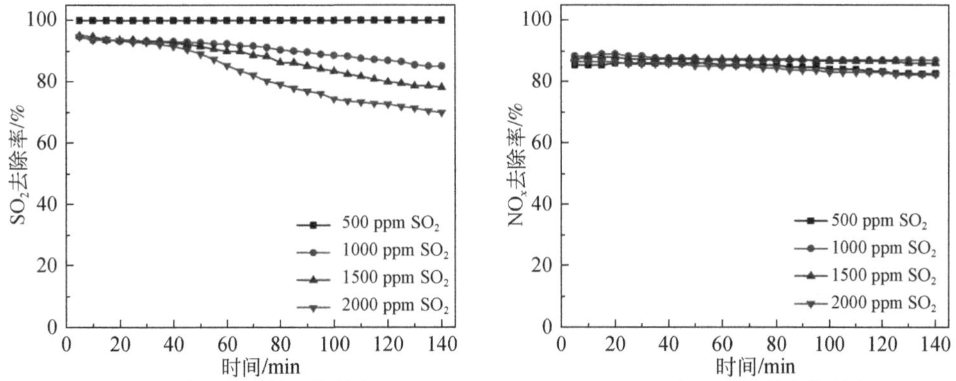

(a)对SO_2去除效率的影响　(b)对NO_x去除效率的影响

图3.20　不同入口 SO_2浓度随时间变化

据图3.20（a），从整体上看赤泥对 SO_2的吸收效率随着入口 SO_2浓度的增加而下降。在低浓度（<500ppm）下，SO_2的去除效率能在开始的140min保持在100%；而在高浓度（>2000ppm）下，赤泥对 SO_2的吸收效率在140min后低于68%。出现的此现象是可以由双膜理论加以解释的。根据双膜理论：气液间存在稳定的相界面，在相界面两侧有非常薄的气膜和液膜。SO_2以分子扩散的形式通过气膜和液膜。在薄膜层外的中心区域，由于流体的完全湍流，认为 SO_2的浓度是均匀的[23,24]。换言之，当 SO_2分子从气相转移到液相，转移需要克服的阻力（总传质阻力）来自气相阻力与液相阻力。SO_2在气相的扩散常数远大于在液相的扩散常数，因此认为 SO_2的总传质阻力主要来源于液膜，而液膜的传质阻力主要取决于湍流强度和吸收液的酸碱度。当提高入口 SO_2的浓度时，液体中的碱性物质消耗过快，使得液相传质阻力提升，SO_2的去除效率随着总传质阻力的增加而降低。

观察图3.20（b），发现在开始的140min内 NO_x的去除效率曲线相对于 SO_2的去除效率更为平滑。入口 SO_2浓度为500ppm和2000ppm时的脱硝效率约为86%，而入口 SO_2浓度为1000ppm和1500ppm时的脱硝效率约为82%。相较之下，前者的脱硝效率略微高于后者。这可能是因为当入口 SO_2浓度较低时，SO_2

浓度的提高可以促进 SO_2 水解产生更多的 SO_3^{2-} 和 HSO_3^-，加速反应朝着生成 SO_4^{2-} 方向进行，达到消耗 NO_2 的目的，因此提高入口 SO_2 浓度可以促进 NO_x 的吸收。然而，当入口 SO_2 浓度过高时，大量的 SO_2 与 NO_x 竞争赤泥浆液中的碱性物质，降低了吸收剂对 NO_x 的吸收能力。

6. 入口 NO 浓度对脱硫脱硝的影响

由于石油焦煅烧烟气产生的 NO_x 浓度比较小，通过扩大 NO 的波动区间手段（选取 NO 浓度分别为 100ppm、200ppm、300ppm、400ppm），来更清晰地观察入口 NO 浓度对赤泥吸收 SO_2 的影响程度。设计的实验固定条件为：总气体流量为 6L/min，入口 SO_2 浓度为 1000ppm，O_3/NO 摩尔比为 1.8，氧化温度为 130℃，赤泥浓度为 20g/L，O_2 含量为 16%，气液接触时间为 10s。实验结果如图 3.21 所示。

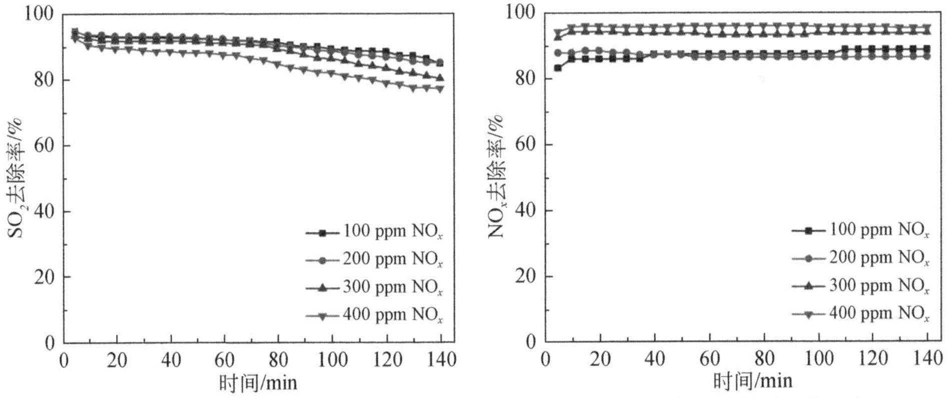

(a)对 SO_2 去除效率的影响　(b)对 NO_x 去除效率的影响

图 3.21　不同入口 NO 浓度随时间的变化

如图 3.21（a）所示，增加入口 NO 浓度不利于赤泥对 SO_2 的吸收，140min 后 100ppm 入口 NO 的脱硫效率为 85%，比 400ppm 入口 NO 的脱硫效率高 8%。这是由于 NO_x 量过多会与 SO_2 相互竞争赤泥浆液中的碱性组分，进而导致 SO_2 的去除效率下降。图 3.21（b）显示，NO_x 的去除效率随着入口 NO 浓度的增加而升高，在入口 NO 浓度为 400ppm 的情况下能够长期维持在 95% 左右。其中的缘由是在脱硝过程中，NO_2 占据氧化产物很大比例成分，且它的溶解度不是很高。随着 NO_x 浓度的增加，氧化产物的浓度增加，气相分压增大，传质驱动力增强，使得气相分压对脱硝起主导作用，促使脱硝效率提升。

7. 气液接触时间对脱硫脱硝的影响

液气比是实际脱硫工程应用中的一个重要工艺参数，更改液气比的本质是改变单位体积的烟气能够接触到的液体体积，一般是通过调节总气体流量或者循环泵单位时间循环的浆液量这两种方式。本实验的自制喷淋塔可以通过更改喷淋塔本身的高度从而达到类似调节液气比的效果，并以气液接触时间（模拟烟气从喷淋塔入口到喷嘴之间所花的时间）作为参数。实验选取气液接触时间分别为 5s、10s、15s。设计实验固定条件为：总气体流量为 6L/min，入口 SO_2 浓度为 1000ppm，入口 NO 浓度为 200ppm，O_3/NO 摩尔比为 1.8，氧化温度为 130℃，赤泥浓度为 20g/L，O_2 含量为 16%。实验结果见图 3.22。

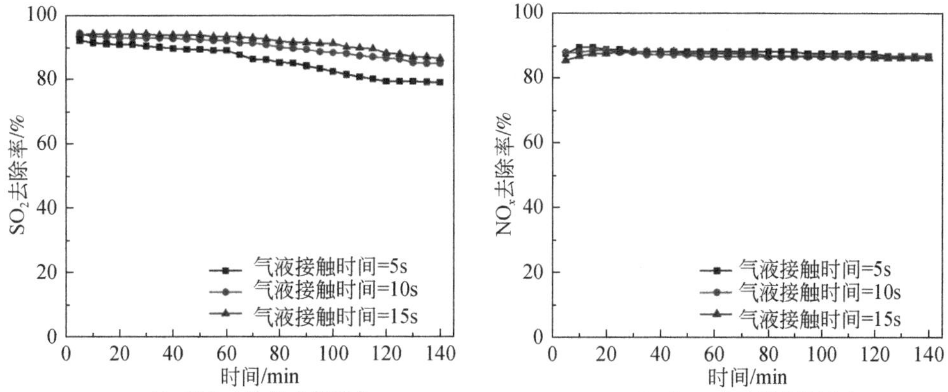

(a)对 SO_2 去除效率的影响　(b)对 NO_x 去除效率的影响

图 3.22　不同气液接触时间随时间的变化

从图 3.22（a）可看出，延长气液接触时间，SO_2 的去除效率升高。但随着反应时间的增加，在 140min 后 5s 的气液接触时间的脱硫效率下降至 80% 左右，然而 15s 的气液接触时间在同等时间与前者相比提高了 7%，达到 87% 左右，脱硫效率存在大幅度提升。这主要是因为气液接触时间的增加可使每一段烟气通过喷淋塔时可以接触到更多的浆液。从本质上讲，这是增加了气液接触面积，进而促进了赤泥对 SO_2 的吸收。

由图 3.22（b）可知，气液接触时间对脱硝效果影响甚微，三条线基本重合在一起，NO_x 的去除效率最终稳定在 87% 左右。究其原因是在喷淋塔设计完后发现液气比比较大，而实验选取的 NO_x 浓度不高，导致在气液接触时间为 5s 时，赤泥浆液对 NO_x 的吸收已经处于饱和状态，再延长气液接触时间对赤泥浆液对 NO_x 的吸收基本无影响。

3.2.3　赤泥物相变化分析

1. BET 与 XRD 表征

测试前，将赤泥放入电热鼓风干燥箱中在 100℃ 干燥 24h 预处理，预处理后放入自封袋密封好供测试时使用。采用 BET（Brunner-Emmet-Teller measurements）比表面全自动物理吸附仪（ASAP 2020HD88）对其分析，样品在 100℃ 充满 N_2 的环境下脱气 3h，然后在温度为 -196℃ 液氮测定原赤泥的 N_2 吸附-脱附等温线及孔径分布，并用 BJH（Barret-Joyner-Halenda）法计算原赤泥的比表面积。

原赤泥在 100℃、24h 的条件下得到吸附-脱附曲线如图 3.23 所示，BET 测试分析得到原赤泥的比表面积为 10.3m^2/g，通过氮分压 0.1 之前的吸附量的变化，可以推断出原赤泥的微孔结构少。此外，等温线的吸附曲线与脱附曲线形成滞后回环，且比较狭窄，根据该形状与位置能断定这属于国际纯粹与应用化学联合会（International Union of Pure and Applied，Chemistry IUPAC）第Ⅳ类型等温线。

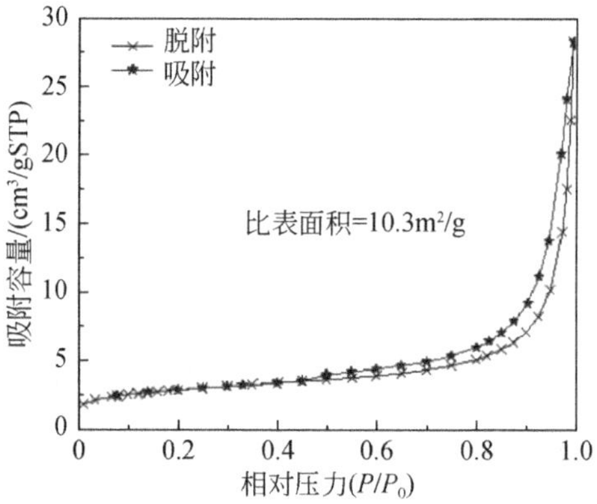

图 3.23　原赤泥 N_2 吸附-脱附等温线

图 3.24 显示的是原赤泥的孔径分布，结合 BJH 法计算所得数据能总结出原赤泥的孔径大小集中在 1.7～20nm，说明该赤泥具有比表面积大、孔径小的特点，适合用作脱硫脱硝的材料。利用 X' Pert Highscore 软件分析 XRD 图谱，即通过从 ICDD-PDF2004 卡库寻找与明显的特征衍射峰对应的卡片进而确认其物相成分，三种物质 XRD 分析见图 3.25。图 3.25 中三个样品的化学式对应的名称见表 3.4。

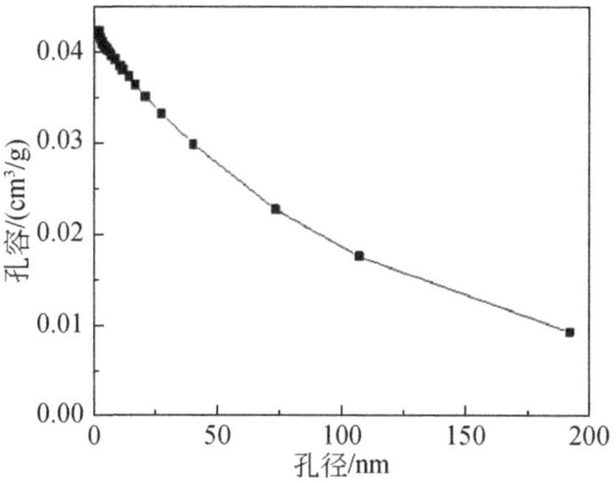

图 3.24　原赤泥孔径分布曲线

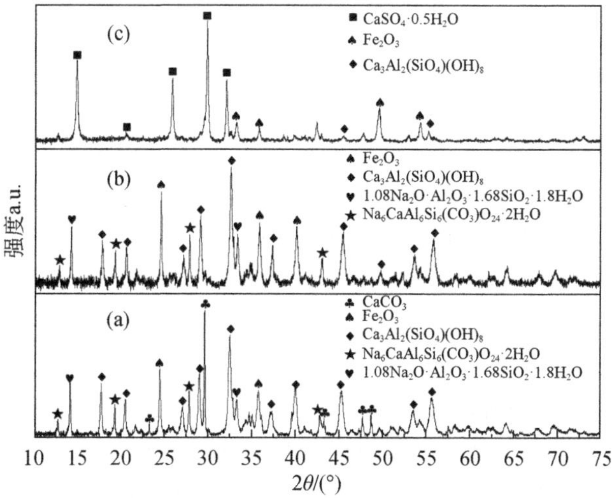

图 3.25　赤泥脱硫脱硝前后 XRD 分析

（a）原赤泥；（b）吸收过程中的赤泥（pH=5）；（c）脱硫脱硝后赤泥（pH=3.5）

表 3.4　赤泥脱硫脱硝前后的物相名称及其化学式

序号	物相名称	化学式
1	硅铝酸钠水合物	$1.08Na_2O \cdot Al_2O_3 \cdot 1.68SiO_2 \cdot 1.8H_2O$
2	钙霞石	$Na_6CaAl_6Si_6(CO_3)O_{24} \cdot 2H_2O$
3	石榴石	$Ca_3Al_2(SiO_4)(OH)_8$
4	赤铁矿	Fe_2O_3
5	方解石	$CaCO_3$
6	石膏	$CaSO_4 \cdot 0.5H_2O$

由图3.25（a）可知，原赤泥主要物相有硅铝酸钠水合物（$1.08Na_2O \cdot Al_2O_3 \cdot 1.68SiO_2 \cdot 1.8H_2O$）、钙霞石［$Na_6CaAl_6Si_6(CO_3)O_{24} \cdot 2H_2O$］、石榴石［$Ca_3Al_2(SiO_4)(OH)_8$］、赤铁矿（$Fe_2O_3$）和方解石（$CaCO_3$）。观察图3.25（b），可知随着反应的进行，通过与原赤泥的物相组分对比发现pH降到5时赤泥的物相组分中方解石的缺失，说明方解石参与了吸收反应并且在此阶段消耗殆尽。根据图3.25（c），脱硫脱硝后的赤泥（pH=3.5）的XRD图谱中再度缺少了硅铝酸钠水合物和钙霞石，并且产生了石膏（$CaSO_4 \cdot 0.5H_2O$）新组分。除此之外，通过观察物相的峰高能够发现石榴石的特征峰降低，而且特征峰相比于原赤泥高度以及峰面积均有降低，这表明了原赤泥中难溶的石榴石开始发生了分解反应，但是并没有完全反应，因此剩余的石榴石还能够通过XRD检测到。综上所述，可以推测原赤泥中方解石、硅铝酸钠水合物、钙霞石、石榴石的反应机理。

（1）方解石遇酸极易分解，分解的Ca^{2+}与烟气中SO_2、O_2生成石膏。化学方程式如下。

$$2CaCO_3+2SO_2+O_2 \longrightarrow 2CaSO_4+2CO_2 \tag{3.15}$$

（2）硅铝酸钠水合物、钙霞石、石榴石三者实质都能看作是CaO和Al_2O_3的硅酸盐，硅酸盐不稳定，最终会被酸解分离出硅酸。因此，石膏的生成可以看成$CaO \cdot Al_2O_3$与烟气中SO_2、O_2反应，化学方程式如下。

$$CaO \cdot Al_2O_3+4SO_2+2O_2 \longrightarrow CaSO_4+Al_2(SO_4)_3 \tag{3.16}$$

2. SEM与EDS表征

测试前将原赤泥（pH=10.03）、吸收过程中的赤泥（pH=5）、脱硫脱硝后的赤泥（pH=3.5）分别放入电热鼓风干燥箱中在100℃干燥24h预处理，预处理后分别放入自封袋密封好，并按顺序以样品1、样品2、样品3进行标记以供测试使用。通过扫描电子显微镜（scanning electron microscope，SEM）可以分析固体样品的表面形貌。通常SEM是与X射线能谱仪（energy dispersive spectrometer，EDS）联合使用，这是因为EDS能够在SEM观察的微小区域内对其元素成分进行定性、定量分析。

图3.26（d）显示的是原赤泥放大20k的微观外貌，能够看出颗粒形状、大小并不一致，颗粒分散疏松而且颗粒与颗粒之间存在着大大小小的孔隙，这些孔隙证明了原赤泥具有与SO_2、NO_x等酸性气体更大的接触反应面积，上述BET的测试结果与微观形貌的结果相吻合，因此可将原赤泥的特性归纳为紧密度低、孔隙性好、比表面积大，属于多孔架空结构体系。图3.26（a）~（c）展现的是赤泥脱硫脱硝过程在微观上放大2k的形貌变化，从中能看出赤泥中存在着大团块状结构的颗粒聚集物，但随着SO_2和NO_x的加入而解体，细小颗粒物更为松散。从图3.26（d）~（f）可以看出，放大20k下扫描电镜图像中原赤泥的孔隙在脱

硫脱硝的过程中被反应生成的细小颗粒物堵塞，图3.26（e）、（f）相比于图3.26（d）整体上小粒径颗粒物堆积现象更为明显，直观反映出赤泥与SO_2、NO_x的接触面积在很大程度上减少，这是导致脱硫脱硝效率慢慢降低的原因之一。

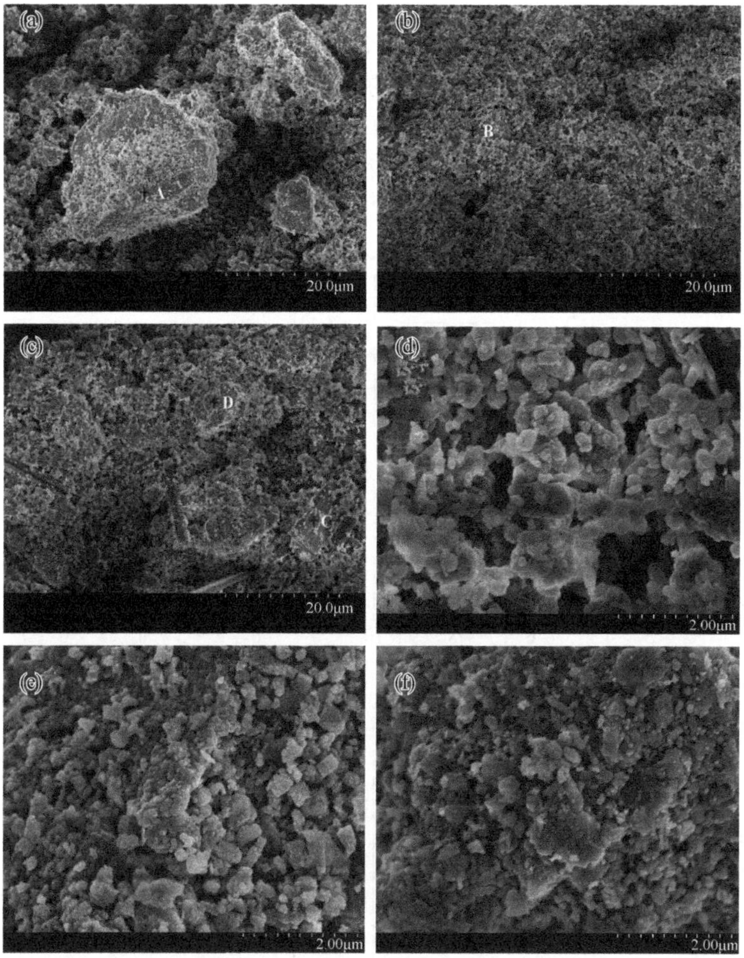

图3.26　脱硫脱硝前后赤泥SEM图像

原赤泥（a）放大2k扫描电镜图像（d）放大20k扫描电镜图像；吸收过程中的赤泥（pH=5）（b）放大2k扫描电镜图像（e）放大20k扫描电镜图像；脱硫脱硝后的赤泥（pH=3.5）（c）放大2k扫描电镜图像（f）放大20k扫描电镜图像

本实验采用EDS分析选定区域［图3.26（a）~（c）］的元素分布，如图3.27所示。可以从中看出样品选定区域的主要元素有O、Na、Al、Si、S、Ca和Fe。由图3.27（a）和（b）可知，Na元素的含量明显降低，Al、Si元素含量略微减少，说明赤泥浆液在脱硫脱硝过程中存在大量钠碱被消耗（pH从10.03

降至 5 时)，结合上小节 XRD 分析结果能推断消耗的钠碱含有硅铝酸钠水合物以及钙霞石。根据图 3. 27（a）~（c），发现 Ca、S、O 三种元素含量增加，结合 XRD 测试结果可以推断图 3. 26（c）中 D 点区域为 $CaSO_4$ 晶体。Ca 元素含量的上升主要原因是方解石、钙霞石、石榴石虽然大部分分解，但是又容易生成稳定的 $CaSO_4$ 物质。再观察图 3. 27（d），铁的特征峰相比于前三幅图更高以及图 3. 27（c）中的 C 点区域呈现小圆柱形的外貌，二者都证实该含铁物质的晶型较好。选取的 C 点区域富含 Fe、O 元素，同时含有少量 Al、Si、S、Ca 元素（可视为杂质）。高含量的铁元素结合 XRD 表征结果能推断出 D 点区域中含有难溶的 Fe_2O_3 物质。

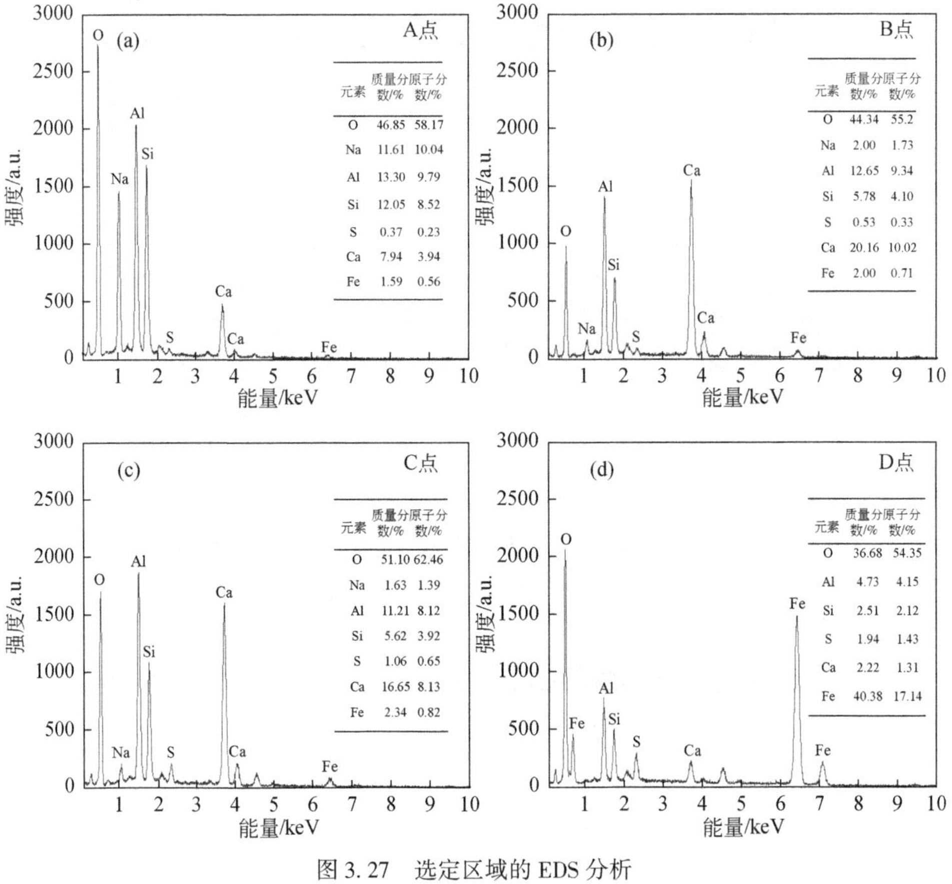

图 3. 27　选定区域的 EDS 分析

（a）图 3. 26（a）中 A 点；（b）图 3. 26（b）中 B 点；（c）图 3. 26（c）中 C 点；（d）图 3. 26（c）中 D 点

3.2.4　反应前后元素含量变化

1. 赤泥固相元素含量变化

测试前将原赤泥（pH=10.03）、吸收过程中的赤泥（pH=5）、脱硫脱硝后的赤泥（pH=3.5）分别放入电热鼓风干燥箱中在100℃干燥24h预处理，预处理后放入自封袋密封好，并按顺序以样品a、样品b、样品c进行标记以供测试使用。本测试对样品采用的是粉末压片制样法，通过将待测样品倒入样品环（接近铺满状态即可），然后将其送入压片机压成小圆片形状，注意不能出现裂痕，否则须重新压片。制好的圆片装样品放在托架中心位置，将螺钉与卡槽对齐后，按下盖板，顺时针拧紧后将整个样品卡在样品盒中间，最后将样品盒放入仪器测点方可进行X射线荧光光谱分析（X ray fluorescence，XRF）测试。测试结果见表3.5和表3.6。

表3.5　原赤泥的各元素复合物的含量

复合物		CaO	Al_2O_3	SiO_2	Na_2O	Fe_2O_3	TiO_2	MgO
含量/%		24.70	23.90	22.38	13.12	9.14	3.57	0.83
复合物	SO_3	K_2O	P_2O_5	ZrO_2	SrO	CeO_2	Cl	Cr_2O_3
含量/%	0.66	0.65	0.31	0.16	0.13	0.12	0.08	0.07
复合物	Pr_2O_3	MnO	ThO_2	Y_2O_3	Nb_2O_5	PbO	Ga_2O_3	
含量/%	0.06	0.03	0.03	0.02	0.01	0.01	0.01	

表3.6　反应过程中赤泥XRF测试变化情况　（%）

pH	CaO	Al_2O_3	SiO_2	Na_2O	Fe_2O_3	TiO_2	SO_3
10.03	24.70	23.90	22.38	13.12	9.14	3.57	0.66
5	19.46	27.65	23.82	9.50	10.00	5.23	1.78
3.5	21.1	19.85	14.24	0.46	8.58	4.06	30.04

相比于EDS，XRF主要具有两个优势：①XRF的测试范围更广，XRF在1～100ppm能检测元素B5～U92，而EDS在该条件下只能检测到元素Na11～U92；②XRF的定量分析误差更小，XRF的定量分析误差在1%～5%，而EDS的定量分析误差在2%～10%。表3.5显示的是原赤泥各元素复合物的含量，从表中可以看出原赤泥主要含有CaO、Al_2O_3、SiO_2、Na_2O、Fe_2O_3以及TiO_2，这些主要的元素复合物对周边环境并无危害。而对于其中的其他成分，如CeO_2、Cr_2O_3、Pr_2O_3、MnO、PbO、Y_2O_3等元素复合物因为含量少且不具备重金属污染特征，所以对周边的土壤、水资源影响就小。除此之外，还有极少量放射性元素复合物如

ThO_2等，短时间内对周边环境影响不大，但长时间会有影响。

由于这些微量组分含量较低，对脱硫脱硝效率的贡献较小，因此不在本实验考虑范围之内。表3.6中XRF测试结果表明赤泥在脱硫脱硝过程中不同pH下主要组分为Ca、Al、Si、Na、Fe、Ti以及S的复合物。从该表能观测到S的复合物含量有大幅度的增加，从0.66%增加到30.04%，说明赤泥浆液具有较强的脱硫能力。

2. *液相离子含量变化*

将20g赤泥与1L水在2L的三口烧瓶中混合均匀后，用注射器从中抽取适量赤泥浆液，将其过滤、离心后用离心管装好并标记为样品A。剩余的浆液用于脱硫脱硝实验，当赤泥浆液pH为5、4和3.5时各用注射器抽取适量浆液，按照样品A的步骤依次得到样品B、C和D。在进样前先把泵和管路中的气泡排除，之后用注射器依次抽取样品1（不稀释）、样品2（稀释20倍）、样品3（稀释20倍）、样品4（稀释50倍）进样，通过离子色谱（ion chromatography，IC）得到的结果分析其溶液中离子的浓度。因脱硫脱硝后的赤泥溶液中含有的阴离子比较复杂，所以只对NO_2^-、NO_3^-和SO_4^{2-}做了测试，其检测限为0.01～0.1μg/mL，相对标准偏差（RSD）小于3。这三种组分对应的浓度如表3.7所示。

表3.7　不同pH下赤泥溶液中阴离子含量

样品序号	NO_2^-/(mg/L)	NO_3^-/(mg/L)	SO_4^{2-}/(mg/L)
A	0.03	0.23	13.34
B	2.77	324.73	2112.91
C	5.27	782.87	3895.04
D	0.08	2304.86	5998.18

从表3.7很明显能观察到样品2中NO_3^-与SO_4^{2-}相比于样品A有较大程度增加，NO_3^-浓度从0.23mg/L增加到324.73mg/L，SO_4^{2-}浓度从13.34mg/L增加到2112.91mg/L，说明高O_2浓度以及O_3存在将SO_2与NO_x水解产生SO_3^{2-}与NO_2^-氧化成SO_4^{2-}和NO_3^-，这就是当赤泥浆液pH降到5时，NO_3^-与SO_4^{2-}浓度大幅度增加的原因。再观察表3.7样品C的数据，发现当pH降到4时，NO_2^-浓度在短时间内有小幅度提升，与前面反应过程描述吻合（SO_2水解会产生的SO_3^{2-}和HSO_3^-，当这两者的含量累积到一定程度时会与NO_2发生氧化还原反应）。虽然产生了更多的NO_2^-，但随着反应进行又被氧化成NO_3^-，样品4中NO_2^-浓度降低到0.08mg/L，也正好说明了此原因。

3.2.5　臭氧耦合赤泥脱硫脱硝结论

本节研究过程中主要考查了赤泥浓度、氧化温度、O_3/NO 摩尔比、pH、入口 SO_2浓度、入口 NO 浓度以及气液接触时间等因素对脱硫脱硝效率的影响，得到的主要结论如下。

（1）当 O_3/NO 摩尔比<1 时，NO 被 O_3氧化成 NO_2，氧化温度不影响脱硝效率；而当 O_3/NO 摩尔比>1 时，升高氧化温度（90～150℃）会抑制赤泥吸收 NO_x。当 $C_{inlet}(SO_2)<1000$ppm 时，提高入口 SO_2浓度能促进赤泥吸收 NO_x。当 $C_{inlet}(SO_2)>1500$ppm 时，提高入口 SO_2浓度会抑制赤泥吸收 NO_x。提高入口 NO 浓度能促进赤泥对 NO_x的吸收，然而 NO 浓度的增加会与 SO_2竞争赤泥中碱性物质，进而抑制赤泥对 SO_2的吸收。

（2）O_3对于同时含有 SO_2、NO_x气体时优先氧化 NO_x。O_3/NO 摩尔比越高，赤泥对 NO_x的去除效果越好。考虑到 O_3消耗和 O_3溢出的两个因素，O_3氧化 NO 联合赤泥脱硫脱硝的最佳反应条件为总气体流量为 6L/min，$C_{inlet}(SO_2)$浓度为 1000ppm，$C_{inlet}(NO)$浓度为 200ppm，氧化温度为 130℃，O_2含量为 16%。此时的 SO_2的去除效率可以在开始的 1h 内稳定在 98%，NO_x去除效率约为 87%。

（3）表征分析得出赤泥具有多孔、比表面积大的特点，适合用作脱硫脱硝剂。实验用的山西复晟铝厂赤泥主要成分是硅铝酸钠水合物、钙霞石、石榴石、赤铁矿和方解石。元素复合物含量占比高的是 CaO、Al_2O_3、SiO_2、Na_2O、Fe_2O_3以及 TiO_2，碱性元素复合物的存在导致赤泥浆液具有一定程度的碱性。赤泥固相残渣脱硫脱硝后的主要产物是石膏（$CaSO_4$）。

（4）赤泥脱硫脱硝是复杂的气-液-固三相传质反应。在液相中分为三个阶段：第一阶段（pH 从 10.03 下降到 7.0）酸碱中和反应；第二阶段（pH 从 7.0 下降到 5.0）赤泥中的钠碱与方解石溶解反应；第三阶段（pH 已经降到 3.5）赤泥中硅铝酸钠水合物、钙霞石、石榴石溶解反应，NO_2与液相中的 SO_3^{2-}、SO_4^{2-}发生反应，Fe^{3+}对 SO_2的液相催化氧化反应。

3.3　泥磷/黄磷产臭氧耦合赤泥脱硝技术

3.3.1　实验材料准备

1. 主要设备与工艺流程

本研究采用的烟气为由各种纯气体按一定配比制得模拟燃煤烟气，吸收剂为黄磷乳浊液和赤泥的混合浆液，所用赤泥取自云南省文山市某铝厂的拜耳法赤泥，黄磷和泥磷取自云南省某黄磷厂，涉及的主要设备见表 3.8。

表 3.8　实验所用主要仪器设备

仪器或设备名称	型号	厂家
鼓风干燥箱	精宏 DHG-9240A	上海精宏试验室设备有限公司
电子天平	力辰科技 FA2204	上海力辰仪器科技有限公司
质量流量控制器	D07 系列	北京七星华创电子有限公司
质量流量显示仪	D08-1F	北京七星华创电子有限公司
集热式磁力搅拌水浴锅	DF-101S	巩义市予华仪器有限责任公司
便携式 pH 计	雷磁 PHS-3C	上海仪电科学仪器股份有限公司
超声清洗仪	KM-300VDE-3	昆山美美超声仪器有限公司
烟气分析仪	德国益康 Ecom-J2KN	德国益康多功能烟气分析仪
臭氧检测仪	GT-1000-X	深圳科尔诺电子科技有限公司
皂膜流量计	50mL	云南圣比科技有限公司

采用自制的成套装置进行相关实验（图 3.28），鼓泡反应器为厂家定做的孟氏瓶，其内径为 4.5cm，高为 13.5cm，曝气头与底部距离为 1.5cm。气体从左侧长玻璃管口进入，通过曝气头使气体在液相中均匀曝气，在反应器内与吸收液充分反应吸收后从右侧短玻璃管口经干燥过滤后排出，通入尾气吸收瓶（NaOH 溶液）吸收无害化后通入通风橱，每隔 10min 在出口处取样，采用臭氧检测仪或烟气分析仪测定所测气体的浓度。图 3.29 为 2. 实验步骤与过程操作的图示。

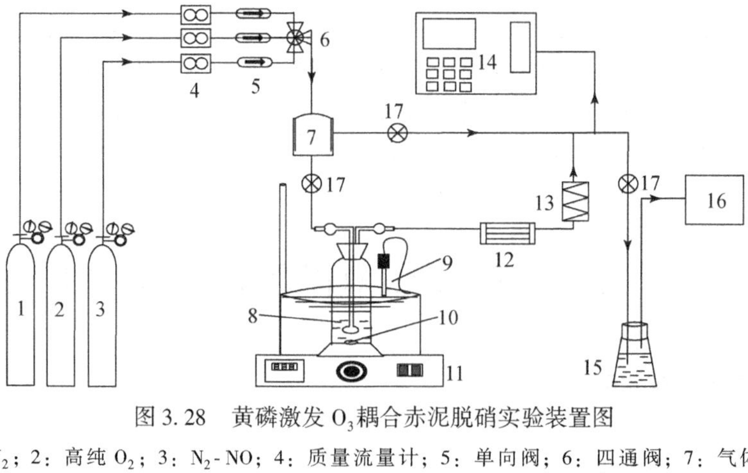

图 3.28　黄磷激发 O_3 耦合赤泥脱硝实验装置图

1：高纯 N_2；2：高纯 O_2；3：N_2-NO；4：质量流量计；5：单向阀；6：四通阀；7：气体缓冲瓶；8：混合吸收液；9：温度计；10：转子；11：集热式磁力搅拌水浴锅；12：干燥管；13：过滤器；14：烟气分析仪；15：尾气吸收液；16：通风橱；17：控制阀

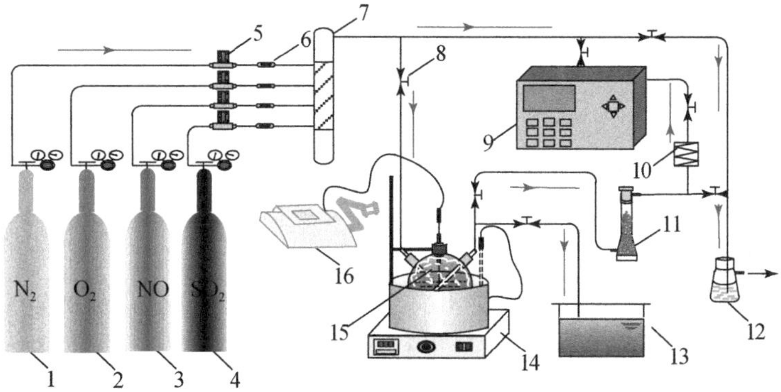

图3.29　黄磷乳浊液耦合赤泥同时脱硫脱硝试验装置示意图

1：高纯N_2；2：高纯O_2；3：N_2-NO气瓶；4：N_2-SO_2气瓶；5：质量流量计；6：单向阀；7：混气罐；8：控制阀；9：烟气分析仪；10：过滤器；11：气体干燥塔；12：尾气吸收瓶；13：废液槽；14：集热式磁力搅拌水浴锅；15：复合吸收液（黄磷乳浊液复合赤泥浆液）；16：pH计

2. 实验步骤与过程操作

（1）臭氧测定：清洗鼓泡反应器，在鼓风干燥箱烘干后加入40mL的去离子水备用；称取实验所需质量的黄磷备用（该过程在水中进行）；连接好各气路，检查气密性；打开质量流量计和烟气分析仪预热15min；打开气瓶，调节质量流量计参数，采用N_2和O_2配置实验所需的O_2浓度，稳定气体；调节水浴锅的温度参数加热；到达预设温度后，将称量好的黄磷加入到鼓泡反应器并置于水浴锅中加热10～15min；待蜡状的黄磷变为油状后，开始通气并调节磁力搅拌器的参数，反应开始，并计时；每隔10min采用臭氧检测仪测量出口生成的O_3浓度，记录数据；反应停止后，停气。

（2）脱硝实验：将赤泥研磨，过300目筛网（粒度<48μm）并干燥备用；清洗鼓泡反应器，烘干后加入40mL的去离子水备用；称量实验所需质量的黄磷和赤泥备用；连接好各气路，检查气密性；打开质量流量计和烟气分析仪预热，预热15min；打开气瓶，调节质量流量计参数，采用NO、O_2、N_2气体混合配置实验所需的模拟烟气浓度，稳定气体；调节水浴锅的温度参数加热；到预设温度后，将称量好的黄磷加入到鼓泡反应器并置于水浴锅中加热10～15min；待黄磷形成油状后加入称量好的赤泥，调节磁力搅拌器的参数，开始通气，反应开始并计时；每隔10min采用烟气分析仪测量出口NO_x浓度，记录数据，计算脱硝率；反应停止后，停气，测定反应终点pH。

模拟烟气配置系统：由99.999% N_2、99.999% O_2、1.75% SO_2、0.5% NO组成，采用动态配气法配制气体，选取NO浓度为200～500ppm、SO_2浓度为

500～2000ppm 进行同时脱硫脱硝实验。先用皂膜流量计对质量流量计进行校准，按照工业燃煤烟气的比例，采用质量流量计控制各气体的流量配置实验的模拟烟气浓度，并经混气罐混合分散均匀以满足实验要求。

氧化吸收系统：将实验所需质量的黄磷加入到 200mL 去离子水中，加热熔化后，再加入一定质量的赤泥混合作为复合吸收液；将三口烧瓶置于集热式恒温加热磁力搅拌器中，并控制反应所需的温度和搅拌速度。在吸收瓶内实现对模拟烟气的氧化吸收。

分析系统和尾气处理系统：进出口烟气浓度采用烟气分析仪测定，反应前后复合吸收液的 pH 采用便携式 pH 计进行测定。为避免造成空气污染，净化后的烟气经过干燥塔、过滤器后再通过尾气吸收装置（NaOH 溶液）吸收无害化处理后通入通风橱排出。测量数据时，将烟气用气袋收集，反应后的废液进入废液槽处理。

3.3.2　黄磷激发臭氧的生成规律

采用黄磷乳浊液耦合赤泥氧化脱硝，其核心是利用黄磷乳浊液与 O_2 接触反应产生的 O_3 作为氧化剂，氧化吸收烟气中的 NO_x。实验过程中 O_3 产生和脱硝反应是在同一反应器中进行的，因此先对 O_3 的生成规律进行探究，作为后续分析脱硝实验结果的依据。实验主要考察了不同 O_2 含量、黄磷浓度、反应温度、搅拌强度对 O_3 的浓度的影响。

1. O_2 含量对 O_3 产生浓度的影响

O_2 作为黄磷乳浊液激发 O_3 生成的反应物之一，其浓度大小关系着 O_3 生成量的多少，因此首先考虑 O_2 含量对 O_3 浓度影响的大小。控制黄磷浓度 10g/L，反应温度为 50℃，气体流量为 400mL/min，搅拌强度为 1400r/min。实验考察 O_2 含量为 5%、8%、10%、12% 时对 O_3 浓度的影响，采用臭氧检测仪对出口 O_3 的浓度进行连续监测。O_2 含量对 O_3 浓度的影响随时间的变化如图 3.30 所示。

O_2 含量是影响 O_3 形成的最主要因素之一。黄磷乳浊液能被 O_2 迅速氧化为 P_2O_5 并释放出活性 O，但实际上 P_2O_5 以其二聚体 P_4O_{10} 的形式存在，释放出的活性 O 一方面将 NO 氧化为 NO_2，另一方面与 O_2 结合形成 O_3[25]。从图 3.30 可以看出，当 O_2 含量从 5% 提高到 12%，O_3 的浓度也增加，主要原因是 O_2 含量的增加促进了反应朝着 O_3 生成的方向进行，同时也加快了反应速率。当 O_2 含量为 10% 和 12% 时，O_3 浓度的增加并不明显，即 O_2 含量达到一定水平后，O_3 浓度不会继续显著增加。产生这种现象的原因可能是黄磷的浓度不变，O_2 含量增加到一定时，反应达到了动态平衡。因此，即使继续增加 O_2 含量，O_3 的浓度也不会有明显的变化。

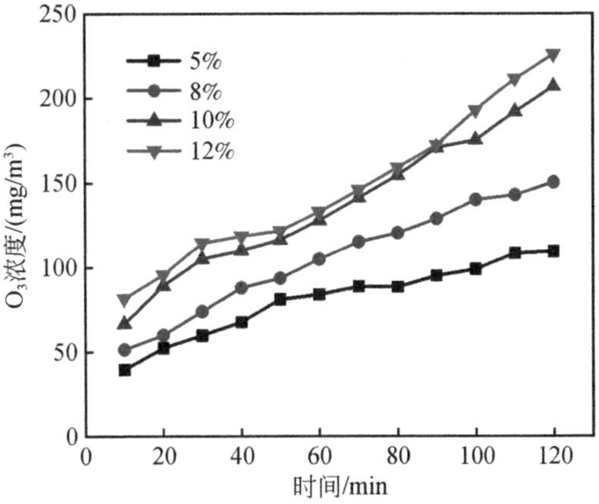

图 3.30　O_2含量对 O_3生成浓度的影响

$$P_4+O_2 \longrightarrow P_4O+O \quad (3.17)$$

$$P_4O \xrightarrow{nO_2} 2P_2O_5+mO \longrightarrow P_4O_{10} \quad (3.18)$$

$$O_2+O \rightleftharpoons O_3 \quad (3.19)$$

2. 黄磷浓度对 O_3浓度的影响

黄磷同样作为生成 O_3的主要反应物之一，其浓度大小也会直接影响臭氧生成反应的进行。因此本研究考察了不同黄磷浓度对生成的 O_3浓度的影响。控制 O_2含量为 10%，气体流量为 400mL/min，反应温度为 50℃，搅拌强度为 1400r/min，考察黄磷浓度分别为 5g/L、7.5g/L、10g/L、12.5g/L、15g/L 时对 O_3浓度的影响，黄磷浓度对 O_3浓度的影响随时间的变化如图 3.31 所示。

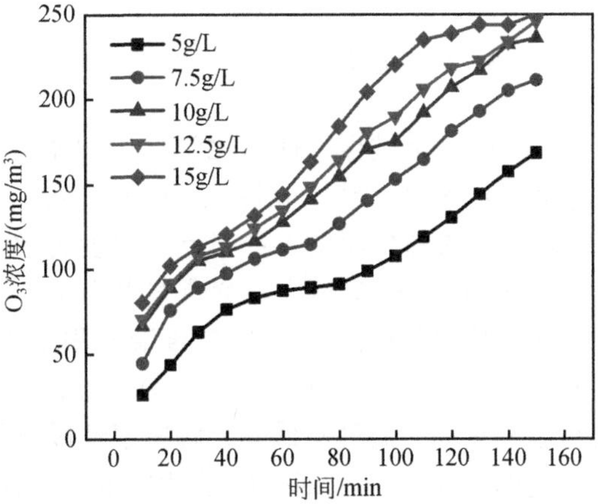

图 3.31　黄磷浓度对 O_3生成浓度的影响

黄磷浓度对 O_3 的产生和其反应速率有着直接的影响，控制其他条件不变，考察了黄磷浓度对 O_3 生成浓度的影响。由图 3.31 可以看出，在一定的反应时间内，O_3 的浓度随着时间和黄磷浓度的增加而增加。与上述 O_2 含量的影响因素相同，黄磷也是 O_3 生成的反应物之一。因此，增加黄磷浓度可以使反应向生成 O_3 的方向进行，从而提高正向反应速率，O_3 浓度随之增加。

3. 反应温度对 O_3 浓度的影响

黄磷的熔点为 44.1℃，用温水将其熔化可形成乳状液[26]。反应温度的高低会影响黄磷形态，还会影响反应速率，从而影响 O_3 生成浓度的大小。因此，本研究考察了不同反应温度对 O_3 浓度的影响。控制反应条件为：O_2 含量 10%，气体流量 400mL/min，搅拌强度 1400r/min，黄磷浓度 10g/L，考察反应温度分别为 25℃、35℃、50℃、60℃、70℃ 时对 O_3 浓度的影响，反应温度对 O_3 浓度的影响随时间的变化如图 3.32 所示。

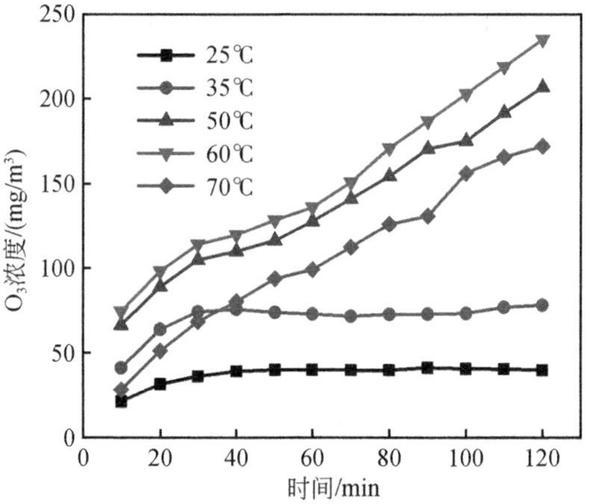

图 3.32 反应温度对 O_3 生产浓度的影响

温度升高，有利于强化传质过程，提高化学反应速率，使反应向着 O_3 生成的方向进行，从而增大 O_3 的浓度[27-28]。从图 3.32 可以发现，当反应温度在25～60℃时，O_3 浓度随反应温度的升高而增大；当反应温度为 70℃时，生成的 O_3 浓度变小。产生这一现象的原因可以解释为：黄磷熔点为 44.1℃，当温度较低时，黄磷不能熔化，而以固态形式存在，与 O_2 反应接触面积较小，升高温度后的黄磷可形成乳浊液，并在外力作用下能够更好地与 O_3 接触。值得注意的是，浆液中 O_3 的分解速率也与温度有关，温度越低其分解速率越慢，若水温接近 0℃，O_3 将更加稳定[29]。因此当温度达到 70℃时，O_3 的浓度变小，这是因为温度过高时会导致 O_3 的分解，O_3 浓度降低，且继续升高温度会提高 O_3 的分解速率，因此超过适宜温度后，O_3浓度呈下降趋势[30]。

4．搅拌强度对O_3浓度的影响

因为黄磷与O_2的反应为气液接触反应，所以气液接触面积的大小会影响反应的进行。乳化后的黄磷只有在外力搅拌作用下才能均匀分散在溶液中，更好地与O_2接触，搅拌强度大小会直接影响黄磷在赤泥浆液中的分散状态，而黄磷乳浊液的分散程度对反应的进行有较大影响。因此本研究考察了不同搅拌强度对O_3浓度的影响。控制反应条件为：O_2含量为10%，气体流量为400mL/min，黄磷浓度为10g/L，反应温度为50℃，考察搅拌强度分别为600r/min、1000r/min、1400r/min、1600r/min时对O_3浓度的影响，搅拌强度对O_3浓度的影响随时间的变化如图3.33所示。

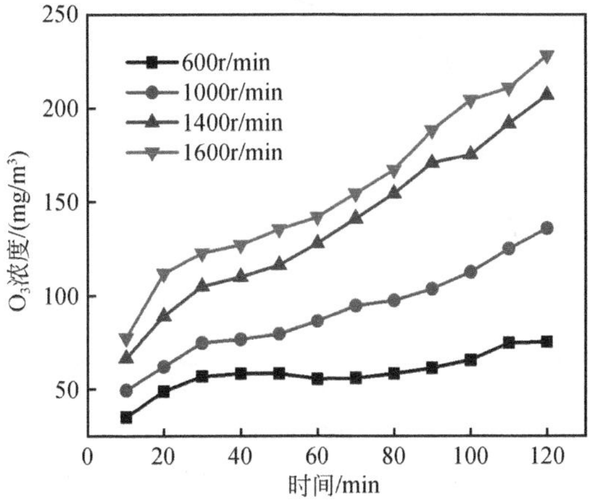

图3.33　搅拌强度对O_3生成浓度的影响

由图3.33可知，搅拌强度在600～1600r/min，O_3浓度随时间变化呈线性增长趋势。该反应过程为气液接触反应，在实验过程中观察发现，加热熔化后的黄磷如果不加以搅拌会聚集在一起，呈油滴状，无法均匀分散在溶液中，反应接触面积比较小，因此需要通过外力作用来将其分散。增大搅拌强度，能够提高黄磷的分散性，增大了气液接触面积，有利于O_3的生成，因此，增大搅拌强度，O_3浓度增大。

3.3.3　黄磷激发O_3耦合赤泥脱硝影响因素

由于在黄磷乳浊液耦合赤泥体系中，NO_x的去除效率不只受到O_3浓度的影响，因此，在前述实验的基础上，脱硝实验主要考察黄磷浓度、反应温度、搅拌强度、O_2含量、赤泥固液比、进口NO浓度、烟气流量、不同吸收剂等单因素对

NO_x去除效率的影响，并在单因素影响的基础上，采用响应面法进行优化，以确定最佳的反应条件。

1. 黄磷浓度对 NO_x 去除效率的影响

设计实验条件：O_2含量为10%，烟气流量为400mL/min，反应温度为50℃，搅拌速度1400r/min，进口NO浓度为400mg/m^3，赤泥固液比为5∶40g/mL，考察黄磷浓度分别为2.5g/L、5g/L、7.5g/L、10g/L、12.5g/L、15g/L时对NO_x去除效率的影响，NO_x去除效率随黄磷浓度的变化如图3.34所示。

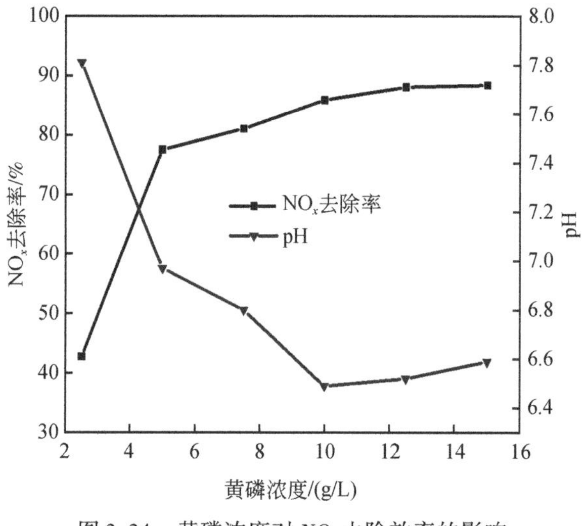

图3.34 黄磷浓度对NO_x去除效率的影响

由图3.34可知，随着黄磷浓度的增加，NO_x去除效率由42.73%提高到88.43%。主要原因是黄磷浓度的增加有利于促进O_3的形成，NO氧化速率随着O_3浓度的增加而增加，从而提高了NO_x的去除效率，从而使体系生成更多的硝酸和磷酸，因此，pH降低。而随着反应的进行，O_3的含量不断增加，NO_2可进一步氧化为NO_3，两者之间易形成其他NO_x，如N_2O_3、N_2O_5[31-32]。然而，当黄磷浓度为15g/L时，体系的脱硝效率略有提高，表明系统中O_3含量达到饱和。即使继续增加黄磷的浓度，脱硝效率也不会明显提高，需要改变其他反应条件来提高NO_x的去除效率。此外，体系的pH不断降低，一方面是NO氧化吸收形成了HNO_2和HNO_3，另一方面是P_2O_5在水中溶解形成H_3PO_4。

$$O+NO \longrightarrow NO_2 \tag{3.20}$$

$$O_3+NO \longrightarrow NO_2+O_2 \tag{3.21}$$

$$O_3+NO_2 \longrightarrow NO_3+O_2 \tag{3.22}$$

$$2NO_2+H_2O \longrightarrow NO_3^-+NO_2^-+2H^+ \tag{3.23}$$

$$NO+NO_2 \longrightarrow N_2O_3 \xrightarrow{H_2O} +2NO_2^-+2H^+ \tag{3.24}$$

$$NO_3+NO_2 \longrightarrow N_2O_5 \xrightarrow{H_2O} +2NO_3^-+2H^+ \tag{3.25}$$

$$P_4O_{10}+6H_2O \longrightarrow 4PO_4^{3-} \tag{3.26}$$

2. 反应温度对 NO_x 去除效率的影响

设计实验条件为 O_2含量10%，烟气流量400mL/min，黄磷浓度10g/L，搅拌速度1400r/min，进口NO浓度400mg/m^3，赤泥固液比为5∶40g/mL，考察反应温度分别为25℃、35℃、50℃、60℃、70℃时对 NO_x去除效率的影响，NO_x去除效率随反应温度的变化如图3.35所示。

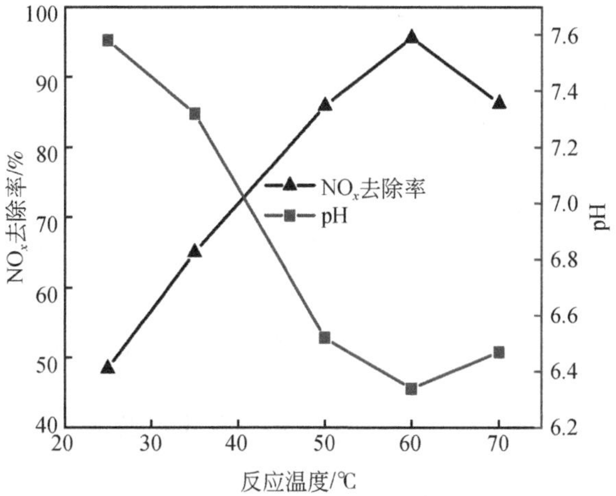

图3.35　反应温度对 NO_x去除效率的影响

一般情况下，温热水可使黄磷熔化形成乳浊液，因此温度的变化不仅会改变黄磷的形态，还会对 NO_x去除效率产生影响。由3.35可以看出，NO_x去除效率随着温度的升高而增大，说明 NO_x去除效率与反应温度呈正比例关系。当温度小于40℃时，NO_x去除效率较低，当温度从25℃上升到60℃时，NO_x去除效率从48.41%提高到95.56%。温度可通过改变吸附质的溶解度势和分子间的相互作用来影响脱除效率[33,34]。当温度较低时，黄磷处于固态，无法形成乳浊液，黄磷与 O_2的接触不完全，有效反应时间短，产生的 O_3量较少，大量的NO没有来得及氧化吸收而直接排除，NO_x 去除效率较低。温度的升高有利于提高反应速率，使更多的 NO 被氧化和吸收。而当温度进一步升高到 70℃时，脱硝效率开始下降，此结果与前面结论基本一致。高温会加速 O_3 的分解，从而降低 O_2 的溶解度。此外，温度过高时，黄磷会发生自燃，导致黄磷迅速消耗，O_3 浓度降低[35]。因此，考虑到良好的脱硝效率的前提下，本研究选取 60℃ 作为最佳反应温度。

3. 搅拌强度对 NO_x 去除效率的影响

设计实验条件：O_2 含量为 10%，烟气流量为 400mL/min，黄磷浓度为 10g/L，反应温度为 50℃，进口 NO 浓度为 400mg/m^3，赤泥固液比为 5∶40g/mL，考察搅拌强度分别为 600r/min、800r/min、1000r/min、1200r/min、1400r/min、1600r/min 时对 NO_x 去除效率的影响，NO_x 去除效率随搅拌强度的变化如图 3.36 所示。

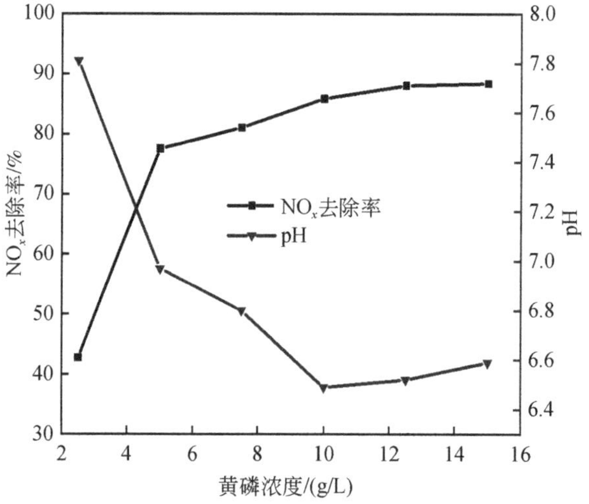

图 3.36　搅拌强度对 NO_x 去除效率的影响

黄磷熔化后虽变为液态，但自发的表面张力会使其团聚，不利于形成乳浊液。搅拌作用可以改变黄磷在水中的分散程度，有利于 O_3 的生成，从而提高 NO_x 去除效率。由图 3.36 可以看出，随着搅拌强度的增加，NO_x 的去除率逐渐增加。当搅拌强度为 1600r/min 时，NO_x 去除效率可达到 90% 以上。如 3.3.2 小节所分析，搅拌强度的增加可以使熔化后的黄磷更加均匀地分散在溶液中，增大黄磷与 O_2 的接触面积，有利于 O_3 的生成，同时搅拌作用还可以使 O_3 均匀分散，使其更好地与烟气接触。此外，机械的搅拌还可以强化气液传质过程，这些因素都有利于 NO_x 的氧化吸收，故而脱硝效率增加[36]。同样地，pH 降低是由体系中形成了相应的酸造成的。

4. O_2含量对NO_x去除效率的影响

设计实验条件：烟气流量为400mL/min，搅拌速度1400r/min，黄磷浓度为10g/L，反应温度为50℃，进口NO浓度为400mg/m^3，赤泥的固液比为5∶40g/mL，考察O_2含量分别为5%、8%、10%、12%、14%时对NO_x去除效率的影响，NO_x去除效率随O_2含量的变化如图3.37所示。

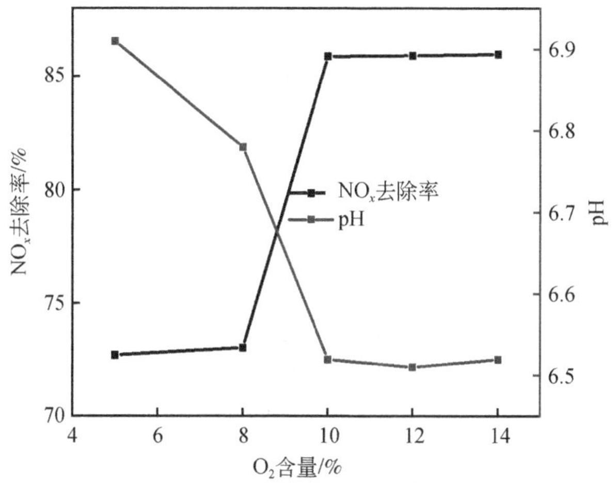

图3.37 O_2含量对NO_x去除效率的影响

O_2在黄磷乳浊液激发产生O_3的反应过程中是必不可少的条件。从图3.37的数据可以看出，随着O_2含量从0%增加到14%，NO_x去除率先增加后趋于平稳。由此可见，黄磷乳浊液氧化脱硝是通过氧化途径进行的，与传统SCR和SNCR脱硝技术相反。O_2作为生成O_3的反应物，O_2含量增加，相当于增大反应物浓度，反应向着生成O_3的方向进行，O_3和O都会增加，促使更多的O_3与烟气反应，将NO氧化为NO_2，进而有利于NO_x的吸收，去除率增大。当O_2含量超过10%，达到12%和14%时，NO_x去除效率增加不明显，由于黄磷不断地被消耗，黄磷与O_2的气液反应达到平衡，产生O_3量是有限的，因此即使O_2含量进一步增加，脱硝效率也基本保持不变。而工业中燃煤烟气O_2含量一般在10%左右[37]，所以，根据实际情况，本实验选取较适宜的含氧量为10%。

5. 烟气流量对NO_x去除效率的影响

黄磷乳浊液耦合赤泥脱硝属于气-液-固三相接触反应，因此烟气流量大小会影响烟气在溶液中的停留时间，进而对体系脱硝效率产生影响，同时烟气流量还反映着复合吸收液的实际烟气处理能力。因此，本研究考察烟气流量对脱硝效率的影响。设计实验条件为：O_2含量为10%，搅拌速度1400r/min，黄磷浓度为10g/L，反应温度为50℃，进口NO浓度为400mg/m^3，固液比为5∶40g/mL，考察烟气流量分别为200mL/min、300mL/min、400mL/min、500mL/min、600mL/min时对NO_x去除效率的影响，NO_x去除效率随烟气流量的变化如图3.38所示。

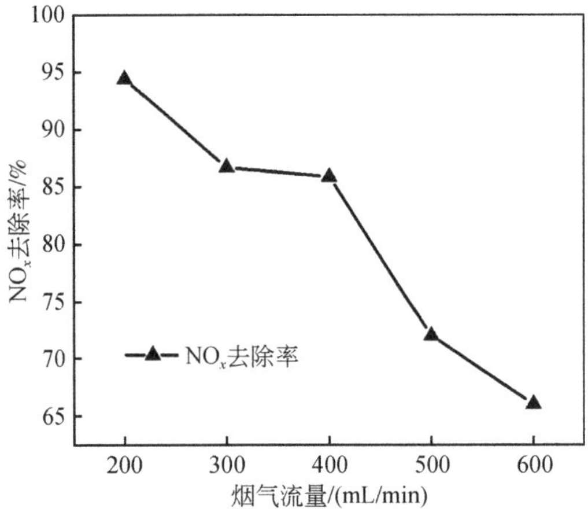

图3.38　烟气流量对NO_x去除效率的影响

烟气流量会影响气液的接触时间，因此也会影响NO_x的去除效率。由图3.38可以直观地看出NO_x去除效率随着烟气流量的增加而减小。当烟气流量从200mL/min增加到600mL/min时，体系的脱硝效率从94.41%降到66%。这主要是因为烟气流量较小时，NO在吸收液中停留的时间较长，NO更易被氧化为高价态的NO_x，从而有效地被吸收，NO_x脱除效果好。而当烟气流量增大时，烟气在溶液中停留的时间变短，气液接触时间短，反应不完全，大量的NO来不及与O_3接触而直接外排，导致NO_x去除效率降低。一般认为，烟气流量相对较小时，体系单位时间处理的烟气量相应较小，综合实际考虑，烟气流量需要根据实际情况进行调整。此外，由图3.38观察到，烟气流量分别为300mL/min和400mL/min时NO_x去除效率变化不大，因此在保证高效去除的前提下，选取最适宜烟气流量为400mL/min，这可以保证体系较大的烟气处理量。

6. 赤泥固液比对NO_x去除效率的影响

强酸性环境对NO_x吸收有抑制作用，弱酸性及碱性环境对NO_x的吸收有促进作用[38]。而赤泥本身是一种强碱性固废，向黄磷水乳剂中加入碱性赤泥，可以有效地调节pH以维持较好的吸收效果。因此，本研究考察赤泥固液比对脱硝效率的影响。设计实验条件：O_2含量为10%，搅拌速度1400r/min，烟气流量为

400mL/min，黄磷浓度为10g/L，反应温度为50℃，进口NO浓度为400mg/m^3，考察赤泥固液比分别为1∶40g/mL、5∶40g/mL、10∶40g/mL、15∶40g/mL、20∶40g/mL、25∶40g/mL时对NO_x去除效率的影响，NO_x去除效率随赤泥固液比变化如图3.39所示。

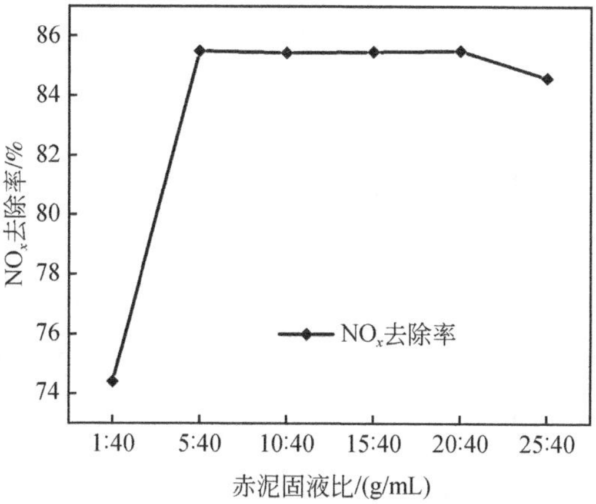

图3.39　赤泥固液比对NO_x去除效率的影响

由图3.39可以发现，体系脱硝效率随赤泥固液比的增加呈先增加后基本趋于平稳的趋势，这是因为赤泥中的碱性组分与体系产生的酸发生中和反应，使复合体系保持在一个合适的碱性吸收范围内。另外，通过搅拌作用，赤泥可以均匀地分散，黄磷易与扩散在溶液中的赤泥颗粒相互碰撞，分散成小液滴黏附在赤泥表面，也增加了黄磷的分散性，促进了黄磷与O_2反应，增加了O_3和O的生成速率，促使NO_x的氧化吸收，从而保持较高的去除效率。当赤泥固液比为25∶40g/mL时，会增大搅拌的阻力，减小外力对黄磷均匀分散的强化作用。因此，在保证较高的脱硝率的情况下，将赤泥资源加以充分利用，来降低赤泥的碱性，减少赤泥的危害。相比于$CaCO_3$，赤泥作为固体废物更为经济有效，不但减少了不溶性钙盐的沉积造成的人力和物质资源的消耗，而且实现了赤泥脱碱作用，降低了赤泥堆存的危害，为赤泥资源化提供了可能，适宜的固液比为20∶40g/mL。

$$Al_2O_3+6H^+\longrightarrow 2Al^{3+}+3H_2O \tag{3.27}$$

$$Fe_2O_3+6H^+\longrightarrow 2Fe^{3+}+3H_2O \tag{3.28}$$

$$CaCO_3+2H^+\longrightarrow Ca^{2+}+H_2O+CO_2\uparrow \tag{3.29}$$

7. 进口NO浓度对NO_x去除效率的影响

当黄磷浓度与赤泥固液比固定时，单位时间内对NO_x氧化吸收能力是有限的，进口NO浓度会影响吸收液对NO_x的吸收效率，进而影响复合体系的脱硝效率，因此考察了进口 NO 浓度对脱硝效率的影响。设计实验条件：O_2 含量为 10%，搅拌速度为 1400r/min，赤泥固液比为 5∶40g/mL，气体流量为 400mL/min，黄磷浓度为 10g/L，反应温度为 50℃，考察进口 NO 浓度分别为 268mg/m^3、400mg/m^3、536mg/m^3、670mg/m^3、804mg/m^{3}时对 NO_x 去除效率的影响，NO_x 去除效率随赤泥固液比的变化如图 3.40 所示，图中也作了 P_4/NO 与脱硝效率的关系图，横坐标为黄磷浓度和 NO 浓度的比值，单位为 1，纵坐标为 NO_x 去除率。

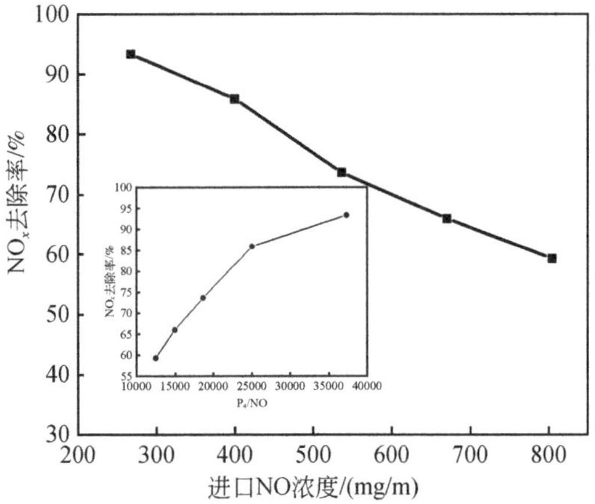

图 3.40 进口 NO 浓度对 NO_x 去除效率的影响

如图 3.40 所示，随着 NO 浓度从 268mg/m^{3}增加到 804mg/m^3，NO_x 去除效率从 93.41% 下降到 59.32%，观察 P_4/NO 与脱硝效率的关系图发现，P_4/NO 的比值越大，脱硝效率越高。当控制其他条件不变时，由于黄磷浓度是一定的，黄磷与 O_2 反应生成的 O_3 和 O 的量也维持稳定。而当入口烟气浓度增加时，P_4/NO 的比值下降，O_3 和 O 供给不足，致使部分 NO 无法被氧化；此外，赤泥浆液对 NO_x 的吸收能力也是有限的，入口烟气浓度增加时，有部分 NO_x 不能被吸收而排出。因此，NO_x 去除效率随着入口 NO 浓度的增加而下降。

8. 不同吸收剂对 NO_x 去除效率的影响

设计实验选取最优的条件：黄磷浓度为 12.5g/L，O_2 含量为 10%，赤泥固液比为 20∶40g/mL，反应温度为 60℃，进口 NO 浓度为 400mg/m^3，烟气流量为 400mL/min，搅拌强度为 1600r/min。选取赤泥、黄磷、赤泥-黄磷复合吸收液三种吸收剂，并考察不同吸收剂对 NO_x 的脱除效果，实验结果如图 3.41 所示。

由图 3.41 可知，未经任何处理的赤泥对 NO_x 去除效率极低，基本保持在 5% 以内，主要是由于赤泥本身不能将 NO 氧化，大量的 NO 无法被吸收。而现有的将赤泥用于烟气脱硝的方法多是将赤泥经过酸洗煅烧进行改性或负载金属氧化物

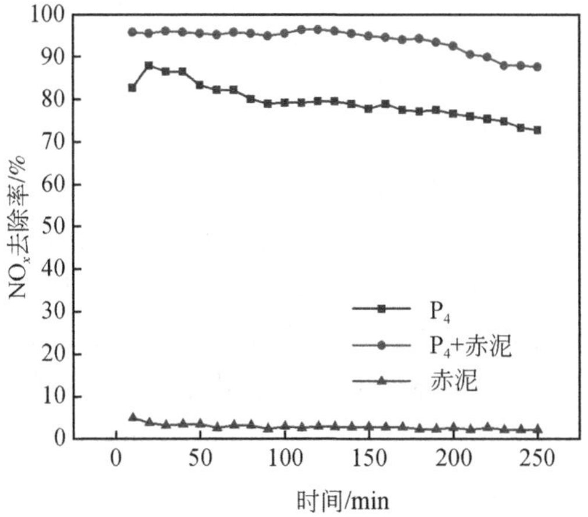

图 3.41　不同吸收剂对 NO_x 去除效率的影响

来制备催化剂，从而提高赤泥的吸附脱硝性能[39-40]。单独的黄磷乳浊液本身脱硝效果虽然也可达到 80% 以上，但是在短时间内达到最高值后就开始下降，这是因为 NO 被氧化吸收后生成的 HNO_3 可与黄磷继续发生反应生成 NO。经过前面的实验发现，黄磷乳浊液可以将 NO 氧化，而赤泥可以起到 pH 缓冲剂的作用，提高浆液的吸收能力。因此，通过向黄磷乳浊液中添加碱性赤泥浆液形成具有缓冲能力的复合吸收体系，来提高体系的脱硝效率。实验结果显示黄磷乳浊液耦合赤泥复合体系可保持长时间稳定高效的脱硝效率，在 220min 内脱硝效率可保持在 90% 以上，最高可达到 96.5%。

$$3P_4+20HNO_3(\text{稀释})+8H_2O =\!=\!= 12H_3PO_4+20NO\uparrow \tag{3.30}$$

$$P_4+20HNO_3(\text{浓缩}) =\!=\!= 4H_3PO_4+20NO_2\uparrow+4H_2 \tag{3.31}$$

3.3.4　黄磷激发 O_3 耦合赤泥脱硝响应面优化

在多因素处理实验的分析中，可以分析实验指标与多个实验因素间的回归关系，这种回归可能是曲线或曲面的关系，因而称为响应面分析（response surface methodology，RSM）[41]。响应曲面法是通过前期对实验方法进行合理的设计，然后进行实验，最后用 Design Expert 软件分析实验结果，拟合影响因素与变量之间的关系，最终得到直观的三维效果图以及等高线曲线，在此结果上可以容易地得到影响最优变量的因素的取值[42]。响应面法是数学方法和统计方法结合的产物，是用来对所感兴趣的响应受多个变量影响的问题进行建模和分析的，其最终目的是优化该响应值[43]。它是一种新型的统计方法，是利用合理的实验设计采用多元二次回归方程来拟合因素与响应值之间的函数关系，通过回归方程寻求最优工艺参数的一种实验设计方法和数据统计方法[44]。相比传统的优化方法与实验设计，响应面法可以给出直观的图形，观察出最优化点与最优值并判别优化区域[45]。响应面法可以在更广泛的范围内考虑因素的组合、预测响应值，比一次次的单因素分析方法更有效，且得到的关系式可以确定在实验范围内的任何实验点的预测值，因而显示出突出的优势[46]。

响应曲面法常用的实验设计主要包括中心复合实验设计（central composite design，CCD）和中心组合设计（Box Behnken design，BBD），中心复合实验设计适用于两因素及以上的设计，Box Behnken 设计主要用于三因素及以上的设计[47,48]。为了对黄磷乳浊液耦合赤泥脱硝实验做进一步的深入分析，找出各因素对复合吸收液脱硝效率的影响强弱，明确各因素间的交互作用对复合吸收液脱硝效果的影响是否显著，开展了响应面法优化实验，本节采用 Box Behnken 进行实验设计。

1. 响应面分析的因素和水平设计

研究采用响应面法（RSM）中的 Box-Behnken 设计建立数学模型，来得到较好的实验工艺参数。在单因素的基础上，选取 P_4/NO（A）、反应温度（B）、气体流量（C）对体系脱硝效率影响较大的三个因素。每个因素取三个水平，进行三因素三水平的响应面实验设计，各因素的取值范围如表 3.9 所示，利用 Design-Expert 软件中的 Box-Behnken（BBD）模型对不同因素和水平进行排列组合，可得到共 17 组实验方案及结果，如表 3.10 所示。

表 3.9　响应面因素和水平设计

可变级别	P_4/NO（A）	反应温度（B）/℃	气体流量（C）/(mL/min)
-1	15000	50	300
0	25000	60	400
1	35000	70	500

表 3.10　响应面设计方案及结果

运行	A	B	C	R_1/%
1	35000	50	400	92.89
2	25000	60	400	96.06
3	25000	60	400	94.21
4	25000	50	300	86.23
5	35000	70	400	91.37
6	15000	60	500	68.47
7	25000	60	400	95.03
8	25000	70	500	79.43

续表

运行	A	B	C	R_1/%
9	25000	60	400	95. 36
10	15000	70	400	69. 83
11	15000	50	400	66. 15
12	25000	60	400	94. 88
13	15000	60	300	70. 02
14	35000	60	500	86. 36
15	35000	60	300	99. 52
16	25000	50	500	71. 99
17	25000	70	300	84. 51

2. 二次回归模型拟合及方差分析

利用 Design-Expert 软件对实验结果进行多元回归拟合，得到二次回归方程：

$$NO_x\ 去除效率(\%)=95.11+11.96A+0.98B-4.25C-1.30AB-2.90AC-7.25A^2-7.80B^2-C^2 \quad (3.32)$$

通过对二次回归方程的系数进行评估和统计分析，确定各变量对 NO_x 脱除效率（R_1）的影响。为了检验二次回归方程的有效性，对该模型进行了方差分析，方差分析的结果如表 3.11 所示。F 检验可以用来判断回归方程中各变量对响应值（脱硝率）影响的显著性，若 P（prob）$>F$，对应变量的显著程度越高（$P<0.001$，差异极显著；$P<0.01$，差异高度显著；$P<0.05$，差异显著；$P>0.1$，差异不显著）。

表 3.11　二次回归方程方差分析结果

方差来源	平方和	自由度 (df)	均方	F 值	P 值 P(prob)$>F$	显著性
模型	2106. 73	9	238. 08	265. 40	<0. 0001	显著
A	1144. 09	1	1144. 09	1297. 16	<0. 0001	
B	7. 76	1	7. 76	8. 80	0. 0209	
C	144. 76	1	144. 76	164. 12	<0. 0001	
AB	6. 76	1	6. 76	7. 66	0. 0278	
AC	33. 70	1	33. 70	38. 21	0. 0005	
BC	20. 98	1	20. 98	23. 78	0. 0018	
A^2	221. 18	1	221. 18	250. 77	<0. 0001	

续表

方差来源	平方和	自由度(df)	均方	F 值	P 值 $P(\text{prob})>F$	显著性
B^2	256.18	1	256.18	290.46	<0.0001	
C^2	192.85	1	192.85	218.65	<0.0001	
剩余误差	6.17	7	0.88	—	—	
失拟项	4.34	3	1.45	3.15	0.1481	不显著
纯误差	1.83	4	0.46	—	—	
总离差	2112.91	16	—	—	—	
变异系数(C.V.%)	1.11					
R^2	0.9971					
R^2_{adj}	0.9933					

分析结果表明，该模型 P (model) <0.0001，说明该模型差异极显著，具有统计学意义。失拟项（P=0.1481>0.05），差异不显著，说明回归模型拟合度较好。方程的一次项系数 A（P_4/NO）、C（gas flow rate）和二次项系数 A^2、B^2、C^2 的 P 值均<0.0001，说明这些因素对体系脱硝率有着极显著的影响；而一次项 B 和二次项 AB、AC、BC 的 P<0.05，说明它们有着显著性影响。F 值可以直观地反映各因素影响的大小，F 值越大表示响应值的影响越大。因此，各因素对 NO_x 脱除效率的影响大小顺序为 $F_A > F_C > F_B$，即 P_4/NO>烟气流量>温度。

R^2 表示模型预测的响应总方差占总方差的比例，表示为回归平方和（SSR）与总平方和（SST）的比值。模型相关系数（R^2）为 0.9971，表明该模型能解释 99.71% 的实验数据。模型调整性相关系数（R^2_{adj}）为 0.9933，表明模型能解释 99.33% 的响应值变化，模型的变异系数（C.V.%）为 1.11%，表明实验误差较小，模型的拟合程度较好。综上所述，利用该回归方程模型对 NO_x 脱硝效率进行初步预测和分析是可信的。NO_x 去除率的预测值与实验值对比结果如图 3.42 所示，其反映了实验结果与模型预测值呈线性相关。实际值与预测值在实验误差允许范围内基本一致，说明模型比较合理。

3. 等高线图和三维（3D）响应面图分析

为了进一步探究 P_4/NO、反应温度和气体流量对响应值的影响，直观分析两者之间的交互作用。利用 Design-Expert 软件绘制出两因素相互作用的等高线图和 3D 响应面图，如图 3.43 ~ 图 3.45 所示。

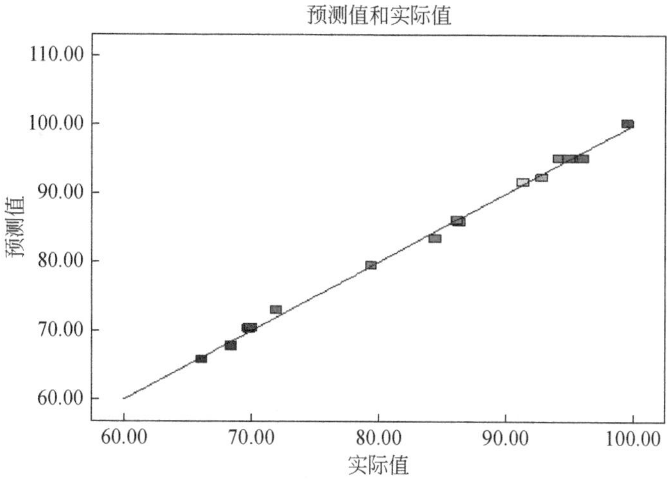

图3.42　NO_x去除效率的预测值与实验值

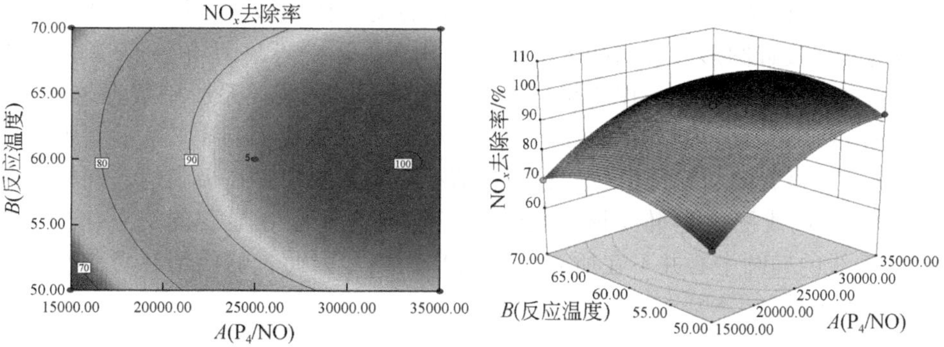

图3.43　*AB*对NO_x去除效率交互作用的等高线和响应面图

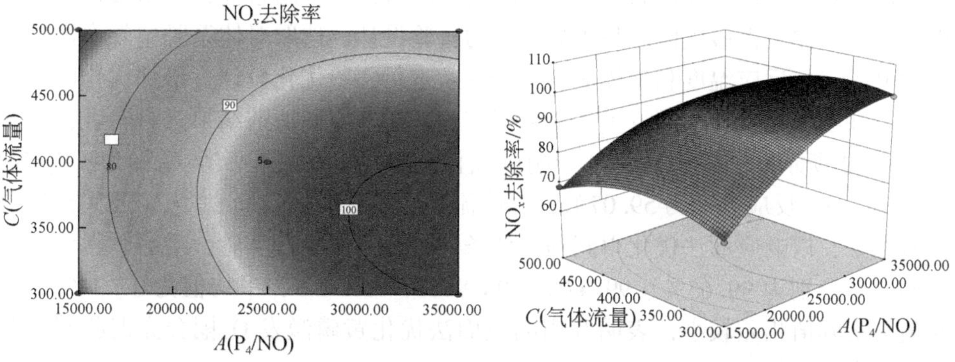

图3.44　*AC*对NO_x去除效率交互作用的等高线和响应面图

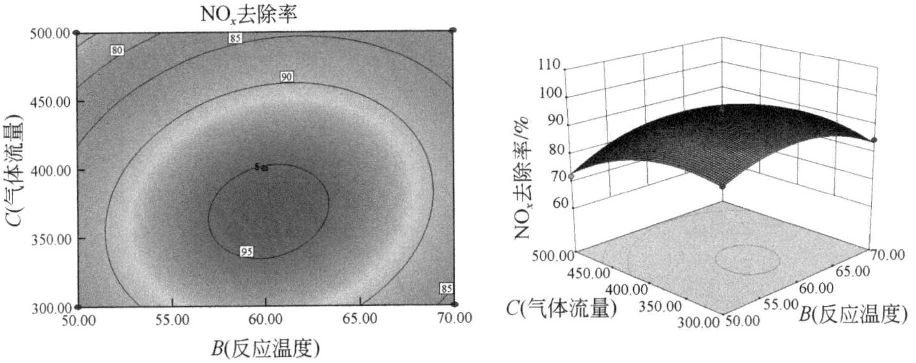

图 3.45　*BC* 对 NO_x 去除效率交互作用的等高线和响应面图

等高线图的形状和3D响应面图的倾斜度、颜色变化等可以直观地反映各因素对响应值的影响，3D响应面图上的最高点就是等高线上最小椭圆的中心[49]。当等高线为椭圆形时，两因素之间的交互作用较强，影响显著；而等高线的形状接近圆形，说明两者的交互作用弱，影响不显著[50]。3D响应面图的倾斜度越高，两者交互作用越显著，颜色越深，说明体系脱硝效率越高[51]。从图3.43中可以看出，*AB* 的等高线图呈椭圆形，响应面斜率较大，说明 *A* 与 *B* 之间存在显著的交互作用，并且响应值在等高线图中存在极大值。同样，*AC* 和 *BC* 的等高线图也是椭圆形，表明 *AC* 和 *BC* 之间存在显著的交互作用。但 *AC* 等高线的椭圆中心并不在所观察到的平面内，因此，响应值在考察范围内不存在极大值。

4. 最佳反应条件的优化

Design-Expert 软件根据拟合出来的实验模型，对各因素优化得出最佳反应条件，从而预测获得最优值。基于响应面的实验设计，选取对体系脱硝效率影响较大的 P_4/NO、反应温度和气体流量三个因素进行实验优化设计，得到优化的反应条件，并在优化条件下进行了4个平行实验，对响应面法的结果进行验证，结果如表3.12所示。结果表明，基于响应面优化模型，优化的实验条件为：P_4/NO 为34392.6；反应温度为59.07℃；气体流量为346.89mL/min。为了证实模型的预测结果，以响应面法优化得到的最佳条件进行4次平行实验，最后测得体系的脱硝效率分别为99.65%、99.47%、98.86%，99.38%，平均值为99.34%，预测值与实际值相差较小，表明利用响应面法优化黄磷激发 O_3 耦合赤泥脱硝预测性好，合理可行。

表3.12　响应面法优化得到的最佳反应条件

限制条件						
名称	目标	降低限度	升高限度	降低重量	升高重量	重要性
A	在范围内	15000	35000	1	1	3
B	在范围内	50	70	1	1	3
C	在范围内	300	500	1	1	3
R_1	最大化	66.15	200	1	1	3
解决方案						
数量	A	B	C	R_1	可取性	
1	34392.60	59.07	346.89	101.812	0.266	选择
平行实验						
数量		1	2	3	4	平均数
		99.65	99.47	98.86	99.38	99.34

3.3.5　黄磷激发O_3耦合赤泥脱硝结论

首先考察了O_2含量、黄磷浓度、反应温度、搅拌速度对O_3生成浓度的影响，在此基础上，考察了黄磷浓度、反应温度、搅拌强度、O_2含量、赤泥固液比、进口NO浓度、烟气流量、不同吸收剂等单因素对NO_x去除效率的影响，并在单因素实验的基础上利用Design-Expert软件设计了响应面优化实验，完成实验并对其结果进行了分析，可得到以下结论。

（1）由于对臭氧生成浓度的因素考察只作为后续分析脱硝实验结果的依据，因此没有确定最优的条件，主要确定一个大致的取值范围，结果表明：O_3浓度随着O_2含量的增大而增大，增加到一定时，反应达到了动态平衡，继续增加O_2含量，O_3浓度也不会有明显的变化；O_3的生成浓度随黄磷浓度和搅拌强度的增大而逐渐增大；生成的O_3浓度随温度的升高先增大后降低，温度过高时会导致O_3的分解。

（2）考察了各实验因素对黄磷乳浊液耦合赤泥复合体系脱硝效果的影响，发现NO_x去除效率随黄磷浓度、O_2含量、搅拌强度、赤泥固液比的增加而增加；随烟气流量、NO进口浓度的增加而减小，随反应温度的增加而先增加后降低；未经任何处理的赤泥的脱硝率极低，基本保持在5%以内，单独的黄磷乳浊液本身脱硝效果虽然也可达到80%以上，但在短时间内达到最高值后就开始下降，黄磷乳浊液耦合赤泥体系可保持长时间稳定高效的脱硝效率，控制适宜的实验条件为：黄磷浓度为12.5g/L、O_2含量为10%、赤泥固液比为20：40g/mL、反应温度为60℃、烟气流量为400mL/min、搅拌强度为1600r/min，NO_x去除效率可达95%以上。

（3）通过响应面分析，得到了P_4/NO、烟气流量、反应温度对黄磷耦合赤泥体系脱硝效率的影响以及它们之间的交互作用，各因素对NO_x脱除效率的影响大小顺序为P_4/NO > 烟气流量 > 温度，且两两因素之间均存在交互作用，对体系的脱硝效率有显著影响。基于响应面优化模型，优化的实验条件为：P_4/NO为34392.6；反应温度为59.07℃；烟气流量为346.89mL/min。在该条件下进行4组平行实验，平均值为99.34%，预测值与实际值相差较小，表明利用响应面法优化黄磷乳浊液耦合赤泥脱硝预测性好，合理可行。

3.4 泥磷/黄磷耦合赤泥同步脱硫脱硝技术

前面探究了黄磷激发O_3耦合赤泥复合体系的脱硝效果，结果表明，在既定实验条件下，黄磷乳浊液耦合赤泥的复合体系具有很好的脱硝效果，为了验证该体系是否可以达到同时脱硫脱硝的效果，课题组开展了黄磷乳浊液耦合赤泥同时脱硫脱硝的探索性实验研究。通过查阅相关文献，影响黄磷乳浊液复合矿浆体系同时脱硫脱硝的工艺参数有很多，包括浆液浓度、烟气流量、反应温度、O_2含量、pH、搅拌强度、黄磷浓度、进口烟气浓度等，而在3.3节中，我们已经探讨了烟气流量、反应温度、O_2含量、搅拌强度、黄磷浓度等对该体系脱硝效率的影响，并确定了较适宜的反应条件，因此，可直接将其结论应用到本节，并在此基础上，将选择赤泥浓度、反应温度、进口NO浓度、进口SO_2浓度、pH等工艺参数作为影响因素进行研究，开发相关的脱硫脱硝技术。

3.4.1 影响耦合体系脱硫脱硝因素探讨

1. 赤泥浓度对NO_x和SO_2同步去除率的影响

控制实验条件：O_2含量为10%，搅拌速度为1600r/min，烟气流量为400mL/min，黄磷浓度为12.5g/L，反应温度为50℃，进口NO浓度为300ppm，进口SO_2浓度为1000ppm，考察赤泥浓度分别为5g/L、10g/L、20g/L、30g/L、40g/L时对NO_x和SO_2同时去除效率的影响，如图3.46所示。

由图3.46可以发现，随着赤泥浓度的增加，NO_x和SO_2同时去除效率也增加，NO_x的去除效率的变化幅度较小。先前的研究表明，氧化剂O_3主要来源于复合吸附剂中的黄磷与烟道气中的O_2的反应，可将NO氧化为高价态NO_x，从而大幅度提高体系的脱硝率。赤泥对于脱硝的贡献主要是提供碱性环境从而起到pH

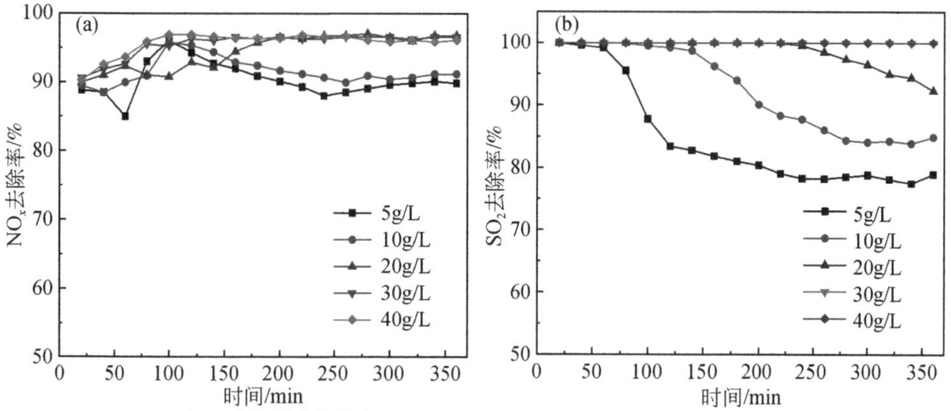

(a)对NO$_x$去除效率的影响　(b)对SO$_2$去除效率的影响

图3.46　不同赤泥浓度对脱硫脱硝的影响

缓冲剂的作用，维持一个稳定且高的脱硝效率。而SO_2易溶于水生成HSO_3^-，再电解生成SO_3^-，体系中生成的O_3和赤泥中的Fe^{3+}均具有强氧化性，可将SO_3^-催化氧化生成SO_4^{2-}，Fe^{3+}则被还原为Fe^{2+}，Fe^{2+}性质不稳定，在O_2充足的环境条件下易被氧化为Fe^{3+}，因此，Fe^{3+}在催化氧化吸收阶段发挥着主导作用。综上，赤泥浓度的大小对SO_2的吸收效率贡献较大，我们发现，赤泥浓度在30g/L以上时，NO_x和SO_2同时去除效率均变化较小，基本维持在稳定且高的脱除效率，因此，本实验中选取的最佳赤泥浓度为30g/L。

$$SO_2+H_2O \longrightarrow H_2SO_3 \longrightarrow HSO_3^-+H^+ \longrightarrow SO_3^{2-}+2H^+ \tag{3.33}$$

$$O_3+SO_3^{2-} \longrightarrow SO_4^{2-}+O_2 \tag{3.34}$$

$$SO_2+2Fe^{3+}+2H_2O \longrightarrow SO_4^{2-}+4H^++2Fe^{2+} \tag{3.35}$$

$$SO_2+2Fe^{2+}+O_2 \longrightarrow SO_4^{2-}+2Fe^{3+} \tag{3-36}$$

2. 反应温度对NO_x和SO_2同时去除率的影响

控制实验条件：O_2含量为10%，搅拌速度1600r/min，烟气流量为400mL/min，黄磷浓度为12.5g/L，进口NO浓度为300ppm，进口SO_2浓度为1000ppm，赤泥浓度为30g/L，考察反应温度分别为30℃、40℃、50℃、60℃、70℃时对NO_x和SO_2同时去除效率的影响，如图3.47所示。

由图3.47可知，温度对NO_x去除效率的影响较大，30℃时的NO_x去除效率较低，40℃以上的脱硝率基本维持稳定在95%以上。这一方面是因为黄磷熔点为44.1℃，当温度较低时，黄磷以固态形式存在，不能形成乳浊液，与O_2反应接触面积较小，产生的O_3较少，另一方面是因为温度升高，有利于传质过程，提

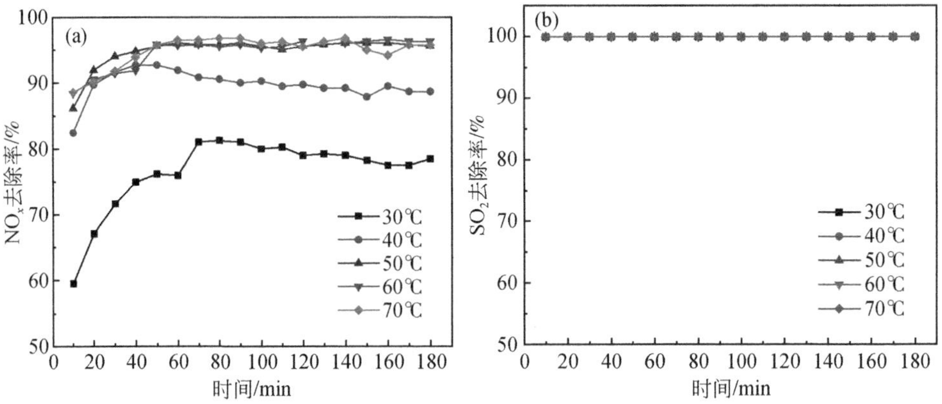

(a)对NO_x去除效率的影响　(b)对SO_2去除效率的影响

图 3.47　不同反应温度对脱硫脱硝的影响

高化学反应速率，使反应向着 O_3生成的方向进行，从而产生更多的 O_3用以氧化 NO，所以温度升高，NO_x的去除效率升高。但升高到一定温度时 NO_x的去除效率变化不明显，这是因为温度过高会造成 O_3的分解，体系不会持续产生更高浓度的 O_3，这也与第 3 章的实验结果基本一致。而随着温度的升高，SO_2的脱除效率一直维持在 100%，表明在本实验中，其他反应条件均已达到了较适宜的脱硫反应条件，且反应时间较短，导致温度对脱硫率的影响变化不明显。因此，本研究以 50℃为最佳反应温度。

3. 进口 NO 浓度对 NO_x 和 SO_2同时去除效率的影响

控制实验条件：O_2含量为 10%，搅拌速度 1600r/min，烟气流量分别为 400mL/min，黄磷浓度为 12.5g/L，反应温度为 50℃，进口 SO_2浓度为 1000ppm，赤泥浓度为 30g/L，考察进口 NO 浓度分别为 200 ppm、300ppm、400ppm、500ppm 时对 NO_x和 SO_2同时去除效率的影响，结果如图 3.48 所示。

实验研究了 NO 浓度在 100～400ppm 范围内对赤泥基复合体系脱硫脱硝的影响。由图 3.48 可知，随着进口 NO 浓度的增加，NO_x的去除效率降低，这是因为其他条件一定时，复合体系中黄磷产生的 O_3含量以及赤泥浆液的吸收能力是有限的，致使部分 NO_x不能被有效吸收，从而脱硝率下降；图 3.48 显示，随着进口 NO_x浓度的增加，SO_2的去除效率不变，均保持在 100%，表明在本研究选取的进口 NO 浓度大小对 SO_2去除效率的影响不大。

4. 进口 SO_2浓度对 NO_x 和 SO_2同时去除效率的影响

控制实验条件为：O_2含量为 10%，搅拌速度 1600r/min，烟气流量分别为

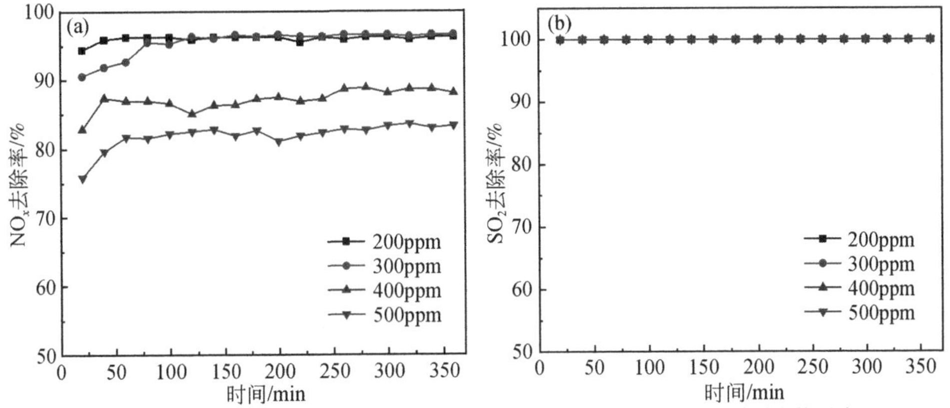

(a)对NO_x去除效率的影响　(b)对SO_2去除效率的影响

图 3.48　不同进口 NO 浓度对脱硫脱硝的影响

400mL/min，黄磷浓度为 12.5g/L，反应温度为 50℃，进口 NO 浓度为 300ppm，赤泥浓度为 30g/L，考察进口 SO_2 浓度分别为 500ppm、1000ppm、1500ppm、2000ppm 时对 NO_x和 SO_2同时去除效率的影响，结果如图 3.49 所示。

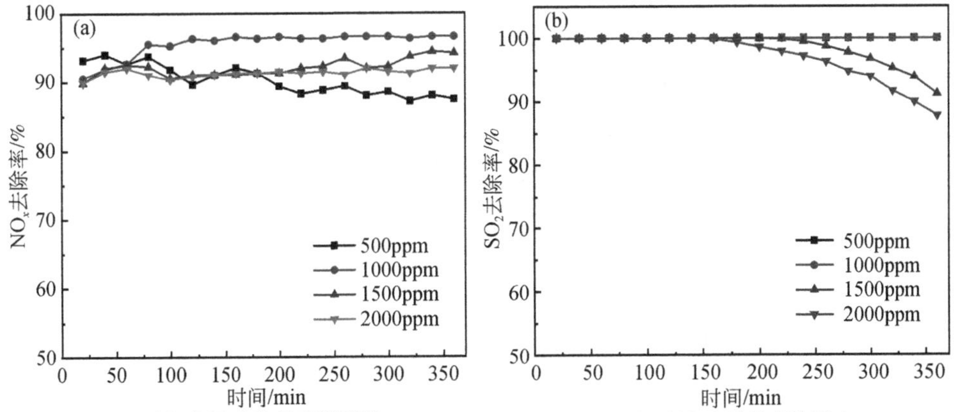

(a)对NO_x去除效率的影响　(b)对SO_2去除效率的影响

图 3.49　不同 SO_2浓度对脱硫脱硝的影响

实验选取 SO_2浓度在 500～2000ppm 范围内对赤泥基复合体系脱硫脱硝的影响如图 3.49 所示，SO_2去除率随进口 SO_2浓度的增加而降低。在前 180min 内，SO_2的去除效率均可保持在 100%，180min 后，进口 SO_2 浓度为 500ppm 和 1000ppm 时 SO_2 去除效率继续保持在 100%，1500 ppm 和 2000 ppm 浓度的 SO_2的去除效率均不同程度呈下降趋势。这与进口 NO 浓度的影响因素一致，随着进口

SO_2浓度的升高，体系的 pH 降低，吸收液氧化吸收能力有限，故对较高浓度的SO_2的去除效果降低。随着进口 SO_2浓度的增加，整体 NO_x的去除效率呈先提高后逐渐减小的趋势。这可能是由于增加 SO_2浓度，导致气体分压提高，从而浆液的吸收速率和 SO_3^{2-}的生成速率加快，吸收液的氧化性增强，推动反应正向移动，使 NO_x的去除效率提高；另外 SO_2浓度增大可促进 SO_2水解产生更多的 SO_3^{2-}和 HSO_3^-与 NO_2反应，达到消耗 NO_2的目的，所以 SO_2浓度的增加可以促进 NO_x的吸收。然而，当 SO_2浓度大于 1000 ppm 时，NO_x的去除效率降低，这是因为 SO_2与 NO_x存在一定的竞争关系，当 SO_2浓度过高时，大量的 SO_2与 NO_x竞争赤泥中碱性组分，导致吸收剂对 NO_x的吸收能力减弱，脱硝率降低。

$$2NO_2+SO_3^{2-}+H_2O \longrightarrow SO_4^{2-}+2H^++2NO_2^- \tag{3.37}$$

$$2NO_2+HSO_3^-+H_2O \longrightarrow SO_4^{2-}+3H^++2NO_2^- \tag{3.38}$$

$$Ca^{2+}+SO_4^{2-} \longrightarrow CaSO_4 \tag{3.39}$$

5. pH 对 NO_x 和 SO_2同时去除效率的影响

控制实验条件：O_2含量为 10%，搅拌速度为 1600r/min，烟气流量为 400mL/min，黄磷浓度为 12.5g/L，反应温度为 50℃，赤泥浓度为 30g/L，进口 NO 浓度为 300ppm，进口 SO_2浓度为 1000ppm，考察 pH 对 NO_x和 SO_2同时去除效率的影响，结果如图 3.50 所示。

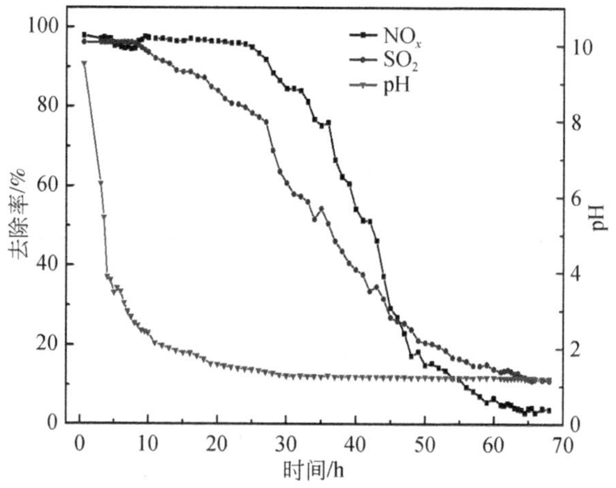

图 3.50　pH 随时间的变化对 NO_x和 SO_2去除效率的影响

由图 3.50 可以看出，随着反应时间的延长，赤泥的 pH 先急剧降低后趋于稳定缓慢下降；而 NO_x和 SO_2同时去除效率总体趋势呈“反 S”形下降趋势，先趋于稳定，然后急速下降后缓慢下降至趋于稳定。根据 pH 曲线可将该反应过程分为两个阶段。第一阶段：反应前 10h 内，pH 呈极陡的下降趋势，从 10.39 直接下降到 2.41，在此阶段，脱硫脱硝效率基本稳定，均保持在 97% 以上。pH 急剧下降是由于 SO_2 水解产生 SO_3^{2-}、HSO_3^- 和 H^+，NO_x 水解产生 NO_2^-、NO_3^- 和 H^+，黄磷氧化生成 P_2O_5，其溶于水生成 PO_4^{3-}，赤泥的游离碱能够中和体系生成的酸，导致体系的 pH 急剧下降；第二阶段：pH 从 2.41 下降至 1.22，呈缓慢下降趋势，脱硫率从 97.11% 下降至 2.59%，脱硝率从 97.39% 下降至 3.66%。在此阶段，赤泥中的化学结合碱，如水钙铝榴石、方解石和钙霞石等分解作用，可降低赤泥的 pH。

3.4.2　动力学与热力学探讨

1. 吸附动力学模型分析

利用准一级动力学模型、准二级动力学模型和 Weber-Morris 模型来研究赤泥对烟气中 NO_x 和 SO_2 的吸附行为，建立相对应的动力学模型，通过表观动力学模型进行拟合分析，探究赤泥对 NO_x 和 SO_2 的吸附机理。将 6 g 赤泥加入到吸收液中，NO_x 的初始浓度为 513.12mg/m^3，SO_2 的初始浓度为 2874.12mg/m^3，分别采用准一级动力学方程、准二级动力学方程和 Weber-Morris 模型对平衡吸附实验数据进行拟合分析，拟合结果如图 3.51 所示，拟合参数见表 3.13。

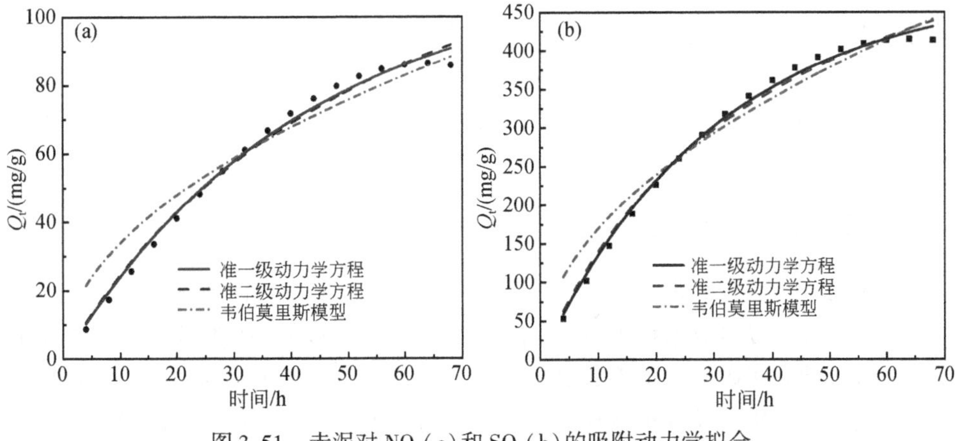

图 3.51　赤泥对 NO_x(a) 和 SO_2(b) 的吸附动力学拟合

在吸附动力学曲线（图 3.51）中发现，随着吸附时间的延长，赤泥对 NO_x 和 SO_2 吸附量也逐渐增大，反应到达 60 h 以后基本达到平衡，饱和吸附量分别为 NO_x：86.44mg/g、SO_2：415.09mg/g。

由表 3. 13 可知，准一级动力学模型的相关系数分别为 0. 9925 和 0. 9952，准二级动力学模型的相关系数分别为 0. 9892 和 0. 9901，Weber-Morris 模型的决定系数分别为 0. 9301 和 0. 9508，三种模型的相关系数均大于 0. 93，说明这三种模型均能较好地描述吸附的全过程，吸附过程同时存在物理吸附、化学吸附和内扩散，但是在准二级动力学模型和 Weber-Morris 模型中，实验饱和吸附量和理论吸附量差异较大，且相关系数 R^2 相比准一级动力学模型较低，说明化学吸附和内扩散不是主要的控制步骤[53]。

表 3. 13　赤泥对 NO_x 和 SO_2 的吸附动力学拟合参数对比

动力学模型	参数	NO_x	SO_2
准一级动力学模型	$K_1/(\min^{-1})$	0. 0238	0. 0326
	q_e, cal/(mg/g)	113. 22	483. 93
	R^2	0. 9925	0. 9952
准二级动力学模型	$K_2/[g/(mg \cdot min)]$	9.2636×10^{-5}	3.558×10^{-5}
	$q_{e,cal}/(mg/g)$	175. 15	698. 29
	R^2	0. 9892	0. 9901
Weber-Morris 模型	$k_p/[g/(mg \cdot min^{1/2})]$	10. 7131	53. 49
	R^2	0. 9301	0. 9508

而准一级动力学模型中的理论吸附量和实验饱和吸附量较为接近，相关系数 $R^2>0.99$，所以准一级吸附动力学模型能够较好地说明赤泥对 NO_x 和 SO_2 的吸附行为，吸附传质外扩散起到一定的作用，吸附过程以物理吸附为主。由于赤泥较大的比表面积有利于其对于 NO_x 和 SO_2 的物理吸附，因此实验选取较高的 SO_2 浓度对吸附起到促进作用，其生成的硫酸盐类物质等增加了吸附剂表面的吸附位，提高了进行外扩散过程的动力[52]。

2. 吸附等温线模型分析

为了进一步研究赤泥对 SO_2 和 NO_x 的吸附特性，采用目前较为常用的朗格缪尔（Langmuir）吸附等温模型和弗利意德希（Freundlich）吸附等温模型对数据进行拟合，建立吸附等温模型。其中，Langmuir 吸附等温模型对单分子层吸附有效，吸附剂表面吸附位仅能吸附一个溶质分子；Freundlich 吸附等温模型适用于不均一吸附剂表面的非理想吸附行为[54]。赤泥的等温吸附特性如图 3. 52 所示，拟合结果见表 3. 14。

由表 3. 14 可知，Langmuir 方程拟合赤泥吸附 NO_x 和 SO_2 的相关系数 R^2 分别为 0. 9139 和 0. 7789，说明 Langmuir 吸附等温模型不能很好地拟合赤泥对 NO_x 和

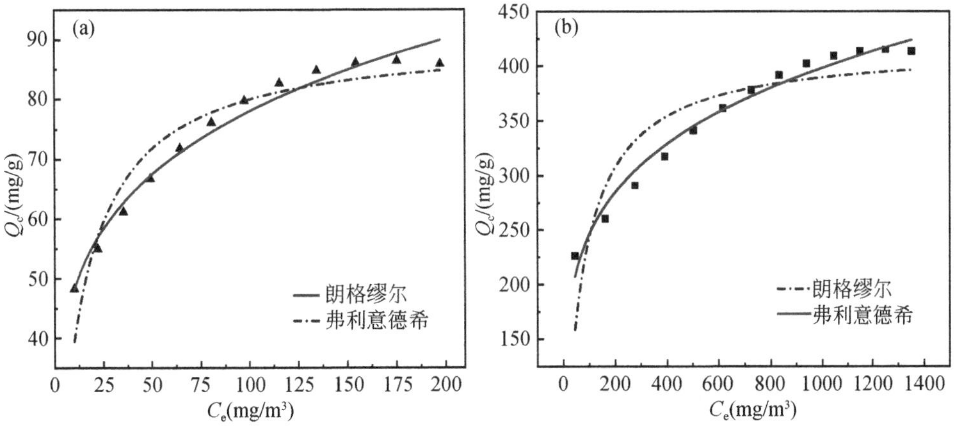

图3.52　赤泥对NO_x(a)和SO_2(b)的吸附等温线模型拟合

SO_2的吸附过程，而Freundlich吸附等温模型有着较高的相关系数（R^2），R^2分别达到0.9785和0.9761，表明赤泥对NO_x和SO_2的吸附特性均符合Freundlich吸附等温模型，该吸附特性为多层吸附。同时Freundlich吸附等温模型得到的n值($0.1<1/n<0.5$)，表明吸附反应容易进行，且对应于非均相表面，这正是因为赤泥的成分复杂，由氧化铁、氧化铝、硅酸盐等多种物质组成[55]。同时，结合动力学模型拟合结果表明赤泥吸附NO_x和SO_2的过程是物理吸附和化学吸附的共同作用。Langmuir吸附等温线主要作用是评估了赤泥在最适条件下最大吸附量，赤泥对NO_x和SO_2理论最大吸附量分别为90.4111mg/g和417.5242mg/g。

表3.14　赤泥对NO_x和SO_2的吸附等温线拟合参数对比

吸附质	Langmuir模型			Freundlich模型		
	Q_m/(mg/g)	K_1	R^2	K_F	n	R^2
NO_x	90.4111	0.0767	0.9139	29.6526	4.7619	0.9785
SO_2	417.5242	0.0139	0.7789	94.2516	4.7932	0.9761

3. 吸附穿透曲线探讨

在含氧量为10%，搅拌速度为1600r/min，烟气流量为400mL/min，黄磷浓度为12.5g/L，反应温度为50℃，赤泥浓度为30g/L，进口NO浓度为300ppm，进口SO_2浓度为1000ppm的实验条件下测定NO_x和SO_2出口浓度随时间的变化，采用origin软件中Logistic模型拟合出赤泥对NO_x和SO_2的吸附穿透曲线，如图3.53所示，各参数见表3.15。

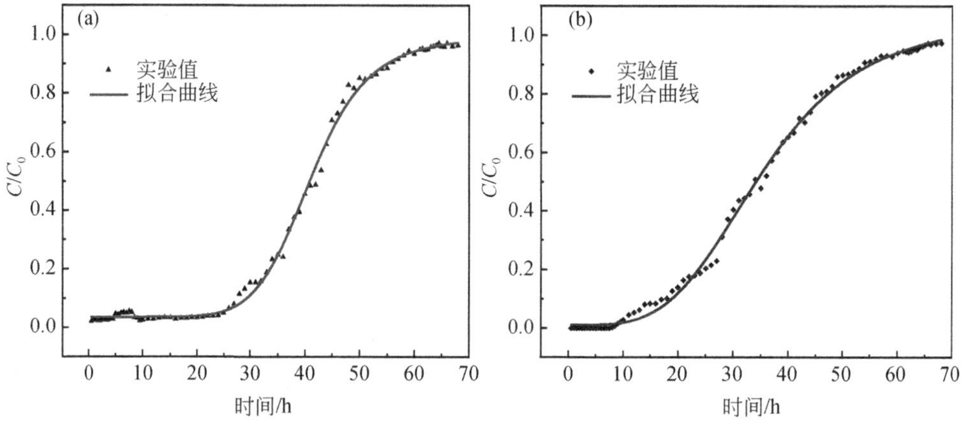

图 3.53 NO_x(a)和 SO_2(b)吸附穿透拟合曲线

表 3.15 NO_x和 SO_2的吸附穿透曲线拟合参数

吸附质	A_1	A_2	T_0	P	R^2
NO_x	0.03635	0.99209	41.18612	7.78786	0.99787
SO_2	0.1118	1.07064	35.50435	3.78006	0.99771

从图 3.53 中可以看出在赤泥对 NO_x和 SO_2吸附初期时，出口浓度为 0，随着吸附反应的进行，传质区不断上移，NO_x和 SO_2的出口浓度不断增大，当增大到一定程度时，穿透曲线逐渐趋于平缓，该吸附类型属于固定床吸附。趋于平缓相当于传质区已经移出固定床顶部，固定床内已达到饱和吸附量。

由表 3.15 可知，赤泥对 NO_x和 SO_2的吸附穿透拟合曲线的相关系数 R^2分别为 0.99787 和 0.99771，均接近于 1，实验值与回归曲线拟合度较好，说明回归公式精确、可信，可用该公式计算赤泥对于 NO_x和 SO_2的相关吸附数据，以便于工业实际应用。经计算，赤泥的饱和硫容为 415.09mg/g。

3.4.3 表征分析及机理探讨

1. BET 分析

为了定量地分析赤泥的比表面积和孔隙结构，采用低温 N_2吸附法测定赤泥在液氮温度和不同压力条件下的氮气吸附-脱附等温曲线。将赤泥原样在电热鼓风干燥机 105℃干燥 24h 并研磨至 200 目，采用 NOVA 2000e 型比表面积及孔径测定仪进行测定，样品在 120℃充满 N_2的环境下脱气 10 h，然后在温度为-196℃液氮中进行测试，分析原赤泥的 N_2吸附-脱附等温线及孔径分布，并利用 ASAP

2020HD88型比表面全自动物理吸附仪（Brunauer-Emmett-Teller，BET）法计算赤泥的比表面积。

吸附-脱附等温线可以反映吸附剂的表面性质、孔隙结构及吸附质与吸附剂之间的相互作用等信息，因此它有助于描述和分析吸附剂的比表面积和孔隙结构[56]。原赤泥得到的N_2吸附-脱附等温线如图3.54所示。根据国际理论和应用化学联合会（IUPAC）定义，一般将孔按尺寸大小可分为微孔<2nm，介孔2～50nm，大孔>50nm[57]。图3.55显示的是原赤泥的孔径分布，样品的孔径分布主要集中在0～20nm，说明材料属于介孔结构。发达的孔道结构是吸附剂具有良好吸附性能的关键，吸附剂的孔结构、比表面积及孔隙大小对吸附性能具有显著的影响，而丰富的孔隙结构可以获得较强的物理吸附能力[58,59]。

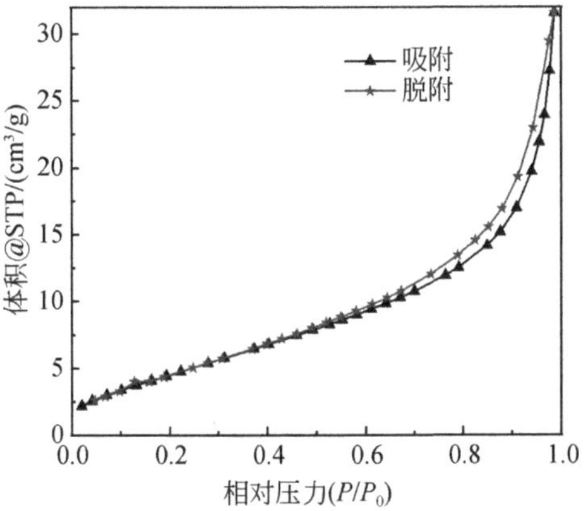

图3.54 原赤泥的N_2吸附-脱附等温线图

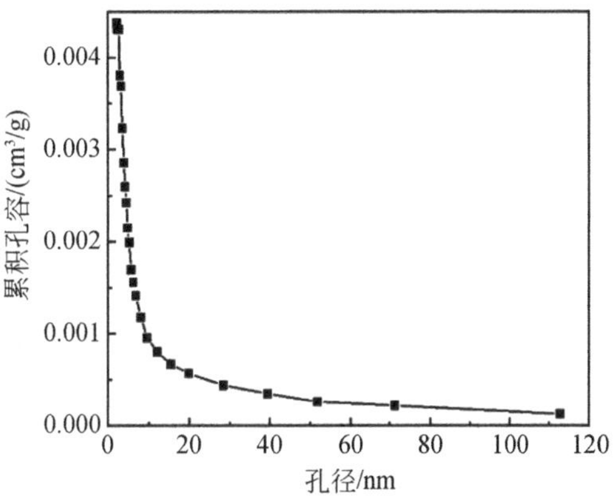

图3.55 原赤泥的孔径分布曲线

赤泥样品的曲线表现为一个典型的Ⅳ类型吸附-脱附等温曲线以及H_3型滞后环，其特点是在低相对压力区平缓的拐点代表大致上形成单层分散，中间区域的斜率较小代表形成多层分散。N_2吸附量在0.3～0.9的P/P_0区间内升高，这表明吸附剂的孔道主要为有序的介孔，吸附量在P/P_0介于0.9～1.0时快速增加，这可能是因为吸附剂同时存在介孔和部分大孔，H_3型滞后环说明此吸附剂在介孔存在毛细凝聚。由表3.16可知原赤泥的比表面积为19.062m^2/g，孔容为0.052m^3/g，平均孔径为2.097nm。总结认为该赤泥为介孔，丰富的孔隙结构使赤泥适合用作烟气脱硫脱硝的材料。

表3.16 原赤泥的孔隙特征

比表面积/(m^2/g)	孔容/(m^3/g)	平均孔径/nm
19.062	0.052	2.097

2. XRD 分析

采用 Rigaku Ultima IV 型号 X 射线衍射仪（X-Ray diffraction，XRD）对样品进行物相分析，设定的测试条件为：Cu 靶，发射源为 Kα，电压 40kV，电流 40mA，扫描范围为5°～80°，对原赤泥、反应600min、反应4080min 三个样品进行 XRD 分析，测试的结果如图 3.56 所示。

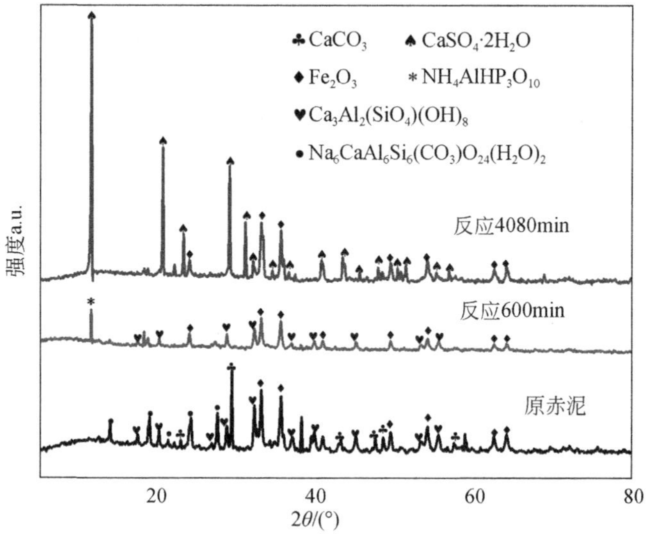

图 3.56 不同反应时间下复合吸收液的 XRD 谱图

赤泥中以稳定矿物形式赋存的方解石（$CaCO_3$）、赤铁矿（Fe_2O_3）、钙霞石［$Ca_3Al_2(SiO_4)(OH)_8$］、水钙铝榴石［$Na_6CaAl_6Si_6(CO_3)O_{24}(H_2O)_2$］为主，如图 3.56 所示。这些矿物也均存在溶解平衡反应，具有较强缓冲能力，为复合吸附剂体系提供适宜的碱性环境来维持稳定高效的脱硫脱硝效率。反应 600min 后，方解石（$CaCO_3$）和水钙铝榴石［$Na_6CaAl_6Si_6(CO_3)O_{24}(H_2O)_2$］分解消失，并生成中间产物磷酸氢铝铵（$NH_4AlHP_3O_{10}$），反应 4080min 后，钙霞石［$Ca_3Al_2(SiO_4)(OH)_8$］和中间产物分解消失，物相中以新生成的产物石膏（$CaSO_4·2H_2O$）和少量难溶的 Fe_2O_3 为主。

3. XRF 分析

将反应前后赤泥样品在鼓风机 105℃ 条件下干燥 24h，取样研磨至粉末状，然后将预处理后的样品放入自封袋密封，标号以备测试使用。采用 X 射线荧光光谱分析（X-Ray fluorescence，XRF）进行表征分析测试。测试的结果见表 3.17。

表 3.17　反应前后样品的 XRF 测试结果　(wt%)

pH	O	Na	Al	Si	S	P	Ca	Ti	Fe
预反应泥浆（pH=10.39）	36.09	5.73	9.92	6.78	0.42	0.12	13.80	3.15	20.30
反应后泥浆（pH=1.21）	38.21	0.49	3.97	0.82	8.85	6.23	13.13	4.18	19.89

表 3.17 为原赤泥和脱硫脱硝后的穿透样品的 XRF 表征结果。原始赤泥中的主要元素有 O、Na、Al、Si、Ca、Ti、Fe 等。与原赤泥相比，穿透样品固相中的 Na、Al、Si 元素明显减少，这是由于游离碱和化学结合碱的消耗分解；而 O、S 元素比例明显增加，这是由于吸收液吸收了烟气中的 SO_2。P 元素增加考虑是复合吸收液中黄磷小液滴经搅拌吸附在赤泥表面。通过对比发现，Ca 元素的含量只有略微减少，主要原因是其一方面随着方解石、钙霞石、水钙铝榴石在持续分解而含量减少，另一方面又很容易与 SO_4^{2-} 形成稳定的 $CaSO_4$ 晶体。此外，由于赤铁矿 Fe_2O_3 的难溶性，其含量的减少可以忽略不计。

4. ICP 分析

采用微波消解法对样品做预处理，用电感耦合等离子体发射光谱法 (inductively coupled plasma optical emission spectrometry，ICP-OES) 测定黄磷乳浊液耦合赤泥脱硫脱硝后溶液中 Na、Ca、Fe、Al 元素的浓度，结果如图 3.57 所示。

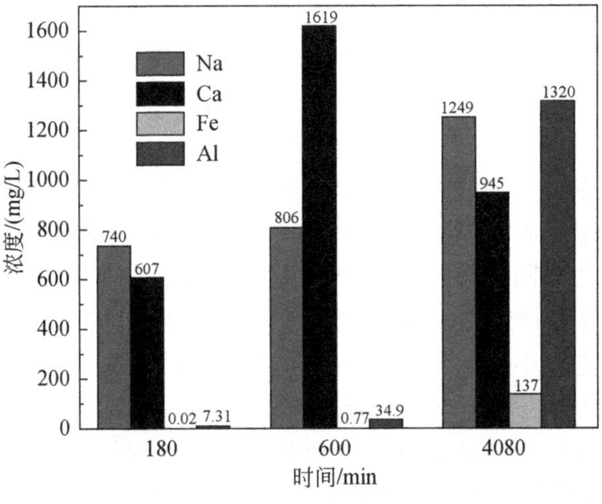

图 3.57　不同反应时间内吸收浆液中金属元素的浓度

从图 3.57 中能明显地观察到溶液中的主要金属元素浓度随着反应时间的延长而增大，pH 随之减小。由于赤泥中的化学成分主要有 Na_2O、Al_2O_3、Fe_2O_3、

SiO_2、TiO_2及 CaO，其中，Na_2O 的含量是衡量赤泥碱性强弱的重要指标，其含量一般为2% ~10%，致使赤泥本身的 pH 较高[60]。由于赤泥中大量碱性物质的存在，其具有一定的固硫能力，能与酸性气体进行化学反应，这一性质决定着能利用赤泥来脱除工业烟气中的 SO_2，满足烟气脱硫（FGD）的技术需求。赤泥中的游离碱主要以碳酸钠、氢氧化钠、硅酸钠、铝酸钠和枸溶性的铝硅酸钠、氢氧化钙形式存在，这些物质在水相介质条件下，可提供 OH^-，促使溶液更好地吸收 SO_2和 NO_x等酸性气体，生成大量的酸，致使 pH 不断下降[61]。由于赤泥中的有效组分 Na_2O、$CaCO_3$易于参与酸碱中和反应而不断溶解，因此浸出浓度较高，随着反应的进行，物相组分钙霞石、水钙铝榴石不断分解，体系中生成大量的酸，而在强酸侵蚀作用下，使赤泥中大量的 Al 元素浸出，而 Fe_2O_3相对溶解速率较慢，溶出量较少，在穿透样品中，Fe 元素的溶出只有其他金属元素的10%左右，说明 Fe_2O_3是一种难溶的物质。而 Ca 元素在穿透样品中溶出浓度变小，考虑是因为最终生成了新的产物石膏（$CaSO_4 \cdot 2H_2O$）。

5. SEM 分析

采用 Zeiss Sigma 300 型场发射扫描电子显微镜（scanning electron microscope，SEM）对反应前后赤泥表面微观形貌进行表征，并用高性能 X 射线能量色散谱仪（energy dispersive spectrometer，EDS）对样品表层选定区域点扫和面扫，对元素进行定性和定量分析。

图 3.58（a）、（d）是原赤泥微观放大不同倍数的形貌变化。从图中可以看出原赤泥多为不规则的块状结构组成，表面形成分散的颗粒松散的团聚体，由许多大小不一的颗粒状结构堆积构成，团聚体之间孔隙较大，且不均匀。赤泥的微观形貌的结果与上述 BET 的测试结果相吻合，可以说明不规则的大量孔隙结构有利于赤泥与烟气充分接触，具有一定的吸附能力，使得体系能够维持一个高效且稳定的脱除效率。图 3.58（b）、（e）是脱硫脱硝反应 10 h 后复合吸收剂样品放大不同倍数的形貌变化。可以看到由于赤泥表面吸附了 SO_2和 NO_x气体，赤泥的块状结构解体，变为许多小颗粒结构，颗粒呈分散无序态，颗粒之间的孔隙也变小。赤泥表面不能吸附更多的外来物质，从而导致脱硫脱硝率下降。图 3.58（c）、（f）为吸附穿透样品放大不同倍数的形貌变化，可以直观地发现吸附穿透样品中有表面光滑的棒状结构的物质生成，上面黏附了一些小型分散的颗粒，根据 XRD 表征结果，初步推测该物质为脱硫石膏（$CaSO_4 \cdot 2H_2O$）。

6. EDS 分析

为了进一步验证上述吸附穿透样品中的棒状结构的物质成分，对选定区域进

图 3.58　赤泥反应前后 SEM 图像

原赤泥（a）放大 2K 扫描电镜图像与（d）放大 20K 扫描电镜图像；反应 10h 后复合吸收液样品（pH = 2.43）（b）放大 2K 扫描电镜图像与（e）放大 20K 扫描电镜图像；吸附穿透样品（pH = 1.21）（c）放大 2K 扫描电镜图像与（f）放大 20K 扫描电镜图像

行了 EDS 点扫和面扫，观察所选区域的元素分布及含量变化情况，结果如图 3.59 和图 3.60 所示。

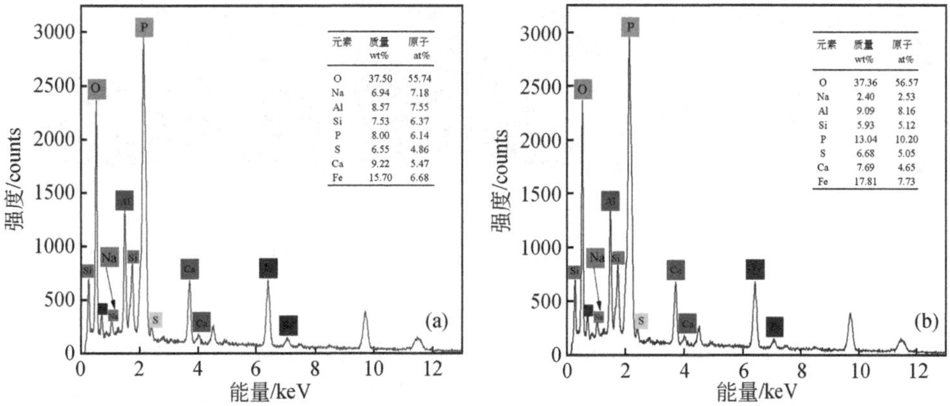

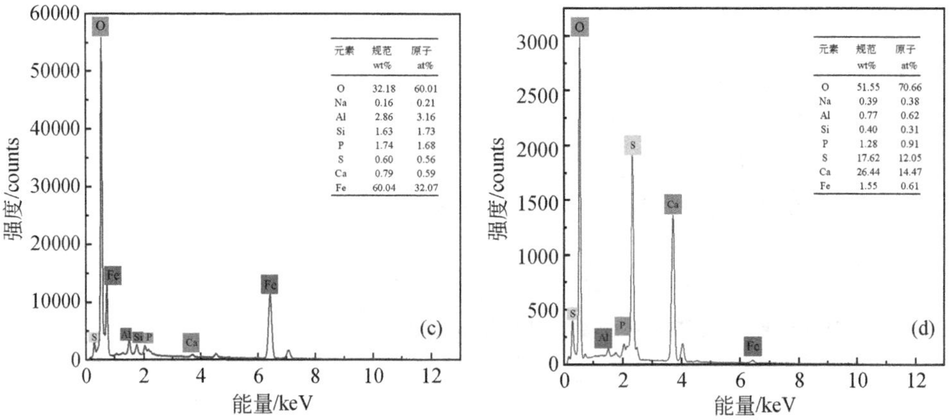

图 3.59　选定区域的 EDS 点扫图谱分析

(a) 图 3.58 (a) 中 A 点；(b) 图 3.58 (b) 中 B 点；(c) 图 3.58 (c) 中 C 点；
(d) 图 3.58 (c) 中 D 点

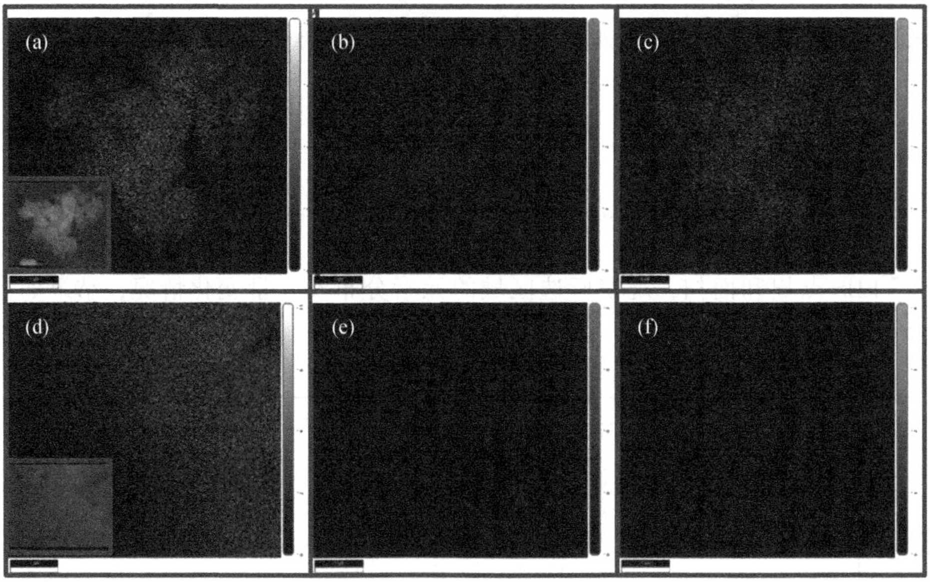

图 3.60　原赤泥/穿透后赤泥选定区域 EDS 面扫图

原赤泥选定区域 EDS 面扫图 (a) /O、(b) /Na、(c) /Si；吸附穿透选定区域 EDS 面扫图
(d) /O、(e) /Na、(f) /Si

从图 3.59 (a) 可以看出原赤泥样品中主要元素有 O、Na、Al、Si、P、S、Ca 和 Fe。对比图 3.59 (a)、(c) 和图 3.60 发现，Na、Al、Si、Ca 元素的含量明显降低，Na 元素减少说明赤泥浆液在脱硫脱硝过程中存在大量的钠碱被消耗，

结合上述 XRD 分析结果能推断 Al、Si、Ca 元素含量减少是因为赤泥中的化学结合碱（方解石、钙霞石和水钙铝榴石）分解消失，进而形成很多孔隙，提供更多的吸附位点。而选定的 C 区域出现 O、Fe 元素富集，推测主要为难溶的 Fe_2O_3 晶体。根据图 3.58（d）发现 S、O、Ca 三种元素富集，结合 XRD 测试结果可以推断图 3.60（e）中的 D 点区域的棒状结构产物为脱硫石膏（$CaSO_4 \cdot 2H_2O$）晶体，所以可能存在选择区域不同，区域内的物质不同。对比图 3.59（a）、（b）发现，P 元素含量的增加是由于黄磷乳浊液中的部分小液滴经搅拌作用吸附于赤泥表面。而 Al 元素含量的增加是因为反应 10 h 的样品中生成了中间产物磷酸氢铝铵，这与 XRD 的结果一致。

7. XPS 分析

为了进一步研究赤泥基吸附剂对 SO_2 和 NO_x 的脱除机制，对脱硫脱硝反应前后的样品采用 X 射线光电子能谱（X-ray photoelectron spectroscopy，XPS）进行电子能谱分析。反应前后复合吸收液样品 XPS 全谱图如图 3.61 所示，全谱图中各元素所占百分比含量如表 3.18 所示，Fe 2p 和 Ca 2p 的 XPS 图谱见图 3.62。

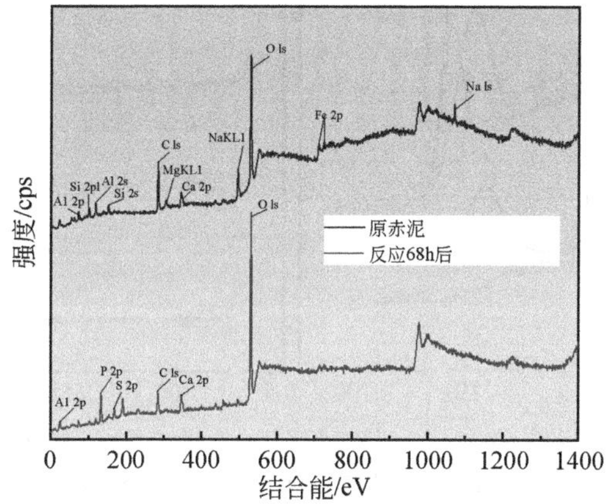

图 3.61　反应前后复合吸收液样品 XPS 全谱图

表 3.18　XPS 全谱图中各元素所占百分比含量　（%）

名称	原子	
	原赤泥	反应 10h 后
O 1s	33.13	53.42
C 1s	27.56	18.92
Al 2p	9.26	5.86
Fe 2p	2.22	

续表

名称	原子	
	原赤泥	反应 10h 后
Na 1s	2.98	
Si 2p	6.61	
Ca 2p	2.73	3.37
Na KL1	2.29	
Mg KL1	0.32	
Si 2s	5.32	
Al 2s	7.58	6.54
P 2P		14.52
S 2P		3.90

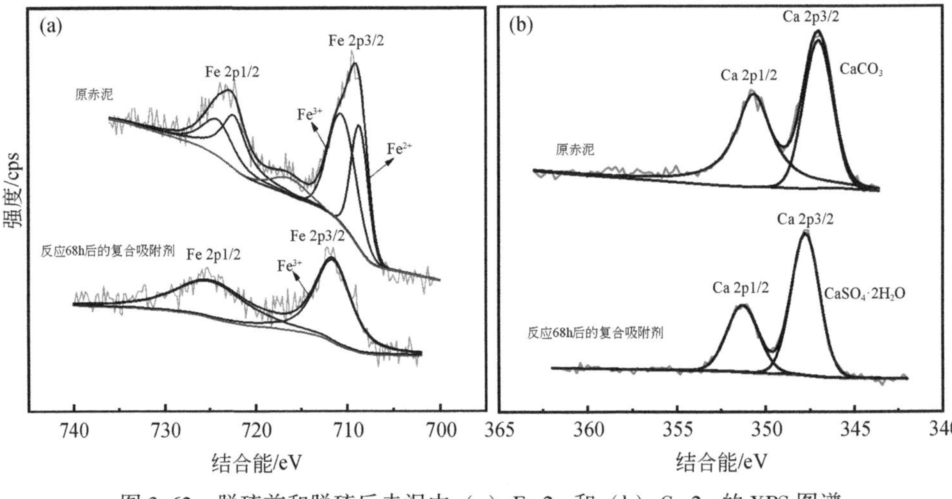

图 3.62 脱硫前和脱硫后赤泥中（a）Fe 2p 和（b）Ca 2p 的 XPS 图谱

从宏观 XPS 全峰图可知，原赤泥样品中检出了 Fe 2p、Al 2p、Si 2p、C1s、O 1s、Ca 2p、Na1s 等明显的特征峰，反应后 Fe 2p、Si 2p、Na 1s 的峰值较弱或未检出，这再次说明赤泥中的游离碱和化学结合碱的消耗分解。此外，对 Fe 2p、Ca 2p 进行了分峰拟合，如图 3.62 所示。图 3.62（a）是反应前后样品中 Fe 2p XPS 扫描图，原赤泥样品的谱峰中包含两个特征峰，分别归属于 Fe 2p3/2 和 Fe 2p1/2，Fe 2p3/2 的结合能分别为 710.5eV 和 708.6eV，说明原赤泥样品中同时存在 Fe^{2+}和 Fe^{3+}，而 Fe 2p3/2 电子结合能在 710.5eV 的是 Fe_2O_3，表明在原赤泥样品中 Fe_2O_3 以 Fe^{2+}、Fe^{3+} 两种形式存在。反应后 Fe 2p3/2 的电子结合能变为

711.4eV，Fe 2p的结合能出现了谱峰从低结合能向高结合能方向的位移，说明铁元素的化合价发生了改变，Fe^{2+}的峰消失，表明反应后吸附剂表面的铁元素的化合价以Fe^{3+}为主，Fe^{2+}的消失表明在反应过程中存在氧化还原反应，即证实了铁离子的催化氧化作用[62]。图3.62（b）是反应前后样品中Ca 2p XPS的扫描图，从图3.62（b）可知，反应前后Ca 2p的电子结合能分别为347.0eV和347.7eV，而Ca 2p以电子结合能在347.1eV处的峰归属于赤泥中的$CaCO_3$[63]；347.7eV处的峰归属于脱硫石膏（$CaSO_4 \cdot 2H_2O$），与XRD的测试结果一致。

8. FTIR分析

为了深入探究赤泥基复合吸收液的吸附性能，采用傅里叶变换红外光谱仪（Fourier transform infrared spectroscopy，FTIR）对反应前后样品表面的官能团变化进行测定，测定的结果如图3.63所示。

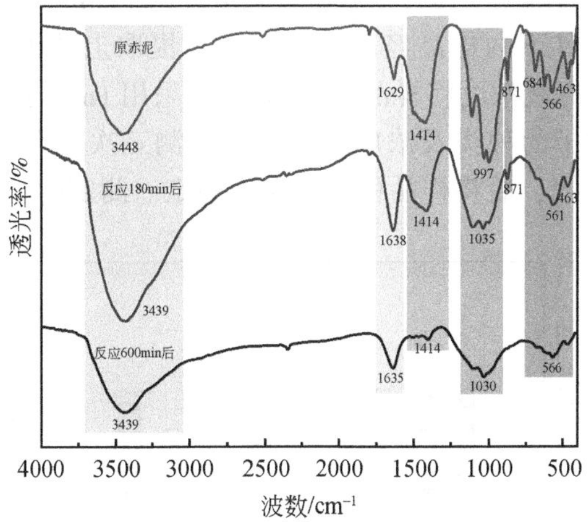

图3.63 不同反应时间条件下复合吸收液的红外光谱图

由图3.63可知，高频区和中低频区的特征峰主要反映赤泥基复合吸收剂的结构和组分特征。在高频区，3439～3448cm^{-1}频率处有明显的吸收峰，这是吸收剂中的结构水脱除而产生的表面O—H或H_2O的伸缩振动峰[64]。此峰所占的面积比较大，从而可知，赤泥基高效复合吸收剂中羟基含量较高，而丰富的表面碱性官能团能显著提高其吸收酸性气体的能力，在处理气体时，能够很好地发挥吸附架桥的作用[65]。随着反应的进行，O—H键的伸缩振动峰向低频移动且峰强度变弱，说明随着反应的进行，O—H基团的完整性减弱，其物质结构的稳定性降低，同时，赤泥颗粒表面和孔道内的游离水及结合水蒸发，从而减小水膜对气体的吸附阻力，改善吸附剂的吸附性能[66]。

其他的吸收峰主要集中在1800cm^{-1}以下的中低频区域，在400～800cm^{-1}内，这些吸收带可为组分四面体的对称伸缩振动或T离子的T—O—T桥氧的对称伸缩振动（symmetric stretching motion across the T—O—T bridging oxygen involving mostly T cations，T为四面体配位的Si^{4+}、Al^{3+}、Fe^{3+}）[67]。对比X衍射图，赤泥基高效复合吸收剂含有大量的硅铝铁化合物，且在反应过程中，这些化合物随着反应的进行有所减少，与理论较为吻合。1630 cm^{-1}左右是H—O—H键的弯曲振动[68]。波数在997～1035cm^{-1}的吸收峰是Si—O特有的吸收峰，包括伸缩振动峰和弯曲振动峰[69]。871cm^{-1}和1414cm^{-1}的特征峰是CO_3基团，是赤泥中方解石C═O的震动引起的，证实了$CaCO_3$的存在[70,71]，反应后此峰逐渐变小直至消失，说明方解石和钙霞石参与反应分解消失。

9. IC分析

反应后吸收液的阴离子浓度采用离子色谱（ion chromatography，IC）测定，将不同反应温度条件下的样品经离心过滤后，提取上清液用离心管装好并标记，测样时，根据标线浓度将样品稀释50倍，采用1mL注射器抽取样品进样，测定吸收液中阴离子的种类及浓度，每个样品测三次，大约20min测一个样。由于SO_4^{2-}峰面积过大，后将样品稀释100倍测定。测定的结果如图3.64所示。

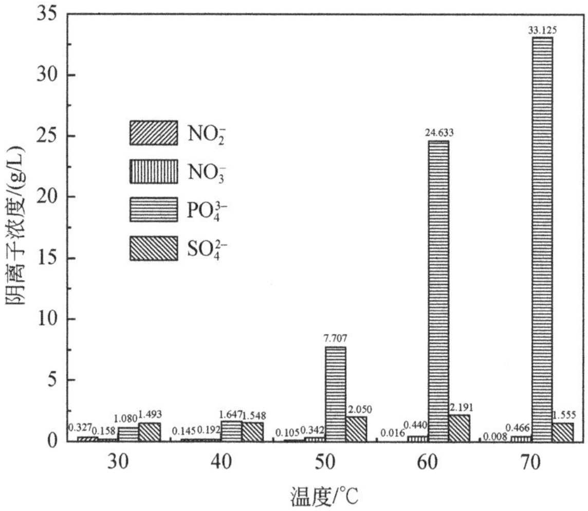

图3.64 不同温度条件下复合吸收液中的阴离子浓度

从图3.64得知，除了NO_2^-浓度随着温度的升高而减小外，其他三种阴离子浓度均随着温度的升高而增大。NO_2^-浓度从0.327g/L减小到0.008g/L，NO_3^-浓度从0.158g/L增加到0.466g/L，这是因为温度升高，促进了反应的进行，大量的

NO 被氧化吸收，体系生成了 HNO_2 和 HNO_3，温度升高有利于 NO_2^- 向 NO_3^- 转变，导致 NO_2^- 浓度变小直至消失；PO_4^{3-} 浓度增幅最大，从 1.080g/L 增加到 33.125g/L，由于温度升高，黄磷易于形成乳浊液与 O_2 接触发生氧化反应，随着反应的进行体系内产生更多的 PO_4^{3-}。SO_4^{2-} 浓度从 1.493g/L 增加到 2.191g/L，说明当温度升高，反应速率加快，更多的 SO_2 被吸收，体系产生足够多的 O_3 能够将 SO_2 与水反应产生的 SO_3^{2-} 氧化成 SO_4^{2-}；而当温度升高至 70℃ 时，$SO_4{}^{2-}$ 浓度下降，这是因为反应温度升高，会使 SO_2 气体在液相中的溶解度降低，抑制脱硫反应的进行。

黄磷乳浊液耦合赤泥同时去除 NO_x 和 SO_2 的机理可归纳为两个阶段：第一阶段是酸碱中和阶段，反应前 10 h 时，pH 从 10.39 急剧下降到 2.41，加热乳化后的黄磷与 O_2 发生接触反应后，黄磷立刻被氧化为 P_2O_5 并释放出活性 O，活性 O 一方面将 NO 氧化为 NO_2，另一方面继续和 O_2 化合生成 O_3。O_3 迅速将难溶于水的 NO 氧化为 NO_2，由于 NO_2 结构的不稳定性，两分子 NO_2 可二聚生成 N_2O_4，通常情况下二者混合存在，随后 N_2O_4 与水生成 NO_2^- 和 NO_3^-；另外 NO_2 也可与烟道气中的 NO 反应生成 N_2O_3，N_2O_3 溶于水生成 NO_2^-，随后 N_2O_3 与 NO_2 反应生成 N_2O_5，溶于水后生成 HNO_3，P_2O_5 则与水生成 PO_4^{3-}；SO_2 发生水解生成 H^+、SO_4^{2-} 和少量 SO_3^{2-}，NO_x 水解生成 H^+、NO_3^- 和少量 NO_2^-。该阶段主要是碱性赤泥作为 pH 缓冲剂，大量的易溶游离碱（钠碱）和方解石（$CaCO_3$）分解，中和了体系生成的酸，使吸收液的 pH 保持在利于 NO_x 和 SO_2 吸收的范围内，从而维持体系稳定高效的 NO_x 和 SO_2 同时去除效率。第二阶段是催化氧化阶段：10 h 后，pH 呈缓慢下降趋势，从 2.41 下降至 1.22，NO_x 和 SO_2 的去除效率开始处于急剧下降的趋势，该阶段主要是赤泥中难溶的化学结合碱赤铁矿（Fe_2O_3）、钙霞石［$Ca_3Al_2(SiO_4)(OH)_8$］、水钙铝榴石［$Na_6CaAl_6Si_6(CO_3)O_{24}(H_2O)_2$］开始分解溶出 Al^{3+}、Na^+、Ca^{2+}、Fe^{3+}，赤铁矿溶解的部分 Fe^{3+} 进入液相，与 SO_2 发生催化氧化反应生成 H^+、SO_4^{2-} 和 Fe^{2+}。Fe^{2+} 性质不稳定，在 O_2 充足的环境下易与 SO_2 反应生成 Fe^{3+} 和 SO_4^{2-}，因此，Fe^{3+} 在催化氧化吸收阶段发挥着主导作用。最后，Ca^{2+} 与 SO_4^{2-} 生成新的产物——石膏（$CaSO_4 \cdot 2H_2O$）。

3.4.4　泥磷/黄磷耦合赤泥同步脱硫脱硝结论

本节介绍了黄磷乳浊液激发产生臭氧耦合赤泥同步脱硫脱硝，开发了一种新型高效资源化的同时脱硫脱硝的技术。探明了黄磷激发产生 O_3 氧化 NO 的影响因素，并采用响应面法对脱硝实验进行优化；考察了不同因素对硫硝协同脱除的影响，结合 BET、XRD、XRF、ICP、SEM-EDS、XPS、FTIR、IC 等表征手段对脱硫脱硝反应前后的样品进行了表征，建立了赤泥吸附 NO_x 和 SO_2 的吸附动力学模型和等温线吸附模型，推测了黄磷乳浊液耦合赤泥同时脱硫脱硝的反应机理，得到的主要结论如下。

（1）NO_x的去除效率随着黄磷浓度、O_2含量、搅拌强度、赤泥固液比的增加增加，随烟气流量、NO 进口浓度的增加而减小，随反应温度的增加而先增加后降低；未经任何处理的赤泥对 NO_x的去除效率极低，基本保持在 5%以内，黄磷乳浊液的去除效率虽然可在短时间内达到 80%以上，但达到最高值后迅速开始下降，而黄磷乳浊液耦合赤泥体系可保持长时间稳定高效的脱硝效率，在 220min 内脱硝率可保持在 90%以上，最高可达到 96.5%。

（2）通过响应面优化实验，P_4/NO、烟气流量、反应温度对 NO_x脱除效率的影响大小顺序为：P_4/NO > 烟气流量>反应温度，且两两因素之间均有较强的交互作用。基于响应面优化的实验条件为：P_4/NO 为 34392.6；反应温度为 59.07℃；烟气流量为 346.89mL/min，并在该反应条件下进行 4 组平行实验，NO_x 脱除率平均值为 99.34%。

（3）在黄磷乳浊液耦合赤泥同时脱硫脱硝体系中，赤泥浓度均能促进 NO_x和 SO_2的吸收；NO_x的去除效率随着温度的升高而增大，而 SO_2的去除效率则保持在 100%；随着进口 NO 浓度的增大，NO_x的去除效率逐渐减小，SO_2的去除效率保持 100%不变；SO_2的存在有利于促进 NO_x的吸收，但这种促进作用的强弱取决于 SO_2浓度的大小，当 $C_{inlet}(SO_2)<1000$ppm 时，促进作用比较明显；当 $C_{inlet}(SO_2)>1000$ ppm 时，促进作用减弱；随着反应时间的延长，体系 pH 呈先急剧降低后趋于稳定缓慢下降的趋势，而 NO_x和 SO_2的去除效率呈“反 S”形下降趋势，先趋于稳定，然后急速下降后缓慢下降至趋于稳定。控制适宜的实验条件为：O_2含量为 10%；搅拌强度为 1600r/min；烟气流量为 400mL/min；黄磷浓度为 12.5g/L；反应温度为 50℃；赤泥浓度为 30g/L；进口 NO 浓度为 300ppm；进口 SO_2浓度为 1000ppm；NO_x和 SO_2的脱除效率可分别达到 97.9% 和 100%。

（4）赤泥对 NO_x 和 SO_2 的理论最大吸附量分别为 90.5111mg/g 和 417.5242mg/g；赤泥的饱和硫容为 415.09mg/g。黄磷乳浊液耦合赤泥同时脱硫脱硝的机理可归纳为两个阶段：第一阶段是酸碱中和阶段，碱性赤泥作为 pH 缓冲剂，大量的易溶游离碱（钠碱）和方解石分解，中和了体系生成的酸，使吸收液的 pH 保持在利于 NO_x和 SO_2吸收的范围内，从而维持体系高效的脱硫脱硝效率；第二阶段是催化氧化阶段，主要是赤泥中难溶的化学结合碱（水钙铝榴石、钙霞石、赤铁矿）开始分解及 Fe^{3+}的催化氧化发挥着主导作用，溶解的 Ca^{2+}与液相的 SO_4^{2-}生成大量新的产物——石膏（$CaSO_4 \cdot 2H_2O$）。

3.5　抗坏血酸钠耦合赤泥脱硫脱硝技术

3.5.1　实验材料、仪器及分析方法

1. 实验材料

本研究采用的烟气由各种纯气体按一定配比制得模拟工业炭素烟气，吸收剂为赤泥浆液，所用赤泥取自云南省文山市某铝厂的拜耳法赤泥。实验过程中配制的模拟烟气所用的 N_2、O_2、NO、SO_2见表3.19。

表3.19　实验配气及主要试剂

气体和试剂	规格	厂家
高纯 N_2	99.99%	陕西泓威气体科技有限公司
高纯 O_2	99.99%	陕西泓威气体科技有限公司
NO	1%	陕西泓威气体科技有限公司
SO_2	2%	陕西泓威气体科技有限公司
NO_2	2%	陕西泓威气体科技有限公司
$FeSO_4$	分析纯	上海阿拉丁生化科技有限公司
$MgSO_4$	分析纯	上海阿拉丁生化科技有限公司
$MnSO_4$	分析纯	上海阿拉丁生化科技有限公司
KI	分析纯	上海阿拉丁生化科技有限公司
三乙醇胺	分析纯	上海阿拉丁生化科技有限公司
抗坏血酸钠（SA）	分析纯	上海阿拉丁生化科技有限公司
异抗坏血酸钠	分析纯	上海阿拉丁生化科技有限公司
维生素C	分析纯	上海阿拉丁生化科技有限公司
氢氧化钠	分析纯	上海阿拉丁生化科技有限公司
氨水	分析纯	上海阿拉丁生化科技有限公司
浓硫酸	分析纯	上海阿拉丁生化科技有限公司

实验过程中所用的仪器设备如表3.20所示。

表3.20　实验仪器

序号	仪器名称	规格型号	生产厂商
1	高速微型粉碎机	FW100	天津市泰斯特仪器有限公司
2	电子天平	AUY120	德国 Sartorius 公司
3	气体流量控制计	CS200	北京七星华创电子有限公司

续表

序号	仪器名称	规格型号	生产厂商
4	臭氧发生器	Lab2B	北京丰美天合科技有限公司
5	电阻加热炉	SK-1-9K	天津市维烨仪器有限公司
6	集热式磁力搅拌器	DF-101S	江苏金怡仪器科技有限公司
7	pH 计	FE30	METTLER TOLEDO 有限公司
8	蠕动泵	JJM-A	常州江南龙城泵业有限公司
9	喷淋塔	自制	博旭鑫隆机电设备有限公司
10	烟气分析仪	Ecom-J2KN	德国益康多功能烟气分析仪
11	核磁共振仪	Tensor Ⅱ	Bruker 科技有限公司
12	液相色谱-质谱联用仪	ZM-105B	北分三谱仪器有限公司
13	BET 比表面吸附仪	ASAP2020HD88	美国麦克有限公司
14	X 荧光光谱仪	AXIOS	PANalytical B. V.
15	X 射线衍射仪	Smartlab（9）	株式会社
16	离子色谱仪	ICS-2100	赛默飞世尔科技有限公司
17	扫描电镜-能谱	Scios	美国 FEI 公司
18	超声波清洗仪	KQ-300DE	昆山市超声仪器有限公司

2. 实验装置及流程

O_3氧化 NO 联合赤泥脱硫脱硝实验的装置流程图如图 3.65 所示。整个实验系统由配气系统、吸收系统、氧化系统和检测系统四部分组成。

配气系统：由 99.999% N_2、99.999% O_2、2% SO_2、1% NO 组成，采用动态配气法配制气体，选取 NO 浓度在 100～400ppm、SO_2浓度在 250～1000ppm 范围内进行同时脱硫脱硝实验。先用皂膜流量计对质量流量计进行校准，按照铝用阳极焙烧烟气的比例，采用质量流量计控制各气体的流量配置实验的模拟烟气浓度，并经混气罐混合分散均匀以满足实验要求。

吸收系统：赤泥浆液储存在 2L 三口烧瓶内，用集热式磁力加热搅拌器对其进行加热和搅拌。由蠕动泵将赤泥浆液以流量为 270mL/min 输送到自制喷淋塔中，赤泥浆液通过雾炮喷嘴喷出，与模拟烟气接触、反应。此外，浆液的 pH 可通过外连的 pH 计进行测定。

氧化系统：模拟烟气从装置 7（气体加热装置）经加热排出后与 O_3会合后进入装置 8（氧化反应器），在装置 8 中实现 O_3对烟气中的 SO_2和 NO 的氧化。通过三段式加热炉控制装置 8 中的反应温度。

检测分析系统：进出口烟气浓度采用烟气分析仪测定。

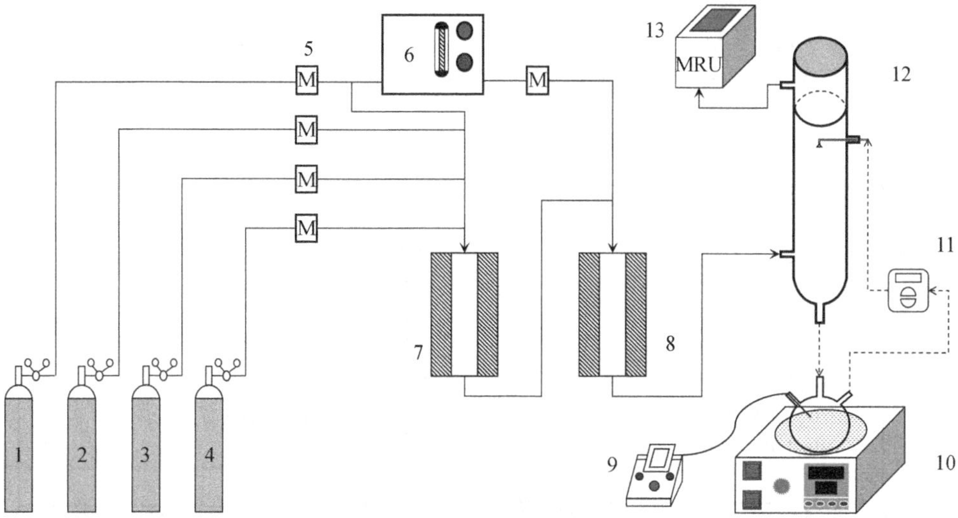

图 3.65　实验装置示意图

1. 高纯 O_2瓶；2. NO 气瓶（1%，载气为 N_2）；3. SO_2气瓶（2%，载气为 N_2）；4. 高纯 N_2瓶；5. 气体质量流量控制计；6. O_3发生器；7. 气体加热装置；8. 氧化反应器；9. pH 计；10. 集热式磁力加热搅拌器；11. 蠕动泵；12. 自制喷淋塔；13. 烟气分析仪

3. 分析计算方法

采用 NO_x去除效率和 SO_2去除效率这两个参数作为复合浆液脱硫脱硝效果的评价标准。具体的计算公式如下：

$$NO_x去除效率(\%)=\frac{C_{inlet}(NO)-C_{outlet}(NO_x)}{C_{inlet}(NO)}\times 100\% \tag{3.40}$$

$$SO_2去除效率(\%)=\frac{C_{inlet}(SO_2)-C_{outlet}(SO_2)}{C_{inlet}(SO_2)}\times 100\% \tag{3.41}$$

式中，$C_{inlet}(SO_2)$为进入反应器前模拟烟气中 SO_2的浓度，单位为 ppm；$C_{outlet}(SO_2)$为从反应器排出的模拟烟气中 SO_2的浓度，单位为 ppm；$C_{inlet}(NO)$为进入反应器前模拟烟气中(NO)的浓度，单位为 ppm；$C_{outlet}(NO_x)$为从反应器排出的模拟烟气中 NO_x的浓度，单位为 ppm。

3.5.2　抗坏血酸钠耦合赤泥影响脱硫脱硝因素研究

1. 赤泥浓度对脱硫脱硝效率的影响

实验条件：O_2含量为 16%，烟气流量为 6L/min，反应温度为 60℃，抗坏血酸钠浓度为0.01mol/L，进口NO浓度为200ppm，进口SO_2浓度为500ppm，O_3与NO摩尔比为1，考察赤泥浓度分别为5g/L、10g/L、20g/L、30g/L时对SO_2和NO_x去除效率的影响，赤泥浓度对RM+SA复合浆液脱硫脱硝效率的影响如图3.66所示。

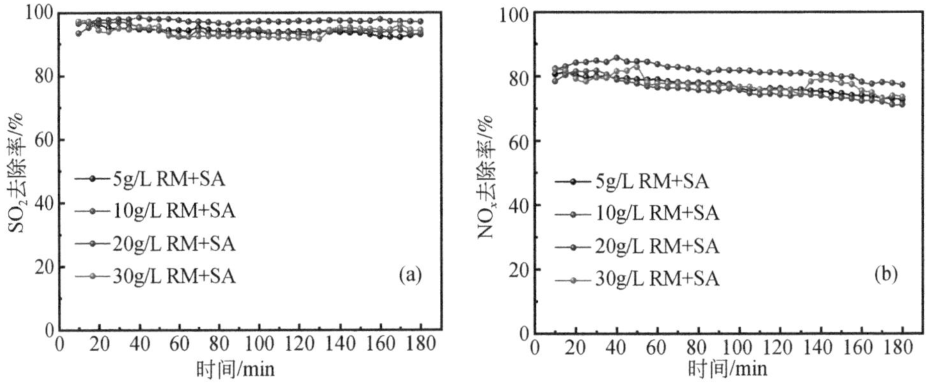

图3.66 赤泥浓度对RM+SA复合浆液脱硫脱硝效率的影响

赤泥是反应的吸收剂，理论上说，赤泥中的强碱性物质可以参与并促进SO_2和NO_x的去除，因此赤泥浓度越大，SO_2和NO_x的去除效率也就越高，但在实验室条件下，赤泥浓度的变化对SO_2和NO_x的去除效率的影响没有规律性的变化。如图3.66（a）所示，赤泥浓度为5g/L时，脱硫效率为95%，当赤泥浓度增加为10g/L，脱硫效率也是在95%左右，且随着反应时间上下波动，只有当赤泥浓度增加到20g/L，脱硫效率才缓慢上升到98%，脱硫效率提升了2%～3%。脱硫效率的增加是因为增加赤泥的浓度后，溶液中能与SO_2反应的Ca^{2+}浓度增加，促进了SO_2的消耗。但当赤泥增加到30g/L时，溶液对SO_2的去除效率又下降到了95%，且在反应60min时降低至92%，明显比20g/L时的去除效率要低。这是因为实验室中使用的喷淋塔大小是固定的，喷淋塔的喷头型号也是固定的。赤泥本身是一种类似于土壤的强碱性固废，在水中不会完全溶解，当溶液中的赤泥浓度不断增加时，会导致浆液变得更加浓稠，液体流动速度减缓，管道中的沉积物会不断增多，导致喷头堵塞，参与反应的有效组分会越来越少，从而影响了溶液的脱硫效率。

不同赤泥浓度对NO_x去除效率的影响和SO_2是一样的。赤泥浓度从5g/L增加至20g/L时，脱硝效率从79%增加到84%。当赤泥浓度从20g/L增加至30g/L时，脱硝效率反而降低到了78%，这种不规律的变化原因与上述的SO_2去除率的变化是一致的。由于实验室条件限制，根据定制的喷淋塔的规模和大小，结合对实验结果的分析，选择20g/L的赤泥浓度进行后续实验。

2. 抗坏血酸钠浓度对脱硫脱硝效率的影响

实验条件：O_2含量为 16%，烟气流量为 6L/min，反应温度为 60℃，赤泥浓度为 20g/L，进口 NO 浓度为 200ppm，进口 SO_2浓度为 500ppm，O_3与 NO 摩尔比为 1，考察抗坏血酸钠浓度分别为 0.005mol/L、0.01mol/L、0.015mol/L、0.02mol/L、0.025mol/L、0.03mol/L 时对 SO_2和 NO_x去除效率的影响，抗坏血酸钠浓度对 RM+SA 复合浆液脱硫脱硝效率的影响如图 3.67 所示。

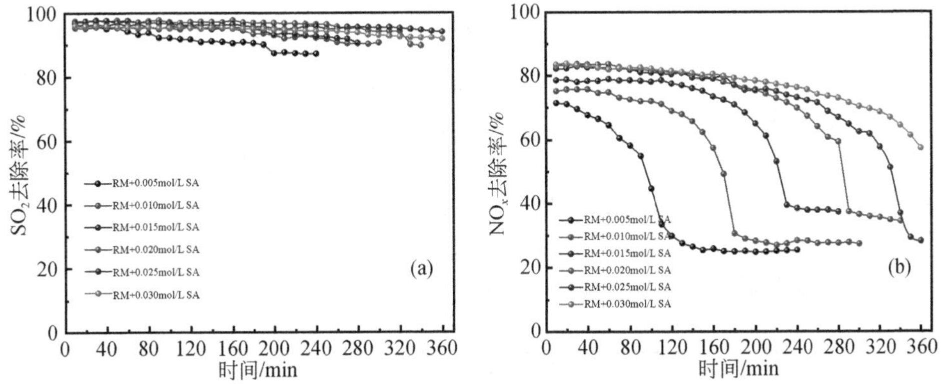

图 3.67　抗坏血酸钠浓度对 RM+SA 复合浆液脱硫脱硝效率的影响

RM+SA 复合浆液中抗坏血酸钠（SA）浓度为 0.005mol/L 时，浆液的脱硫效率为 95%，并在反应 200min 时降低到 87%。RM+SA 复合浆液的脱硫效率会随着 SA 浓度的不断增加而增加，在 SA 浓度为 0.02mol/L 时，脱硫效率达到了 97%，这是因为 SA 溶液 pH 呈碱性，有利于 SO_2的吸收去除。但当 SA 浓度由 0.02mol/L 增加至 0.025mol/L 和 0.03mol/L 时，脱硫效率反而下降了。这可能是因为 SA 的添加，抑制了式（3.42）和式（3.43）中 SO_3^{2-}和 HSO_3^-的氧化，溶液中的 SO_3^{2-}离子浓度增加，抑制了式（3.44）和式（3.45）正向移动，此时对于 SO_2的去除，这种抑制效果占据主导作用，所以导致 SO_2的去除效率降低。

RM+SA 复合浆液对 NO_x的去除效率随着浆液中 SA 浓度的增加而增加，如图 3.67（b）所示。当 SA 浓度为 0.005mol/L 时，反应开始阶段 NO_x的去除效率是 71%，之后会随着反应时间的延长不断下降，在反应 240min 时，去除效率只有 25%。将 SA 浓度分别增加至 0.01mol/L、0.015mol/L、0.02mol/L 时，脱硝效率分别提升到了 75%、78%和 84%，并且复合浆液对 NO_x 的去除容量也随 SA 浓度的增加而扩大。SA 浓度为 0.02mol/L 的 RM+SA 复合浆液，在反应 240min 后，NO_x的去除效率仍保持在 70%以上。继续增加 SA 浓度至 0.025mol/L 和 0.03mol/L，与 SA 浓度 0.02mol/L 相比，复合浆液的脱硝效率并没有提高，只是增加了一点浆液的吸收容量。考虑实验的经济性和脱硫脱硝效率，在考察其他参数的实验中将 SA 的浓度设定为 0.02mol/L。

$$2SO_3^{2-}+O_2 \longrightarrow 2SO_4^{2-} \tag{3.42}$$

$$2HSO_3^{-}+O_2 \longrightarrow +2SO_4^{-}+2H^{+} \tag{3.43}$$

$$SO_2+H_2O \longrightarrow H^{+}+HSO_3^{-} \tag{3.44}$$

$$SO_2+2OH^{-} \longrightarrow SO_3^{2-}+H_2O \tag{3.45}$$

3. SO_2浓度对脱硫脱硝效率的影响

在工业生产过程中，由于各种工艺条件的不同、设备不一致、操作方式等的影响，SO_2的浓度不是一个稳定的值，因此 SO_2的去除效率也会发生变化。根据一般炭素烟气中 SO_2浓度波动范围，设定实验条件：O_2含量为 16%，烟气流量为 6L/min，反应温度为 60℃，赤泥浓度为 20g/L，抗坏血酸钠浓度为 20g/L，进口 NO 浓度为 200ppm，O_3 与 NO 摩尔比为 1，考察 SO_2 浓度分别为 250ppm、500ppm、750ppm、1000ppm 时对 SO_2和 NO_x去除效率的影响，SO_2浓度对 RM+SA 复合浆液脱硫脱硝效率的影响如图 3.68 所示。

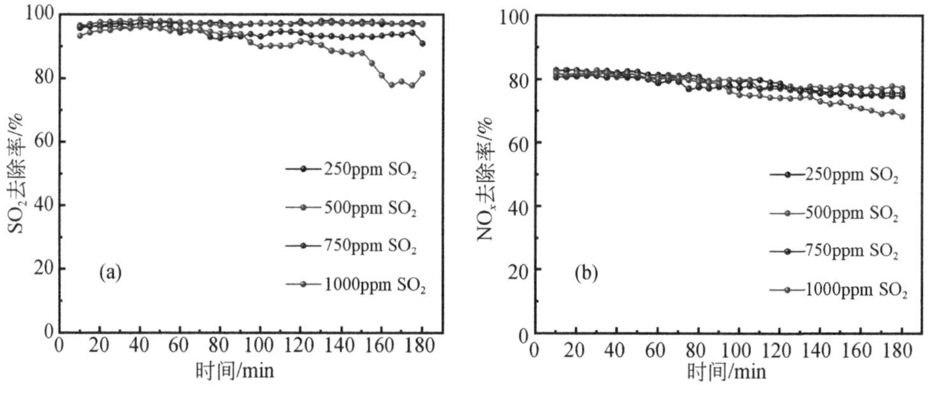

图 3.68　SO_2浓度对 RM+SA 复合浆液脱硫脱硝效率的影响

如图 3.68（a）所示，RM+SA 复合浆液的脱硫效率随着烟气 SO_2浓度的增加而降低。在入口 SO_2浓度只有 250ppm 时，脱硫效率为 97%，在反应 180min 时脱硫效率仍是 97%；当 SO_2浓度增加至 1000ppm，复合浆液对 SO_2 的去除效率下降为 95%，反应 180min 后的脱硫效率只有 80%。这种现象可以用双膜理论来解释。根据双膜理论，气液界面存在稳定的相界面，相界面两侧存在非常薄的气膜；SO_2以分子扩散的形式通过气膜和液膜扩散。在薄膜层外的中心区域，由于流体的完全湍流，SO_2的浓度被认为是均匀的。换言之，当 SO_2分子从气相转移到液相时，转移阻力（总传质阻力）来自气相阻力和液相阻力。SO_2在气相中的扩散常数远高于液相中的扩散常数，因此SO_2的总传质阻力主要来源于液膜，液膜的传质阻力取决于吸收液的湍流强度和酸碱度。当进料口的SO_2浓度增加时，液体中的碱性物质消耗过快，SO_2的传质阻力增大，导致SO_2的去除效率降低。

观察图3.68（b），入口处SO_2浓度的变化对复合浆液的脱硝效率的影响没有规律。SO_2从250ppm梯度增加到1000ppm的过程中，脱硝效率始终保持在80%～82%这个区间内。当SO_2浓度为1000ppm时，反应180min后脱硝效率为69%，低于其他低浓度的SO_2，这是因为在相同时间下通入更多的SO_2，会使消耗赤泥碱性物质的速率加快，这些碱性物质同样参与对NO_x的去除。

4. NO_x浓度对脱硫脱硝效率的影响

与SO_2浓度是在一个波动区间同理，炭素烟气中的NO_x（NO）浓度范围也是会在一个范围内上下波动。由于实验设置的O_3与NO摩尔比为1，通入的NO会全部氧化为NO_2，参与气液反应的也是NO_2，故直接用NO_2来代表反应中NO_x的浓度变化。设计实验条件：O_2含量为16%，烟气流量为6L/min，反应温度为60℃，赤泥浓度为20g/L，抗坏血酸钠浓度为20g/L，进口SO_2浓度为500ppm，O_3与NO摩尔比为1，考察NO_2浓度分别为100ppm、200ppm、300ppm、400ppm时对SO_2和NO_x去除效率的影响，NO_2浓度对RM+SA复合浆液脱硫脱硝效率的影响如图3.69所示。

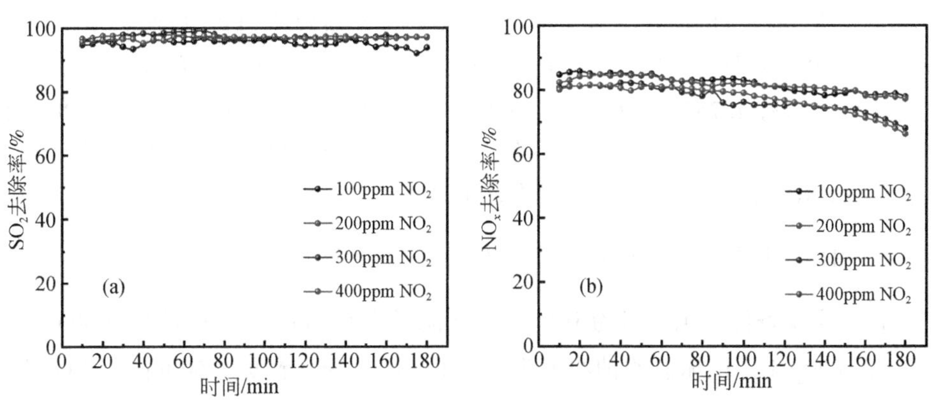

图3.69　NO_2浓度对RM+SA复合浆液脱硫脱硝效率的影响

观察图3.69（a）可以看出，参与反应的NO_2浓度的变化，不会对SO_2的去除效率造成明显影响，无论是低浓度的NO_2（100ppm）参与反应，还是高浓度的NO_2（400ppm）进行气液接触，RM+SA复合浆液对SO_2的去除效率始终维持在96%～98%这个很小的范围，变化幅度很小，所以说反应中NO_2浓度的多少对SO_2的去除效率没有影响。

如图 3. 69（b）所示，RM+SA 复合浆液的 NO_x 的去除效率随着参与反应的 NO_2浓度的增加而降低。通入的 NO_2浓度为 100ppm，NO_x的去除效率是 85%；将 NO_2浓度增加到 400ppm，NO_x的去除效率则只有 79%，可以推断，如果不断增加入口处 NO_2的浓度，复合浆液对 NO_x的去除效率还会继续减少。NO_x的去除主要依靠赤泥中的碱性物质以及抗坏血酸钠的碱性和抗氧化性，参与反应的 NO_2越多，消耗的碱性组分和抗坏血酸钠也就越多，脱硝效率也就随越低。

5. O_3与 NO 摩尔比对脱硫脱硝效率的影响

在先前的各种反应参数和实验条件的探究中，始终将 O_3与 NO 的摩尔比设置为 1，这样可以保证 NO 全部氧化为 NO_2，有利于 NO_x的去除。NO 在水溶液中溶解性小，不容易被去除。添加剂的使用大幅提升了赤泥浆液对 NO_2的去除能力，考虑在减少 O_3/NO 摩尔比的条件下，在反应中引入 NO，观察添加剂对 NO_x去除的促进效果。设计实验条件：O_2含量为 16%，烟气流量为 6L/min，反应温度为 60℃，赤泥浓度为 20g/L，抗坏血酸钠浓度为 20g/L，进口 SO_2浓度为 500ppm，NO 浓度为 200ppm，考察 O_3/NO 摩尔比分别为 1、0. 75、0. 5、0. 25 和 0 时对 SO_2和 NO_x去除效率的影响。

O_3/NO 对 RM+SA 复合浆液脱硫脱硝效率的影响如图 3. 70 所示。随着O_3/NO 的不断减少，NO_x的去除效率是不断降低的。在 O_3/NO 摩尔比为 1 时，即 NO 被全部氧化为 NO_2，此状态下复合浆液对 NO_2的去除效率可以达到 84. 03%；在 O_3/NO 摩尔比减少到 0 时，没有 O_3的使用，参与反应的 NO_x只有 NO，这时 NO_x的去除效率只有 4. 75%，这也说明了抗坏血酸钠只是对 NO_2的去除起到促进作用，NO 在 RM+SA 复合浆液中既不会溶解，又不参与反应。从图 3. 70 中还可以看出，O_3/NO 的变化不会影响 SO_2的去除效率。

6. pH 随反应时间变化对脱硫脱硝效率的影响

设计实验条件：O_2含量为 16%，烟气流量为 6L/min，反应温度为 60℃，赤泥浓度为 20g/L，抗坏血酸钠浓度为 20g/L，进口 SO_2浓度为 500ppm，NO_x浓度为 200ppm，O_3与 NO 摩尔比为 1，pH 随反应时间的变化及对 SO_2和 NO_x去除效率的影响如图 3. 71 所示。

赤泥脱硫脱硝的成分主要分为游离碱、结合碱和金属氧化物，分别在不同的反应阶段起作用。结合 pH 随反应时间的变化曲线，可以把脱硫脱硝过程划分为三个阶段。第一个阶段是反应开始后的前 30min，溶液的 pH 从 9. 2 飞速下降到 6. 7，溶液由碱性开始向酸性过渡。这个阶段 pH 的下降主要是由于通入的 SO_2和 NO_2在浆液中发生了酸碱中和反应，如式（3. 44）和式（3. 45）所示，SO_2水解

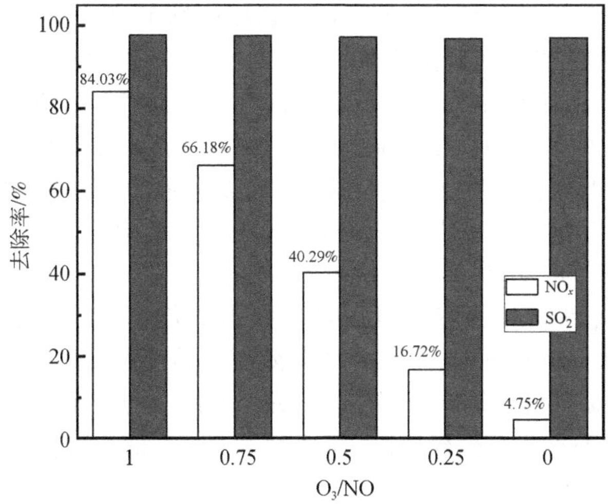

图3.70　O_3/NO 对RM+SA复合浆液脱硫脱硝效率的影响

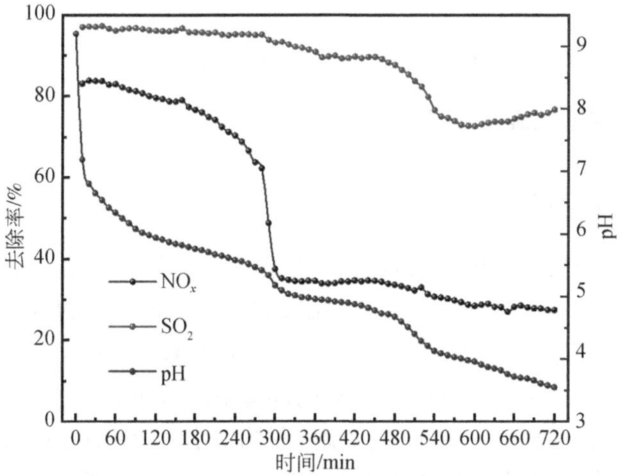

图3.71　pH随反应时间变化对脱硫脱硝效率的影响

产生 SO_3^{2-}、HSO_3^{2-} 和 H^+，NO_x 水解产生 NO_2^-、NO_3^- 和 H^+，然后两者的共同产物 H^+ 会与赤泥浆液中的 OH^- 反应，致使pH急剧下降。

第二个阶段是浆液pH从6.7缓慢降到5.2，也是30～300min反应阶段。这个阶段 NO_x 去除效率从最高时84%缓慢降到了62%，但 SO_2 的去除效率依然保持在90%以上。该阶段主要是赤泥中的游离碱和部分结合碱与酸性气体的反应，以及添加剂抗坏血酸钠与 NO_2 发生的氧化还原反应，还包括与溶解氧的反应。随着抗坏血酸钠被逐渐消耗，脱硝效率也降低，在反应至300min左右时，抗坏血酸钠被消耗完全，反应也进入了第三个阶段。

第三阶段的反应是 pH 从 6.2 一直降到反应结束时 3.5 的过程，也是反应 300～720min 阶段。此阶段脱硝效率低于 40%，并且随着反应时间的延长而不断降低，这是因为添加剂在第二阶段被反应完全，浆液脱硝能力直线下降。从图 3.71脱硝效率曲线看到，在反应 280～300min 时，曲线出现了一个明显的下降趋势，对应的正是浆液中添加剂被反应完。之后浆液的脱硝主要依靠的是赤泥中的结合碱，但由于溶液呈酸性，结合碱会优先与溶液中的 H^+ 反应，使得脱硝效率一直下降。SO_2的去除效率在第三阶段呈现出先下降后上升的趋势。SO_2下降的原因和 NO_2一样，都是因为溶液 pH 的减小，导致能与 SO_2反应的碱性物质越来越少。但反应到了 540min 时，SO_2 的去除效率开始慢慢提高，这是因为浆液 pH 降低，赤泥中的游离碱和结合碱都被反应完，赤泥中的金属氧化物 Fe_2O_3开始参与反应，并以离子态进入到溶液中，生成的 Fe^{3+}具有催化氧化作用，能与 SO_2发生反应，促进 SO_2的去除。

$$SO_2+2\,Fe^{3+}+2\,H_2O \longrightarrow SO_4^{2-}+4\,H^++2\,Fe^{2+} \tag{3.46}$$

$$SO_2+H_2O+\frac{1}{2}O_2 \xrightarrow{Fe^{3+}} SO_4^{2-}+2\,H^+ \tag{3.47}$$

$$SO_2+2\,Fe^{2+}+O_2 \longrightarrow SO_4^{2-}+2\,Fe^{3+} \tag{3.48}$$

3.5.3 脱硫过程测试表征分析

1. BET 测试分析结果

为了定量地分析赤泥的比表面积和孔隙结构，采用低温 N_2吸附法测定赤泥在液氮温度和不同压力条件下的氮气吸附–脱附等温曲线。将赤泥原样在电热鼓风干燥机 105℃干燥 24h 并研磨至 200 目，采用 NOVA 2000e 型比表面积及孔径测定仪进行测定，样品在 120℃充满 N_2的环境下脱气 10h，然后在温度为–196℃液氮中进行测试，分析原赤泥的 N_2吸附–脱附等温线及孔径分布，并利用 ASAP 2020HD88 型比表面全自动物理吸附仪（Brunauer-Emmett-Teller，BET）法计算赤泥的比表面积。

吸附–脱附等温线可以反映吸附剂的表面性质、孔隙结构及吸附质与吸附剂之间的相互作用等信息，因此它有助于描述和分析吸附剂的比表面积和孔隙结构。原赤泥得到的 N_2吸附–脱附等温线如图 3.72 所示。赤泥样品的曲线表现为一个典型的Ⅳ类型吸附–脱附等温曲线以及 H_3型滞后环，其特点是在低相对压力区平缓的拐点代表大致上形成单层分散，中间区域的斜率较小代表形成多层分散。N_2吸附量在 0.3～0.9 的 P/P_0区间内升高，这表明吸附剂的孔道主要为有序的介孔，当吸附量在 P/P_0 在 0.9～1.0 快速增加，这可能是因为吸附剂同时存在介孔和部分大孔，H_3型滞后环说明此吸附剂在介孔存在毛细凝聚。

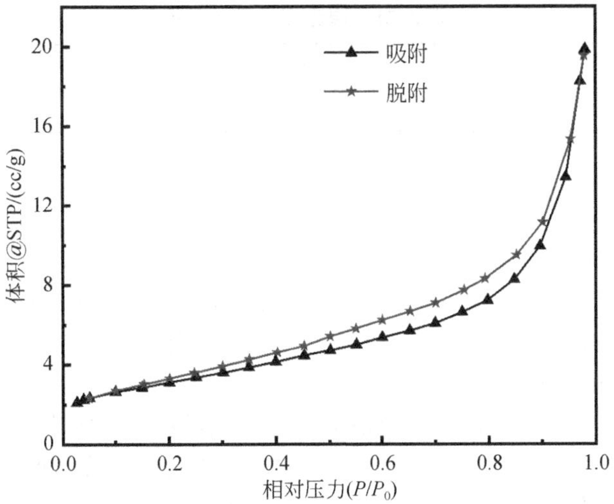

图 3.72　原赤泥的 N_2 吸附-脱附等温线

根据国际理论和应用化学联合会（IUPAC）定义，一般将孔按尺寸大小可分为微孔<2nm，介孔 2～50nm，大孔>50nm。图 3.73 显示的是原赤泥的孔径分布，样品的孔径分布主要集中在 0～20nm 之间，说明材料属于介孔结构。发达的孔道结构是吸附剂具有良好吸附性能的关键，吸附剂的孔结构、比表面积及孔隙大小对吸附性能具有显著的影响，而丰富的孔隙结构可以获得较强的物理吸附能力。由表 3.21 可知原赤泥的比表面积为 11.187m^2/g，孔容为 0.028m^3/g，平均孔径为 3.055nm。总结认为该赤泥为介孔，丰富的孔隙结构使赤泥适合用作烟气脱硫脱硝的材料。

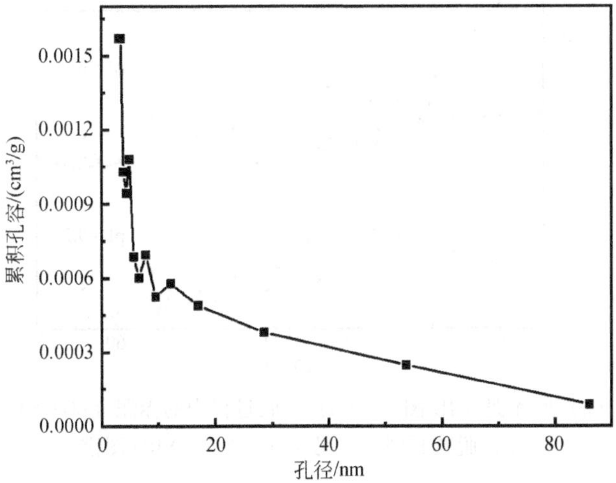

图 3.73　原赤泥的孔径分布曲线

表 3.21　原赤泥的孔隙特征

比表面积/(m^2/g)	孔容/(m^3/g)	平均孔径/nm
11.187	0.028	3.055

2. XRD 分析结果

样品的制备：原赤泥（pH=9.2）、吸收过程中的赤泥（pH=6）、脱硫脱硝后的赤泥（pH=3.5）分别取少量放在称量纸上，均放入电热鼓风干燥箱中在100℃干燥24h，取出后分别称量约2mL的量放入自封袋密封好，并按顺序以样品1、样品2、样品3进行标记。

分析流程及目的：因样品的规格不满足测试颗粒粒径需求（<40μm），所以需要将样品1、样品2、样品3放入玛瑙研钵，依次用研杵研磨至无颗粒感。将研磨后的样品依次铺满制样框的窗口，用玻璃片压实，制样框窗口周围的残余物用洗耳球轻轻吹扫，最后将制样片依次放入X射线衍射仪中测试，采用的是Smartlab（9）型号的X射线衍射仪（X-ray diffraction），设定的测试条件为：Cu靶，发射源为K_α，电压40kV，电流40mA，扫描范围为5°~90°，大约每10min一个样。三个样品经X射线衍射仪测试的结果用Origin 2018作图。

如图3.74（a）所示，原赤泥（pH=9.2）的主要物相成分为钙霞石[$Na_6CaAl_6Si_6(CO_3)O_{24} \cdot 2H_2O$]、石榴石[$Ca_3AlFe(SiO_4)(OH)_8$]和赤铁矿

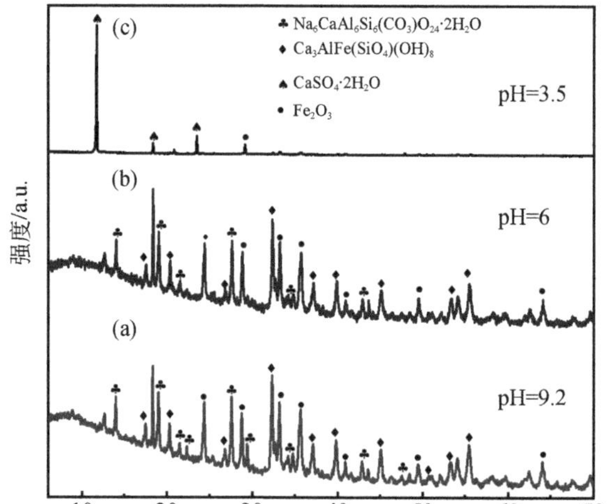

图3.74　（a）原赤泥XRD图谱；（b）吸收过程中的赤泥（pH=6）XRD图谱；（c）脱硫脱硝后赤泥（pH=3.5）XRD图谱

(Fe_2O_3)。这些矿物具有稳定的化学性质和较强的缓冲能力，并通过为化合物吸附剂体系提供合适的碱性环境，保持了有效的脱硫和脱硝效率。反应 2h 后，浆液的 pH 下降到约 6。由于上述物质尚未参与反应，RM 的 XRD 模式的峰值强度略有降低。该阶段主要是参与反应的游离碱和金属氧化物，上述物质属于结合碱，在浆液 pH 从 6 下降到 3.5 的反应阶段。脱硫脱硝后赤泥（pH = 3.5）的 XRD 图中仅存在氧化铁和石膏（$CaSO_4 \cdot 2H_2O$）。利用 X′Pert High score 软件分析 XRD 图谱，即通过从 ICDD-PDF2004 卡库寻找与明显的特征衍射峰对应的卡片，进而确认其物相成分，图 3.74 中三个样品的化学式及对应的名称见表 3.22。

表 3.22　赤泥脱硫脱硝前后的物相名称及其化学式

序号	物相名称	化学式
1	钙霞石	$Na_6CaAl_6Si_6(CO_3)O_{24} \cdot 2H_2O$
2	石榴石	$Ca_3Al_2(SiO_4)(OH)_8$
3	赤铁矿	Fe_2O_3
4	石膏	$CaSO_4 \cdot 2H_2O$

3. XRF 分析结果

将反应前后赤泥样品在恒温干燥箱中 105℃ 条件下干燥 24h，取样研磨至粉末状，然后将预处理后的样品放入自封袋密封，标号以备测试使用。采用 X 射线荧光光谱分析（X-ray fluorescence，XRF）进行表征分析测试。测试的结果见表 3.23。

表 3.23　反应前后样品的 XRF 测试结果　（wt%）

pH	O	Na	Al	Si	Ca	Ti	Fe
原赤泥（pH=9.2）	37.68	6.44	9.42	7.41	15.62	5.74	15.62
反应中赤泥（pH=6.0）	38.24	5.07	9.75	7.73	13.69	6.45	17.08
反应后赤泥（pH=3.5）	41.17	0.15	10.34	7.19	12.79	6.24	16.83

表 3.23 为原始赤泥和脱硫脱硝后的穿透样品的 XRF 表征结果。原始赤泥中的主要元素有 O、Na、Al、Si、Ca、Ti、Fe 等。与原赤泥相比，脱硫脱硝后的赤泥固相中的 Na 元素的含量明显减少，这是由于游离碱和化学结合碱的消耗分解。而 O 元素比例明显增加，这是由于吸收液吸收了烟气中的 SO_2。通过对比发现，Ca 元素的含量只减少了约 3%，主要原因是其一方面随着钙霞石、石榴石在持续分解而含量减少，另一方面又很容易与 SO_4^{2-} 形成稳定的 $CaSO_4$ 晶体。此外，由于赤铁矿 Fe_2O_3 的难溶性，其含量的变化可以忽略不计。

4. SEM 分析结果

样品的制备：原赤泥（pH=9.20）、吸收过程中的赤泥（pH=6.0）、脱硫脱硝后的赤泥（pH=3.5）分别取少量放在称量纸上，均放入恒温干燥箱中在100℃干燥24h，取出后分别称量体积约1mL的量放入离心管中保存好，并按顺序以样品1、样品2、样品3进行标记。采用Zeiss Sigma300型场发射扫描电子显微镜（scanning electron microscope，SEM）对反应前后赤泥表面的微观形貌进行表征，并用X射线能量色散谱仪（energy dispersive spectrometer，EDS）对样品表层的选定区域进行点扫，对元素进行定性和定量分析。

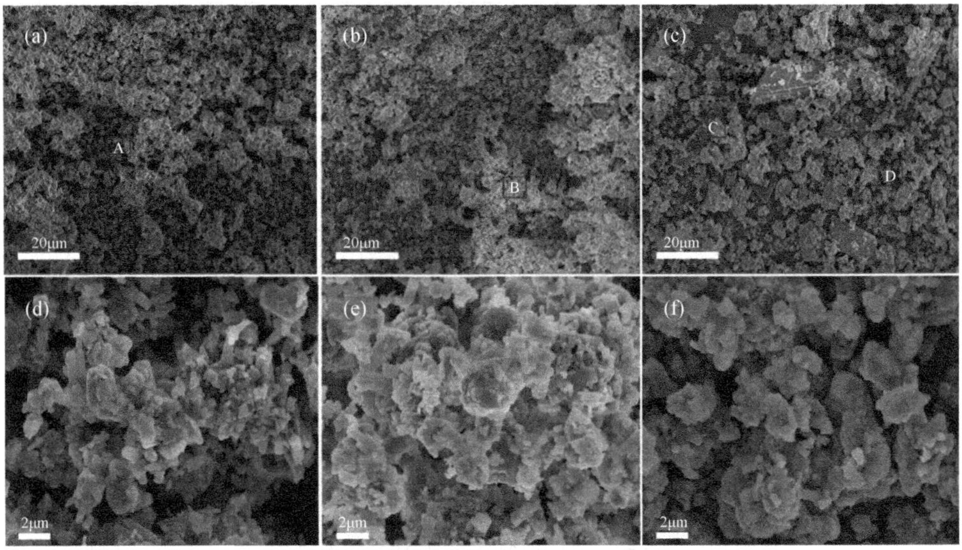

图3.75 原赤泥（a）放大2k扫描电镜图像和（d）放大20k扫描电镜图像；吸收过程中的赤泥（pH=6.0）（b）放大2k扫描电镜图像和（e）放大20k扫描电镜图像；脱硫脱硝后的赤泥（pH=3.5）（c）放大2k扫描电镜图像和（f）放大20k扫描电镜图像

图3.75（a）和（d）所示的是原赤泥分别放大2K和20K状态的表面形貌特征。从图中可以看到，赤泥表面是疏松多孔的结构，赤泥表面的颗粒大小不一，形状各异，颗粒与颗粒之间会有许多孔隙存在，说明赤泥具有较大的比表面积，颗粒之间存在的孔隙有利于赤泥对SO_2和NO_x的反应与吸收，能够有更大的反应接触面积，这也正好与上述BET的测试结果相互论证。图3.75（b）和（e）是参加脱硫脱硝反应5h后的赤泥放大2K和20K下的表面形貌，与原赤泥相比，样品表面的多孔结构明显减少，取而代之的是团块状的颗粒聚集体。从图3.75（e）可以看到，赤泥的多孔结构被堵塞，这是由于在不断通入SO_2的情

况下，溶液中的SO_3^{2-}和SO_4^{2-}浓度不断增加，赤泥的碱性组分包括游离碱和结合碱[72]，游离的钙最先在水中形成Ca^{2+}，并与SO_3^{2-}和SO_4^{2-}反应生成$CaSO_3$和$CaSO_4$等难溶化合物，它们会附着在赤泥表面，堵塞赤泥孔隙结构，减少赤泥的接触面积，削弱了赤泥的脱硫脱硝能力。图3.75（c）和（f）是反应12h后，浆液pH为3.5时赤泥的表面形貌特征，此时赤泥表面是许多密密麻麻的小颗粒，颗粒间的孔隙也明显变小，这意味着赤泥与SO_2和NO_x的接触面积减少。赤泥表面还有一些光滑的棒状结构，根据XRD的表征结果，推测可能是难溶的$FeSO_4$或是生成的沉淀物$CaSO_4$。

对选定区域进行了EDS点扫，观察所选区域的元素分布及含量变化情况，结果如图3.76所示。

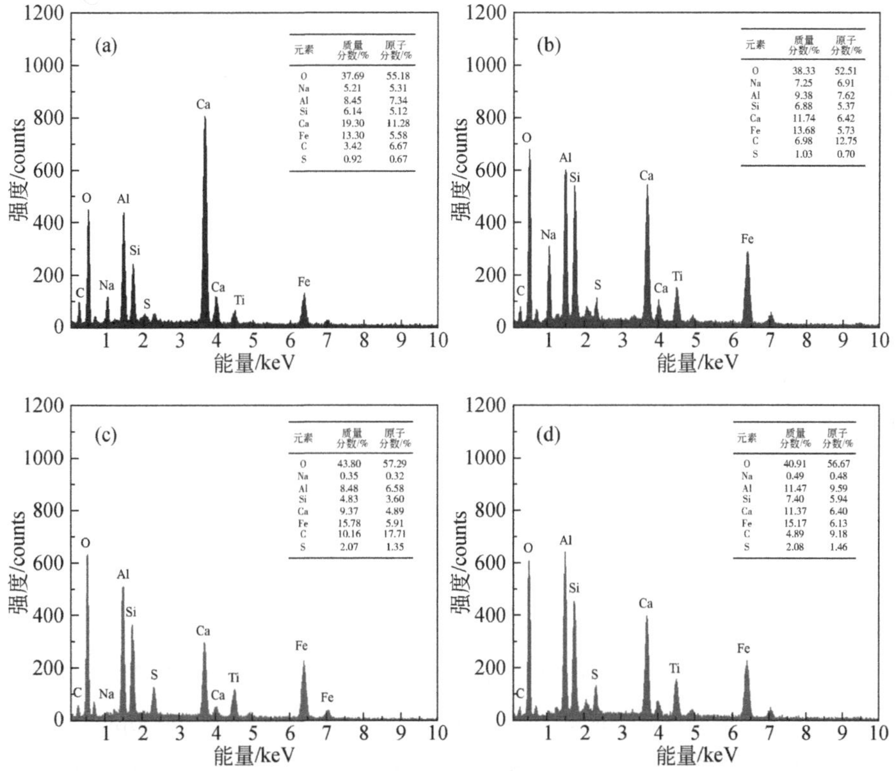

(a)

元素	质量分数/%	原子分数/%
O	37.69	55.18
Na	5.21	5.31
Al	8.45	7.34
Si	6.14	5.12
Ca	19.30	11.28
Fe	13.30	5.58
C	3.42	6.67
S	0.92	0.67

(b)

元素	质量分数/%	原子分数/%
O	38.33	52.51
Na	7.25	6.91
Al	9.38	7.62
Si	6.88	5.37
Ca	11.74	6.42
Fe	13.68	5.73
C	6.98	12.75
S	1.03	0.70

(c)

元素	质量分数/%	原子分数/%
O	43.80	57.29
Na	0.35	0.32
Al	8.48	6.58
Si	4.83	3.60
Ca	9.37	4.89
Fe	15.78	5.91
C	10.16	17.71
S	2.07	1.35

(d)

元素	质量分数/%	原子分数/%
O	40.91	56.67
Na	0.49	0.48
Al	11.47	9.59
Si	7.40	5.94
Ca	11.37	6.40
Fe	15.17	6.13
C	4.89	9.18
S	2.08	1.46

图3.76　选定区域的EDS分析：（a）图3.75（a）中的A点；（b）图3.75（b）中的B点；（c）图3.75（c）中的C点；（d）图3.75（c）中的D点

从图3.76（a）中可以看出，原赤泥中主要含有Ca、Al、O、Si、Na、Fe等元素，除去O外，Ca的含量最高。在图3.76（b）中，赤泥主要的元素种类没有变化，但与原赤泥相比，Ca的含量明显减少，这是因为游离的钙会与SO_3^{2-}和

SO_4^{2-}反应，这也呼应了扫描电镜分析中，赤泥孔隙堵塞的现象。从图 3.76（a）~（c）可以发现，Si、Ca、Na 的含量不断减少，尤其是 Na，在 C 点和 D 点处，Na 元素的含量占比均不足 1%，说明赤泥浆液在脱硫脱硝的过程中有大量的钠碱被消耗，结合 XRD 分析可知，主要是因为钙霞石是参与反应的重要化合物。

5. IC 分析结果

在稳定性实验中进行采样，分别在反应 1h、2h、6h、9h、12h 时对浆液进行液体采集，用于离子色谱（ion chromatography，IC）的测定，将不同反应时间下的样品经离心过滤后，提取上清液用离心管装好并标记，测样时，根据标线浓度将样品稀释 50 倍，采用 1mL 注射器抽取样品进样，测定吸收液中阴离子的种类及浓度，每个样品测三次，大约 20min 测一个样。由于 SO_4^{2-}峰面积过大，后将样品稀释 200 倍测定。测定的结果如图 3.77 所示。

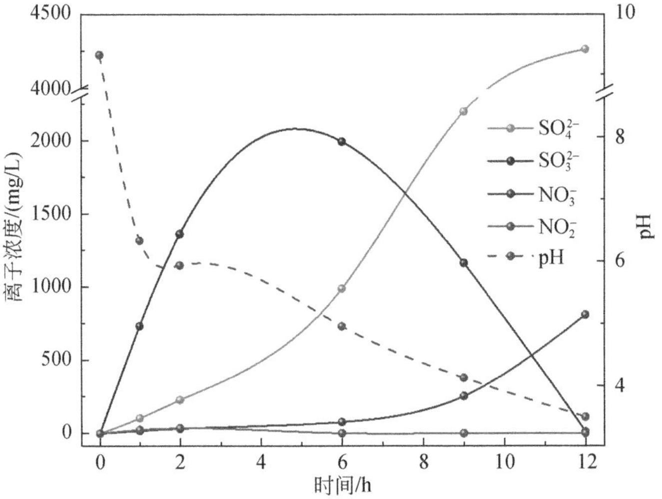

图 3.77 不同反应时间和 pH 下复合浆液中的阴离子浓度

从图 3.77 可以看到，SO_4^{2-}离子浓度随反应时间的变化曲线是一个抛物线，SO_3^{2-}离子浓度在反应的前 5h 里飞速增加，浓度最高时超过了 2000ppm，但反应在 5h 后，SO_3^{2-}离子的浓度又迅速下降，在反应 12h 后，SO_3^{2-}离子浓度只有 11ppm。SO_3^{2-}浓度由增到减的转折点，正好与图 3.77 中 NO_x去除效率曲线的快速下降点是吻合的。反应前 6h，因为有添加剂 SA 的存在，抑制了 SO_3^{2-}与溶解氧的氧化还原反应，SO_3^{2-}不断累积，也使得溶液中 SO_4^{2-}的浓度很低。反应 6h 后，溶液中的 SA 被消耗完，溶解氧对 SO_3^{2-}和 NO_2^-的氧化不再受到抑制，SO_4^{2-}和 NO_3^-的浓度开始迅速上升。在反应前期，NO_2^-和 NO_3^-的浓度都很低，与通入的 NO_x的实际含量不匹配，推测是 SA 会与 NO_2 反应生成一类在碱性环境中较为稳定的物质，导致没有检测到 NO_2^- 和 NO_3^-，当溶液的 pH 随反应时间减少，溶液显酸性，生成的化合物就会重新反应释放出 SO_4^{2-}。

6. 核磁共振碳谱分析结果

取 30mg 抗坏血酸钠，并加入 4mL 重水中形成抗坏血酸钠溶液，在溶液中通入 1000ppm 的 NO_2，分别反应 5min、10min、20min、45min，将反应后的溶液装在离心管中，用于核磁共振碳谱（^{13}C nuclear magnetic resonance, ^{13}C NMR）测试。

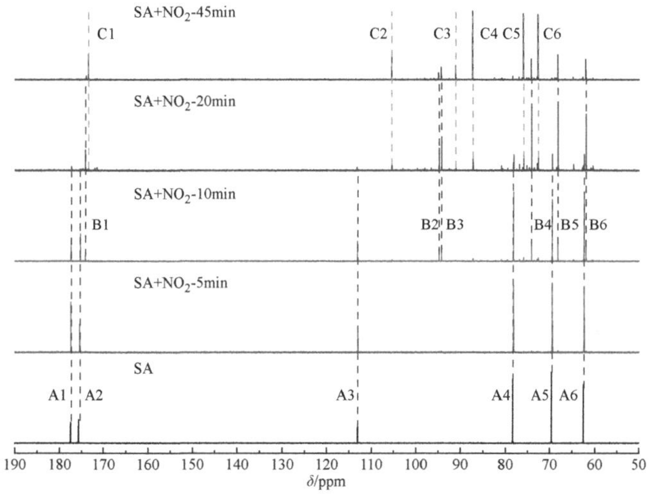

图 3.78　SA 与 NO_2 在反应不同时间下的核磁共振碳谱分析

从图 3.78 可以看出，SA 与二氧化氮反应 5min 后，与 SA 的 ^{13}C NMR 谱相比没有新的化学位移，说明此时只发生了一些水解和取代反应，SA 的化学结构没有变化。随着二氧化氮的不断引入，溶液的 pH 降低，化合物的内酯结构被打开并进一步转化为其他物质。当 SA 与二氧化氮反应 10min 时，除了 SA 的 6 个碳的特征信号外，溶液中发生了新的化学位移。它主要在 60～80ppm 的范围内，因此可以推断降解产物中仍含有 SA，并含有—C—O 结构或多氢物质。同样，在 20min 和 45min 的反应中出现了 6 个新的化学位移。新的化学位移出现在 90～105ppm 的范围内，可能是为了呈现碳-碳三键的结构。采用液相色谱和质谱结合法检测产物的分子量，如图 3.79 所示，SA 与二氧化氮完全反应后，发现分子量分别为 148 和 192，并提出了两种物质的结构式。

综合固相、液相表征分析（图 3.79），以及 SA 与 NO_2 的反应机理探究，提

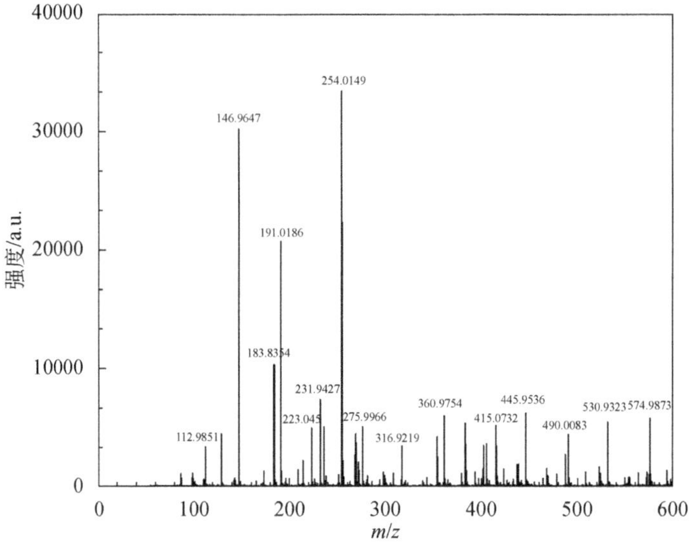

图 3.79　SA 与 NO_2 反应产物的阴离子液相色谱-质谱联用分析

出了 RM+SA 复合浆液的脱硫脱硝机理，该反应过程是一个复杂的气-液-固三相传质反应。在气相反应中，O_3将 NO 氧化为 NO，与混合气体中的 SO_2一起氧化为 NO_2，以克服传质阻力，到达反应中所涉及的液相。在固相反应中，RM 中的钙、石榴石和赤铁矿随着 pH 的降低而依次分解，溶解的 Al^{3+}、Na^+、Ca^{2+}和 Fe^{3+}进入液相。在液相反应中，包括 SA 和 NO_2/NO_2^-的反应和 O_2的氧化还原反应。混合浆液与 SO_2和 NO_2的反应主要分为三个阶段。第一阶段是 SO_2和 NO_2水解，在溶液中生成 H^+、HSO_3^-、SO_3^{2-}和 NO_2^-，在液相中与 OH^-反应。然后，将结合碱溶解在酸性浆液中，在 SA 的帮助下与 SO_2和 NO_2反应生成硫酸钙沉淀。然后，将 RM 中的可溶性金属氧化物部分溶解在水中，主要是 Fe^{3+}，与 SO_2反应生成 H^+、SO_4^{2-}和 Fe^{2+}，Fe^{2+}与 SO_2反应生成 Fe^{3+}和 SO_4^{2-}。

3.6　赤泥资源化脱硫脱硝工程示范

3.6.1　赤泥脱硫中试试验研究

1. 中试试验基本情况

课题组于 2018 年 8 月 ~9 月，在云锡铜业有限公司共进行了 22 天的赤泥脱硫中试试验，从主烟道气中引出旁路，中试设备设计进气量300～1500m³/h，中试期间进气二氧化硫浓度700～3000mg/m³，中试现场见图3.80。

图3.80　中试试验现场照片

2. 中试影响因素验证试验

1）进气浓度对脱硫效率的影响

进气中SO_2浓度在700～3000mg/Nm³之间变动，进气温度80～120℃，主要考查了固液比、温度、进出口浓度对脱硫效率的影响。固液比为1：5，进口烟气温度在90～100℃，pH=5，气体量在900～1000m³/h，脱硫效率见图3.81。图中可以看出在较长的时间内，进气浓度在300～2500mg/m³的情况下，脱硫效率都维持在93%以上，可以达到排放标准。

2）固液比对脱硫效率的影响

在高SO_2进口浓度下，赤泥固液比对脱硫效率有一定的影响，但赤泥固液比在1：10～1：5范围内变化时，赤泥循环1200min内，SO_2出口浓度均保持在200mg/Nm³以下，可以长期保持达标。

如果在试验过程中适当增加新鲜赤泥，SO_2浓度甚至可以维持在50mg/Nm³以下。通过一个周期的试验发现，固液比1：5甚至更高的情况下，能耗大大升高，设备磨损加剧，且固液比继续增加对脱硫效果影响不大（图3.82）。

对低浓度下固液比（1：10和1：7）比时脱硫情况进行了试验考察，发现低SO_2浓度下（图3.83进气浓度低于300mg/Nm³），赤泥脱硫虽然达到饱和的时间延长，但脱硫率低于高浓度SO_2的情况，也就是说低浓度不利于SO_2吸收和反应。

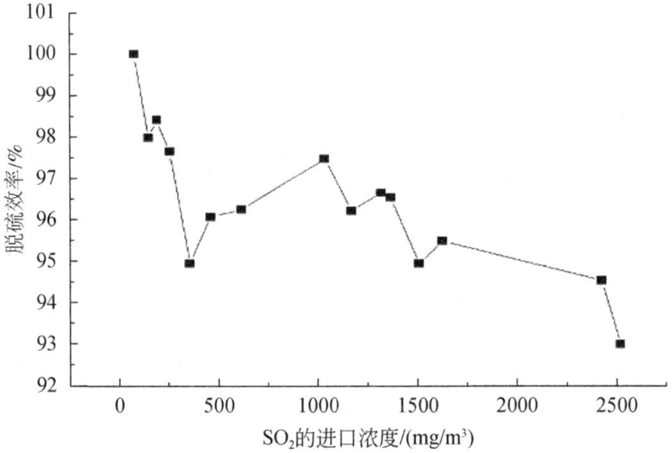

图 3.81　进口浓度与脱硫效率的关系

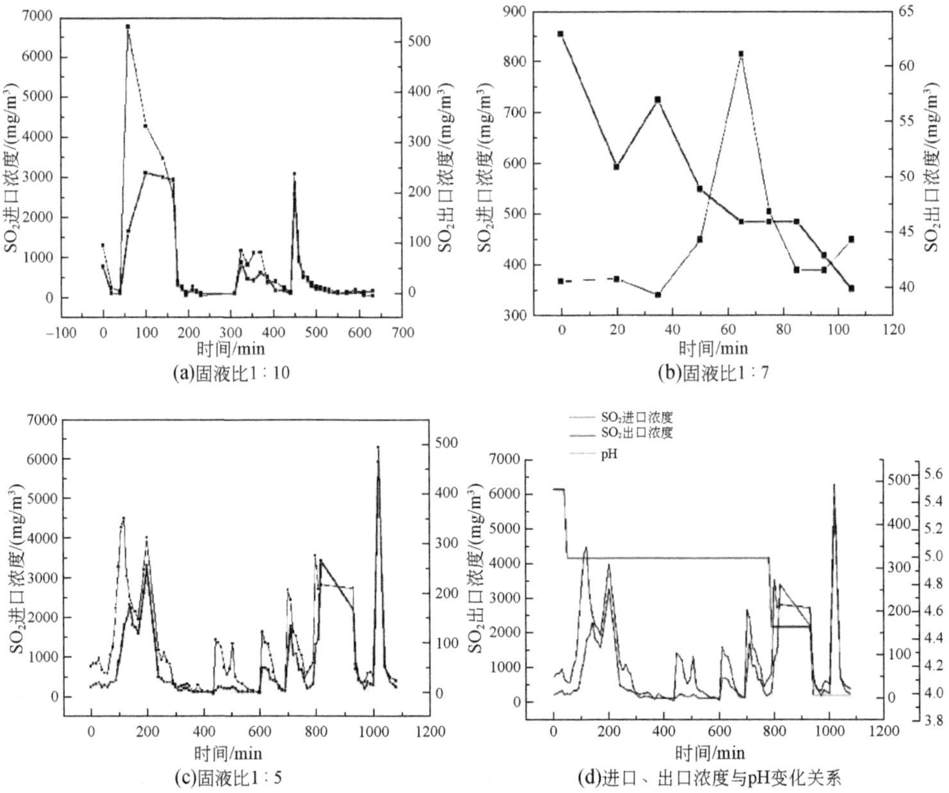

图 3.82　不同固液比时脱硫情况及 pH 变化（高 SO_2浓度）

因此，只有采用更长的接触时间来提高 SO_2 的吸收率，才能确保 SO_2 出口浓度达标，这也佐证了赤泥脱硫采取二级吸收更合理的解释。

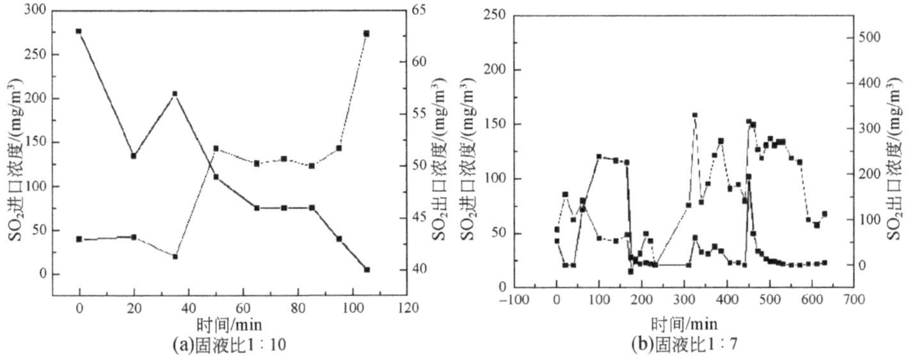

图 3.83　不同固液比时脱硫情况及 pH 变化（低 SO_2 浓度）

3）不同进气量对脱硫效率的影响

因为设备容量固定，且中试试验没有考虑赤泥的补充。因此，试验考虑了不同进气量对脱硫效果的影响。

图 3.84 中 A 固液比 1∶5，进口烟气温度在 90～100℃，pH=5，气体总流量在 500～600m³/h。B 固液比 1∶5，进口烟气温度在 90～100℃，pH=5，气体总流量在 900～1000m³/h。图中可以看出烟气量对脱硫效率影响较大。

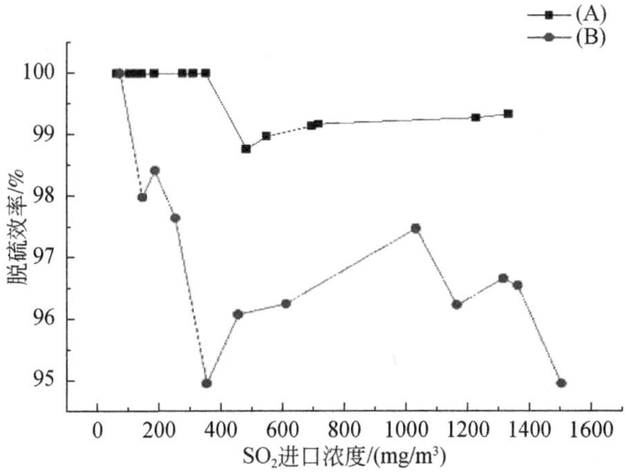

图 3.84　不同烟气量情况下的脱硫效率

4）进气温度对脱硫效率的影响

受引风机功率和降温措施的影响，中试试验采用进口温度为 90～120℃，烟气量基本在 1000m³/h 左右，受赤泥排液去向影响，中试试验多采用固液比1∶5，两个周期的影响控制条件见图 3.85。

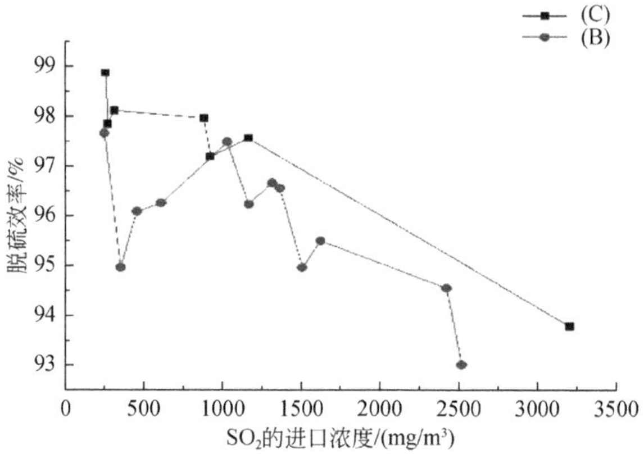

图 3.85　不同温度对脱硫效率的影响

图 3.85 中，B 固液比 1∶5，进口烟气温度在 90～100℃，pH=5，气体总流量在 900～1000m³/h。C 固液比 1∶5，进口烟气温度在 110～120℃，pH=5，气体总流量在 900～1000m³/h。试验表明，升高温度不利于 SO_2 的吸收转化，这是因为温度升高，SO_2 的溶解度降低，相同 pH 条件下，形成 H_2SO_3 向分解方向发展，导致脱硫效率降低。这与小试过程中常温状态脱硫效率最高的结论一致。

5）循环液 pH 对脱硫效率的影响

pH 对酸碱平衡的影响较大，这在实验室阶段已有数据支撑，为了探索示范工程运行参数，中试试验过程中，采用固液比为 1∶5，进口烟气温度在 90～100℃，气体总流量在 900～1000m³/h 操作条件，考查了不同 pH（pH=4，pH=5，pH=5.5）对脱硫效率的影响（图 3.86）。

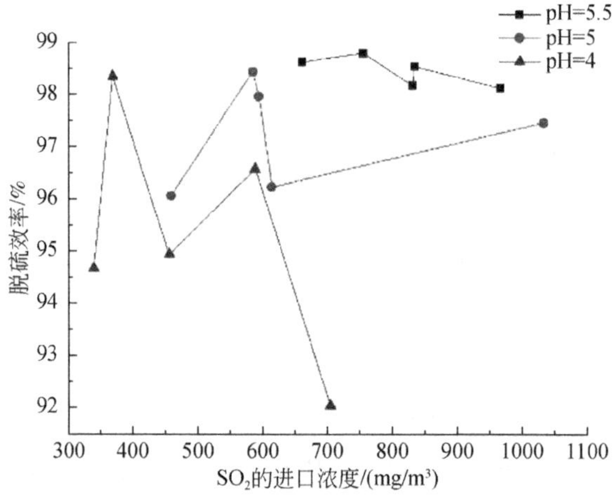

图 3.86　pH 对脱硫效率的影响

pH 在很窄的范围内对脱硫效率的影响不明显，整个试验过程中均能保持 90% 以上的脱硫效率，但在 pH 为 5.5 左右其脱硫效率较为稳定，保持在 98% 左右的脱硫效果，适当控制循环比，可以实现工业化脱硫。同时，这与宁夏石油焦煅烧烟气采用的石灰法脱硫的 pH 非常接近，也就是说耐腐蚀性满足要求。

3. 中试工程稳定运行验证

在赤泥矿浆固液比 1∶10，温度 90～110℃，进气浓度 50～4500mg/m^3，偶有超过 6000mg/m^3 的窗口，赤泥液气比控制在 7～10L/m^3，可以确保出口 SO_2 浓度在 100mg/m^3 以下，但进气浓度超过 5000mg/m^3 时，SO_2 浓度出现超标现象（图 3.87），经计算其脱硫效率均能达到 80% 以上。

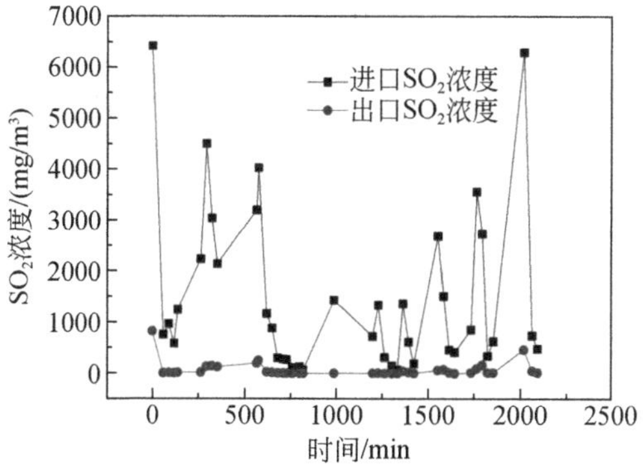

图 3.87　赤泥脱硫稳定运行情况

同时 pH 较长时间内稳定在 5.0 左右，待 pH 降低时需要补充赤泥浆液（图 3.88）。由于中试所用工业用水为弱酸性，导致脱硫浆液开始时为 6，脱硫浆液的 pH 随着脱硫的进行而降低，pH 最后降为 4，但是脱硫浆液保持了很好的脱

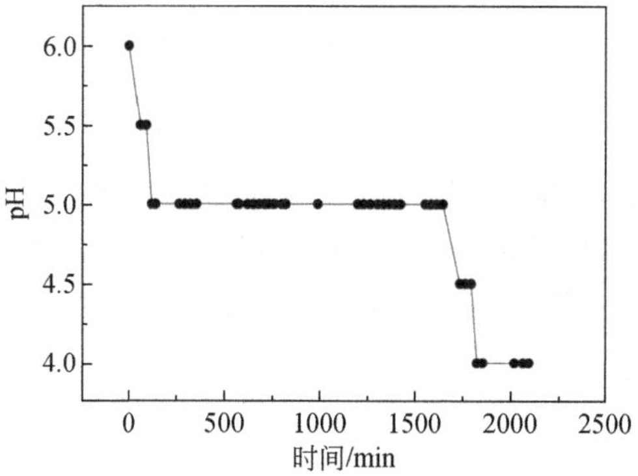

图 3.88　稳定运行过程中 pH 变化

硫效率。经测定脱硫后赤泥浆液上清液中总铁含量为 0.46g/L，说明脱硫过程中有铁溶出，溶出的铁离子对烟气中 SO_2吸收具有促进作用。这也验证了实验室解释的赤泥脱硫机理及过程。

4. 中试试验过程结论

赤泥脱硫中试表明赤泥对 SO_2有很好的脱除效果，脱硫浆液呈弱酸性时也有很好的脱硫效率，脱硫效率能达到 80% 以上，脱硫过程中有铁溶出，铁在赤泥脱硫过程中存在液相催化氧化作用，为后续赤泥脱硫液中回收铁提供了依据。但是试验过程中进口 SO_2浓度不稳定，出口 SO_2浓度超过排放标准限值，表明赤泥脱硫中 SO_2进口浓度应控制在 4500mg/m^3 以下。针对工业生产过程中 SO_2浓度不稳定，造成脱硫设备出口不能达标排放的问题，工业化应用中可采取多级脱硫串联工艺。

结合实验室小试和中试试验数据，工业化应用过程中可尝试固液比 1∶10～1∶50，液气比控制在（10～30）∶1L/m^3，一级脱硫塔控制进气浓度 4000mg/m^3 以下，操作 pH 在 4～6 之间，可确保出口浓度在 100mg/m^3 以下。

3.6.2 赤泥脱硫调质示范工程研究

1. 示范工程企业概况

锦宁铝镁炭素项目是镁铝合金的配套工程，主要生产电解铝生产使用的预焙阳极炭块，总投资为 15 亿元，分为两期建设，项目一期于 2010 年元月开工建设，2011 年 5 月正式投入生产运行，年生产铝用碳素阳极 18 万 t。

煅烧车间始建于 2010 年 5 月，石油焦煅烧采用东北大学设计院设计的六台新型六组二十四室 10 层火道的顺流式罐式煅烧炉，年设计产能为 14 万 t 合格煅后料，此煅烧炉在国内属于首次设计运用，1～8 层火道温度控制在 1300～1350℃，挥发分可以充分利用，物料氧化烧损较小，生产连续平稳，煅烧质量稳定，平时维修费用低；煅烧焦真密度稳定在 2.05～2.08g/cm^3，稳定粉末比电阻在 350～500Ω · mm^2/m，高温烟气经过余热热煤锅炉和余热蒸汽锅炉回收利用，余热导热油锅炉为成型车间配料、混捏、沥青熔化生产供热，余热蒸汽锅炉供余热发电车间发电和炭素厂采暖供热。煅烧车间平均烟气排放量为 13～18 万 m^3/h，SO_2产生浓度为 900～3500mg/m^3，NO_x 产生浓度为 100～300mg/m^3，颗粒物为 20～95mg/m^3。

2. 工程方案概况

赤泥-石灰石法工艺基于对原石灰石喷淋系统的适当改造，主体由混浆槽、缓冲池、输送/循环泵组成。将赤泥与石灰石按不同比例添加至赤泥混浆槽内，再通过清水泵按设定的固液比将清水输送至赤泥混浆槽，经过充分混合后输入缓冲池内，最后将混合好的浆液以喷淋方式打入脱硫塔内，喷淋塔分四层实施喷淋，实际工程仅使用两层喷淋，同时检测烟气出口浓度以保证烟气处理效果。示范工程方案见图3.89，工程现场见图3.90。

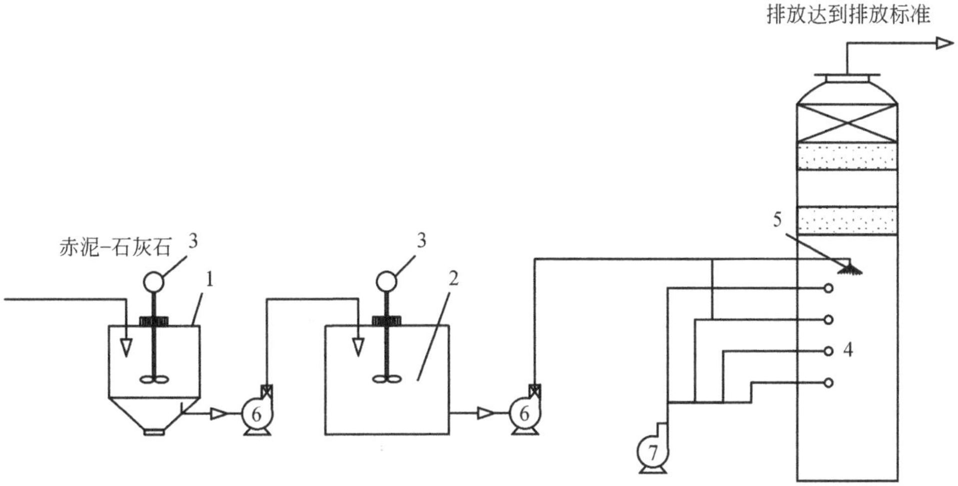

图3.89　示范工程方案图

1. 赤泥-石灰石浆液池；2. 赤泥浆液缓冲罐；3. 螺旋搅拌桨；4. 脱硫塔；5. 喷淋头；6. 浆料输送泵；7. 石灰石循环泵

图3.90　示范工程现场

3. 示范工程运行结果与讨论

1）示范工程运行调试因素分析

示范工程调试期间，分别考虑了不同固液比（分别设定为1∶10、1∶20、1∶30、1∶50）对脱硫效果的影响、赤泥与石灰石搭配（赤泥添加量0%、5%、

10%、20%、30%、50%、100%）对脱硫效果的影响，结果见图 3.91 和图 3.92。

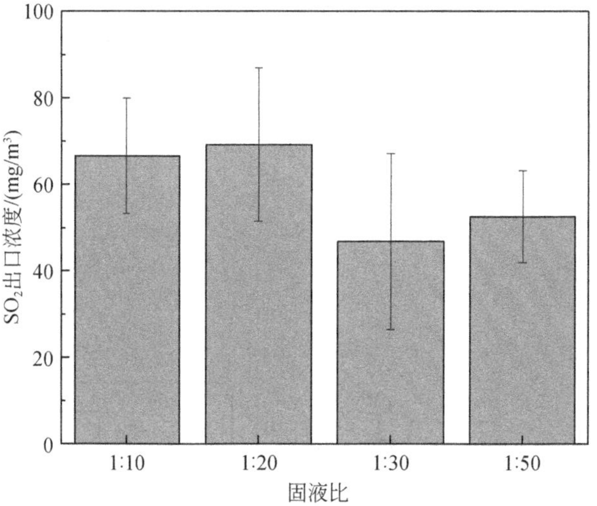

图 3.91　浆液固液比对脱硫效果的影响

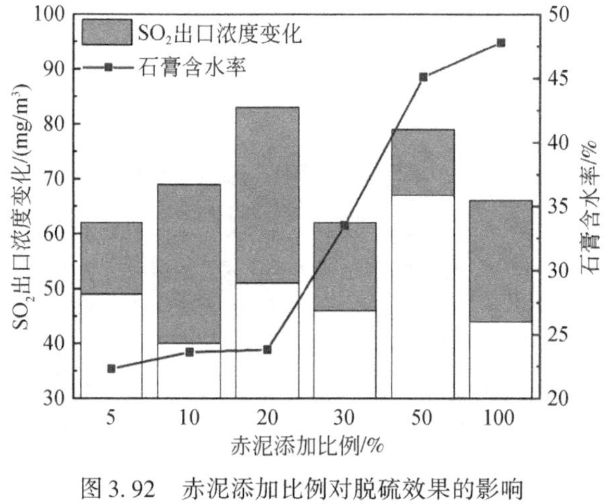

图 3.92　赤泥添加比例对脱硫效果的影响

从图 3.91 可以看出，不同固液比均可以实现 SO_2 达标排放，由于赤泥粒径较石灰石粒径偏大，高固液比对管道和输送泵的磨损较大，运行和维修成本偏高，低固液比导致脱硫循环液量和喷淋量偏大，动力消耗和塔体设备变大，应根据实际情况进行合理取值。示范工程现场稳定运行阶段主要采用了 1∶30～1∶50 的固液比，取得了较好的脱硫运行效果。

从图 3.92 来看，不同赤泥添加量对出口浓度变化影响不大，图上的变化主要来自生产工况变动导致进口烟气 SO_2浓度波动。与不加赤泥的石灰石法脱硫过程相比，赤泥添加量从 5% ~100% 的变化，出口 SO_2浓度均维持在 100mg/m^{3}以下。因此，示范工程稳定运行阶段，并没有采取全部赤泥法运行。宁夏中宁县当地没有赤泥资源，采用的赤泥均来自山西复晟铝业公司，考虑到运输成本，仅在委托检测期间采用 100% 赤泥运行一天，其他时间运行过程中赤泥占比在 20% 左右。没有采取 100% 赤泥运行的原因还有脱硫石膏的去向问题。从图 3.92 可以看出，随着赤泥添加量的增加，脱硫石膏含水率也在增加。纯石灰石法脱硫产生的石膏含水率在 20% 左右，企业采用的是带式脱水方式，满足水泥厂消耗石膏的含水率要求。当赤泥添加量超过 30%、含水率超过 40% 时，石膏脱水率变差，即普通的带式脱水无法满足赤泥矿浆脱水的需求。这也是示范工程稳定运行阶段采取赤泥添加比在 20% ~30% 的原因之一。

2）示范工程稳定运行结果分析

示范工程 2020 年 6 月 8 日 ~6 月 26 日完成调试工作，6 月 27 日 ~29 日对泵体、输送管道和脱硫塔体进行了维护，为连续稳定运行 2000h 做了充分准备。2020 年 7 月 3 日，赤泥脱硫调质示范工程进入正常稳定运行阶段，10 月 10 日运输的赤泥全部消耗完毕，示范工程进入全石灰石法运行。

根据各月在线监测数据整理得到的典型日 SO_2小时均值变化情况见图 3.93，典型日颗粒物小时均值变化情况见图 3.94。

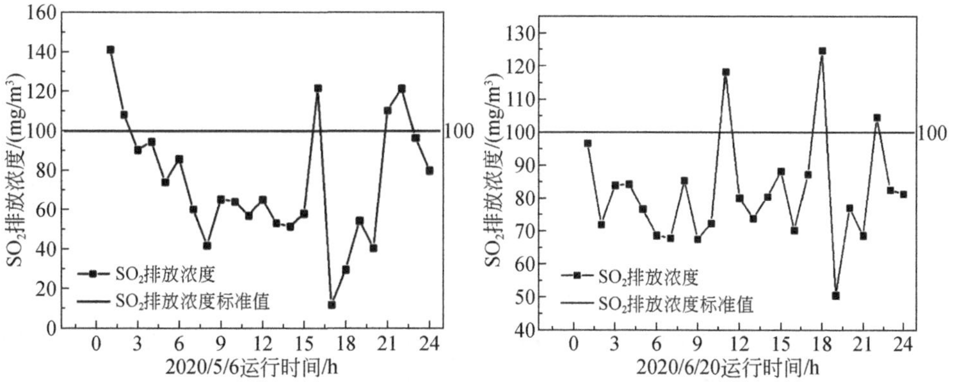

(a)　　　　　　(b)

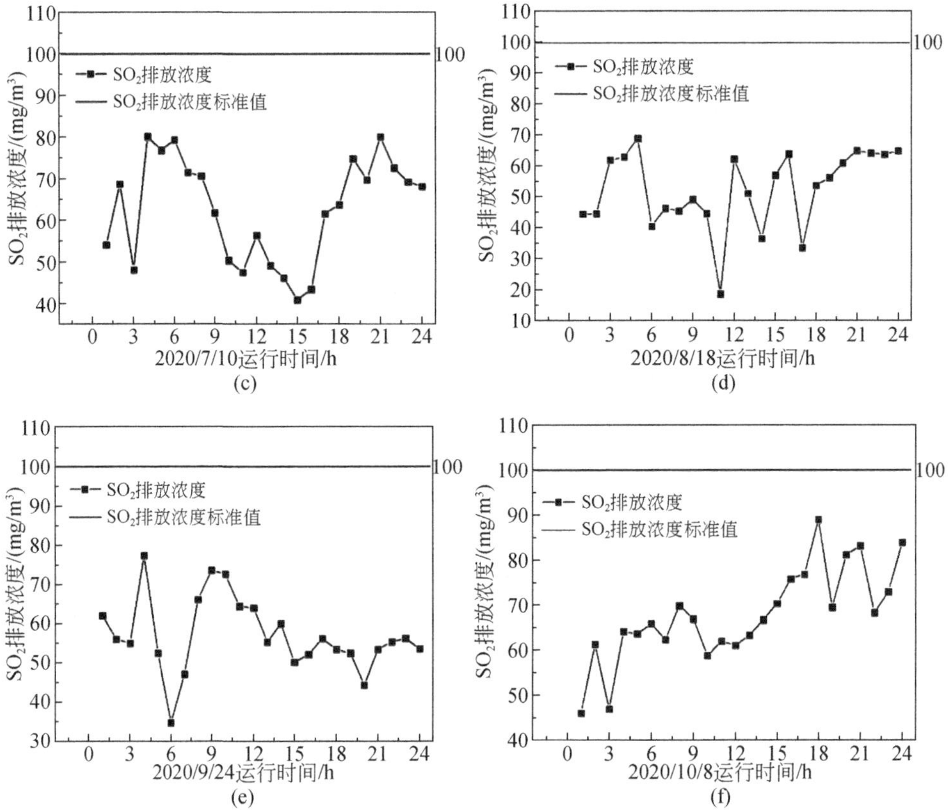

图 3.93　示范工程运行前后 SO_2 浓度变化

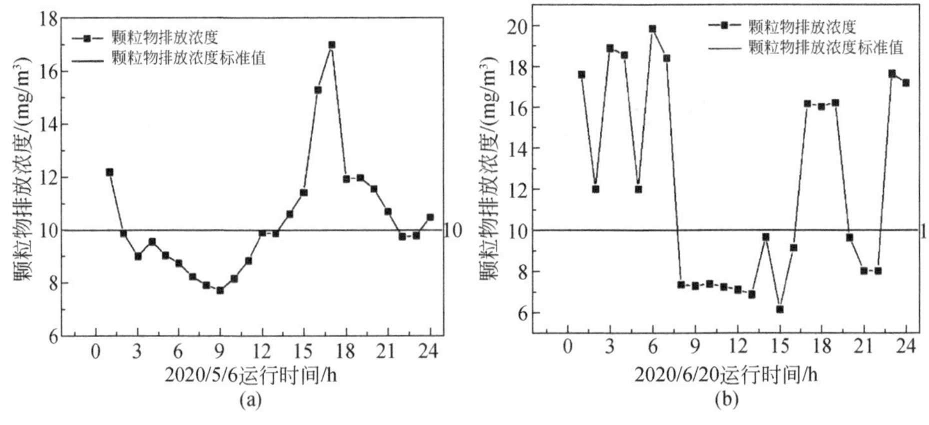

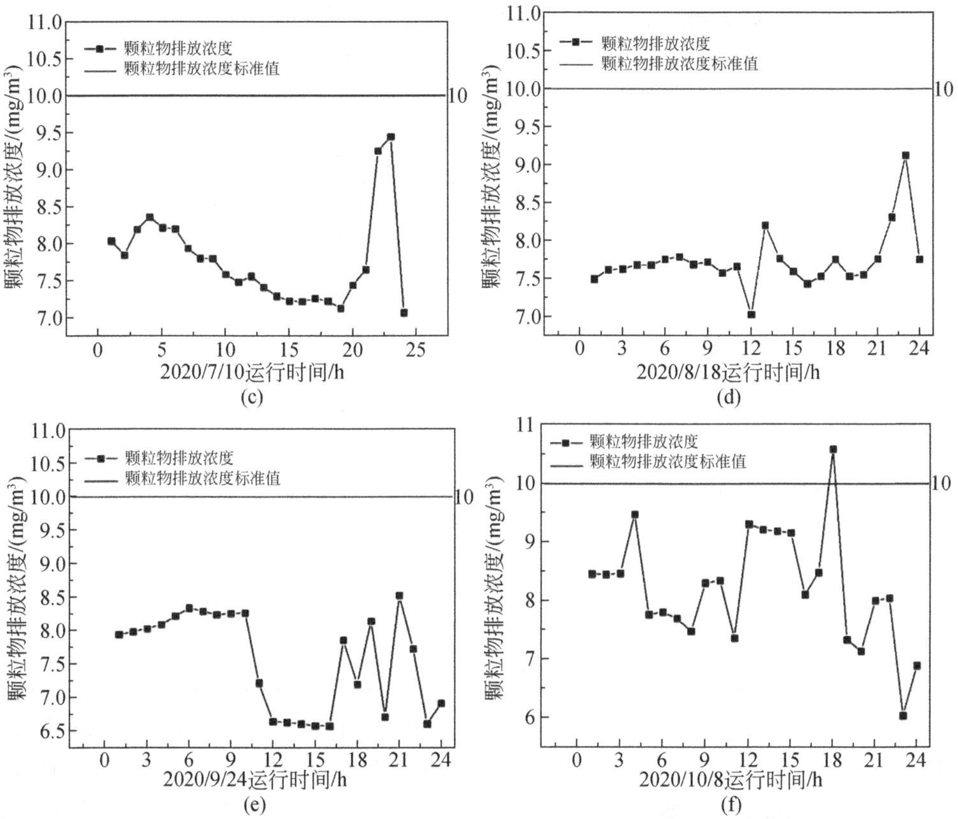

图 3.94　示范工程运行前后颗粒物浓度变化

从图 3.93 示范工程运行前后 SO_2浓度变化可知，示范工程运行前和调试期间，排放口 SO_2浓度均可以达到国家标准，但 30% 的时间段内会出现 SO_2浓度高于 100mg/m^{3}的现象。示范工程运行期间（2020 年 7 月 ~ 2020 年 10 月）的 SO_2监测数据均低于 100mg/m^3，达到课题确定的任务指标的要求。

从图 3.94 示范工程运行前后颗粒物浓度变化可知，示范工程运行前和调试期间，排放口 SO_2浓度均可以达到国家标准，但 50% 以上的时间内出现颗粒物浓度高于 10mg/m^{3}甚至高于 20mg/m^{3}的现象，根据现场调查，颗粒物浓度偏高是因为脱硫塔设计尺寸偏小和湿式电除尘未能正常运行。示范工程运行期间（2020 年 7 月 ~ 2020 年 10 月）的颗粒物监测数据中 95% 以上的数据低于 10mg/m^3，典型日数据仅一个（10 月 8 日）出现超过 10mg/m^{3}的现象，基本达到任务指标要求。

3）示范工程第三方检测结果分析

示范工程运行期间曾于 7 月份和 9 月份两次委托第三方检测，7 月份检测单位出具报告颗粒物检测方法仅精确到<20mg/m³，9月采用更精确的检测方法，显示颗粒物浓度低于10mg/m³，两次 SO_2 检测结果均低于100mg/m³。检测结果见表3.24。

表3.24　排放口第三方检测结果

检测地点	检测项目	单位	检测结果			检测结果均值	标准限值	达标情况
			第一次	第二次	第三次			
环保设施后排气筒检测口	平均烟气温度	℃	46.2	45.6	45.8	—	—	—
	平均烟气流速	m/s	18.1	17.8	18.4	—	—	—
	含氧量	%	18.2	18.1	18.1	—	—	—
	标干烟气量	m^3/h	161141	158768	164055	—	—	—
	颗粒物排放浓度	mg/m^3	8.0	7.5	8.6	8.0	10	达标
	颗粒物排放速率	kg/h	<3.22	<3.18	<3.28	—	—	—
	二氧化硫排放浓度	mg/m^3	44	42	41	42	400	达标
	二氧化硫排放速率	kg/h	7.09	6.67	6.73	—	—	—
	氮氧化物排放浓度	mg/m^3	43	44	44	44	—	—
	氮氧化物排放速率	kg/h	6.93	6.99	7.22	—	—	—

检测结果表明，宁夏宁创新材料科技有限公司煅烧车间产生的废气经过赤泥-石灰石法等烟气处理后其二氧化硫排放浓度均值为42mg/m³，氮氧化物排放浓度均值为44mg/m³，颗粒物排放浓度低于10mg/m³，均符合《铝工业污染物排放标准》（GB 25465—2010）修改单中表1大气污染物特别排放限值中石油焦煅烧炉（窑）的限值要求，属于超低排放。

4）示范工程样品分析与讨论

示范工程调试和运行期间主要参数见表3.25。各运行参数条件下取脱硫石膏样品和脱硫液分别编号为样品1～4，原始赤泥和石灰石编号为样品5和样品6，进行样品分析。

表3.25　运行参数与采集样品汇总

编号	运行方法	固液比	浆液pH	运行日期
1	赤泥-石灰石法	1∶50	7.8	2020/6/14
2	赤泥-石灰石法	1∶10	9.5～9.8	2020/6/10
3	石灰石法	密度1.05	5.5	2020/6/1
4	赤泥-石灰石法	1∶20	8.9～9.0	2020/6/8
5	纯赤泥	原始样品分析		
6	纯石灰石	原始样品分析		

3.6.3　赤泥脱硫示范工程优化研究

1. 工况参数对脱硫石膏的影响

采集的脱硫石膏样品均呈湿粉状，来自宁夏宁创新材料科技有限公司赤泥法烟气脱硫试运行期间取得的样品，根据烟气脱硫工艺可知，脱硫石膏是由烟气脱硫产生的化学石膏，且赤泥浆液的固液比、pH 等因素不同会导致样品颜色不一，单独石灰石法运行期间，脱硫石膏的主要成分为二水硫酸钙，颜色应接近灰白色。而赤泥-石灰石法烟气脱硫期间，由于赤泥中具有一定量的氧化铁等物质，产生的脱硫石膏颜色偏红（图 3.95）。

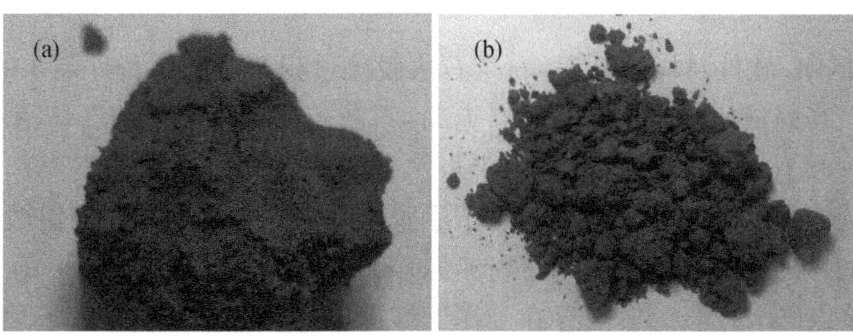

图 3.95　赤泥-石灰石法脱硫石膏与石灰石法脱硫石膏对比图
(a) 赤泥-石灰石法；(b) 石灰石法

2. XRD 分析结果

如图 3.96 所示，样品 1～4 是脱硫剂按不同固液比进行脱硫后产生的脱硫石膏 XRD 图，其中，样品 3 为工厂按石灰石法脱硫后产生的脱硫石膏的 XRD 图，样品 1、样品 2、样品 4 为赤泥-石灰石法脱硫后产生的脱硫石膏的 XRD 图；而样品 5 和样品 6 分别是赤泥和石灰石原样（未进行脱硫处理）的 XRD 图。

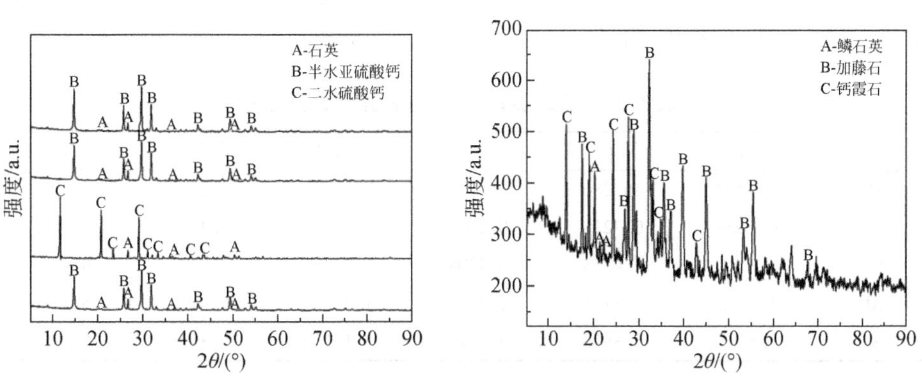

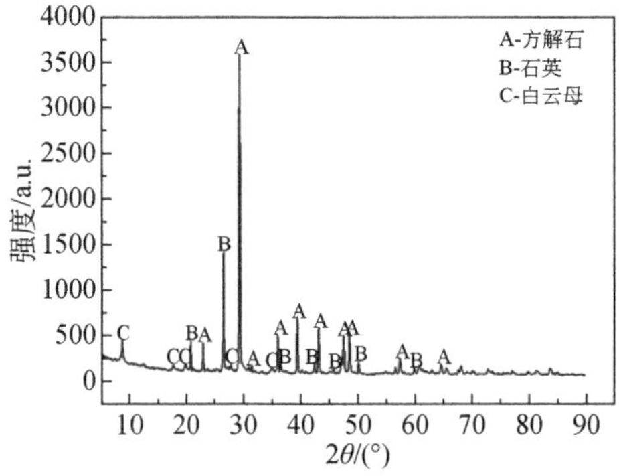

图 3.96　样品 XRD 图

(a) 样品 1 ~ 4；(b) 赤泥；(c) 石灰石

通过 JADE 软件对样品赤泥-石灰石法脱硫过程产生的石膏样品 XRD 数据半定量分析，当固液比大于 1 ∶ 10 时，赤泥-石灰石法运行产生的石膏由约为 90% 半水硫酸钙和 10% 的石英组成，由于半水亚硫酸钙晶体细小，表面积较大，容易造成脱硫石膏附着水含量较高，烘干后脱硫石膏吸水性强，在高温煅烧过程中容易生成 H_2S，造成环境污染。而当赤泥-石灰石法固液比达到 1 ∶ 10 时，石膏中硫酸钙多以二水硫酸钙形式存在，在工程运行过程中，由于二水硫酸钙微溶于水，其生成会导致脱硫塔的结垢阻塞，使得设备使用寿命缩短，且现场运行过程发现，二水硫酸钙的存在使得石膏含水率增加，后续石膏脱水困难，不利于后续石膏运输，且会造成石膏输送通道堵塞。因此固液比设定不宜小于 1 ∶ 10。

通过对 XRD 数据晶相分析，样品石膏中均未发现碳酸钙的晶相，证明浆液中的碳酸钙已经充分反应。

3. XRF 分析结果

赤泥具有强碱性，其中钠部分以氢氧化钠等可溶性碱形式存在，钠碱活性极强，所以只用很低的液气比就可达到高效率的脱硫效果，是赤泥中的脱硫有效成分之一，且在脱硫液中有部分浸出。

表 3.26　脱硫石膏 XRF 分析元素含量汇总　(%)

元素	样品 1	样品 2	样品 3	样品 4	样品 5	样品 6
O	33.0596	46.286	36.7196	37.3527	33.0501	38.006
Na	0.2005	0.7218	0.2083	0.2873	6.0494	0.5415
Mg	0.212	1.4378	0.3308	0.4486	0.5043	0.4371
Al	1.7512	2.8115	1.3967	1.4151	13.3787	5.2115
Si	3.8785	5.3835	3.2241	3.1421	9.8391	9.4909

续表

元素	样品 1	样品 2	样品 3	样品 4	样品 5	样品 6
P	0.0165	0.025	0.0166	0.0125	0.1181	0.0374
S	20.3969	16.3453	21.1411	20.6955	0.5945	0.3333
Cl	0.1688	0.4064	0.1956	0.2228	0.0966	0.0805
K	0.4896	0.4915	0.4231	0.3857	0.6025	1.2
Ca	29.5613	22.4848	29.627	30.5813	18.4049	35.3975
Ti	0.1644	0.1849	0.1689	0.1606	3.7353	0.4396
Mn	0.0305	0.0392	0.0293	0.0276	0.0746	0.0489
Fe	1.1075	0.9958	1.0819	0.8643	9.0302	2.573

通过比对表中样品 XRF 元素成分，可以看出脱硫前后赤泥中硫元素含量从 0.5945% 增至 20% 左右，说明其脱硫效果较好。钠元素从约 6% 降至 0.2% 左右，且其通常以 Na_2O 等游离碱形式存在，钠碱活性极强，所以只用很低的液气比就可达到高效率的脱硫效果，且在脱硫液中有部分浸出。而石灰石中的钙元素只是略微下降，通过与 XRD 数据结合，钙元素很好地与二氧化硫结合并排出，减少了对设备的影响。

脱硫后赤泥和石灰石中的氯元素有所增加，其主要来源于石灰石和脱硫系统工艺中所运用到的水，氯离子的存在会影响石灰石的溶解度，减少浆液的浓度，影响晶体的生长。氯离子会与钙离子结合形成氯化钙，吸湿性很强，影响流动性能。且氯离子具有腐蚀性，较高的氯离子含量会造成后续石膏制品应用时的钢筋锈蚀问题，从而影响脱硫系统的稳定性和脱硫石膏后续综合利用。

从表中还可以看出，赤泥中主要元素为氧、铁、铝、钠、钙和硅等，这些元素对土壤没有危害，因此赤泥-石灰石法产生的石膏不具有重金属污染的危险特征。

4. 脱硫石膏含水率分析

脱硫石膏含水率（表 3.27）与赤泥占比和固液比均存在相关性，其中赤泥的添加量可能改变脱硫石膏的存在形态和赤泥本身的脱水性差，导致赤泥添加量大时，带式脱水机运行不正常。

表 3.27　脱硫石膏含水率

样品编号	含水率/%
1	22.23
2	47.56
3	23.71
4	37.72

从外观上看，赤泥-石灰石法脱硫产生的脱硫石膏颜色偏红色，由于经过带式压滤机后的赤泥法脱硫石膏含水率为22%～30%，且多为块状，当固液比为1∶50时，脱硫石膏能很好地成型，当固液比为1∶20时，赤泥占比达到30%以上时脱硫石膏含水率上升，不利于工程运行中石膏运输，出渣表面有时候会带一层水膜；但当固液比为1∶10时，赤泥占比50%时压滤机出泥异常，石膏含水率大幅增加，呈泥状，无法定型。脱硫石膏样品经100℃高温烘干后，石膏会呈现出灰白色，质地较脆。因此，固液比1∶50，赤泥占比低于20%时产生固废石膏运输系统的运行最稳定。

5. 脱硫石膏微观形态分析

从XRD数据可知，脱硫石膏含有半水硫酸钙和二水合硫酸钙，半水硫酸钙晶体细小，比表面积较大，而二水合硫酸钙性状单斜晶系，晶体呈板状、柱状，集合体呈致密块状、片状等。从上述（图3.97）扫描电镜分析图谱来看，赤泥-石灰石法石膏多为六棱斜柱状和长方体柱状，颗粒均齐，晶体呈短柱状，直径比较小。外观规整继续放大后，石膏颗粒表面附着泥状物，这一现象与XRD数据符合。

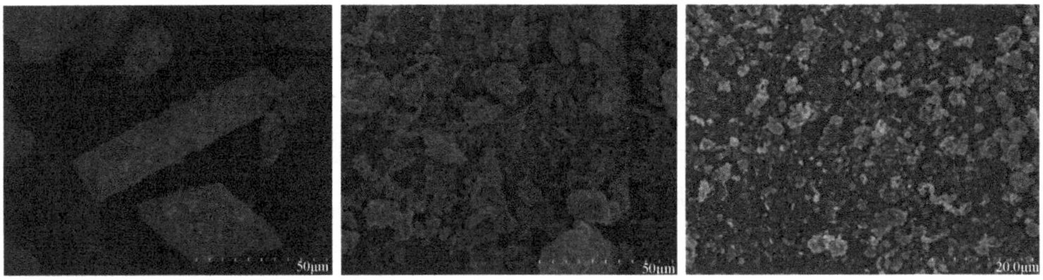

(a)　(b)　(c)

图3.97　样品SEM图

（a）赤泥-石灰石法脱硫石膏；（b）石灰石；（c）赤泥

赤泥与石灰石的SEM图中可观察到其细粒较多，粗细颗粒差别明显，晶型呈团状，晶体粗大，形状不规则，大小不一，结构紧密，且呈片状。通过对比样品的SEM图，发现赤泥和石灰石脱硫后，结构变松散、颗粒变细，表明赤泥-石灰法脱硫过程中固相物质参与了反应，并被消耗。

6. 操作对脱硫液pH的影响

脱硫液是指取自脱硫石膏在脱水车间经板框压滤机脱水后产生的滤液，pH测定结果见表3.28。

表 3.28　脱硫液 pH 汇总表

样品号	pH
1	4.20
2	7.03
3	4.96
4	5.20

由于赤泥-石灰石法在脱硫过程中吸收 SO_2，并释放大量氢离子，脱硫液 pH 一般呈弱酸性，由于赤泥属于强碱性废渣，碱性比石灰石强，其中，包括易反应的游离碱和难反应的结合碱，因此脱硫液 pH 随着赤泥在脱硫剂中占比的提高而提高，而赤泥-石灰石浆液 pH 也与赤泥占比呈正相关。由于所处理的气体为酸性气体，而赤泥与石灰石属于碱性物质，其固液比越高越有利于酸性气体的去除。但当固液比小于 1∶10 时，脱硫浆液黏性较大，易造成管道堵塞，在示范工程运行期间，发现当固液比为 1∶50 时运行最为稳定，固液比 1∶20 时运行正常。

7. 溶出元素强化脱硫分析

样品 1～4 为表 3.25 对应的脱硫工艺产生的脱硫液，样品 5 为赤泥原样在实验室按固液比 1∶10 搅拌，固液分离后产生的浆液。将这些样品经离心管密封保存并通过 ICP-MS 检测，得出其中的离子浓度。对各参数下脱硫液主要元素含量分析，其结果见表 3.29。

表 3.29　脱硫液元素浓度测定结果

样品编号	检测元素	检测结果/(mg/L)
样品 1	钙	522
	铁	0.98
	铝	200
样品 2	钙	525
	铁	<0.02
	铝	0.40
样品 3	钙	537
	铁	0.23
	铝	82.0
样品 4	钙	524
	铁	<0.02
	铝	35.9

续表

样品编号	检测元素	检测结果/(mg/L)
样品 5 赤泥滤液	钙	5.80
	铁	0.064
	铝	11.7

通过结合 XRF 数据和离子浓度结果分析，赤泥-石灰法在烟气脱硫中金属离子的浸出率见表 3.30。

表 3.30 赤泥-石灰石法浆液金属元素浸出率

样品名称	元素成分	浸出率/%
样品 1	钙	8.829
	铁	0.442
	铝	57.104
样品 2	钙	11.674
	铁	—
	铝	0.071
样品 3	钙	9.063
	铁	0.106
	铝	2.355
样品 4	钙	9.548
	铁	—
	铝	12.596

通过比较得知在赤泥脱硫期间，不同固液比的赤泥浆液中钙离子浸出率相近；铝离子的浸出随固液比增加而减少，特别是在样品 2 中，铝离子的浸出率突然降低，通过对比其脱硫石膏的 XRF 中铝含量数据，得知其铝主要以非溶解态存在，其原因有可能是样品存放过程中，脱硫液 pH 在氢氧化铝沉淀 pH 范围内，导致铝离子产生沉淀而铁离子的浸出率较低；而且，在其运行期间，由于固液比过大导致出渣口堵塞，造成石膏无法成型排出。因此，固液比 1∶50 条件下脱硫液 pH 能够保持溶液中铁、铝离子浓度，提高脱硫效率。

3.6.4 实验室与示范工程对比研究

小试基于现场监测结果设定烟气初始浓度中 SO_2 为 3500mg/m^3，拜耳法赤泥与示范工程来自同一家企业——山西复晟铝业公司，样品经 200 目筛分供实验使用。对比实验主要由配气系统、氧化吸收系统和分析系统三部分组成。将脱硫剂按所需固液比，通过磁力转子在恒温加热的磁力搅拌器（DF-101S，巩义市予华仪器有限责任公司），制成实验用吸收液混合物。反应前后浆液 pH 由 pH 计（DHS-3C，上海仪电科学仪器股份有限公司）测量。进、出口烟气浓度由烟气分析仪（Ecom-J2KN，德国 RBR Co., Ltd.）测定。实验室流程图如图 3.98 所示。

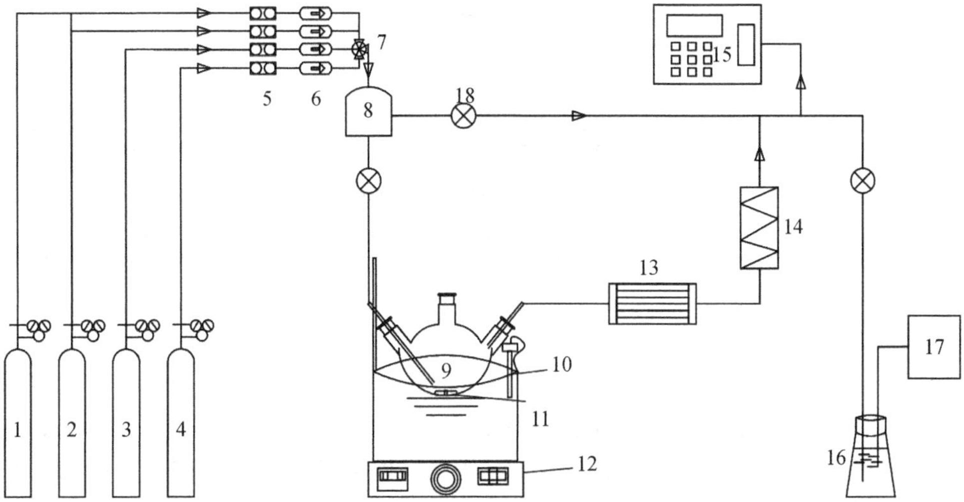

图 3.98　实验室流程图

1. 高纯氮气缸；2. 高纯氧气瓶；3. N_2-NO 气瓶缸；4. SO_2 气瓶；5. 质量流量计；6. 单向阀；7. 混合阀；8. 缓冲瓶；9. 赤泥-石灰石吸附剂；10. 温度计；11. 磁力转子；12. 集流式磁力搅拌器；13. 干燥管；14. 过滤器；15. 烟气分析仪；16. 通风橱；17. 控制阀

1. 中试试验基本情况

结合示范工程现场试验结果，进行在不同脱硫剂下，去除废气中二氧化硫的动力学实验，并应用准一级和准二级速率方程对实验结果进行拟合，以进一步探讨脱硫剂吸附机理。其方程分别为

$$q_t = q_e(1 - e^{-k_1 t}) \tag{3.49}$$

$$q_t = \frac{k_2 q_e^2 t}{1 + k_2 q_e t} \tag{3.50}$$

式中，q_e为吸附平衡时的吸附容量，mg/g；q_t为 t 时刻的吸附容量，mg/g；k_1为准一级动力学常数，min^{-1}；k_2为准二级动力学常数，g/(mg · min)；t 为吸附反应时间，min。

表 3.31 结果显示，对比实验中的几种脱硫剂的吸附动力学行为与准一级动力学模型吻合度最高，说明吸附过程主要受物理吸附控制，这是由于 SO_2在脱硫过程中经历了溶解吸收、中和反应与氧化反应、迁移分散这三个过程，而 SO_2的

溶解和氢离子的扩散这一主要过程就属于物理吸附，且赤泥-石灰石法的速率常数比赤泥法小，略大于石灰法，这导致其吸附曲线上升较缓，在实际运行过程中效果能够更加稳定、持久，而赤泥与石灰石联用也提高了脱硫剂的平衡吸附量，有利于实际工程应用。

表 3.31　吸附动力学参数表

模型	准一级动力学			准二级动力学			平衡时间/h
	R^2	K_1	q_e/(mg/g)	R^2	K_1	q_e/(mg/g)	
赤泥法	0.98976	0.4227	478.4125	0.98256	0.00047	685.709	4.5
石灰法	0.99325	0.2945	651.3827	0.9896	0.00020	990.459	5.5
赤泥-石灰石法	0.99746	0.2965	786.4003	0.99324	0.00020	1126.670	6.45

2. 吸附等温线

吸附等温线对于判定吸附剂对吸附质的作用方式极为重要。对所研究的赤泥-石灰石法脱硫剂通过对比实验所得数据采用 Langmuir 等温方程和 Freundlich 等温方程进行拟合，拟合曲线如图 3.99 所示，模拟参数见表 3.32。其非线性方程式分别为

$$q_e = K_F C_e^{\frac{1}{n}} \tag{3.51}$$

$$q_e = \frac{K_L q_{max}}{1 + K_L C_e} \tag{3.52}$$

式中，C_e为吸附平衡时的溶液平衡浓度，mg/L；q_{max}为最大吸附容量，mg/g；q_e为吸附平衡时的吸附容量，mg/g；K_L为 Langmuir 吸附等温模型常数；K_F为 Freundlich 吸附等温模型常数；n 为常数。

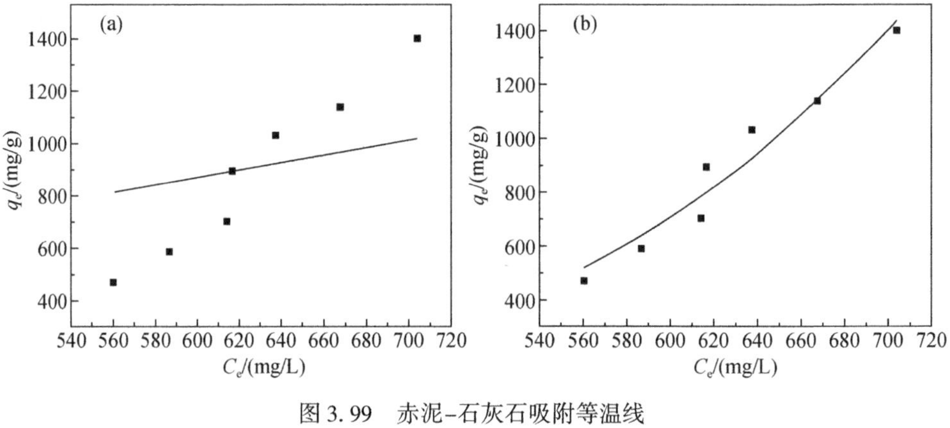

图 3.99　赤泥-石灰石吸附等温线

(a) Langmuir 吸附等温线；(b) Freundlich 吸附等温线

结合图 3. 99 和表 3. 32 可以发现，赤泥-石灰石法脱硫对比实验所得实验数据与 Langmuir 等温式拟合所得曲线的离散程度要低于 Langmuir 等温式拟合所得曲线，且 Freundlich 吸附等温线的回归系数高于 Langmuir 吸附等温线的回归系数。这表明 Freundlich 吸附等温模型更适合对实验数据进行拟合，Freundlich 模型拟合参数值 $1/n$ 是吸附剂表面非均质性指标，$1/n$ 值大表示吸附剂表面有更多的吸附位点，由此可知赤泥-石灰石脱硫剂的吸附点位较多，有利于吸附反应进行。而实验数据与 Langmuir 拟合度较差，且 R^2 只有 0. 244，因此赤泥-石灰石在吸附过程与 Langmuir 等温线模型不拟合。

表 3. 32　Langmuir 和 Freundlich 吸附等温线参数

模型	Langmuir			Freundlich		
	R^2	q_{max}/(mg/g)	K_L	R^2	n	K_F
赤泥-石灰石法	0. 244	4. 345	3.3×10^{-7}	0. 93696	0. 22365	2.6×10^{-10}

3. 吸附穿透曲线

将 0. 5g 脱硫剂以固液比 1 ∶ 10 的条件，在对比实验设定的烟气浓度下进行吸附过程实验，得到吸附穿透曲线，如图 3. 100 所示。

通过穿透曲线可以得出不同脱硫剂的硫容，赤泥法脱硫的最大硫容是 434mg/g［这与云南铝业拜耳法赤泥的硫容（473mg/g）相当］，石灰石法脱硫的最大硫容是 513mg/g，赤泥-石灰石法的最大硫容是 585mg/g。由此可见，将赤泥与石灰石联用可以增加其最大硫容，有利于吸附更多的污染物。

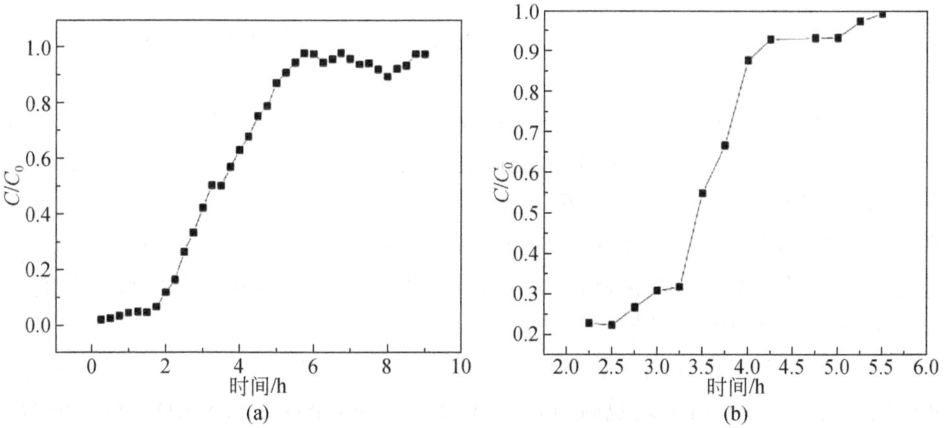

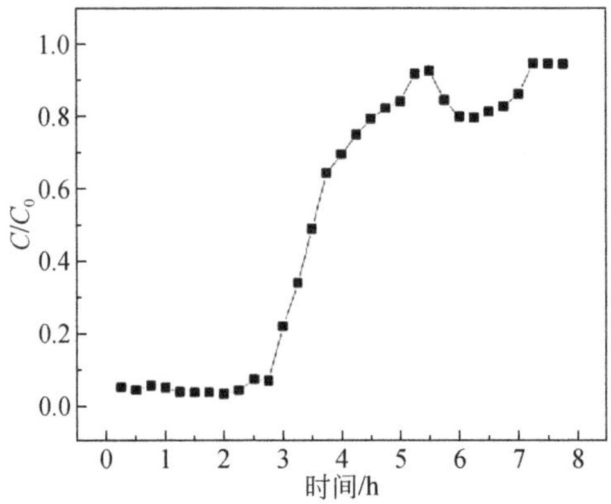

(c)

图 3.100　不同脱硫剂的穿透曲线

（a）赤泥法；（b）石灰石法；（c）赤泥-石灰石法

3.7　赤泥脱硫脱硝总结与展望

3.7.1　赤泥脱硫脱硝总结

（1）赤泥本身的活性碱、固体碱确保了其脱硫理论上的可行性和可靠性，赤泥中的铁等变价金属在脱硫过程中起到了液相催化氧化催化剂的作用，加速了脱硫反应速率，提高了赤泥脱硫工程的可行性和可靠性。向赤泥中加入黄磷、臭氧和抗坏血酸钠等物质，加速了烟气中 NO 向高价态 NO_x 的转变，高价态的 NO_x 的溶解性提高了与碱性物质反应的速率和效果，从而确保了赤泥矿浆同时具备脱硫脱硝的功能。

（2）赤泥脱硫调质对石灰石法脱硫系统具有适用性。赤泥与石灰石联用时，具有相互促进作用，能够提高脱硫剂硫容，运行过程更加稳定，处理效果更优，新技术既实现了赤泥“以废治废”资源化，又降低了治理成本。赤泥与石灰石联用可以有效降低赤泥浆液 pH，减少设备腐蚀。脱硫石膏经成分分析，对环境危害小，适当添加赤泥的脱硫石膏不影响脱水效果，仍然可以去往水泥厂消耗，是一种切实可行的脱硫工艺。

（3）通过对采集样品表征分析，当固液比为 1∶30～1∶50、赤泥占比低于 30% 时，赤泥-石灰石工艺脱硫石膏的成分主要为 $CaSO_4 \cdot 0.5H_2O$，对脱硫石膏成分影响不大。同时，脱水系统能够稳定运行，有利于后续脱硫石膏的输送及水泥厂消纳。当固液比为 1∶20 及更高、赤泥占比超过 30% 时，能保证处理效果，但石膏脱水系统稳定性变差。因此，推荐技术应用时固液比应调整在 1∶50～

1 : 30，赤泥占比不高于 30%，仍可考虑带式脱水；赤泥占比超过 30%，不适用带式脱水。

（4）示范工程检测数据可知，赤泥-石灰石法能够有效净化烟气中 SO_2，能适应现场废气浓度和气量的变化，处理废气气流量为 12 ~ 18 万 m^3/h，进气 SO_2 浓度为 1000 ~ 3500mg/m^3，系统可以接受的液气比在 7 ~ 20L/m^3，经处理后 SO_2 排放浓度均值为 42mg/m^3，氮氧化物排放浓度均值为 44mg/m^3，颗粒物排放浓度低于 10mg/m^3，符合《铝工业污染物排放标准》（GB 25465—2010）表 5 新建企业大气污染物排放限值要求，SO_2去除率达到 98.9%，烟气实现超低排放，具有推广价值。

3.7.2　赤泥资源化脱硫脱硝展望

SO_2是我国目前主要的大气污染物之一，是环境酸化的主要前驱物，与 NO_x 一样也是形成酸雨与光化学烟雾的主要原因，由于其对环境造成的污染严重，脱除工业废气中的 SO_2与 NO_x已经成为控制大气污染的重中之重[56-61]。但传统脱硫脱硝工艺（如当前广泛采用的脱硫脱硝技术）是石灰石-石膏湿法脱硫与选择性催化氧化脱硝技术或 O_3氧化相结合的方法，虽然可以达到同步脱硫脱硝的目的，但存在设备投资大、运行费用高等问题，

目前，国内外工业废气脱硫技术主要有石灰石-石膏法、吸收剂喷射脱硫技术、旋转喷雾干燥脱硫法、循环流化床燃烧脱硫法、海水脱硫法等[55]；在烟气脱硝方面以 SNCR/SCR 为主流，采用 O_3、H_2O_2、HClO 等强氧化剂脱硝也有报道[73]。赤泥用于工业脱硫符合国家“以废治废”“固废资源化”利用的产业导向。由于赤泥所含碱性物质较多，有助于浆液保持在有利于吸附 SO_2的 pH 内，提升处理效率，并在脱硫过程中实现赤泥脱碱，减少其对环境的危害。

近年来，赤泥脱硫脱硝成为大气污染控制方面的研究热点之一，且国内已有采用赤泥脱硫的工业应用报道，但由于赤泥成分复杂，其脱硫脱硝的机理还有待更深入的研究。不仅如此，由于氧化铝生产工艺的不同导致赤泥组分各异、赤泥运输及配套成本偏高、赤泥的脱碱与脱硫脱硝的耦合控制困难等诸多问题，导致赤泥脱硫脱硝推广应用还有许多难题亟待解决。随着对赤泥的研究越来越深入，国内学者和企业都逐渐意识到赤泥在实现脱硫脱硝的同时，可以实现赤泥的脱碱和稳定化、资源化。而且在赤泥脱硫脱硝的同时，还可进一步与回收有价金属耦合，降低赤泥脱硫脱硝的成本，实现赤泥的大规模减排。

赤泥资源作为一种以废治废、耦合回收有价金属的绿色废气净化技术，会随着赤泥堆存带来对环境持续负面影响的问题，逐渐成为脱硫脱硝领域的研究和应用热点之一。因此，未来赤泥脱硫脱硝一体化将会被更多学者关注，其脱硫脱硝

的机理及强化途径可能成为下一个研究热点，赤泥脱硫脱硝—有价金属回收—赤泥资源化将成为解决赤泥带来环境问题的新方向。特别是在碳达峰、碳中和的背景下，基于以废治废的理念发展起来的赤泥矿浆脱硫技术会受到越来越多的重视，必将取得长足发展。

参考文献

[1] 黄芳，李军旗，赵平源，等．拜耳赤泥脱硫工艺的应用基础研究 [J]．有色金属工程，2010，62 (3)：149-151.

[2] 杨国俊，于海燕，李威，等．赤泥脱硫的工程化试验研究 [J]．轻金属，2010，(9)：26-29.

[3] 庞皓．工业烟气赤泥脱硫中试装置的初步设计及设备选型 [D]．郑州：郑州大学，2013.

[4] 武春锦，吕武华，梅毅，等．湿法烟气脱硫技术及运行经济性分析 [J]．化工进展，2015，34 (12)：4368-4374.

[5] 陈义．拜耳赤泥吸收二氧化硫的研究 [D]．贵阳：贵州大学，2006.

[6] 郭掌珍．SO_2 在溶液中的形态及其脂/水分配系数 [D]．太原：山西大学，2009.

[7] 位朋，李惠萍，靳苏静，等．氧化铝赤泥用于工业烟气脱硫的研究 [J]．化工进展，2011，(S1)：344-347.

[8] 徐本军，丁先胜．赤泥酸浸试验的热力学研究 [J]．轻金属，2013，(1)：27-30.

[9] 禾志强，刘启旺．Fe^{3+}催化氧化 S (Ⅳ) 反应机理初探 [J]．环境科学学报，2006，(10)：1701-1706.

[10] 姚小红，陆永琪，郝吉明，等．酸性条件下 Fe^{3+}氧化 SO_2 的脱硫反应机理 [J]．环境科学，1998，(5)：16-18.

[11] 孔青春，沈济．大气中铁、锰液相催化氧化二氧化硫动力学 [J]．环境科学学报，1997，17 (3)：289-294.

[12] Zhou Z, Hu D L, Qiao W M, et al. Optimization for phosphorous removal in thickening and dewatering sludge water by polyaluminum chloride [J]. Environmental Science, 2014, 35 (6): 2249- 2255.

[13] 陆永琪，姚小红．飞灰浆液脱硫特性的初步研究 [J]．环境科学，1999，20 (1)：15-18.

[14] 李惠萍，靳苏静，李雪平，等．工业烟气的赤泥脱硫研究 [J]．郑州大学学报 (工学版)，2013，34 (3)：34-37.

[15] Li C Y, Sheng Y Q, Sun X Y. Simultaneous removal of SO_2 and NO_x by a combination of red mud and coal mine drainage [J]. Environmental Engineering Science, 2019, 36 (4): 444-452.

[16] Ma S C, Su M, Sun Y X, et al. Experimental studies on removal of SO_2 and NO_x from simulating flue gas with O_3 oxidation [J]. Proceedings of the Chinese Society for Electric, 2010, 30: 81-84.

[17] 纪瑞军，徐文青，王健，等．臭氧氧化脱硝技术研究进展 [J]．化工学报，2018，69 (6)：2353-2363.

[18] Ji R, Wang J, Xu W, et al. Study on the key factors of NO oxidation using O_3: the oxidation product composition and oxidation selectivity [J]. Industrial & Engineering Chemistry Research, 2018, 57: 14440-14447.

[19] Cho E H. Removal of SO_2 with oxygen in the presence of Fe (Ⅲ) [J]. Metallurgical Transactions B-Process Metallurgy, 1986, 17: 745-753.

[20] Conklin M H, Hoffmann M R. Metal ion- sulfur (Ⅳ) chenmistry .3. thermodynamics and kinetics of transient iron (Ⅲ) sulfur (Ⅲ) complexes [J]. Environmental Science & Technology, 1988, 22: 899-907.

[21] Martin L R, Hill M W, Tai A F, et al. The iron catalyzed oxidation of sulfur (Ⅳ) in aqueous solution: differing effects of organics at high and low Ph [J]. Journal of Geophysical Research-Atmospheres, 1991, 96: 3085-3097.

[22] Zhang W S, Singh P, Muir D. Iron (Ⅱ) oxidation by SO_2/O_2 in acidic media: Part I. kinetics and mechanism [J]. Hydrometallurgy, 2000, 55: 229-245.

[23] Chen M, Deng X H, He F G. Removal of SO_2 from flue gas using basic aluminum sulfate solution with the byproduct oxidation inhibition by ethylene glycol [J]. Energy & Fuels, 2016, 30: 1183-1191.

[24] Chen Z, Wang H M, Zhuo J K, et al. Experimental and numerical study on effects of deflectors on flow field distribution and desulfurization efficiency in spray towers [J]. Fuel Processing Technology, 2017, 162: 1-12.

[25] Liu D K, Shen D X, Chang S G. Removal of nitrogen oxide (NO_x) and sulfur dioxide from flue gas using aqueous emulsions of yellow phosphorus and alkali [J]. Environ Sci Technol, 1991, 25 (1): 55-60.

[26] 秦毅红，聂成肖，张丽．黄磷乳浊液脱硝及改性研究 [J]. 环境保护科学, 2015, 41 (1): 46-50.

[27] 钟晓伟，张旭斌，蔡旺锋，等．臭氧氧化结合氨法同时脱硫脱硝的实验研究 [J]. 化学工程, 2017, 45 (7): 7-11.

[28] Sahu S, Sahu U K, Patel R K. Modified thorium oxide polyaniline core-shell nanocomposite and its application for the efficient removal of Cr (Ⅵ) [J]. Journal of Chemical & Engineering Data, 2019, 64 (3): 1294-1304

[29] 张佳．臭氧氧化法结合钠法吸收同时脱硫脱硝研究 [D]. 上海：华东理工大学, 2014.

[30] Li X T, Ma J Z, He H. Recent advances in catalytic decomposition of ozone [J]. Journal of Environmental Sciences, 2020, 94: 14-31.

[31] 李紫珍，覃岭，宁平，等．泥磷乳浊液联合磷矿浆液相脱硝 [J]. 环境工程学报, 2018, 12 (11): 3177-3184.

[32] Li B, Wu H, Liu X L, et al. Simultaneous removal of SO_2 and NO using a novel method with red mud as absorbent combined with O_3 oxidation [J]. Journal of Hazardous Materials, 2020, 392: 122270.

[33] Sahu S, Sahu U K, Patel R K. Synthesis of thorium-ethanolamine nanocomposite by the co-pre-

cipitation method and its application for Cr (Ⅵ) removal [J]. New Journal of Chemistry, 2018, 42, 5556-5569.

[34] Sahu S, Mallik L, Pahi S, et al. Facile synthesis of poly o- toluidine modified lanthanum phosphate nanocomposite as a superior adsorbent for selective fluoride removal: a mechanistic and kinetic study [J]. Chemosphere, 2020, 252: 126551

[35] 杨加强. 黄磷复合矿浆脱除烟气 NO_x的研究 [D]. 昆明: 昆明理工大学, 2017.

[36] Li S, Yang J Q, Wang C, et al. Removal of NO from flue gas using yellow phosphorus and phosphate slurry as adsorbent [J]. Energy & Fuels, 2018, 32: 5279-5288.

[37] 聂成肖. 液相氧化同时脱硫脱硝技术研究 [D]. 长沙: 中南大学, 2014.

[38] Sun X Y, Sheng Y Q, Zhang P Q. Application of the red mud and mineral waste water in flue gas denitrification [J]. Environmental Engineering, 2017, 35: 93-97.

[39] 吴惊坤. 改性赤泥催化剂制备及其脱硝性能优化 [D]. 济南: 山东大学, 2017.

[40] Cengeloglu Y, Tor A, Ersoz M, et al. Removal of nitrate from aqueous solution by using red mud [J]. Separation & Purification Technology, 2006, 51 (3): 374-378.

[41] 王志强. 磷块岩的强化浮选与机理研究 [D]. 贵阳: 贵州大学, 2020.

[42] 国蓉, 李剑君, 国亮, 等. 采用响应曲面法优化甘草饮片中甘草酸的超声提取工艺 [J]. 西北农林科技大学学报 (自然科学版), 2006, 34 (9): 187-192.

[43] 刘志森, 杨国庆. 实验设计和响应面方法在油田开发方案设计中的应用 [J]. 石油化工应用, 2012, 31 (10): 23-25.

[44] 赵立春, 杨更亮. 响应曲面法在中药有效成分提取中的应用研究 [J]. 中药与临床, 2013, 4 (6): 62-64.

[45] 张艳, 李永哲. 响应面法及其在药学领域中的应用 [J]. 吉林化工学院学报, 2012, 29 (7): 20-26.

[46] 王永菲, 王成国. 响应面法的理论与应用 [J]. 中央民族大学学报, 2005, 14 (3): 236-241.

[47] 崔凤杰, 许泓瑜, 舒畅, 等. 响应曲面法优化灰树花水溶性多糖提取工艺的研究 [J]. 食品科学, 2006, (4): 142-147.

[48] Xiang W Y, Xia L F, Zhao L U. Optimization of cultivation medium Clitocybe sp. AS 5. 112 for the extracellular polysaccharide production and mycelial growth by response surface methodology [J]. Journal of Nanjing Agricultural University, 2004, 27 (3): 89-94

[49] Zhou Z, Hu D L, Qiao W M, et al. Optimization for phosphorous removal in thickening and dewatering sludge water by polyaluminum chloride [J]. Environmental Science, 2014, 35 (6): 2249- 2255.

[50] 吕凤娇, 林启超, 谢晓兰. 响应面法优化草珊瑚总黄酮提取工艺的研究 [J]. 计算机与应用化学, 2015, (4): 463-467.

[51] Wang J, Burken J G, Zhang X, et al. Engineered struvite precipitation: impacts of component-ion molar ratios and pH [J]. Journal of Environmental Engineering, 2005, 131 (10): 1433- 1440.

[52] 李卓．改性粘土脱汞特性的动力学研究［D］．天津：南开大学，2014.
[53] Ahmad A A, Hameed B H, Aziz N. Adsorption of direct dye on palm ash: kinetic and equilibrium modeling [J]. Journal of Hazardous Materials, 2007, 141 (1): 70-76.
[54] Yasemin K, Ayse Z A. Adsorption characteristicsof the hazardous dye brilliant green on saklikent mud [J]. Chemical Engineering Journal, 2011, 172: 199-206.
[55] 黄河，李勇超，徐政，等．赤泥吸附废水中 Mn（2+）的机理分析研究［J］．硅酸盐通报，2019，38（9）：106-112，118.
[56] 赵振国．吸附作用应用原理［J］．热能动力工程，2005，（6）：631-631.
[57] 牛庆合，潘结南，李猛，等．变形煤中纳米级封闭孔隙结构特征及其变形机制［C］//全国纳米地球科学学术研讨会暨中国地质学会纳米地质专业委员会成立大会．2015.
[58] Wang J, Li H, Shuang C, et al. Effect of pore structure on adsorption behavior of ibuprofen by magnetic anion exchange resins [J]. Microporous & Mesoporous Materials, 2015, 210: 94-100.
[59] 林晓芬．生物质焦吸附 SO_2 的穿透曲线分析［J］．中国化工贸易，2018，（30）：255-256.
[60] 马艳红，刘战伟．拜耳法赤泥脱碱研究进展［J］．冶金工程，2019，6（2）：72-79.
[61] 李翔．河南典型砂土的低温陶瓷固化机理及技术研究［D］．南京：南京理工大学，2012.
[62] 左晓琳．拜耳法赤泥脱硫特性研究［D］．昆明：昆明理工大学，2017.
[63] Leon B, KrassimirG, Peter S, et a1. X-ray photoelectron spectroscopy of aluminium substituted to bermorite [J]. Cement & Concrete Research, 2005, 35 (1): 51- 55.
[64] Nadaroglu H, Kalkan E, Demir N. Removal of copper from aqueous solution using red mud [J]. Desalination, 2010, 251 (1-3): 90-95.
[65] 张延利，刘中凯，孙凤娟，等．高温拜耳法赤泥制备高效活化剂及骨架构建体调理市政污泥的研究［J］．硅酸盐通报，2020，39（10）：282-287.
[66] 海然，王帅旗，刘盼，等．热活化温度对氧化铝赤泥反应活性的影响及机理研究［J］．无机盐工业，2019，051（009）：72-75.
[67] Lipinska-Kalita K E . Infrared spectroscopic investigation of structure and crystallization of aluminosilicate glasses [J]. Journal of Non-Crystalline Solids, 1990, 119 (3): 310-317.
[68] Han R P, Zou L, Zhao X, et al. Characterization and properties of iron oxide-coated zeolite as adsorbent for removal of copper (II) from solution in fixed bed column [J]. Chemical Engineering Journal, 2009, 149 (1-3): 123-131.
[69] 何乐年．等离子体化学气相沉积非晶 SiO_x：H（$0 \leqslant x \leqslant 2.0$）薄膜的红外光谱［J］．半导体学报，2001，22（5）：587-593.
[70] 王悦．$BaZrO_3$/赤泥催化剂的制备及催化氧化烟气的 NO 的研究［D］．北京：北京化工大学，2013.
[71] Deihimi N, Irannajad M, Rezai B. Characterization studies of red mud modification processes as adsorbent for enhancing ferricyanide removal [J]. Journal of Environmental Management, 2018, 206: 266-275.

[72] Zhang Y, Qian W, Zhou P, et al. Research on red mud-limestone modified desulfurization mechanism and engineering application [J]. Separation and Purification Technology, 2021, 272.
[73] 王小妮. 泥磷回收产品的净化提纯研究 [D]. 昆明: 昆明理工大学, 2011.

第 4 章　赤泥提取金属与环境材料制备技术

4.1　赤泥中有价金属提取技术

赤泥是碱性大宗工业固体废物，其处置带来了一系列环境污染问题和安全隐患，赤泥有价金属回收是解决赤泥污染问题、安全隐患和实现赤泥减量化、资源化、无害化的重要方法。本节主要介绍了赤泥的物理化学特性和主要可回收的有价金属，结合课题组研究成果，综述了国内外近年来赤泥中有价金属回收的研究进展，并对赤泥回收有价金属过程中使用的主要工艺、操作参数、回收率等进行了比较。赤泥有价金属回收虽然基础研究众多，但存在成本较高及工业化程度低的问题，指出了赤泥有价金属回收工业化程度低的主要原因，并对今后赤泥有价金属回收急需解决的关键问题和发展方向提出了建议，其中，有价金属回收-赤泥脱碱-大宗固废综合应用相关一体化技术将成为赤泥综合利用的下一个研究热点。

4.1.1　脱硫赤泥酸浸回收铁铝

拜耳法赤泥中含有铝 9.44%，铁 15.62%，主要以钙霞石 [$Na_6CaAl_6Si_6(CO_3)O_{24}\cdot 2H_2O$]、石榴石 [$Ca_3Al_2(SiO_4)(OH)_8$] 以及赤铁矿（$Fe_2O_3$）的形式存在，给资源化回收造成困难。赤泥在脱硫脱硝的过程中，消耗大量的钙碱和钠碱，在赤泥脱硫过程中发现了铁和铝在脱硫液中的富集现象，表明赤泥中钠和钙的氧化物会发生反应，溶解在浆液中，导致铁和铝从各类矿物相中溶出，这有利于浸出反应的进行，因此将赤泥脱硫与铁铝的回收耦合起来研究，将显著减少酸的用量，降低湿法酸浸铁铝回收成本。

1. 酸添加量对铁铝浸出率的影响

设计实验条件：反应温度为 85℃，浸出时间为 4h，液固比为 30∶1mL/g，脱硫脱硝反应 6h 后的赤泥 1g，考察不同硫酸添加量 2mL、4mL、6mL、8mL、10mL 对赤泥铁铝浸出率的影响，如图 4.1 所示。

观察图 4.1 发现，当硫酸添加量为 2mL 时，铝的浸出率为 75.66%，铁的浸出率为 27.98%；随着硫酸添加量的增大，铁和铝的浸出效率都有明显增加，硫酸添加量为 8mL 时，铝的浸出率达到 92.85%，铁的浸出率也有 84.87%。其中，

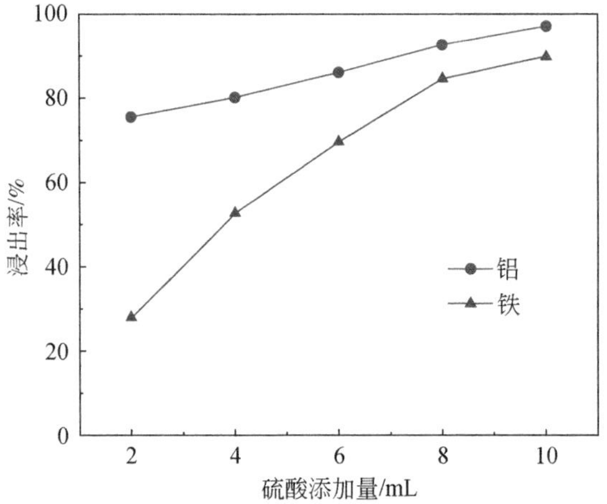

图 4.1　硫酸添加量对铁铝浸出率的影响

铝的浸出效率明显高于铁，这是因为根据热力学计算，在相同的反应条件下，赤泥中的铝会被硫酸优先浸出[1]，赤泥中的赤铁矿与其他的钙霞石、石榴石相比，更难被浸出。随着硫酸添加量的增加，在硫酸与钙霞石、石榴石等化合物反应后，过量的硫酸就会与氧化铁反应，使得铁的浸出率提高。但硫酸过量也会存在成本过高的问题，并且浸出的铁铝是以离子的状态存在于浸出液中，后续需要使用加氨共沉淀的方法把它们提取出来，所以在浸出环节硫酸的量不宜过多。所以，虽然硫酸添加量为 10mL 时，铝和铁的浸出率还会提高，但综合考虑经济性和浸出率，还是选择 8mL 来作为单因素实验的最佳硫酸添加量。

2. 反应温度对铁铝浸出率的影响

设计试验条件：硫酸添加量为 8mL，浸出时间为 4h，液固比为 30∶1mL/g，脱硫脱硝反应 6h 后的赤泥 1g，考察不同反应温度 55℃、65℃、75℃、85℃、95℃对赤泥铁铝浸出率的影响。

由图 4.2 可以看出，反应温度对铁浸出率的影响更大。当反应温度为 55℃时，铁的浸出率只有 41.93%；把反应温度增加到 95℃，铁的浸出率可以提升到 90.83%。反应温度增加 40℃，铁的浸出率上升了约 48.9%。反应温度的升高导致了离子在溶液中的快速扩散，从而加快了浸出速率[2]。反应温度的变化对铝的浸出率影响较小。反应温度从 55℃增加到 95℃，铝的浸出效率从 85.68%增加至 98.44%，浸出率上升了 13%。但温度过高，容易导致酸挥发，并且高温度意味着高能耗，所以选择 85℃作为单因素实验的最佳反应温度。

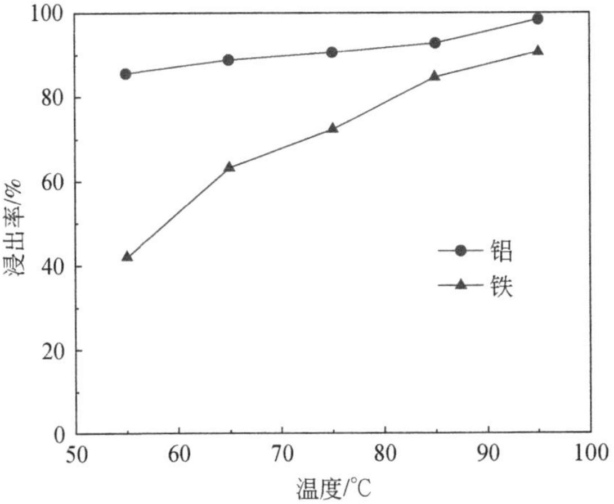

图4.2　反应温度对铁铝浸出率的影响

3. 浸出时间对铁铝浸出率的影响

设计实验条件：硫酸添加量为8mL，反应温为85℃，液固比为30：1mL/g，脱硫脱硝反应6h后的赤泥1g，考察不同浸出时间2h、3h、4h、5h、6h对赤泥铁铝浸出率的影响。

如图4.3所示，铁铝的浸出率随浸出时间的变化趋势基本相同，都是在浸出时间由2h增多到4h时，浸出效率有较小幅度的提升。再当浸出时间由4h增加至6h时，铁铝的浸出率基本不变。其中，铁的浸出率受浸出时间的影响更大一些，在浸出2h的条件下，铁的浸出率为70.45%。浸出时间为4h，铁的浸出率可以达到84.87%，与2h相比，浸出率提升了约15%。将4h确定为单因素实验的最佳浸出时间。

4. 液固比对铁铝浸出率的影响

设计实验条件：硫酸添加量为8mL，反应温度为85℃，浸出时间为4h，脱硫脱硝反应6h后的赤泥1g，考察不同液固比10mL/g、15mL/g、20mL/g、25mL/g、30mL/g对赤泥铁铝浸出率的影响。

如图4.4所示，液固比对铝的浸出率几乎没有影响，液固比从20mL/g间断地增加到30mL/g，铝的浸出率始终保持在91%~93%这个范围，没有大的变化，而铁的浸出率则从76.35%提高到了84.87%。选择30mL/g作为单因素实验中的最佳液固比。

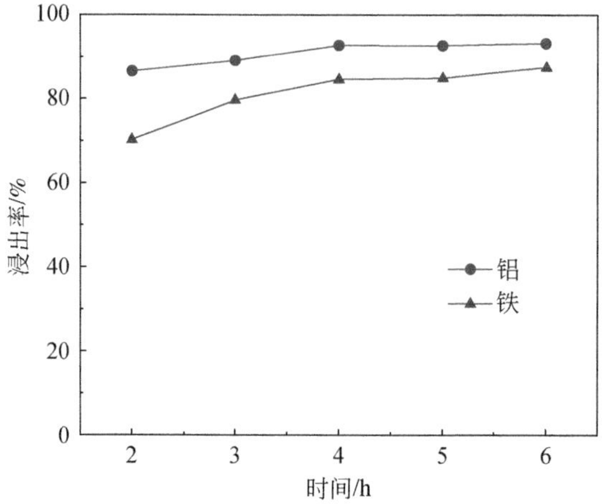

图 4. 3　浸出时间对铁铝浸出率的影响

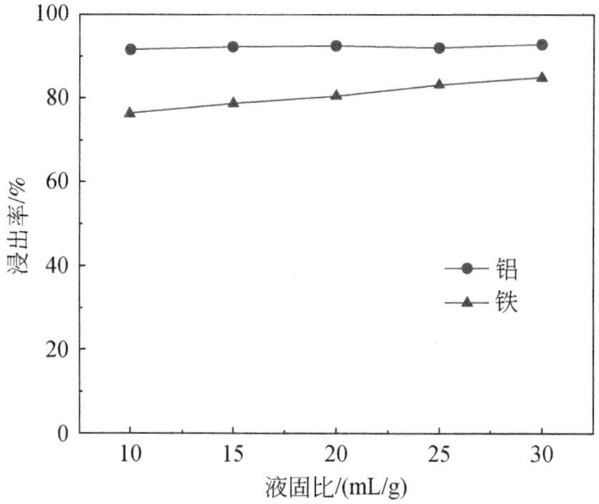

图 4. 4　液固比对铁铝浸出率的影响

4. 1. 2　浸出动力学研究

矿物、工业固废中金属的浸出主要有化学反应模型和内扩散模型两类。化学反应模型控制方程和内扩散模型控制方程如下：

$$(1-x)^{-2/3}-1=kt \tag{4.1}$$

$$(1-x)^{-1/3}-1+\ln(1-x)^{1/3}=kt \tag{4.2}$$

式中，k 为表观反应速率常数；t 为反应时间；x 为金属浸出率。

由图 4.2 和图 4.3 所示的数据，得到的不同温度下铁、铝随时间的浸出效率变化，将实验数据按照动力学模型进行拟合，铁、铝的拟合结果如表 4.1 所示。

表 4.1　浸出动力学模型拟合结果

反应温度/℃	化学反应控制				内扩散控制			
	k/min^{-1}		r^2		k/min^{-1}		r^2	
	Fe	Al	Fe	Al	Fe	Al	Fe	Al
55	0.00338	0.00899	0.82362	0.93569	0.0006811	0.00112	0.77491	0.935
65	0.00471	0.01054	0.97968	0.96635	0.0002052	0.00122	0.96692	0.9678
85	0.00698	0.00992	0.91545	0.82292	0.00163	0.00131	0.92108	0.94949

从表 4.1 可以看出，赤泥中浸出铁，表面化学反应控制步骤拟合效果较好。使用硫酸浸出赤泥中的铝，与表面化学反应控制相比，内扩散模型控制步骤的拟合效果更好。对化学反应控制步骤下的 ln$k$ 和 T^{-1} 作图，通过阿伦尼乌斯公式计算得到硫酸浸出赤泥中铁和铝的浸出反应表观活化能，其结果如图 4.5 所示。

浸出铁的反应表观活化能为 23.13kJ/mol，浸出铝的反应表观活化能为 2.81kJ/mol，可以看出铁的活化能约比铝大 20kJ/mol，说明该浸出体系下铝更容易被浸出，和前面的浸出实验结果吻合。

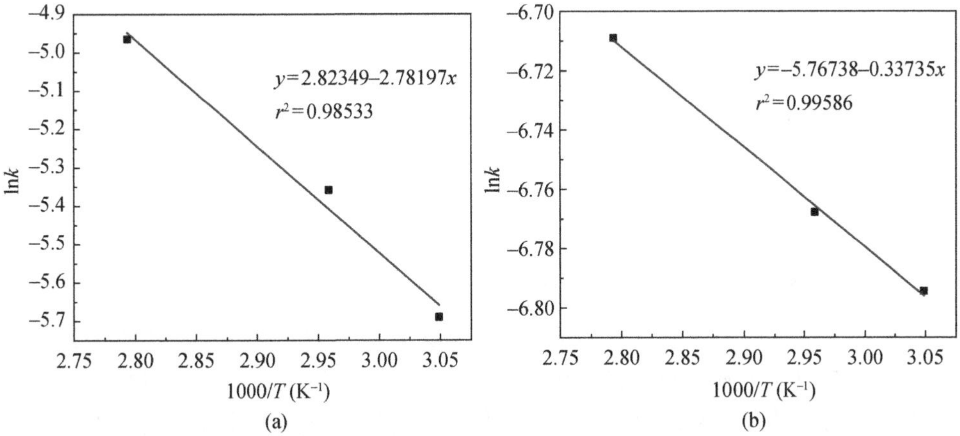

图 4.5　赤泥中铁（a）和铝（b）浸出的阿伦尼乌斯图

4.1.3 铁铝的沉淀与分离

1. 沉淀与分离的思路方法

经硫酸浸出后，铁、铝以离子的形式进入液相，但由于它们具有相似的性质和相似的离子半径，且电荷相同，容易水解。铁和铝的盐具有共价性，它们通过交叉共聚形成多核、更长、更稳定的分子链，使分离变得困难[3]。通过加氨，铁和铝形成不溶于水的共沉淀产物，将得到的共沉淀产物加碱浸出，然后就可以过滤得到 Fe（OH）$_3$ 和 $NaAlO_2$ 溶液（图 4.6）。

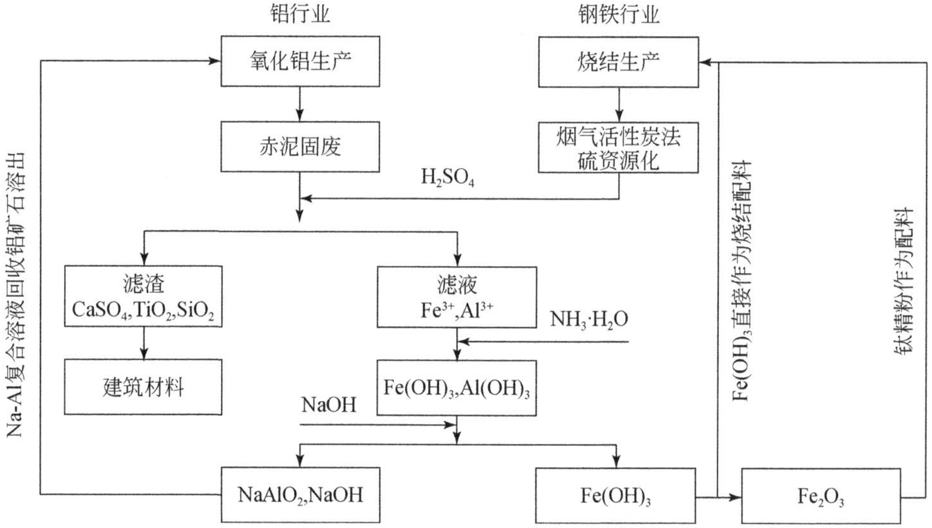

图 4.6　铁铝沉淀分离流程图

2. 共沉淀法得到铁铝沉淀产物

共沉淀法是指当溶液存在多种的阳离子，可以通过调节溶液 pH 或加入一些特定的试剂使得溶液中的阳离子共同沉淀的方法。共沉淀法不仅可以精炼甚至混合原料，而且具有工艺简单、煅烧温度低、时间短、产品性能好等优点[4]。

在进行共沉淀之前，必须先将加酸浸出的浸出液与浸出渣通过沉淀过滤的方法分离开，浸出液用于共沉淀实验，浸出渣烘干后进行 XRD、XRF 的成分分析以及 SEM 和 BET 的形貌、孔径分析。共沉淀的实验条件如表 4.2 所示。

表4.2　铁铝共沉淀实验条件表

硫酸浓度/(mL/g)	浸出温度/℃	浸出时间/min	液固比/(mL/g)	氨水浓度/%	共沉淀温度/℃
8	85	4	30	35	55

由于 $Al(OH)_3$ 和 $Fe(OH)_3$ 的溶度积常数较小，因此其很难溶于水。本实验以氨水为中和剂，加入氨水对 pH 进行调节，在一定的 pH 下，铁沉淀为氢氧化铁，铝沉淀为不溶于水的氢氧化铝。已知 Fe^{3+}完全沉淀为 $Fe(OH)_3$ 时的最低 pH 是3.2，Al^{3+}完全沉淀为 $Al(OH)_3$ 时的最低 pH 是4.71[5]，所以加入氨水调节浸出液的 pH 至5，保证浸出液中的 Fe^{3+}和 Al^{3+}完全以氢氧化物沉淀的形式存在。

$$Fe^{3+}+3NH_3\cdot H_2O \longrightarrow Fe(OH)_3\downarrow +3NH_4^+ \tag{4.3}$$

$$Al^{3+}+3NH_3\cdot H_2O \longrightarrow Al(OH)_3\downarrow +3NH_4^+ \tag{4.4}$$

3. 碱浸法实现铁铝分离

氢氧化铝是一种两性氢氧化物，能与酸反应生成盐和水，也能溶解在碱溶液中生成偏铝酸钠溶液。利用氢氧化铝的特殊性质，采用碱浸对铝和铁的共沉淀产物进行浸出，反应过程如反应式（4.5）所示。

$$Al(OH)_3+NaOH \longrightarrow Na[Al(OH)_4] \tag{4.5}$$

沉淀混合物中的氢氧化铝溶解在氢氧化钠溶液中产生铝酸钠溶液，而氢氧化铁不溶于氢氧化钠，所以它以沉淀的形式留在滤渣中，从而实现铝和铁的分离。而加碱浸出后得到的 $Na[Al(OH)_4]$，可以用于电解铝的生产，而得到的氢氧化铁沉淀，在高温焙烧后转化为氧化铁，又能作为炼铁炼钢的原料，从而成功实现了赤泥中有价金属的资源化利用。碱浸法分离实验条件如表4.3所示。

表4.3　碱浸法分离铁、铝实验条件表

硫酸浓度/(mL/g)	浸出温度/℃	浸出时间/min	液固比/(mL/g)	氢氧化钠浓度/(mol/L)	碱浸温度/℃
8	85	4	30	0.2	55

4. 表征分析

由铁铝沉淀分离流程图可以知道，在通过酸浸-过滤分离-加氨共沉淀-加碱浸出-过滤分离的步骤之后，会产生三种固体物质，包括酸浸过程中剩下的浸出渣，如图4.7（b）所示；加氨沉淀分离后，又加碱浸出得到的氢氧化铁胶体沉淀，如图4.7（c）所示；以及将氢氧化铁胶体沉淀在马弗炉中，600℃条件下焙烧 8h，得到红褐色的赤泥提铁产物 Fe_2O_3，如图 4.7（d）所示。

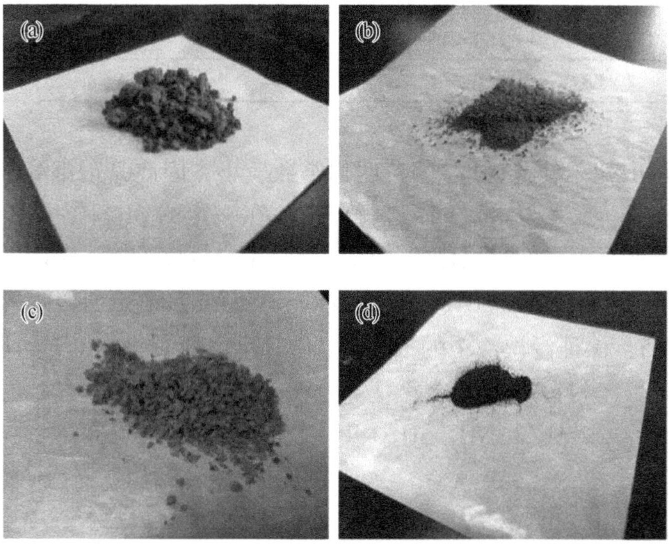

图 4.7　实验不同阶段得到的产物图

（a）赤泥；（b）浸出渣；（c）碱浸沉淀胶体；（d）碱浸焙烧产物

$$2Fe(OH)_3 \xrightarrow{600℃} Fe_2O_3+3H_2O \tag{4.6}$$

对所得的三种固体分别进行 XRF、SEM 和 BET 等表征分析，测定最终的铁回收率。

1）XRF 分析

样品的制备：分别取少量赤泥、浸出渣、共沉淀焙烧产物、碱浸焙烧产物放在称量纸上，均放入电热鼓风干燥箱中在 100℃ 干燥 24h，取出后分别称量约 2mL 的量放入自封袋密封好，并按顺序以样品 1、样品 2、样品 3、样品 4 进行标记。赤泥及其浸出产物的 XRF 分析数据如表 4.4 所示。

表 4.4　赤泥及浸出物质的 XRF 测试结果　　（wt%）

氧化物类型	CaO	Fe_2O_3	Al_2O_3	SiO_2	TiO_2	Na_2O	SO_3
赤泥	21.857	22.319	17.840	15.842	9.571	8.675	2.247
浸出渣	11.847	0.731	2.278	47.072	20.560	0.070	17.014
共沉淀物	0.355	37.662	21.506	1.205	6.200	0.119	31.864
碱浸沉淀物	0.019	82.873	1.567	0.676	10.383	1.534	0.037

浸出渣中 CaO 和 SO_3 的含量占了质量分数的29%，这与 XRD 的特征峰对应，铁和铝的含量都很低，和浸出实验中的浸出率对应起来。共沉淀物中氧化铁含量为37.662%，氧化铝含量为21.506%，说明氨水的加入可以实现铁、铝的沉淀，生成氢氧化铁和氢氧化铝胶体。碱浸沉淀物中氧化铝的质量分数下降到了1.567%，而氧化铁的质量分数为82.873%，证实了共沉淀产物中氢氧化铝的溶解，而氢氧化铁不会与氢氧化钠反应，很好地保留下来，实现了铁铝分离回收。

2）SEM 和 BET 分析

采用 Zeiss Sigma300 型场发射扫描电子显微镜对反应前后赤泥表面的微观形貌进行表征。采用 NOVA 2000e 型比表面积及孔径测定仪进行测定。SEM 结果如图4.8所示。

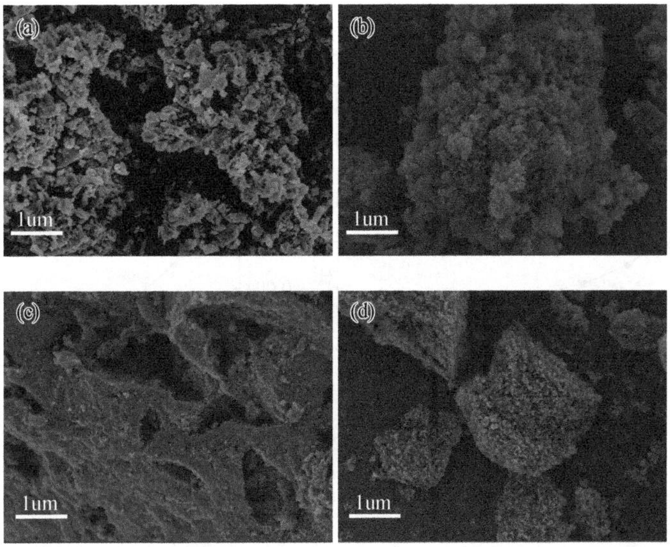

图4.8　不同物质类型的扫描电镜图

（a）赤泥；（b）浸出渣；（c）共沉淀焙烧产物；（d）碱浸焙烧产物

如表4.5所示，浸出渣 $CaSO_4$ 的比表面积为96.215m^2/g，孔容为0.279m^3/g，平均孔径大小为3.401nm，可以用作水泥、半水硫酸钙及硫酸的原料，农业上用作化肥，降低土壤碱度，改善土壤性能。

表4.5　赤泥及浸出物质的孔隙特征

物质名称	比表面积/(m^2/g)	孔容/(m^3/g)	平均孔径/nm
赤泥	11.187	0.028	3.055
浸出渣	96.215	0.279	3.401

续表

物质名称	比表面积/(m^2/g)	孔容/(m^3/g)	平均孔径/nm
共沉淀产物	16.740	0.044	7.711
碱浸焙烧后产物	25.062	0.200	28.738

共沉淀产物的比表面积为 16.740m^2/g，孔容为 0.044m^3/g，平均孔径为 7.711nm，由于在实际工程应用中，共沉淀产物只是一个中间产物，还要使用碱浸法浸出里面的 Al，因此不对它可能的用途作出讨论。碱浸焙烧产物的比表面积为 25.062m^2/g，孔容为 0.200m^3/g，平均孔径为 28.738nm，主要物质是 Fe_2O_3，可以用作炼钢的原料。赤泥、浸出渣、共沉淀产物、碱浸焙烧产物的孔径分布曲线如图 4.9 所示。

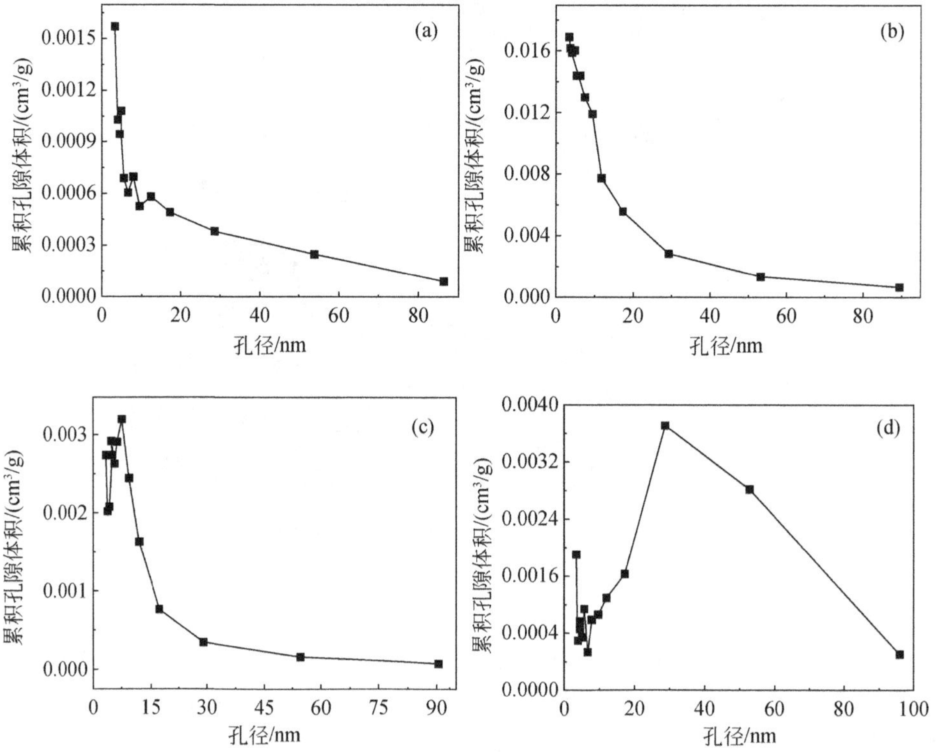

图 4.9 赤泥（a）、浸出渣（b）、共沉淀产物（c）、碱浸焙烧产物（d）的孔径分布曲线

3）沉淀分离参数调控分析

在硫酸将赤泥中的铁、铝以离子形式浸出到溶液中后，需要经过沉淀-碱

浸-焙烧等过程才能得到最终产物 Fe_2O_3。在这个过程中，沉淀终点 pH 的确定、调节 pH 所使用的碱液选择、沉淀浸出过程中温度的设定等，都会对铁的回收率有影响。本小节探究了在使用氨水调节浸出液 pH，使共沉淀 pH 分别为 5.0 和 8.0 时，铁的回收率的变化；以及分别使用氨水和氢氧化钠溶液来对浸出液进行调节至 pH 为 5.0 时，铁的回收率的变化。原赤泥、浸出渣、共沉淀产物、碱浸焙烧产物的 N_2 吸附-脱附等温线如图 4.10 所示。

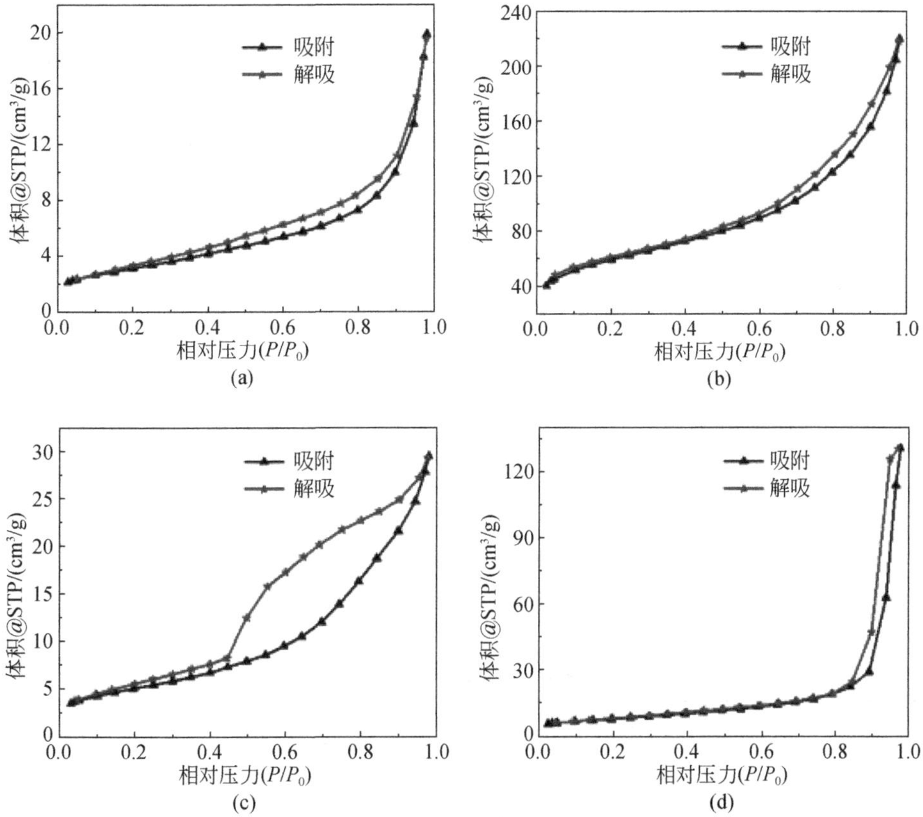

图 4.10　原赤泥（a）、浸出渣（b）、共沉淀焙烧产物（c）及碱浸焙烧产物（d）的 N_2 吸附-脱附等温线

实验中的其他参数均保持一致，浸出过程中硫酸量为 8mL/g、浸出温度为 85℃、浸出时间为 4h、液固比为 30mL/g、共沉淀和碱浸反应温度均为 55℃。不同实验得到的碱浸焙烧产物的 XRF 测试结果如表 4.6 所示。

表 4.6 不同反应条件下碱浸产物组分的 XRF 测试结果 (wt%)

氧化物类型	CaO	Fe_2O_3	Al_2O_3	SiO_2	TiO_2	Na_2O	SO_3
pH=5/氨水	0.019	82.873	1.567	0.676	10.383	1.534	0.037
pH=8/氨水	0.055	77.662	2.948	0.205	13.200	1.819	0.064
pH=5/氢氧化钠	0.034	80.164	0.936	0.568	11.574	4.534	0.012

从表 4.6 可以看出，在共沉淀过程中使用氨水和氢氧化钠溶液，对铁的回收率不会有明显的改变，回收率保持在 77% ~83% 之间。而调节共沉淀的 pH 终点值由 5.0 增加至 8.0，则会促进溶液中钛的沉淀，使铁的回收率有略微的下降。结合 4.1.1 节对铁铝浸出效率的影响分析，对赤泥中铁的回收影响最大的是浸出酸的浓度，其决定了赤泥中的铁的浸出效率，同时浸出时间和反应温度也会对其造成影响。而共沉淀和碱浸过程参数的变化则对最终铁的回收率的影响较小。

4.1.4 酸碱结合铁铝回收

1. 赤泥提取铝

拜耳法赤泥是铝土矿经过高浓度的氢氧化钠溶液，在高温高压下，溶出原矿中较易溶出的活性铝后排出的残渣。其中所含的铝一部分来自赤泥截留的铝酸钠，一部分来自铝土矿残留。为了将这部分铝提取出来，将赤泥与氢氧化钠共焙烧，考察因素有氢氧化钠用量、温度、碱融时间。各因素水平参考碱融法设定，正交水平因素表设计如表 4.7 所示。

表 4.7 正交水平因素表

因素	氢氧化钠用量	温度/℃	时间/min
水平 1	1.5	550	15
水平 2	1	600	30
水平 3	0.5	650	60

注：氢氧化钠用量值为氢氧化钠与赤泥的质量的比值。

按表 4.8 所列参数，将赤泥与氢氧化钠按比例混合。由于氢氧化钠在空气中易与水和二氧化碳反应，为了减少氢氧化钠损耗，将赤泥与氢氧化钠移入离心管，于旋涡混匀仪混匀 1min。移入镍坩埚，放入马弗炉，以 5℃/min 升温至指定温度，保温指定时间，在炉内冷却。待其冷却至室温，取出研碎，以 1g 赤泥（仅以赤泥使用质量为准）：50mL 水的比例加入去离子水，于加热板上煮沸 10min，待其冷却至室温后，用针筒抽滤器抽取提取液，稀释后用 ICP 测定铝浓度，计算回收率。结果如表 4. 9 所示。

表 4. 8　正交实验设计表

所在列因素	1 氢氧化钠用量	2 温度	3 时间	4 误差
实验 1	1	1	1	1
实验 2	1	2	2	2
实验 3	1	3	3	3
实验 4	2	1	2	3
实验 5	2	2	3	1
实验 6	2	3	1	2
实验 7	3	1	3	2
实验 8	3	2	1	3
实验 9	3	3	2	1

表 4. 9　正交直观分析表

所在列 因素	1 氢氧化钠用量	2 温度	3 时间	4 误差	回收率/%
实验 1	1	1	1	1	77. 38
实验 2	1	2	2	2	77. 85
实验 3	1	3	3	3	82. 75
实验 4	2	1	2	3	61. 42
实验 5	2	2	3	1	64. 17
实验 6	2	3	1	2	61. 65
实验 7	3	1	3	2	47. 51
实验 8	3	2	1	3	39. 97
实验 9	3	3	2	1	41. 3
均值 1	79. 327	62. 103	59. 667	60. 95	
均值 2	62. 413	60. 663	60. 19	62. 337	
均值 3	42. 927	61. 9	64. 81	61. 38	
极差	36. 4	1. 44	5. 143	1. 387	

由表 4. 9 可知，对铝的回收率影响最大的是氢氧化钠用量，氢氧化钠用量越大，铝回收率越高。其次是焙烧时间，焙烧时间与铝回收率也呈正相关。焙烧温度对铝浓度的影响较小，这是因为碱熔温度设定的最低温度 550℃已远超过氢氧

化钠熔点 318.4℃，所以温度对其影响不大。效果最优的为 550℃，在升至 600℃后，铝回收率出现了一个下降，在 650℃时，又出现上升。在这组实验中，铝回收率最高可达 82.75%，对应碱熔条件为：氢氧化钠用量为赤泥用量的 1.5 倍，温度为 650℃，碱熔时间为 60min。

由表 4.10 正交方差分析表可知，对铝的回收率有显著影响的是氢氧化钠用量。对实验 1 号，浸出后的渣进行 XRD 扫描，衍射角为 5°～80°，步长 0.02°/步，每步 0.5s 进行扫描，结果由 HighScore plus 分析，与预实验浸出前后的 XRD 图对比结果如图 4.11 所示。

表 4.10　正交方差分析表

因素	偏差平方和	自由度	F 比	F 临界值	显著性
氢氧化钠用量	1990.751	2	658.635	19	*
温度	3.644	2	1.205	19	
时间	48.072	2	15.902	19	
误差	3.02	2	1	19	

注：显著性指群体之间得以相互区别的能力。本处指在铝的回收实验中，不同条件下回收率的区别。

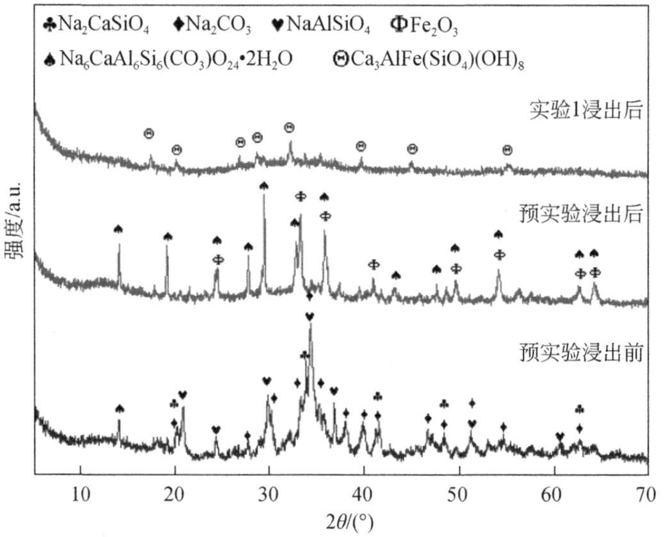

图 4.11　碱熔赤泥浸出前后的 XRD 图谱

从图 4.11 可以看出，在预实验阶段，将氢氧化钠与赤泥以质量比 1∶2 于 500℃熔融 30min，炉内冷却。样品由红色变为绿色黏连颗粒，XRD 图谱

（图4.11底部黑色线）显示赤泥与熔融的氢氧化钠反应，产生了硅酸钙钠（Na_2CaSiO_4），碳酸钠和铝硅酸钠（$NaAlSiO_4$）、碱熔后，样品以无定形相为主，且并未检测到铁相的衍射峰。经过水煮浸出后，溶于碱液的硅酸钙钠、碳酸钠和铝硅酸钠溶解，将原本被熔融钠盐包裹住的钙霞石［$Na_6CaAl_6Si_6(CO_3)O_{24}$］和氧化铁暴露出来。

正交设计实验1号样相比预实验样品，温度升高至550℃，氢氧化钠与赤泥质量比变为3∶2，时间缩短为15min。浸提铝后残渣物相只剩一个沸石相——水化石榴石［$Ca_3AlFe(SiO_4)(OH)_8$］，且衍射峰出峰不明显，30°～40°出现一个鼓包峰，证明1号样品浸出残渣中以无定形相为主。同时氧化铁的衍射峰再次消失。赤泥中原本包含铝的相为钙霞石和水钙铝榴石［$Ca_{2.93}Al_{1.97}Si_{0.64}O_{2.56}(OH)_{9.44}$］，经过熔融氢氧化钠溶解，部分钙霞石与水钙铝榴石消解，释放出铝硅酸根和硅酸根，与钠结合形成铝硅酸钠和硅酸钙钠。铝硅酸钠和硅酸钙钠在高温浸出时，溶出的铝以离子态回收。

2. 赤泥提取铁

赤泥中铁元素是均匀地散布在赤泥颗粒中，被钙霞石所包裹，未见明显富集。通过氢氧化钠高温熔融赤泥可有效溶解钙霞石，将包裹其中的氧化铁暴露出来。在碱熔过程中通入还原气还原露出的氧化铁，使其转为磁性更强的磁铁矿甚至铁单质，以便于磁选分离。将赤泥与氢氧化钠按一定比例混合后移入氧化镁方舟，并移入管式炉中，用真空泵抽至真空，关闭出气阀，观察真空表指针是否转动，以检查管式炉气密性。确认气密性良好后、升温至指定温度，进气，到程序结束时关气，同时关闭进气阀与出气阀。待其冷却至室温，取出，研磨浸取铝后磁选。

通过预实验，将赤泥与氢氧化钠按2∶1的质量比混合，通过反应方程式（4.7）计算氢气用量。已知赤泥中有20.6689%的铁元素，则1g赤泥中含0.2067g铁，即0.0037mol铁，从反应方程式（4.7）可知，6mol的铁元素需消耗1mol的氢气，那么1g赤泥需消耗$0.0037/6=6.1515\times10^{-4}$mol。换算为标准状况（0℃，101.33kPa）下，所需氢气体积为0.0138L，即13.8mL。实验所用氢气为5%的氩中氢，转化1g赤泥理论上需276mL的氩中氢。

$$3Fe_2O_3+H_2 \xlongequal{} 2Fe_3O_4+H_2O \tag{4.7}$$

第一次预实验，秤取5g赤泥，2.5g氢氧化钠，混合，置入氧化镁方舟，直接通入超过量氩中氢。以5℃/min升温至600℃，保温1h。冷却至室温取出，样品主体显示为黑色，夹杂一点黄色部分。用玛瑙研钵研磨，移入三角烧瓶，以50∶1的液固比加入去离子水，于电热板上加热至沸腾10min，溶解铝。过滤后干燥，对滤渣进行XRD分析，结果见图4.12。

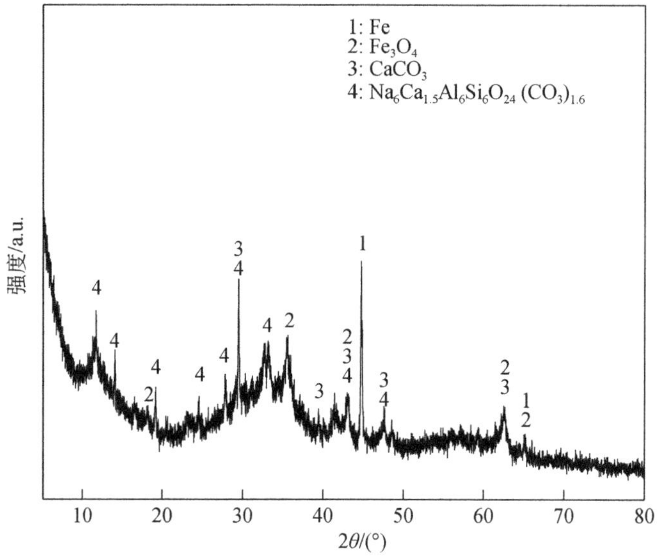

图 4.12　碱熔还原提取铝后残渣的 XRD 图谱

从图 4.12 可知，在碱熔还原提取铝后的残渣的物相中出现了单质铁、磁铁矿方解石和钙霞石，对比碱熔提取铝后的残渣，赤铁矿已成功被还原为磁铁矿和单质铁。对过滤渣进行磁选，简单的干式磁选（图 4.13）并不能将磁性铁从过滤渣中分离出来。改为梯度湿式磁选（图 4.14）后，才可分离出明显的磁性组分。

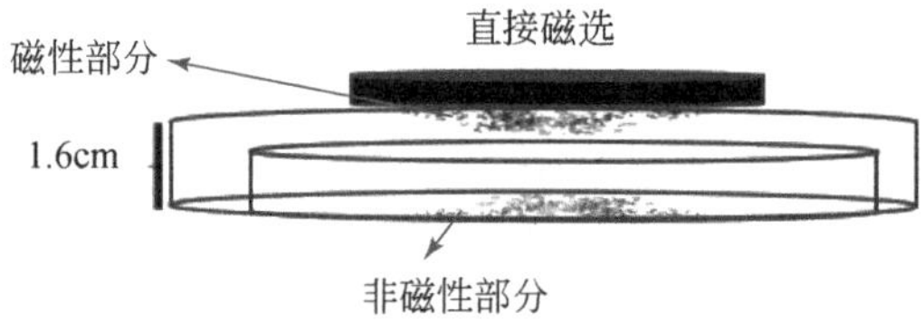

图 4.13　直接磁选示意图

先用一个大磁铁将过滤渣中的磁性组分分离出来，剩余部分为尾矿。再用小磁铁从磁性组分中析出磁性较强的组分，为精矿，剩余组分为次矿。用改良后的梯度磁选对所制样品进行磁选，制样信息如表 4.11 所示。

如表 4.11 所示，一共 11 组样品，1～4 组样品都设置了无氢氧化钠的对照组，以判断碱熔对还原的影响，以及一个马弗炉对照组，以判断还原对碱熔的影响。1～3 组考察的是焙烧时间对碱熔-还原效果的影响，7～11 组考察的是还原

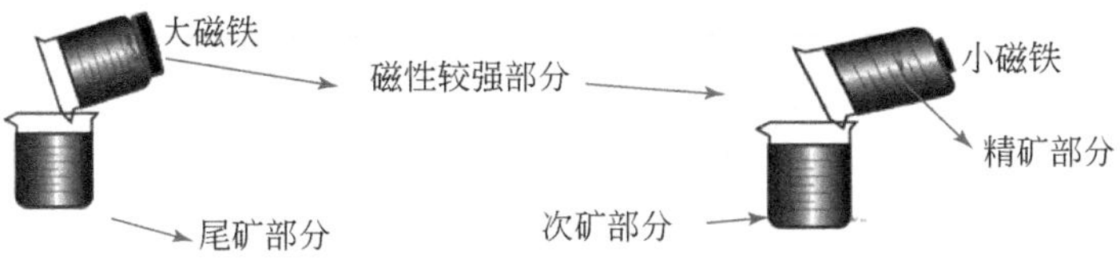

图4.14　梯度湿式磁选流程示意图

温度对碱熔-还原的影响。第5组的碱熔-还原是先在真空条件下碱熔1h，让熔融的氢氧化钠熔融钙霞石，使氧化铁暴露出来，再通入5%氩中氢还原1h。第6组实验为第5组实验的补充对照，以判断真空碱熔对铝回收的影响。对上述样品进行浸出回收铝及对过滤渣进行磁选的结果如表4.11所示。

表4.11　样品制备信息

编号	赤泥/g	NaOH/g	H_2/(mL/min)	碱融温度/℃	碱融时间/h
1-1	0.9958	0.4928	75	600	1
1-2	1	—	75	600	1
1-3	1	0.5	—	600	1
2-1	1.0038	0.4984	75	600	2
2-2	1.0072	—	75	600	2
2-3	1.0082	0.4994	—	600	2
3-1	1.0037	0.4884	75	600	3
3-2	1.005	—	75	600	3
3-3	0.9999	0.5062	—	600	3
4-1	1.0081	0.5029	80	650	1
4-2	1.0062	—	80	650	1
4-3	1.0056	0.5088	—	650	1
5-1	1.0083	0.4855	75	600	2
5-2	1.0018	0.4594	75	600	2
6-1	1.0089	0.4902	真空	600	1
6-2	1.0006	0.498	真空	600	1
7-1	1.0105	0.5165	100	600	1
7-2	1.0039	0.4913	100	600	1
8-1	1.0014	1.4721	100	550	1

续表

编号	赤泥/g	NaOH/g	H_2/(mL/min)	碱融温度/℃	碱融时间/h
8-2	1.0017	1.4617	100	550	1
9-1	1.0040	1.5001	100	500	1
9-2	1.0038	1.497	100	500	1
10-1	1.0165	1.5011	100	400	1
10-2	1.0042	1.5081	100	400	1
11-1	1.0045	1.5026	100	350	1
11-2	1.0046	1.5019	100	350	1

如表 4.12 所示，还原对碱熔影响不大，碱熔对还原的影响仅靠各磁选分离组分的质量无法得出结论，需对回收精矿的铁含量进行分析后才可得知。为了对分离样品得到初步的了解，对样品 7-1 的精矿、尾矿、次矿进行 XRD 扫描，分析结果如图 4.15 所示。

表 4.12　铁铝回收结果

编号	浸出液中的铝/(mg/L)	回收率/%	精矿/g	次矿/g	尾矿/g	合计/g
1-1	811.95	47.68	0.6797	—	0.1085	0.7882
1-2	62.5791	3.66	0.8218	—	0.0203	0.8421
1-3	946.3	55.34	0.3623	—	0.3341	0.6964
2-1	853.65	49.73	0.6437	—	0.1622	0.8059
2-2	59.1329	3.43	0.7835	—	0.052	0.8355
2-3	1024.65	59.43	0.0775	—	0.7473	0.8248
3-1	940.7	54.81	0.1612	—	0.6553	0.8165
3-2	72.81	4.24	0.746	—	0.0498	0.7958
3-3	814.7	47.65	0.0049	—	0.8448	0.8497
4-1	903.4	52.41	0.1609	—	0.6174	0.7783
4-2	76.45	4.44	0.517	0.1128	0.0937	0.7663
4-3	910	53.22	<0.1mg	0.0858	0.7941	0.8799
5-1	1087.7	62.08	0.0992	0.6339	0.1254	0.8585
5-2	1185.7	69.21	0.1722	0.6158	0.051	0.839
6-1	1276.6	74.65	—	0.0039	0.8477	0.8516
6-2	1181.5	69.05	0.001	0.0035	0.8635	0.868

续表

编号	浸出液中的铝/(mg/L)	回收率/%	精矿/g	次矿/g	尾矿/g	合计/g
7-1	608.9	35.24	0.2545	0.5749	0.0543	0.8837
7-2	563.3	32.81	0.1945	0.5678	0.0855	0.8478
8-1	1080.4	63.09	0.0217	0.4484	0.3545	0.8246
8-2	1181.6	68.98	0.0338	0.1965	0.5629	0.7932
9-1	1299.2	75.67	0.0768	0.2406	0.5403	0.8577
9-2	1224.9	71.36	0.051	0.1845	0.6004	0.8359
10-1	964.3	55.48	0.0037	0.3282	0.5492	0.8811
10-2	996.1	58.01	0.0013	0.5861	0.2202	0.8076
11-1	1066.2	61.18	0.0096	0.3284	0.5466	0.8846
11-2	1142.7	66.52	0.0156	0.2108	0.6243	0.8507

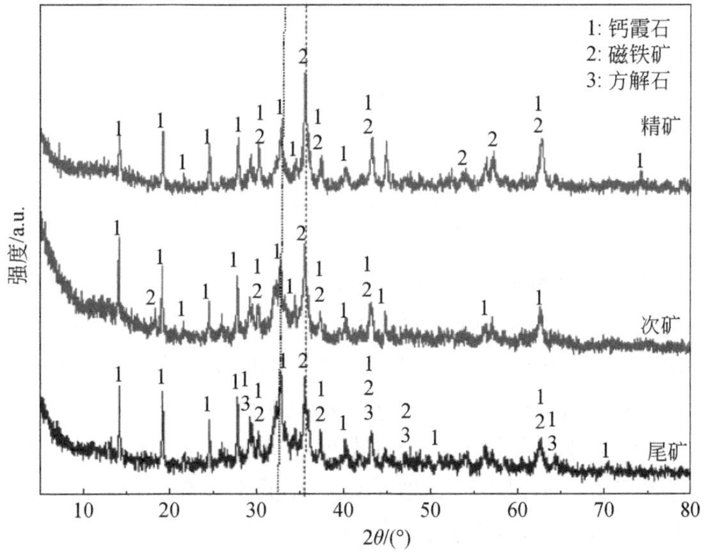

图4.15　样品7-1的精矿、次矿、尾矿的XRD图谱

如图4.15所示，样品7-1的尾矿中含有方解石（11%）、钙霞石（79%）、磁铁矿（10%）。次矿中钙霞石占86%，磁铁矿仅有14%。在精矿中，磁铁矿占比45%，钙霞石占比55%。结合图谱，可以看出在35°~40°的磁铁矿的特征峰（红色虚线处）强度明显变强，磁铁矿在精矿中已明显富集，在它左边的钙霞石

的特征峰依次变弱。

由于碱熔-还原规模较小，多数磁选结果数量不多，因此选取了几个样品进行消解实验。称取 0.1000g 样品于聚四氟乙烯烧杯中，用少许水润湿，加入 10mL 盐酸，加热蒸发至 3mL，加入 9mL 硝酸，加热至无明显颗粒，加入 5mL 氢氟酸，飞硅 30min，稍冷，加入高氯酸，加热至冒白烟，此时溶液中有黑色碳化物悬浮，继续加入 1mL 高氯酸至黑色碳化物消失，继续加热至呈不流动的液球状，用 2% 的硝酸溶解盐，定容，稀释待测，结果如表 4.13 所示。

表 4.13　赤泥、样品 4-2、7-1、7-2 磁选消解结果

编号	质量/g	铝/%	铁/%	铁回收率/%
赤泥		8.55	15.66	
4-2-J	0.517	6.27	23.92	80.32
4-2-C	0.1128	8.14	17.08	12.51
4-2-W	0.0937	8.50	11.76	7.16
7-1-J	0.2545	7.68	18.62	57.20
7-1-C	0.5749	4.93	11.60	35.20
7-1-W	0.0543	5.99	5.07	7.60
7-2-J	0.1945	7.89	20.41	27.08
7-2-C	0.5678	6.03	16.94	65.61
7-2-W	0.0855	6.63	12.54	7.32

注：编号中的 J 表示精矿；C 表示次矿；W 表示尾矿。

从表 4.13 来看，虽然回收的铁精矿的铁含量和次矿、尾矿相比有明显的富集，但富集程度不高，达不到回收要求，但对比赤泥的消解数据与 XRF 数据，发现消解得出的浓度含量偏低，这可能是由于消解不完全，或消解时，硅未能完全挥发，导致一部分铁被硅酸包裹，无法被检测到。

在进行一系列关于氢气用量、还原温度、氢氧化钠用量、还原时间、回收铁矿消解方式的调整后，不得不遗憾地承认，在低于 600℃ 的条件下，仅靠人工磁选，无法实现钙霞石与磁铁矿的有效分离。

4.1.5　赤泥中提铝回收技术总结

本技术考虑将脱硫脱硝后的赤泥使用硫酸浸出，分别考察硫酸添加量、反应温度、浸出时间、液固比对铁铝浸出率的影响。将浸出渣和浸出液过滤分离，在得到的浸出液中加入氨水，调节浸出液 pH 至 5，有黄棕色的胶体沉淀出现，将胶体沉淀和溶液过滤分离出来。把胶体沉淀溶于少量去离子水中，加入 0.1mol/L 的氢氧化钠溶液，不断加热搅拌，将溶液 pH 调到 12 左右，发现会有部分胶体溶解。又将反应完的溶液过滤分离，得到的沉淀在600℃下焙烧8h，将得到的焙烧产物、浸出渣和加氨后的共沉淀产物进行表征分析，探究它们的物相组成、含量占比、表面形貌特征、比表面积大小等，分析得到铁的回收率及这些产物可能的用途，主要结论如下。

（1）实验考察了硫酸添加量、反应温度、浸出时间、液固比对铁铝浸出率的影响，发现硫酸添加量对铁铝的浸出率影响最大，硫酸添加量从2mL增加至8mL，铁的浸出率从27.98%增加到了84.87%，铝的浸出率从75.66%增加到了92.85%。反应温度、浸出时间、液固比对铁铝的浸出率的影响也是正向的，但影响较小。

（2）由浸出得到的浸出渣主要成分是石膏，其表面积很大，可以用作水泥、半水硫酸钙及硫酸的原料，农业上用作化肥，降低土壤碱度，改善土壤性能。在浸出液中加入氨水，调节pH至5，可以让铁和铝共沉淀出来，沉淀物中Fe_2O_3的质量占比为37.662%，氧化铝为21.506%。

（3）用氢氧化钠溶液与加氨后的沉淀产物反应至溶液pH为12，可以将共沉淀产物中的氢氧化铝反应溶解，过滤后得到只有铁的沉淀物。将沉淀物置于600℃下焙烧8h，最终产物是Fe_2O_3，经过XRF含量分析，硫酸浸出赤泥中的铁，回收率最终可以达到73.26%。

（4）通过将氢氧化钠与赤泥混合，将其加热至一定温度，使赤泥中的铝熔融，提取铝。通过正交设计，考察了碱熔温度、碱熔时间及氢氧化钠用量对铝回收率的影响。直观分析表明，氢氧化钠用量对铝回收率影响最大，碱熔时间次之，碱熔温度对铝回收率影响最小。通过正交方差分析表可知，仅氢氧化钠用量对铝回收率有显著影响。在氢氧化钠用量为赤泥用量的1.5倍，温度为650℃，碱熔时间为60min时，铝回收率可达82.75%。

（5）在碱熔赤泥水浸提取铝后，残渣已具弱磁性。根据XRD分析，此时残渣的物相为钙霞石和赤铁矿。通过在碱熔过程中，通入还原性气体，还原暴露出的赤铁矿，将其还原为磁性较强的磁铁矿。在经过一系列尝试后，受限于实验条件，最终的还原产物磁铁矿未能与钙霞石有效分离。

4.2 赤泥提铁制备铁碳吸附材料

4.2.1 赤泥酸浸分步提铁

1. 实验方法与过程

赤泥提铁方法是在Yang等[6]建立的方法基础上，按照具体实际实验环境对实验条件进行改进所得，大致实验流程如图 4. 16 所示，具体实验过程分为酸洗、酸浸、Fe（Ⅲ）还原和硫酸分解四个步骤。

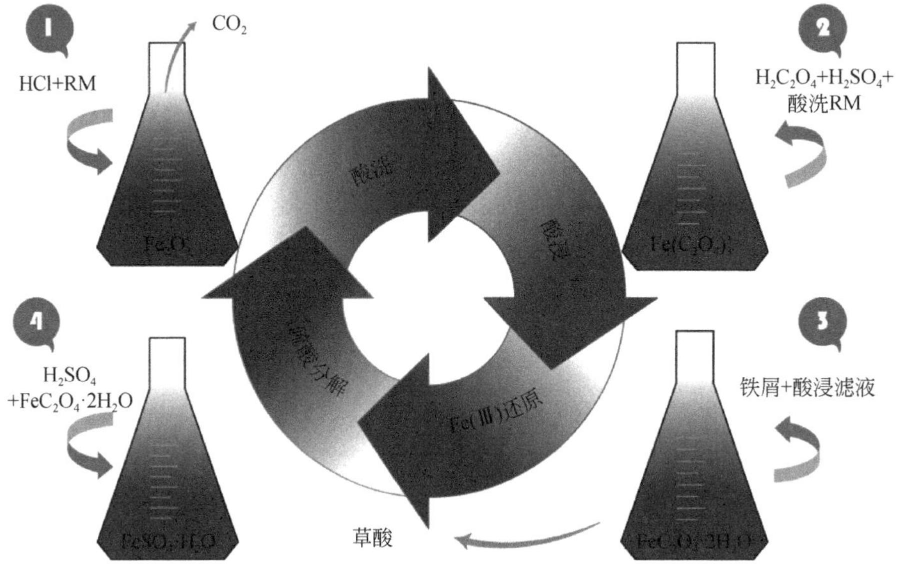

图 4. 16　赤泥提铁实验流程图

酸洗：为了去除赤泥中非铁物质（钙霞石、水钙铝榴石），提高酸浸过程铁的浸出效率，在常温下对赤泥进行酸洗，即预处理后的赤泥，用盐酸在水浴恒温磁力搅拌器中进行酸洗，反应条件为盐酸浓度 3mol/L，反应温度 25℃，反应时间 1h，反应液固比 4∶1，全过程搅拌，转速 600r/min。反应完成之后过滤，在 105℃条件下干燥 12h，研磨过 100 目筛，干燥保存，命名为酸洗赤泥。

酸浸：酸浸是提铁的关键过程，即酸洗赤泥用草酸及硫酸在油浴恒温磁力搅拌器中进行酸浸，反应条件为质量比 *M*（赤泥）∶*M*（草酸）∶*M*（硫酸）= 3∶3∶2，反应温度 100℃，反应时间 1. 5h，液固比 16∶1，全过程搅拌，转速 600r/min。反应完成之后过滤，将溶液用离心机在 3000r/min 的条件下离心 10min，收集滤液和滤渣分别命名为一次酸浸滤液和一次酸浸赤泥。一次酸浸赤泥用水清洗，直至无色再用于表征和分析测试。一次酸浸滤液呈黄绿色，用于后续 Fe（Ⅲ）还原，过 0. 45μm 滤膜后再用于分析测试。

经过对一次酸浸赤泥的 XRF 分析表征，可以得出其中 Fe 的含量为 23. 43%，如表 4. 14 所示，还有大量 Fe 存在，因此对一次酸浸出赤泥进行二次酸浸出。二次酸浸过程为：对一次酸浸赤泥用 Fe（Ⅲ）还原滤液进行浸出，实验条件同一次酸浸，反应后过滤，所得滤液和滤渣分别命名为二次酸浸滤液和二次酸浸赤泥。二次酸浸赤泥用超纯水清洗至无色再进行分析测试，二次酸浸滤液进行 Fe（Ⅲ）还原，过 0.45μm 滤膜后再用于分析测试。

表 4.14　赤泥提铁过程产物主要元素分析　（%）

元素	O	Na	Mg	Al	Si	Cl	Ca	Ti	Fe	K	S
赤泥	36.54	5.56	0.19	9.55	6.062	0.07	11.97	4.10	24.11	0.19	0.46
酸洗赤泥	33.36	1.36	0.39	6.96	9.24	13.38	7.62	6.70	18.00	0.14	0.39
一次酸浸赤泥	42.52	0.13	0.12	3.50	22.80	0.06	1.48	4.23	23.43	0.09	0.39
二次酸浸赤泥	43.01	0.11	0.08	2.94	25.02	0.05	4.39	4.28	11.49	0.10	0.49
草酸亚铁（赤泥）	28.52	0.15	0.04	0.52	0.78	—	3.68	0.49	49.81	—	2.22
硫酸亚铁（赤泥）	41.78	—	—	0.06	0.43	—	4.93	0.48	25.02	—	20.71

Fe（Ⅲ）还原：赤泥酸浸滤液用过量铁屑（约 4g）于水浴恒温磁力搅拌器进行还原，反应条件为反应温度 70℃，反应时间 1h，全过程搅拌，转速600r/min。反应完成之后过滤，将含有浅绿色沉淀物的溶液用离心机在 3000r/min 的条件下离心 10min，分别收集滤液和沉淀，分别命名为 Fe（Ⅲ）还原滤液和草酸亚铁 $FeC_2O_4 \cdot (H_2O)_2$(RM)，滤液过 0.45μm 滤膜后再用于分析测试。滤液若呈现黄绿色，可重复铁屑还原步骤再次进行铁屑还原，冷却结晶后可回收草酸重复利用。收集沉淀物并干燥保存，使用前研磨 10min。

硫酸分解：铁屑还原所得的沉淀草酸亚铁 $FeC_2O_4 \cdot (H_2O)_2$(RM) 用硫酸溶液在水浴恒温水浴锅中进行分解，反应条件为硫酸浓度 9mol/L，反应温度 60℃，反应时间 0.5h，液固比为 10∶1，全过程搅拌，转速 600r/min。反应完成后应快速过滤，所得沉淀物干燥保存，使用前研磨 10min，命名为硫酸亚铁$FeSO_4 \cdot (H_2O)$(赤泥)；滤液命名为硫酸分解滤液，过 0.45μm 滤膜后再用于分析测试。

2. 赤泥提铁过程表征分析

对赤泥提铁过程中的一系列物质（原始赤泥、酸洗赤泥、一次酸浸赤泥、二次酸浸赤泥、草酸铁、硫酸亚铁）分别进行表征分析，主要目的是分析赤泥提铁原理，为铁平衡的建立提供依据。

物质组成分析（XRD）：分别对原始赤泥、酸洗赤泥、酸浸赤泥、草酸亚铁、硫酸亚铁进行 XRD 分析，测试分析结果如图 4.17 所示。XRD 分析结果表明，原始赤泥的主要矿相有赤铁矿、钙霞石、水钙铝榴石、氧化钛等。酸洗赤泥主要组分为赤铁矿和三水铝矿，含 Ca、Na、Si 等元素的物相，已在酸洗过程中与盐酸反应。一次酸浸赤泥与酸洗赤泥物相组成大致相同，且一次酸浸赤泥中赤铁矿的物相峰强度较酸洗赤泥未发生明显变化，表明酸洗赤泥中 Fe 未完全被浸出。二次酸浸赤泥主要物相为一水硬铝石、赤铁矿、三水铝矿、水草酸钙石等，与一次酸浸赤泥相比，Fe、Ca、Al 在此过程中被进一步浸出，赤泥中复杂的矿物相被溶解。Fe（Ⅲ）还原过程得到的固体物质草酸亚铁 $FeC_2O_4 \cdot (H_2O)_2$(赤泥)，其中还有极少量的钙钛矿，表明赤泥浸出的亚铁离子已经完全被铁屑还原为铁离子并生成了草酸亚铁沉淀。硫酸分解过程得到的固体物质为硫酸亚铁 $FeSO_4 \cdot (H_2O)$(赤泥)，其中还包括一部分硫酸钙（$CaSO_4$），表明草酸亚铁与硫酸溶液反应后生成了硫酸亚铁，因为硫酸亚铁是易溶于水的沉淀，所以在实验时必须快速过滤，否则亚铁离子又会以离子的形式存在于硫酸溶液中。极少量的钙钛矿被硫酸溶液溶解并生成了硫酸钙。

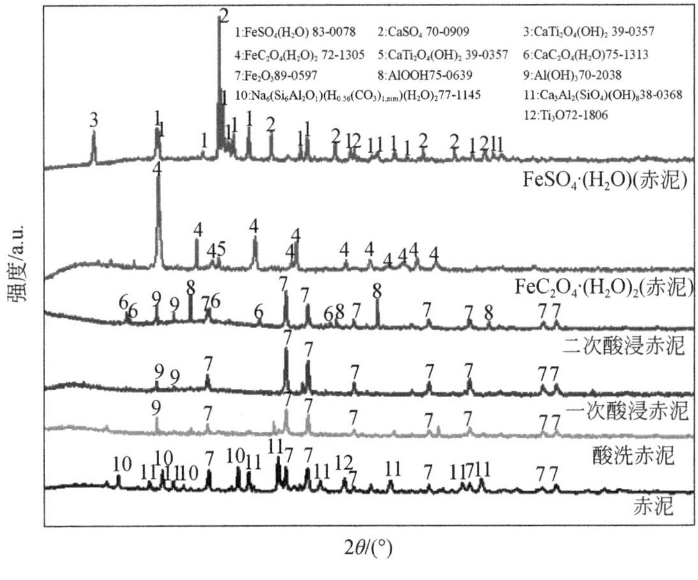

图 4.17　赤泥提铁过程中各物质的 XRD 图谱

根据赤泥提铁过程中各物质的 XRD 图谱分析可知，赤泥分步酸浸提铁成功地提出了铁。提铁过程即是赤泥与盐酸、草酸和硫酸依次发生反应溶出铁的过程，常温下赤泥与盐酸反应，其中各组分被溶解，为铁的溶出做准备。赤泥与草酸和硫酸的反应过程即是铁离子主要溶出的过程，Fe（Ⅱ）还原和硫酸分解过程即是将铁离子还原再转化为目标产物硫酸亚铁的过程。

X 射线荧光光谱仪（XRF）分析：为了分析赤泥提铁过程中各元素的浸出情况，尤其是 Fe 的提取，为铁平衡建立提供数据支撑，分别对原始赤泥、酸洗赤泥、一次酸浸赤泥、二次酸浸赤泥、草酸亚铁、硫酸亚铁进行 X 射线衍射分析，测试分析结果如表 4.14 所示。XRF 分析表明，原始赤泥中 Fe 的含量占了

24.11%，Si、Ca、Na、Al的含量占比较大。酸洗赤泥中铁的含量为18.00%，变化不大，但是与盐酸反应后，Ca、Na、Al的含量分别下降到7.62%、1.36%、6.96%，Si、Cl的含量分别上升到9.24%、13.38%，酸洗的目的在于将赤泥中铁以外的元素浸出，便于后续铁的提取。一次酸浸赤泥中Fe含量为23.43%，Cl、Ca、Na、Al的含量均很少，Si的含量上升到22.80%，表明赤泥中Fe、Si被有效富集，一次酸浸过程中草酸与硫酸对赤泥中的Si浸出没有明显作用。二次酸浸赤泥铁的含量为11.49%，Si的含量上升到25.02%，Cl、Ca、Na、Al的含量均很少，此过程Fe被进一步有效浸出，二次酸浸赤泥的主要元素为Si和Fe。Fe（Ⅲ）还原过程得到的物质$FeC_2O_4\cdot(H_2O)_2$(赤泥)中铁的含量为49.81%，相比之下，Ca的含量较多，其他元素几乎没有，结合XRD分析，可能是形成了钙钛矿。硫酸分解过程得到的物质$FeSO_4\cdot(H_2O)$(赤泥)，还有少量硫酸钙，Fe、S、Ca含量分别为25.02%、20.71%、4.93%。

3. 赤泥提铁化学反应分析

赤泥酸洗：实验过程中可观察到赤泥会与加入的盐酸剧烈反应，产生大量气泡，结合XRD和XRF分析，可能是盐酸与赤泥中碳酸钙类物质（钙霞石、水钙铝榴石）反应生成了二氧化碳的结果。可由XRD和XRF分析测试结果得出，盐酸主要是与赤泥中的钙霞石、水钙铝榴石成分发生了反应，可能发生的主要反应如式（4.8）和式（4.9）所示。赤泥在常温下与盐酸反应后，其中的钙霞石、水钙铝榴石等发生溶解，而铁几乎不会浸出，为后续提铁过程起到了铁富集的作用，因此酸浸过程中铁的浸出更加容易。

$$CaCO_3+2H^+=\!=\!=Ca^{2+}+CO_2\uparrow+H_2O \tag{4.8}$$

$$Na_2O+2H^+=\!=\!=2Na^++H_2O \tag{4.9}$$

赤泥酸浸：酸浸过程中，草酸和硫酸溶液会与酸洗赤泥发生反应，主要是与酸洗赤泥中的赤铁矿和三水铝矿发生反应，赤铁矿和三水铝矿溶解后生成Fe^{3+}和Al^{3+}，随后分别与草酸根生成$Fe(C_2O_4)_3^{3-}$和$Al(C_2O_4)_3^{3-}$，可达到浸铁的目的，浸出的铁以离子状态存在。由于Fe^{3+}在$C_2O_4^{2-}$溶液中非常稳定，因此如果需要从酸浸滤液中分离Fe^{3+}，需要转变Fe^{3+}的存在方式。可能发生的主要反应如式(4.10)~式(4.14)所示。

$$Al_2O_3+6H^+=\!=\!=2Al^{3+}+3H_2O \tag{4.10}$$

$$Fe_2O_3+6H^+=\!=\!=2Fe^{3+}+3H_2O \tag{4.11}$$

$$Fe^{3+}+3C_2O_4^{2-}=\!=\!=Fe(C_2O_4)_3^{3-} \tag{4.12}$$

$$Al^{3+}+3C_2O_4^{2-}=\!=\!=Al(C_2O_4)_3^{3-} \tag{4.13}$$

$$Al(C_2O_4)_3^{3-}+Fe^{3+}=\!=\!=Fe(C_2O_4)_3^{3-}+Al^{3+} \tag{4.14}$$

结合 XRD 和 XRF 分析可知，赤泥经过一次酸浸和二次酸浸后，其中的铁含量已经大大降低，达到了提铁的目的，提出的铁以 $Fe(C_2O_4)_3^{3-}$ 形式存在，由于酸浸过程中三水铝矿的溶解，因此酸浸滤液中可能还含有 Al^{3+}。

Fe（Ⅲ）还原：为了将酸浸过程中浸出的 Fe^{3+} 从 $C_2O_4^{2-}$ 溶液中分离，需要转变 Fe^{3+} 的存在方式，最直接简单的方法就是将 Fe^{3+} 还原为 Fe^{2+}。赤泥酸浸滤液与铁屑发生反应，产生草酸亚铁沉淀，可能发生的反应如式（4.15）~式(4.18)所示。加入的过量铁屑在酸浸滤液中快速溶解生成 Fe^{2+}，$Fe(C_2O_4)_3^{3-}$ 在 Fe^{2+} 和 H 的存在下还原为 Fe^{2+}，以 $Fe(C_2O_4)_2^{2-}$ 形式存在，Fe^{2+} 在 $C_2O_4^{2-}$ 中不如 Fe^{3+} 稳定，因此会继续反应生成稳定的草酸亚铁 $FeC_2O_4 \cdot (H_2O)_2$ 沉淀。

$$Fe+2H^{+} = Fe^{2+}+2H^{+} \tag{4.15}$$

$$2H = 2H_2\uparrow \tag{4.16}$$

$$2Fe(C_2O_4)_3^{3-}+2H+Fe^{2+} = 3Fe(C_2O_4)_2^{2-}+2H^{+} \tag{4.17}$$

$$Fe(C_2O_4)_2^{2-}+4H_2O+Fe^{2+} = 2FeC_2O_4 \cdot 2H_2O\downarrow \tag{4.18}$$

在此过程中 Fe^{3+} 就能从酸浸滤液中分离出来，且以稳定的沉淀形式存在。得到的草酸亚铁 $FeC_2O_4 \cdot (H_2O)_2$ 沉淀为浅绿色。

硫酸分解：草酸亚铁与浓硫酸反应所得沉淀物即为硫酸亚铁，可能发生的反应如式（4.19）所示。草酸为弱酸，硫酸为强酸，硫酸与草酸亚铁发生反应，草酸亚铁溶解产生硫酸亚铁与草酸。此过程可回收草酸，硫酸分解滤液冷却至室温后，草酸结晶产生白色晶体颗粒，回收的草酸过滤干燥后可继续用于酸洗赤泥浸出。

$$FeC_2O_4 \cdot 2H_2O+H_2SO_4 = FeSO_4 \cdot 2H_2O+H_2C_2O_4 \tag{4.19}$$

赤泥提铁过程铁平衡分析：为了研究赤泥酸浸提铁过程中铁的分布，结合赤泥提铁过程 XRD 和 XRF 分析建立铁平衡分析。入方为100g 预处理后赤泥，出方为各步骤所得含铁固体或溶液，根据固体物质含铁量或溶液中铁浓度来计算铁含量，以此来评估赤泥提铁过程铁的平衡，结果如表 4.15 所示。

入方 100g 赤泥中铁质量为 24.11g，进入酸洗过程的铁为 24.11g；酸洗过程中酸洗赤泥中铁质量为 23.19g，酸洗滤液中铁质量为 0.86g，总铁质量为 24.05g，进入酸浸过程的铁质量为 23.19g；一次酸浸过程中一次酸浸赤泥中铁质量为 15.05g，一次酸浸滤液中铁质量为 7.84g，总铁质量为 22.89g；二次酸浸过程中二次酸浸赤泥中铁质量为 3.48g，二次酸浸滤液中铁质量为 10.20g，总铁质量为 13.68g，进入 Fe（Ⅲ）还原的铁质量为 10.20g；进入 Fe（Ⅲ）还原过程中铁质量包括一次酸浸和二次酸浸滤液中的，共 18.04g，$FeC_2O_4 \cdot 2H_2O$（赤泥）含铁量为 18.36g，进入硫酸分解过程的铁质量为 18.36g；硫酸分解过程中 $FeSO_4 \cdot H_2O$（赤泥）含铁量为 14.38g，硫酸分解滤液中铁质量为 3.72g，总铁

表4.15　赤泥提铁过程铁平衡分析

实验	项目	物质	固体质量/g	铁含量/%	溶液体积/L	Fe^{3+}浓度/(g/L)	铁质量/g	铁损失量/%
赤泥提铁	入方	赤泥	100	24.11	—	—	24.11	0
	出方	酸洗赤泥	128.84	18.00	—	—	23.19	0.25
		酸洗滤液	—	—	0.3	2.875	0.86	
		一次酸浸赤泥	64.22	23.43	—	—	15.05	1.24
		一次酸浸滤液	—	—	1.99744	3.926	7.84	
		二次酸浸赤泥	30.31	11.49	—	—	3.48	1.78
		二次酸浸滤液	—	—	1.99744	5.105	10.20	
		$FeC_2O_4·2H_2O$(赤泥)	36.87	49.81	—	—	18.36	0.00
		$FeSO_4·H_2O$（赤泥）	57.48	25.02	—	—	14.38	1.08
		硫酸分解滤液	—	—	0.5748	6.474	3.72	
总铁量	入方/g	24.11（100.00%）						
	出方/g	23.06（95.65%）						
	损失/g	1.05（4.35%）						

质量为18.10g。出方铁质量损失为：酸洗0.25%、一次酸浸1.24%、二次酸浸1.78%、Fe（Ⅲ）还原0.00%、硫酸分解1.08%。由此可得出，赤泥提铁过程中入方铁质量为24.11g（100.00%），出方铁质量为23.06g（95.65%），铁损失总量为1.05g（4.35%），损失量控制在5%以内，铁损失分布如图4.18所示。

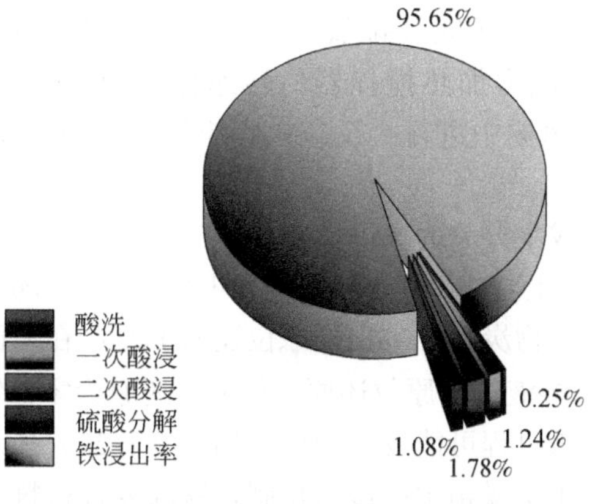

图4.18　赤泥提铁过程铁含量损失分布图

4.2.2 铁碳复合材料制备

1. 铁碳复合材料的制备流程

核桃壳生物碳制备：将预处理后的核桃壳粉末置于带盖刚玉坩埚中，送入管式炉中，保持在400℃热解3h，升温速率为5K/min。热解结束，温度降至常温后取出坩埚，干燥保存核桃壳生物碳。热解过程中，以氮气作为保护气体，氮气流速保持在60mL/min以上。

无氧超纯水制备：无水乙醇和超纯水的体积比为3∶1，用氮气排氧1h，氮气流速保持在60mL/min以上，全过程搅拌，转速保持在600r/min以上，无氧超纯水现制现用，保证无氧环境。

溶液配置：称取1.0000g $FeSO_4 \cdot H_2O$（赤泥）溶于250mL无氧乙醇水溶液中，若为化学试剂 $FeSO_4 \cdot 7H_2O$，则加入量为1.6360g。称取0.5000g $NaBH_4$ 溶于250mL提前冷冻10min的无氧超纯水中，冷冻的水有利于 $NaBH_4$ 溶液的稳定性。

铁碳复合材料的制备：按照图4.19搭好反应台，向500mL三颈圆底烧瓶中加入配置好的 $FeSO_4 \cdot H_2O$（赤泥）溶液，再加入核桃壳生物炭0.3286g（生物炭和Fe的质量比为1∶1），通氮气搅拌30min后，通过蠕动泵滴入 $NaBH_4$ 溶液250mL，滴加速率保持为10mL/min。反应30min，得到黑色物质，用乙醇及无氧超纯水交替洗涤几次，快速过滤，在干燥箱70℃烘干1h，干燥后收集保存于干燥器内让材料缓慢氧化，该材料命名为 Fe_xO_y-BC（赤泥）。在相同条件下，用 $FeSO_4 \cdot 7H_2O$ 制备的材料命名为 Fe_xO_y-BC。

其他条件：反应全程通氮气排氧，氮气流速保持约60mL/min，实验温度保持25℃，水浴恒温磁力加热搅拌器的转速保持600r/min，由于有少量氢气产生，整个反应在通风橱中进行。反应过程应尽量减少与空气的接触，加快实验操作。

铁碳复合材料合成主要分为以下三步。

Fe^{2+}负载于生物炭上：Fe^{2+}溶液与核桃壳生物炭在三口烧瓶中搅拌30min，使得 Fe^{2+}负载于核桃壳生物炭上；$NaBH_4$ 原位还原 Fe^{2+}：在表面负载有 Fe^{2+}的生物碳溶液中滴加 $NaBH_4$ 溶液进行原位还原，使 Fe^{2+}还原为零价铁，并且形成的零价铁包覆于生物炭上，该过程可能发生的反应如式（4.20）所示；再氧化过程：快速过滤黑色物质，置于干燥箱中缓慢氧化制备铁碳复合材料。

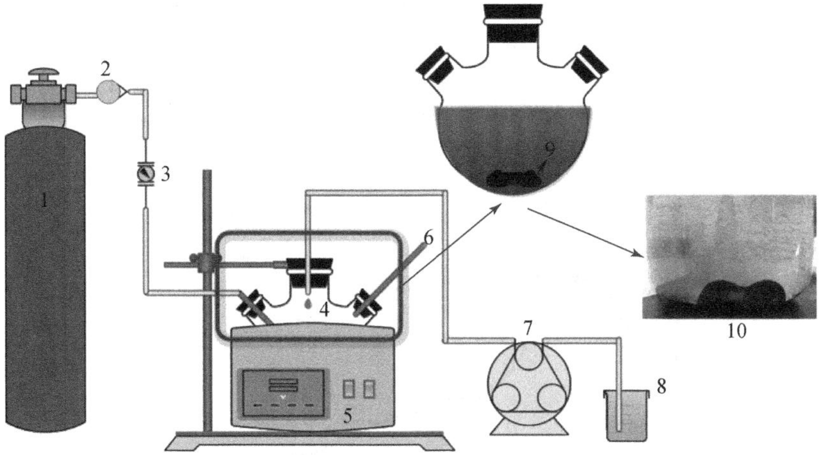

图 4.19　吸附材料合成流程图

1：氮气钢瓶；2：减压阀；3：流量计；4：反应烧瓶；5：水浴锅；6：N_2 和 H_2 排放口；7：蠕动泵；8：$NaBH_4$ 溶液；9：转子；10：铁碳复合材料

$$4Fe^{3+}+3BH_4^-+9H_2O \xlongequal{} 4Fe^0+3H_2BO_3^-+12H^++6H_2 \tag{4.20}$$

2. 铁碳材料表征分析

XRD 分析：为了探究铁碳复合材料的物相组成，分别对原始核桃壳 WS、核桃壳生物碳、Fe_xO_y-BC（RM）和 Fe_xO_y-BC 进行 XRD 表征分析，XRD 图谱如图 4.20 所示。原始核桃壳在 24°显示出一个宽峰，没有形成明显的特征峰。核桃壳焙烧后形成了 H_2、C、C_8 的特征峰。Fe_xO_y-BC 主要由 $Fe_2O_3 \cdot H_2O$（green rust Ⅱ）和 FeO(OH)（lepidocrocite）组成，测试结果显示 Fe_xO_y-BC（赤泥）形成了新的特征峰，结合标准图谱分析新的特征峰为 $C_2OH_2OFeO_3$（[2-（2′-methoxyphenyl）-2-hydroxyethylcarbonyl] ferrocene），没有 Fe^0 的特征峰生成，表明铁碳复合材料氧化较完全。

SEM 分析：利用 SEM 对 Fe_xO_y-BC（赤泥）和 Fe_xO_y-BC 吸附前后的形貌进行表征，以研究 $FeSO_4 \cdot H_2O$（赤泥）和 $FeSO_4 \cdot 7H_2O$ 作为铁源，对铁碳复合材料微观结构的影响。如图 4.21 所示，两种材料保留了核桃壳生物碳的细小多孔管状结构，为 Fe_xO_y 的生成提供了丰富的活性位点。分别对 Fe_xO_y-BC（赤泥）和 Fe_xO_y-BC 进行粒径分析，结果表明在生物碳表面生成了平均直径为 57.01nm 和 52.92nm 的纳米颗粒（图 4.22），颗粒大小无太大差别，没有明显团聚现象。生物碳与铁含量为 1∶1，生成的 Fe_xO_y 颗粒由于范德瓦耳斯力和磁相互作用而形

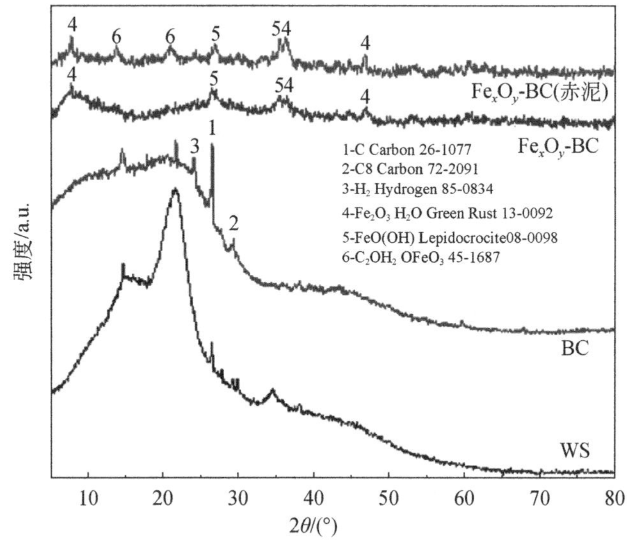

图 4.20 铁碳复合材料的 XRD 图谱

成链结构，如图 4.21（b）和（f）所示[7]。吸附后的铁碳复合材料分布松散均匀，其表面形貌发生了较大的变化：之前的层状结构呈现出聚集状态，堵塞了生物碳的孔道，表明吸附 Cd（Ⅱ）后材料的分散性降低，出现了团聚现象[8]。相比于 Fe_xO_y-BC，Fe_xO_y-BC（赤泥）形成的链结构更加明显，说明在吸附过程中有更大的范德瓦耳斯力和磁相互作用，表明其对重金属镉 Cd（Ⅱ）的吸附能力更强［图 4.21（d）~（h）］。

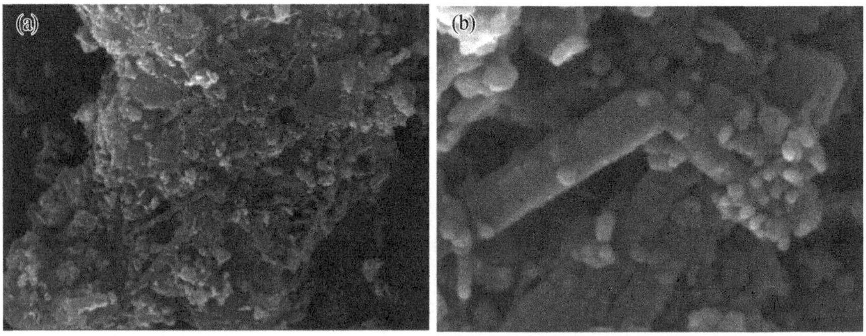

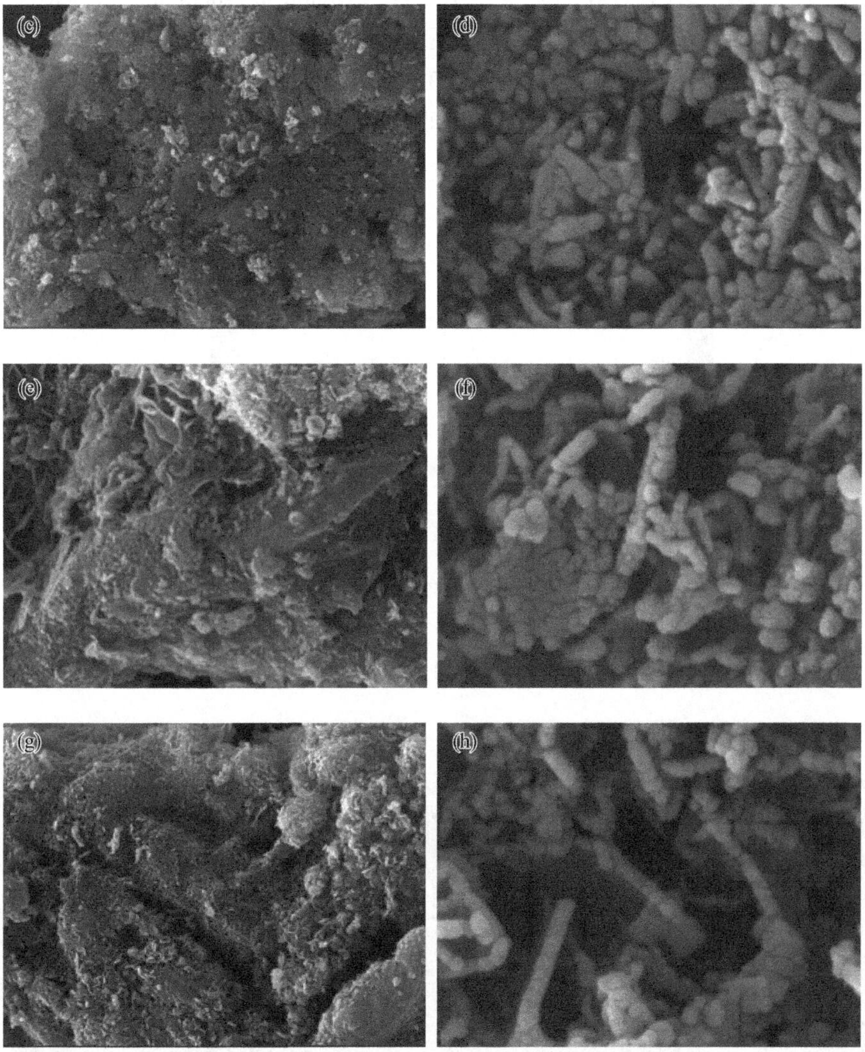

图4.21　Fe_xO_y-BC（RM）（a、b、c、d）和Fe_xO_y-BC（e、f、g、h）吸附前（a、b、e、f）后（c、d、g、h）SEM图谱

TEM分析：对吸附前Fe_xO_y-BC（RM）进行TEM分析，如图4.23所示，结果表明合成的Fe_xO_y颗粒分散在生物炭载体上，在所在视野内，粒径为17.1~59.7nm［图4.23（b）］，这与SEM分析结果一致［图4.22（a）］。合成的纳米颗粒呈现出典型的核壳结构，壳厚度约为3.27nm［图4.23（c）］，表明氧化过

程中颗粒内部氧化不均匀或不完全。用软件“Digital Micrograph”对高倍镜下的颗粒进行分析，颗粒内部平均晶格间距为0.2646nm左右［图4.23（d）］，经TEM分析晶格间距为0.2646nm，与XRD分析软件“Jade”中物质的PDF卡片对应，结果表明其可与$C_2OH_2OFeO_3$晶格间距为0.26468nm的“-214”晶面对应，与$Fe_2O_3 \cdot H_2O$晶格间距为0.266nm的“101”晶面对应，这与XRD分析结果一致。

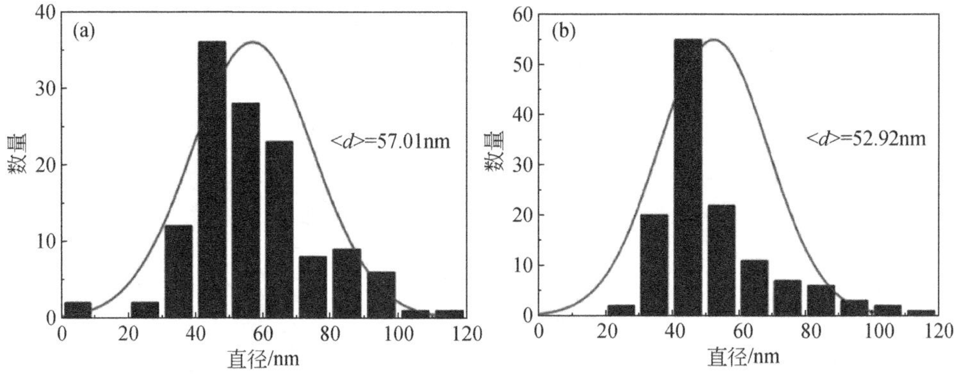

图4.22 Fe_xO_y-BC（RM）（a）和Fe_xO_y-BC（b）吸附前粒径分布图

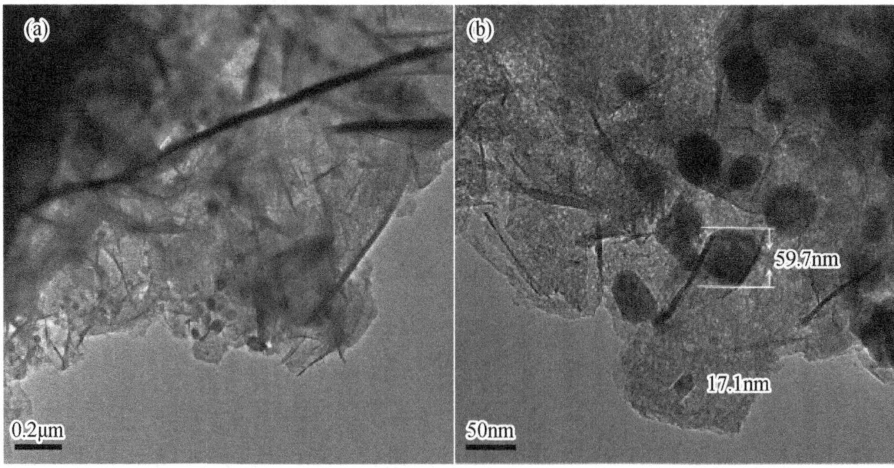

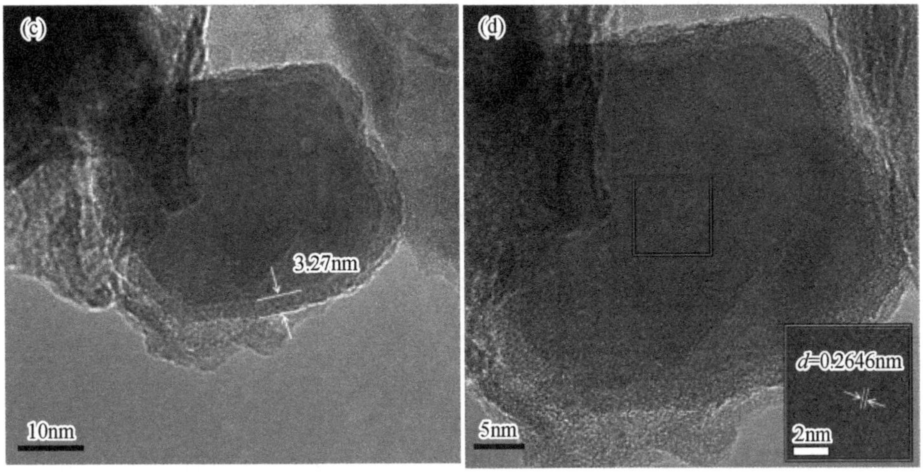

图4.23　Fe_xO_y-BC（RM）吸附前（a、b、c、d）TEM图谱

磁滞回归曲线（VSM）分析：为了测定铁碳复合材料的磁性，对材料进行磁滞回归曲线的绘制，结果如图4.24所示。Fe_xO_y-BC（赤泥）的饱和磁化强度为18.845emu/g，Fe_xO_y-BC（赤泥）的饱和磁化强度为6.254emu/g。结合XRD与TEM分析，铁碳复合材料的磁性可能来源于$Fe_2O_3 \cdot H_2O$。Fe_xO_y-BC（赤泥）的

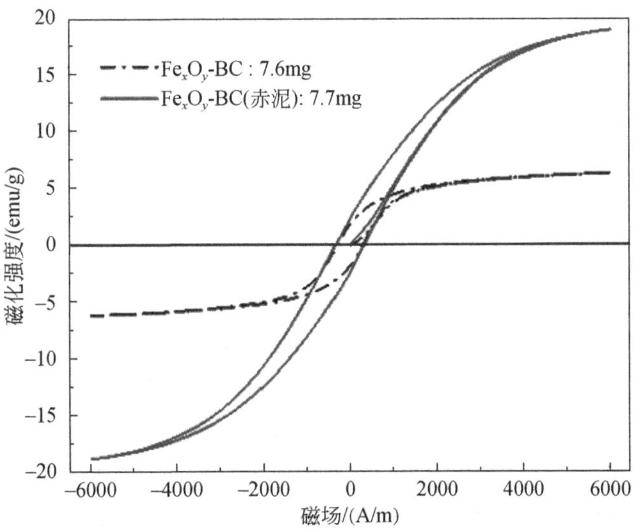

图4.24　铁碳复合材料的磁滞回归曲线

饱和磁化强度约为 Fe_xO_y-BC 的 3 倍，因此 Fe_xO_y-BC（赤泥）具备更好的优势，且其矫顽力（H_c）和剩磁（M_r）几乎接近于 0，Fe_xO_y-BC（赤泥）具有良好的超顺磁性，属于软磁范畴，可实现外加磁场的快速分离回收，为其用于废水处理提供了较大的优势[9]。

4.3 赤泥固化重金属制备微晶玻璃

4.3.1 赤泥基微晶玻璃制备过程

1. 重金属铬渣危害

铬渣作为铬盐企业生产铬化合物浸取后剩下的残渣，是各种铬盐工业加工生产后必然伴随的固体废物。随着铬盐产业升级，铬渣产量较以往的有钙焙烧工艺大幅减少，但其危害依然不容忽视。铬渣治理的首要问题就是其所含的高毒性六价铬。Cr(Ⅵ）迁移性强，可随着雨水淋溶进入地表，污染地下水，危及水生生态系统。若人体摄入一定量的六价铬，则引起慢性中毒、癌变，甚至导致死亡。铬渣的次要问题就是其强碱性。刚排出的铬渣 pH 可以达到 12。在其后续堆存中，其中的硅酸二钙、铝酸钙、铁铝酸钙遇水易发生水化反应，释放出强碱性的氢氧化钙。高碱性增加了铬渣湿法解毒的成本。此外，铬渣遇水还易膨胀。铬渣中的方镁石、硅酸二钙、铝酸钙和铁铝酸钙均易发生水化反应。露天堆存，铬渣中的方镁石容易与空气中的水和二氧化碳反应，生成氢氧化镁或碳酸镁，同时伴随着体积的膨胀。硅酸二钙、铝酸钙和铁铝酸钙也可发生类似的反应。水化后的结晶水或结构水进入水合铬酸钙及水合铝酸钙，使铬渣的体积和质量增大。这些物相变化引起的体积膨胀，可使堆场四周围墙倒塌，挤压支柱致其断裂，使铬渣堆场表面升高，崩裂堆场的封盖[10]。

2. 制备过程

以赤泥与铬渣为原料，二氧化硅为硅源，烧制微晶玻璃。具体流程如下。

首先，铬渣和赤泥分别用粉碎机粉碎，过 100 目筛，105℃干燥 2h 备用。将赤泥与铬渣分别以 9∶1、8∶2、7∶3、6∶4、5∶5 的质量比（总共 10g）混合，移入底部铺满 SiO_2 的坩埚，表面压平，120℃烘干 2h。为了考察二氧化硅添加量对微晶玻璃的影响，现将赤泥与铬渣以 9∶1 的质量比（总共 10g）分别与 0g、1g、2g、3g、4g、5g 二氧化硅混合，均质化后，移入坩埚，表面压平，120℃烘干 2h。

其次，将混合粉放入马弗炉高温烧制。烧制温度设置为：1150℃、1175℃、

1200℃、1225℃、1250℃；保温时间设置为：30min、60min、90min、105min、120min；升温速率设置为4℃/min、5℃/min、10℃/min（升温速率一定时，其到达的设置温度采用3个速率，每个温度对应3个升温速率）。

最后，再以同样的升温速率降温至600℃，程序结束。在炉内待其降至室温，取出制备的微晶玻璃样品。

4.3.2 固化重金属与制备微晶玻璃耦合因素

1. 烧制温度对赤泥-铬渣微晶玻璃的影响

从图4.25（a）来看，在烧制温度升至1175℃后，成品的六价铬浓度降至2.49mg/L，总铬浓度降至2.55mg/L，表面已有玻璃光泽。在温度升至1200℃后，样品并没有完全融熔，在其表面还可以看到明显的颗粒和气孔。在烧制温度达到1225℃后，用二苯碳酰二肼显色法已检测不到六价铬，ICP结果显示总铬浓度为0.1mg/L。此时成品表面光滑，呈现玻璃光泽，二氧化硅完全熔融形成了玻璃体。烧制温度再上升25℃，总铬浓度再次下降一个数量级。此时的温度为1250℃，远低于二氧化硅熔点1600～1700℃。

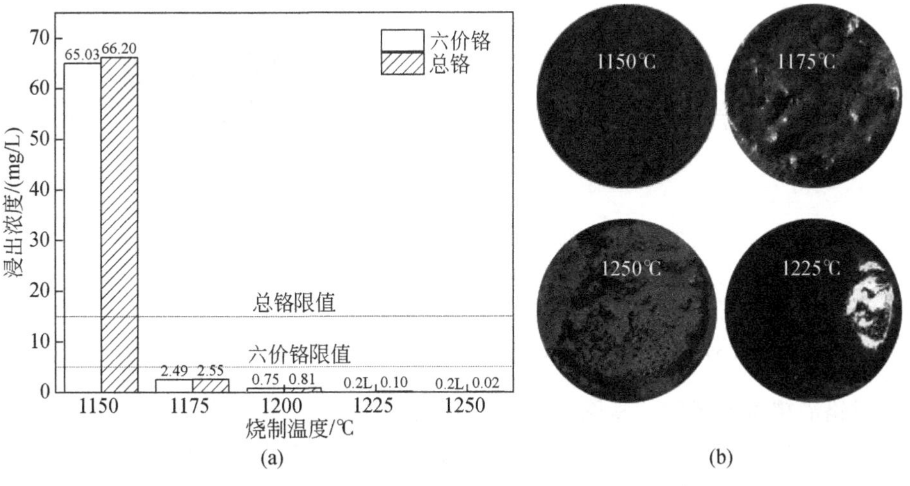

图4.25 烧制温度对成品的铬浸出浓度的影响及成品图

2. 烧制时间对赤泥-铬渣微晶玻璃的影响

根据烧制时间样品图来看［图4.26（b）］，30min时原料中熔点较低的成分分解熔融，随气泡上升，形成空心鼓包。又经过30min，气泡破裂，气体逸散，上层熔融液塌陷，与下层未熔融的硅酸盐和二氧化硅接触。继续保温 30min，硅酸盐和二氧化硅与熔融液浸润黏接，同时硅酸盐和剩余的二氧化硅互熔形成玻璃液（在图 4. 26 中标注 90min 的样品的中心已可见玻璃光泽）。到保温 105min 时，熔融已基本完成，各项成分均匀混合，待冷却后，样品已较为平滑且有玻璃光泽。结合样品浸出浓度来看，在 1225℃ 保温 30min 的样品六价铬已降至 6. 8867mg/L，高于危废鉴别标准的 5mg/L，总铬浓度为 7. 1910mg/L，已在安全线内。保温 60min 的样品六价铬和总铬浓度都已达标。保温 90min 后浓度再降一个数量级。到 105min 时，受限于二苯碳酰二肼分光光度法测六价铬的检出限 0. 2mg/L，六价铬未被检测出，但 ICP 显示了总铬浓度。

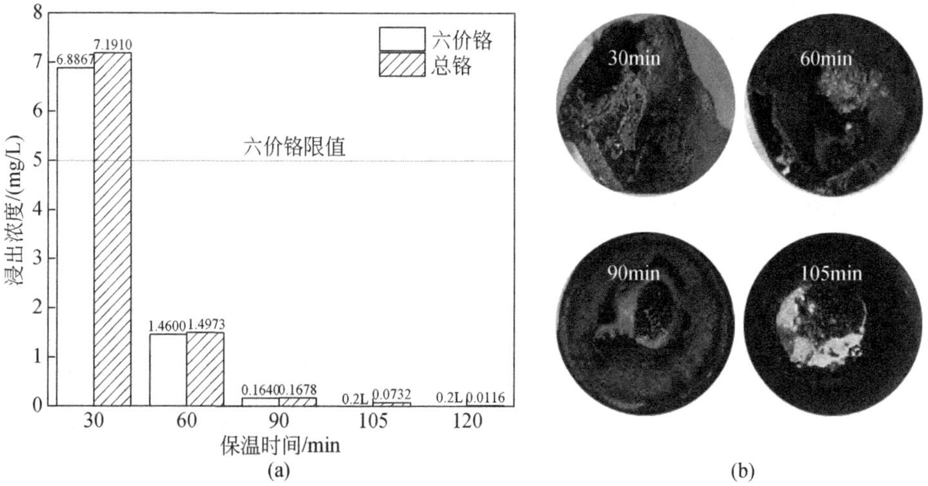

图 4. 26　保温时间对成品的铬浸出浓度的影响及成品图

3. 铬渣掺量对赤泥-铬渣微晶玻璃的影响

对铬渣掺量的考察，从图 4. 27 左边的铬浓度图可知，在赤泥与铬渣质量比达到 7 : 3 时，成品的浸出浓度还在标准阈值之下。铬渣质量超过赤泥铬渣总质量的 40% 时，铬浓度就已超出标准线。而且，根据成品图［图 4. 27（b）］来看，随着铬渣比例的增高，熔融的二氧化硅减少，孔洞越多，浸出毒性越强。

4. 升温速率对赤泥-铬渣微晶玻璃的影响

从图 4. 28 来看，升温速率对成品的铬浸出浓度影响不大，升温速率影响的主要是成品形貌。如样品图所示，升温速率越快，成品形貌越好。升温速率为 4℃/min 时，样品表面留下了许多气泡溢出的痕迹。升温速率为 5℃/min 时，样

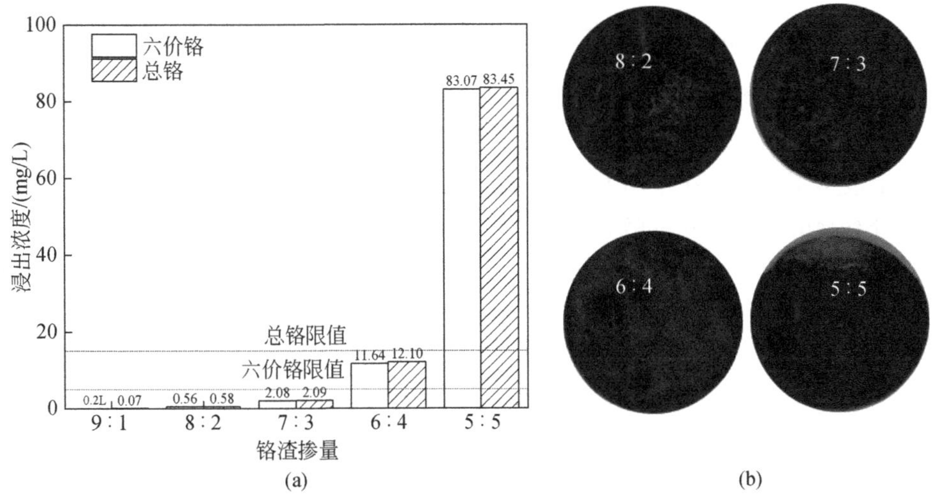

图 4.27　铬渣掺量对成品的铬浸出浓度（a）的影响及成品图（b）

品表面已趋于平整，但光泽度较暗，表面颜色杂驳。升温速率为 10℃/min 时，成品形貌最优。此时后两个样品的铬浸出浓度都已降至检出限下，就连总铬都已检测不出。此步烧制工艺相比前面，还改善了混料方式，使生料混合更加均匀。结果显示混料完全，有助于二氧化硅熔融更加彻底。所以在此基础上，为了减少能耗，试着降低烧制温度，将烧制温度降至 1150℃，浸出的铬浓度显示，铬确实被很好地封存在成品中，但以成品形貌来说，1150℃烧制的样品粗糙，空洞较多，且表面坑坑洼洼，并不利于最终成品的高值化利用。所以，烧制温度还是定为 1200℃。

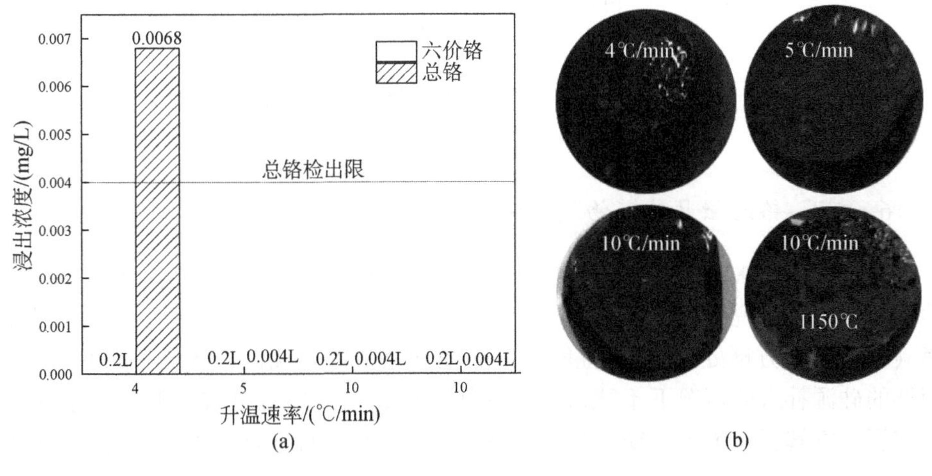

图 4.28　升温速率对成品的铬浸出浓度（a）的影响及成品图（b）

5. 二氧化硅添加量对赤泥–铬渣微晶玻璃的影响

从图 4.29 可以看出，在无额外硅源补入时，成品的总铬浓度高达 89.1900mg/L，再次证明了仅靠赤泥与铬渣联合焙烧并不能使成品的浸出铬浓度低于危废鉴别标准。在添加了 1g 二氧化硅后，总铬浓度骤降至 0.5284mg/L，说明额外补充的二氧化硅对铬渣固化效果的影响非常显著。由图 4.30 可知，原始赤泥 pH 为 10.03，低于危废标准。铬渣的 pH 也低于危废腐蚀性鉴别标准。经过焙烧，铬渣的 pH 下降，优化后的成品 pH 可以降至 7.40，也可为后续的利用提供可行性。

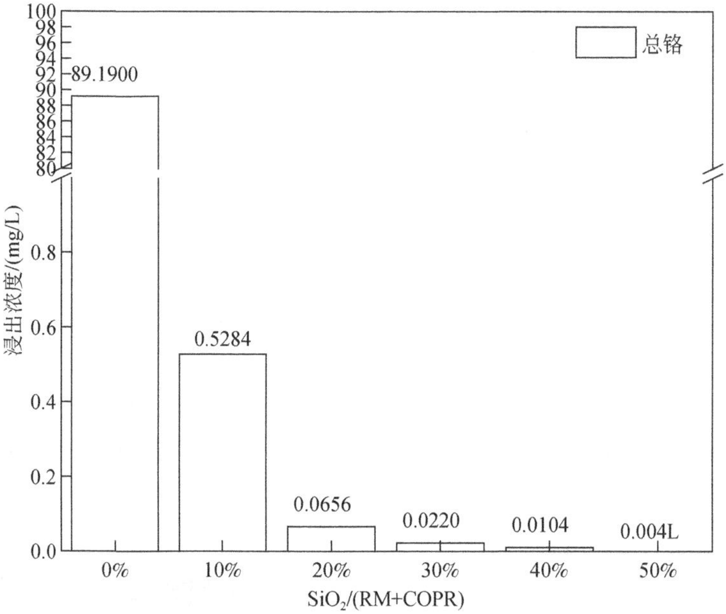

图 4.29 SiO_2 添加量对成品铬浸出的影响

6. 赤泥–铬渣微晶玻璃物相的变化分析

根据样品的 XRD 图谱（图 4.31），可以明显地看到样品 CC、RC 并无明显的弥散峰出现，说明两者并没有形成玻璃体。在添加了二氧化硅后，才出现弥散峰（图中虚线方框处）。再次证明了仅赤泥和铬渣混合烧制，含硅量不足，在无额外的硅源补入的情况下不能形成玻璃体。原始铬渣经过高温烧制后，水榴石、方镁石、方解石相消失，镁黄长石及铬镁尖晶石相出现。铬镁尖晶石将铬固定在

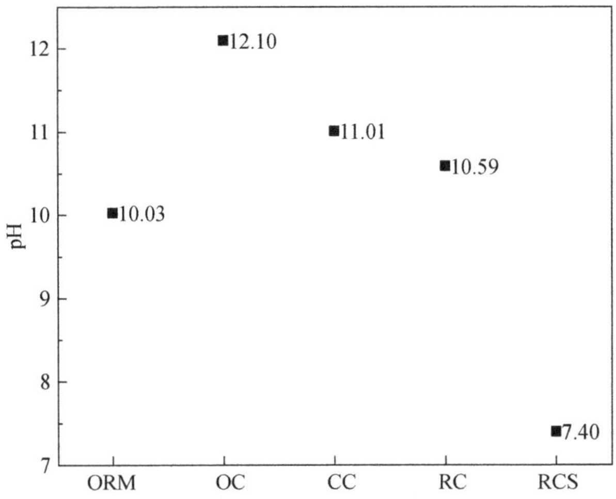

图4.30　样品的pH变化

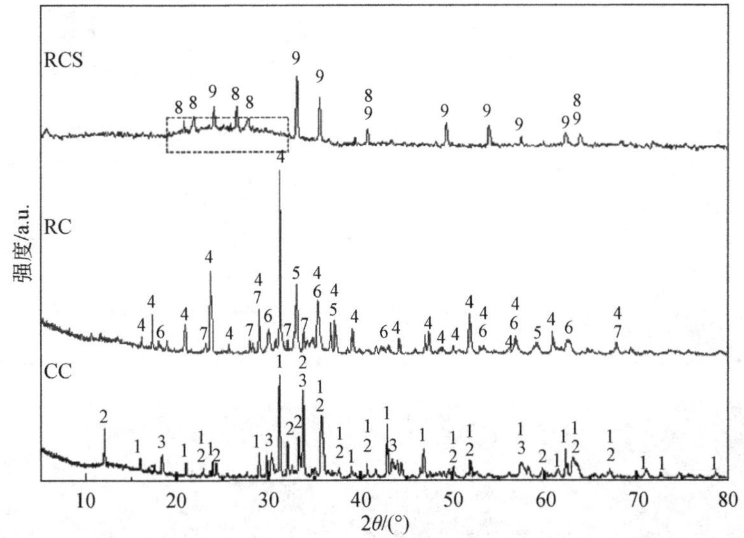

图4.31　样品的XRD谱图

OC：原始COPR；CC：煅烧铬渣，1250℃，2h；RC：RM：COPR=9：1，1300℃，2h；RCS：(RM：COPR)：Si=(9：1)：5，1200℃，2h。

结晶相为1：镁黄长石（$Ca_2(Mg_{0.75}Al_{0.25})(Si_{1.75}Al_{0.25}O_7)$）；2：黑钙铁矿（$Ca_2Fe_{1.052}Al_{0.665}Mg_{0.133}Si_{0.133}O_5$）；3：氧化铬镁（$Cr_2MgO_4$）；4：钙铝黄长石（$(Ca_2Al(AlSi)O_7)$）；5：钛酸钙（$CaTiO_3$）；6：镁铁矿（$MgFe_2O_4$）；7：无水芒硝（$Na_2SO_4$）；8：石英；9：赤铁矿

晶体框架中，导致六价铬和总铬浓度大幅下降。邓等[11]研究发现，尖晶石相的形成有利于重金属的固定，且其化学耐久性远远好于玻璃和其他物相。加入赤泥后，形成的样品中检测出了钙铝黄长石、钛酸钙、镁铁矿和无水芒硝等新物相。方镁石中的镁与赤泥中的赤铁矿结合，形成新的物相——镁铁矿。二氧化硅的加入，使得一些衍射峰信号较弱的晶体被二氧化硅和赤铁矿的强衍射峰所掩盖。

7. 赤泥-铬渣微晶玻璃微观结构的变化

从图4.32左上角可以看到，样品的扫描电镜图中有颗粒状突起，结合Mapping图可知其为铁元素聚集，结合XRD分析结果可知，突起的颗粒为氧化铁颗粒。其余部分未见有明显的元素聚集。可见赤泥、铬渣和二氧化硅联合焙烧后得到的样品以氧化铁为骨架，致密的硅酸盐玻璃为填充。

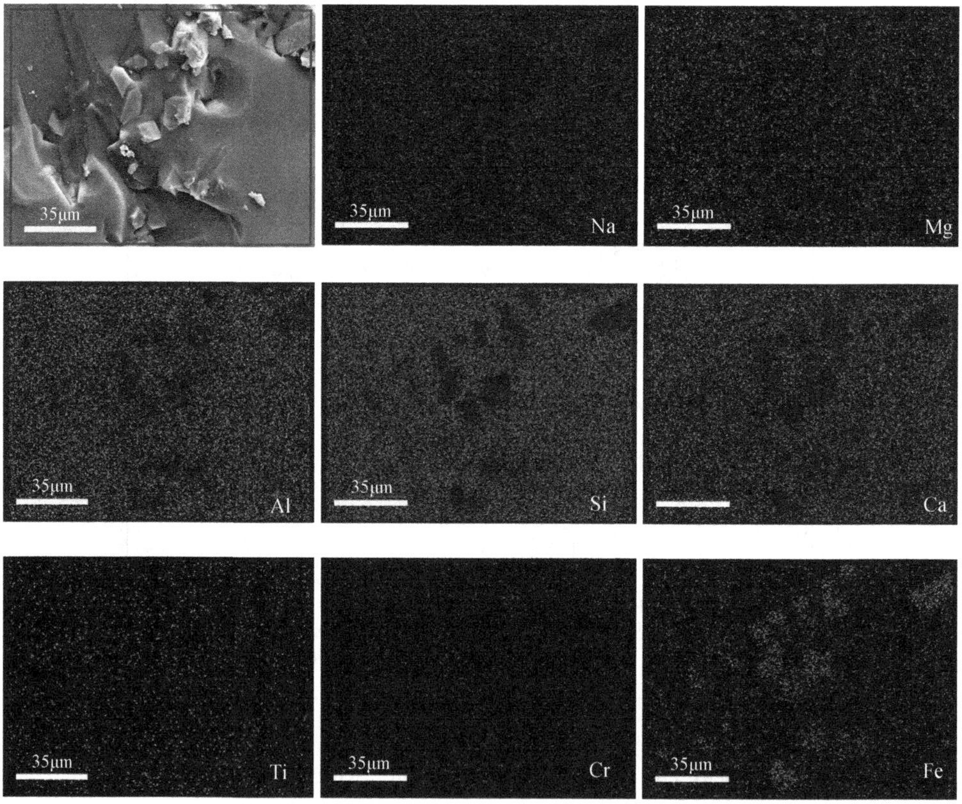

图4.32 样品RCS的扫描电镜微观形貌图及Mapping图

8. 赤泥固化重金属耦合微晶化总结

本实验考查了温度、铬渣掺量、时间、升温速率、二氧化硅掺量及夹杂着混料方式六个因素对成品浸出毒性和外观形貌的影响。总结如下：①在成品浸出浓度处于危废鉴别标准之下时，成品的最低烧制温度为1175℃，改变混料方式后，温度可降至1150℃，且铬的浸出毒性可降至检出限下；在1200℃时，烧制30min，成品浓度即可降至标准之下；在1200℃烧制2h的前提下，铬渣与赤泥的质量比最大可达3∶7。②赤泥、铬渣、二氧化硅质量比为9∶1∶5，充分混合，升温速率为10℃/min，烧结温度为1200℃，烧结时间为120min，退火温度600℃时制成的产品外观均匀有玻璃光泽，浸出毒性低于检出限，为最优，成品可利用。

通过将铅渣和赤泥的混合粉置于温度为1300～1400℃、空气氛围中高温熔融40～60min，浇注、冷却成型得到前驱体玻璃，前驱体玻璃依次进行高温去应力处理和高温热处理即得微晶玻璃，以铅渣和赤泥为原料，在不外加任何晶核剂和助熔剂的情况下，利用高温熔融法制备出主要成分为SiO_2、Al_2O_3、CaO、Na_2O、Fe_2O_3的微晶玻璃，可高效地进行资源化、无害化处理，大大提高铅渣和赤泥的利用率。

4.4　赤泥提铁制备铁碳吸附材料

4.4.1　吸附材料制备

赤泥（RM）的强碱性和富铁特性有利于羰基硫（COS）的吸附，作者课题组也研究了RM对SO_2的脱除效果和机理。因此，RM具有作为COS吸附剂的潜力。目前以RM为主要材料制备的吸附剂主要针对的是低浓度的COS。

RM吸附剂的制备过程为：将RM烘干后研磨，过200目筛，混合均匀待用。用25mL超纯水溶解一定量的PEG，倒入5g RM样品，在25℃下磁力搅拌12h左右，再调整为40℃磁力搅拌至半干。放入50℃真空干燥箱烘干后，在氮气氛围下用管式炉焙烧一定时间。之后取出样品压片，过40～60目筛。改性RM吸附剂见图4.33。改性RM吸附剂的具体制备过程如下。

（1）配料：选取RM、聚乙二醇（PEG）作为原料，所述改性助剂质量分别为RM质量的0%～10%。

（2）预处理：将RM进行预处理，先称一定量的RM放入鼓风干燥箱中，在105℃下将RM烘干48h。烘干后放入研钵，将RM研磨后过200目筛，过筛后置于真空干燥皿中存放待用。

图 4.33　改性 RM 吸附剂

(3) 混合：称量一定量预处理后的 RM 备用。称量一定量分子量为 5500 ~ 6500 的 PEG，质量分别为 RM 质量的 0%、0.5%、1%、3%、5%、10%。将 PEG 加入少量水中，用玻璃棒搅拌溶解。待 PEG 溶解后倒入备用 RM 中并在烧杯内搅拌均匀，同时添加超纯水冲洗杯壁和玻璃棒，控制总固液比为 1∶5 以控制变量。

(4) 搅拌分散：将磁力转子投入烧杯，放入水浴锅中，在 25℃下磁力搅拌 8 ~ 16h 后，将温度调整为 40℃，磁力搅拌蒸发至半干块状。

(5) 干燥：将呈块状吸附剂取出，置于 50℃的真空干燥箱中，用油泵抽真空干燥 2h，去除水分。

(6) 焙烧：将干燥后的吸附剂置于研钵中，研磨后放入管式炉中，在氮气氛围下以 5℃/min 的升温速率分别升温至 350℃、400℃、450℃、500℃、550℃并分别恒温 4h、8h、12h、16h，焙烧完成后在炉内自然冷却至室温。

(7) 压片：将焙烧后的吸附剂用粉末压片机压片，放入研钵破碎后过 40 ~ 60 目筛，得到改性 RM 吸附剂成品。

4.4.2　PEG 添加量优化研究

本节实验应用 PEG 对 RM 进行改性。图 4.34 为 PEG 含量对吸附 COS 的影响。改性 RM 的焙烧条件均为 400℃下焙烧 8h，分别研究了 0% ~ 10% 含量的 PEG 对 RM 的改性效果。实验表明，PEG 添加量为 0% ~ 1% 时，吸附效果随 PEG 添加量的增多而升高；PEG 添加量为 1% ~ 10% 时，吸附效果随 PEG 添加量的增多而下降。1% PEG 的改性效果最好，最高可达 99% 以上。10% 改性 RM 的吸附效果最差，最高仅为 60% 左右。这是因为 PEG 主要作为分散剂和造孔剂，能够使 RM 颗粒更小，出现更多的孔隙结构，比表面积更大，增加 RM 的活性[12]。因 PEG 具有还原性，还会促进形成 Fe_3O_4 的形成，作为吸附 COS 的活性组分[13]。过量的 PEG 则会因为与颗粒物之间的桥联作用，自身发生聚合，使颗粒物聚集，影响分散效果。高分子物质也会更加难以分解，堵塞 RM 表面微孔。

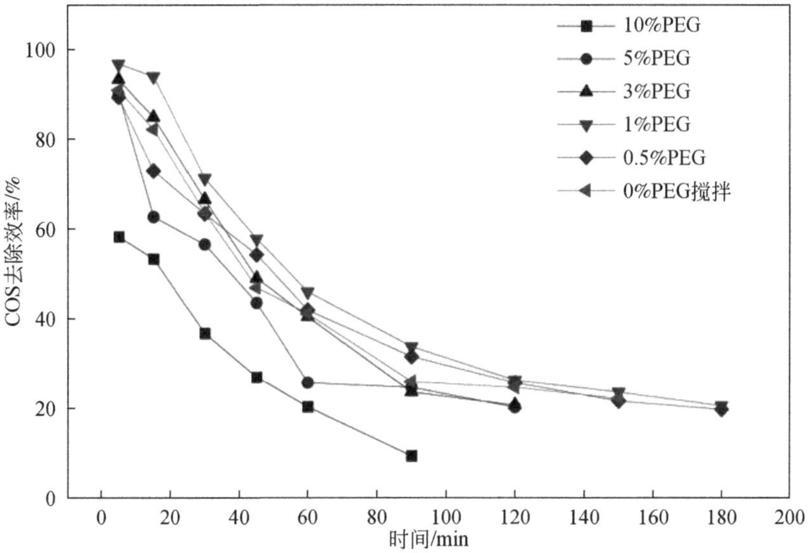

图 4. 34　PEG 含量对吸附 COS 的影响

反应条件：T=80℃，RH=3. 50%，SV=10000h^{-1}

4. 4. 3　焙烧过程参数优化研究

图 4. 35 是改性 RM 不同焙烧温度和时间下吸附 COS 的效果图。焙烧的目的是改变 RM 的物相，并将 PEG 分解。图 4. 35（a）中可以看到焙烧温度为 350～500℃时，吸附效率随焙烧温度升高而上升。焙烧温度为 550℃时，吸附效率出现大幅下降。500℃相对其他温度具有最好的吸附效率，最高可达 99% 以上，在前 30min 内，可达到 90% 以上的吸附效率。这是因为过低的温度会导致 PEG 的分解不完全，从而堵塞微孔，阻碍 COS 分子与吸附位点接触，也不利于 Fe_2O_3 向 Fe_3O_4 的转化。而过高的温度则会破坏 RM 的孔隙结构，影响其对气体的吸附。另外，为了确定 RM 吸附的活性组分，本节实验在空气氛围下焙烧 RM，使 RM 氧化，探究了氧化后的改性 RM 对 COS 的吸附效率。结果证明，改性 RM 氧化后的吸附效果较差，COS 吸附效果不如未氧化时的效果，证明了活性组分并非主要

为 Fe_2O_3 或其他氧化物。如图 4. 35（b）所示，PEG 在 500℃下焙烧 4h 并不充分，8h 为最佳焙烧时间。可以看到焙烧温度为 500℃的情况下，焙烧 8h 时 COS 脱除率最高。焙烧时间高于 8h 后，焙烧效率出现小幅下降。焙烧时间不足会导致 PEG 的分解不完全，过长的焙烧时间则会对 RM 孔隙结构产生影响。这意味着用热解析法再生 RM 时，焙烧时间的长短对于脱硫效率会存在一定影响。

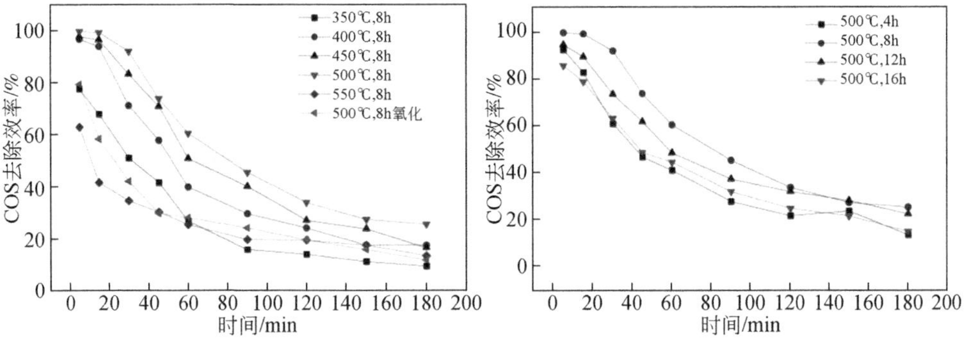

(a)焙烧温度　　(b)焙烧时间

图 4. 35　焙烧对吸附 COS 的影响

反应条件：$T=80℃$，RH = 3. 50%，SV = 10000h^{-1}

4. 4. 4　吸附剂表征分析

实验对不同的 RM 样品进行了氮气吸附分析，结果如表 4. 16 所示。可以看出焙烧和 PEG 改性均可以加大比表面积，这是因为焙烧会使 RM 中部分成分结晶，PEG 对 RM 具有造孔作用，有利于增加吸附 COS 的活性位点。在吸附后比表面积减小是因为反应产物累积在 RM 表面，堵塞了孔隙，这也导致覆盖了吸附位点，阻断了吸附。1% PEG 改性后 500℃焙烧 8h 的 RM 样品的孔径分布图和吸附解析图见图 4. 36。由图 4. 36（a）可知，改性 RM 的孔径主要分布在 0 ~ 20nm 之间，孔隙以微孔和介孔为主，微孔具有较大的比表面积，使材料拥有很多吸附位点，由于 COS 分子并不大[14]，更有利于 COS 的吸附，同时介孔能储存更多 COS，有助于提升吸附容量。由图 4. 36（b）可知，改性 RM 吸附解析曲线类型属于Ⅳ型曲线，且在中高压端出现了回滞环，表示 N_2 在孔道内冷凝积聚，证明制备材料为多孔材料。回滞环属于 H3 型，说明孔径不规则，非典型孔隙，多为堆积孔隙或裂缝结构[15,16]。

表 4.16　不同条件下 RM 的比表面积和孔体积

表征参数	BET 比表面积/（m^2/g）	孔体积/（cm^3/g）
原样	11.6592	0.026825
0% PEG 500℃，8h	12.3321	0.021873
1% PEG 500℃，8h	13.0437	0.023251
1% PEG 500℃，8h 滞后反应	12.3401	0.023819

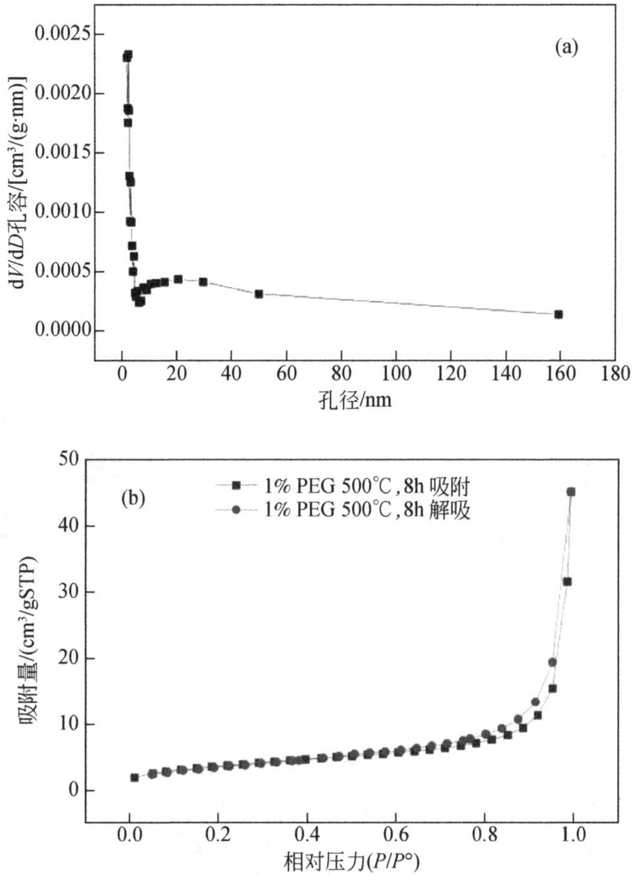

图 4.36　1% PEG、500℃、8h 改性 RM（a）孔隙分布图；（b）氮气吸附解析图

改性 RM 的 SEM 图像见图 4.37。实验利用 SEM 分别分析了未处理、仅焙烧、焙烧且搅拌和 PEG 改性的 RM 的图像。未经处理的 RM 表面存在大量絮状团聚体，分布不均，存在较大块状团聚体，孔隙相对较少，絮状团聚体主要是因为

原 RM 较强的碱性。经过焙烧后，出现明显的结晶现象，呈片状堆叠结构，出现了许多孔隙结构，增大了比表面积，但仍然分布不均。进行搅拌后较大的块状团聚体减少，体积减小，分布不均的问题得到一定改善。经过 1% PEG 改性后，材料团聚程度明显减轻，无较大块状团聚体，颗粒较小，分散性明显提高，孔隙结构也比较均匀，比表面积进一步增大。符合本节的氮气吸附分析，孔隙结构为堆积孔隙，内部存在大量微孔。

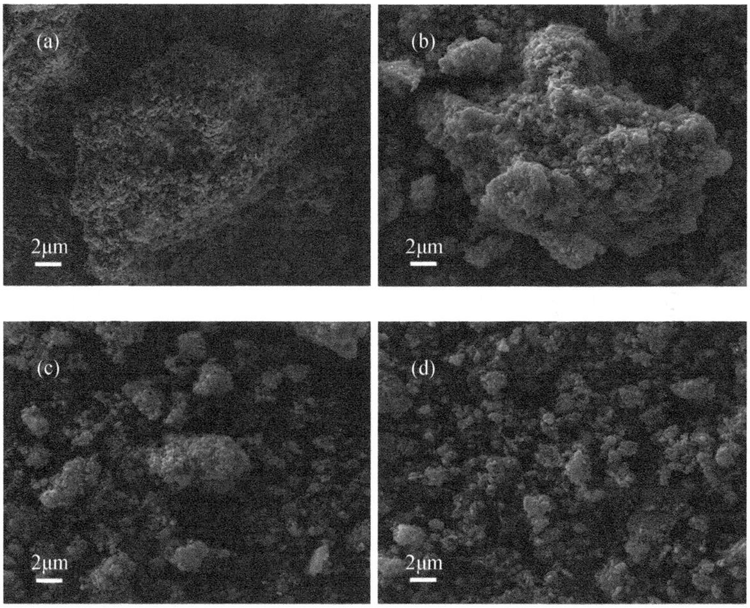

图 4.37　改性 RM 的 SEM 图像

(a) 未处理；(b) 0% PEG、500℃、8h 未搅拌；

(c) 0% PEG、500℃、8h 搅拌；(d) 1% PEG、500℃、8h

实验对改性 RM 吸附前后的样品进行了 XRD 分析，如图 4.38 所示。图中可以看出，RM 的 XRD 分析图像基线毛刺较多，基线不平，这是因为 RM 作为工业固废残渣，其中的物质结晶度不高，无定型物质较多。原样的 RM 杂峰较多，证明 RM 的成分复杂，且同一元素存在的形式不同，物相种类较多。未处理的原 RM 主要成分为 Fe_2O_3 和水钙铝榴石，有一定量的 Fe_3O_4 和少量的 FeOOH 存在。经过改性焙烧后，水钙铝榴石无明显变化，即水钙铝榴石在吸附过程中几乎不参与反应，因此 Ca 和 Al 在赤泥中不主要参与吸附 COS 反应。FeOOH 的峰大幅上升，Fe_3O_4 增加，Fe_2O_3 则明显降低。因为在碱性条件下，$Fe(OH)_3$ 是 Fe（Ⅲ）的主要存在形式[17]，RM 本身的碱和 PEG 含有大量羟基，具有亲水性，经过加水搅拌后，在升温和降温的过程中促进了 FeOOH 的生成[18,19]。而在较高温度下，有利于 Fe_2O_3 向 Fe_3O_4 转变，且 PEG 具有还原性，促进了 Fe_3O_4 的形成。吸附后，FeOOH 和 Fe_3O_4 的峰变小，FeS_2 的峰变大，说明 FeOOH 和 Fe_3O_4 参与反应被消耗。可能发生的反应为[20-22]

$$Fe_2O_3+H_2O \longrightarrow 2FeOOH \tag{4.21}$$

$$6Fe_2O_3 \longrightarrow 4Fe_2O_4+O_2 \tag{4.22}$$

$$3COS+2FeOOH \longrightarrow FeS_2+FeS+3CO_2+H_2O \tag{4.23}$$

$$4COS+Fe_3O_4 \longrightarrow FeS_2+2FeS+4CO_2 \tag{4.24}$$

$$COS+Na_2O \longrightarrow Na_2S+CO_2 \tag{4.25}$$

$$COS+2Na_2OH \longrightarrow Na_2S+H_2O+CO_2 \tag{4.26}$$

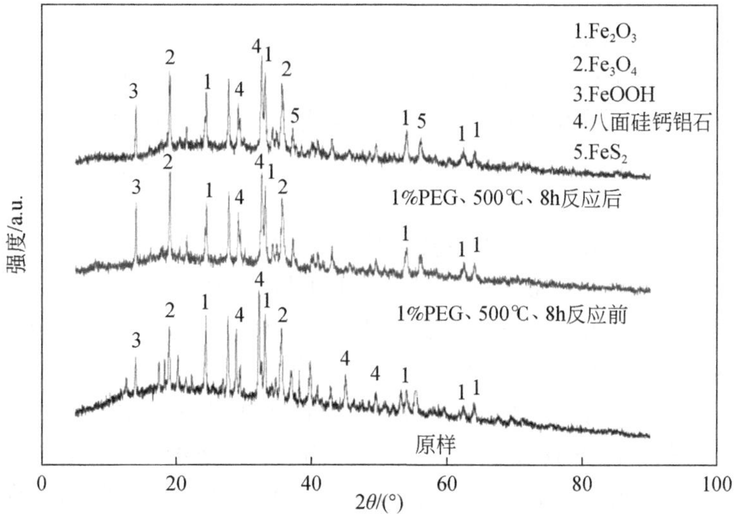

图 4.38　吸附前后 RM 的 XRD 图谱

4.4.5　吸附剂表征分析结论

改性 RM 吸附剂制备条件优选过程，主要研究了 PEG 改性用量、焙烧温度和焙烧时间对改性 RM 吸附 COS 的影响。并利用氮气物理吸附分析、SEM 和 XRD 对改性 RM 吸附剂进行表征分析，得出了以下结论。

(1) 在 RM 中添加一定量的水搅拌后，RM 的稳定性大大提高，同时对 COS 的吸附效率也有了较大提升。这是因为加水搅拌后，RM 表面和孔隙中的可溶性碱被溶解，重新分布负载到 RM 的表面。RM 的孔隙中也会存在许多不可溶的非活性物质，搅拌操作会将这些物质从孔隙中冲出，清除了孔隙中覆盖吸附位点的物质，增加了吸附位点。

(2) 采用 PEG 作为改性剂，起到了造孔剂、分散剂和还原剂的作用。实验在焙烧温度为 400℃，焙烧时间为 8h 的条件下，考查了 PEG 添加量为 0% ~ 10% 的情况下，改性 RM 吸附 COS 的吸附性能。结果得出，改性 RM 吸附 COS 的吸附效率随 PEG 添加量的增加先升高后下降。最佳 PEG 添加量为 RM 质量的 1%，此时吸附效率最高可达到 99% 以上。这是因为 PEG 起到了分散和造孔作用，PEG 使改性 RM 颗粒的粒径更小，分布更加均匀，同时增加了 RM 表面的孔隙，提高了比表面积，增加了吸附位点，从而提高了吸附效率，并利用氮气物理吸附分析和 SEM 分析手段证明了这一观点。

(3) 采用 1% PEG 改性的条件，探究了改性 RM 在焙烧温度为 350 ~ 550℃ 时的吸附 COS 的效率。实验表明在焙烧温度为 350 ~ 550℃ 时，改性 RM 吸附 COS 的吸附效率先升高后降低。最佳焙烧温度为 500℃，吸附效率最高可达到 99% 以上，且较高的吸附效率可持续时间更长，在 30min 内吸附效率均在 90% 以上。因为焙烧的主要作用为降解 PEG，起到造孔的作用。同时促进物相的改变以及 Fe_3O_4 的形成。焙烧也可以促进 RM 颗粒和表面部分组分结晶，增加了比表面积，吸附位点增多。

(4) 实验利用 XRD 的分析手段，对改性 RM 的晶体成分和相对含量进行了分析，从而推断出吸附产物和吸附机理。RM 是一种成分较为复杂的工业固废，其中含有很多元素，相同元素的存在形式多种多样。本节实验所用 RM 的主要成分为 Fe_2O_3 和水钙铝榴石，水钙铝榴石在吸附前后无明显变化，几乎不参与反应。Fe_2O_3 在改性后明显减少，FeOOH 和 Fe_3O_4 的峰明显升高，证明改性后有部分 Fe_2O_3 转化为了 FeOOH 和 Fe_3O_4。而在吸附后，FeOOH 和 Fe_3O_4 明显降低，相对应地 FeS_2 的峰升高。因此可以得出主要参与反应的物质和吸附过程中发生的反应。

4.5　有价金属的提取存在的问题探讨

4.5.1　存在的技术问题

开展赤泥中有价金属回收利用工作符合国家政策方针要求，也是解决氧化铝行业发展过程中不可回避的技术难题的策略之一，虽然赤泥中有价金属回收研究取得了一定的成果，但赤泥中有价金属回收在工业实际应用中并未得到大规模推广利用，主要存在以下原因。

1) 赤泥化学组成与性质复杂，有价金属回收利用困难

赤泥中含有丰富的铁、铝、钛、钙、钪及其他多种有价金属元素，但由于其

成分复杂，性质多变，且金属品位低等原因，赤泥中有价金属的回收利用难以取得突破性技术进展。例如，拜耳法赤泥中，铁、铝、钠占赤泥总质量的 50% ~ 70%，这些成分的综合回收利用是赤泥资源化利用的重要研究内容，但拜耳法赤泥含有 20% 左右的 SiO_2，会阻碍金属离子的析出，导致其回收成本以及回收难度大大增加。

2）工艺技术局限性

由于赤泥的化学组分及矿物组分等因氧化铝生产工艺、铝土矿的成分的不同而不同，因此一般的赤泥中有价金属的回收工艺技术主要是针对某一类赤泥，甚至某一个氧化铝企业所排放的赤泥，不能普遍适用，有很大的局限性。并且现有技术对于赤泥中有机金属的回收大多针对单一元素，综合回收率低。以赤泥提铁为例，采用选矿技术回收赤泥中的铁，虽能耗低，但同时铁回收率低下，且大部分残渣仍难逃被运往堆场堆存的命运；而直接还原回收铁，又由于物料流量大，铁含量低且经济效益低等诸多原因，难以实现工业化。此外，虽然有学者考虑了多种资源的联合回收，如采用湿法冶金技术综合回收稀有金属，但由于工艺设计不成熟，虽能取得一定的效果，但其产生的酸性废渣极易造成环境的二次污染。

3）污染重

从赤泥中回收稀土，一般要经过高温焙烧或浓酸浸出等操作，会产生大量的“工业三废”，并且能耗高，污染严重。

4.5.2　存在的经济性问题

赤泥中含有丰富的 Fe、Al、Ti 以及多种稀有金属元素，是一种宝贵而丰富的二次资源。因为很少有独立的稀有金属矿床，目前稀有金属主要作为二次资源被回用。镓是一种全球稀缺金属资源，全球镓金属储量只有 23 万 t，中国拥有世界上最多的镓资源，占世界探明资源的 80%，其中 90% 的金属镓都是从氧化铝工业中获得的[23]，镓化合物（GaAs、GaN 和 Ga_2O_3）广泛应用于无线通信、化工、医疗设备、太阳能电池、航空航天等诸多领域[24]，被北美洲、欧洲的发达国家视为重要原材料，并被列入关键矿产名录，也在中国的战略储备资源之列[25]；钒主要用于冶炼合金钢，钒氧化物在钢中起着反硝化和脱氧的作用，提高了钢的强度、韧性和延展性，此外，钒化合物也广泛应用于印刷、胶片、电子、玻璃和陶瓷[26]。地壳中钒的丰度约为 0.02%，在自然界中独立矿藏十分稀少，往往在钛磁铁矿和石煤中以含钒矿物或同构的形式存在。有关文献表明，我国氧化钒的总产量约为 41 万 t，其中每年有 1 万 ~5 万 t 钒进入氧化铝生产过程，这不仅造成资源的浪费，而且氧化铝产品的质量也会受一定影响[27,28]。天然条件下独立的钪矿物资源比较少，而 80% 的钪都富集在铝土矿内，在其生产提炼过程中，这些钪大部分都集中在了赤泥内[29]。铍是稀有轻金属，具有优异的核物理性能，它具有低密度、高比刚度、高比强度和优异的热性能，作为功能材料和结构材料，常用于许多重要领域，铍合金由于具有独特的力学性能、物理性能和良好的加工性能，成为高科技领域的重要材料[30]。铍基复合材料的强度、硬度和可塑性都很优秀，但铍及其化合物是剧毒物质，已被美国国家环境保护局列为低致癌物之一。虽然我国铝土矿资源中铍含量较低，但如果将铝土矿残渣中的铍富集起来，不仅可以减少对人体的危害，还可以发挥其工业价值[31]。锂元素的特殊性质是由其原子结构决定的，电池、陶瓷、核工业以及光电等行业等均需要锂及其化合物的加入。我国铝土矿（岩）中伴生的锂是一种新型的沉积型锂矿资源，在碱法处理铝土矿进行氧化铝生产时，伴生的锂会进入赤泥以及铝酸盐溶液中。

综上所述，对赤泥中的有价金属特别是稀有金属进行资源化回收，不仅可以减少赤泥堆存造成的环境危害，促进工业生产，还能带动其他工业领域协同发展，实现更高的经济效益。

4.5.3　可能的解决途径探讨

近些年，国内外对于赤泥中有价金属回收开展了大量的研究工作，赤泥中回收铁、铝、钛及稀土金属在技术上是可行的，但要实现赤泥有价金属回收工业化，解决氧化铝行业发展过程中不可回避的技术难题，仍需做出大量努力。未来赤泥中有价金属回收研究建议关注以下方向。

（1）开发经济、节能、环保、高效的金属回收工艺，缩短工艺流程，提高工艺的适应范围及普遍适用性，降低工艺能耗及经济成本，并提高有价金属，特别是稀土金属的回收率。

（2）进行跨学科、多领域的技术研究，形成技术支撑体系，研发赤泥综合利用技术及减排技术，在回收有价金属的同时，进一步综合利用其他有价成分，使综合回收达到“零”排放。

（3）赤泥综合利用过程中，进行环境指标监测和控制，包括粉尘控制，地下水和地表水监测，有毒有害及放射性物质监测等。分析潜在风险，提出有效改进措施，防止二次污染。

（4）关注赤泥资源化综合利用创新技术，开展资源化利用过程的机理研究，为综合利用提供理论依据和技术支持。

参考文献

[1] 黄荃莅. 从拜耳法赤泥中回收铁和铝的工艺研究［D］. 南宁：广西大学，2021.

[2] Lei C, Yan B, Chen T, et al. Silver leaching and recovery of valuable metals from magnetic tailings using chloride leaching［J］. Journal of Cleaner Production, 2018, 181: 408-415.

[3] 于慧敏．高铁铝土矿铝铁硅分离技术的研究 [D]．沈阳：东北大学，2016.

[4] 黄菁菁，徐祖顺，易昌凤．化学共沉淀法制备纳米四氧化三铁粒子 [J]．湖北大学学报：自然科学版，2007，29 (1)：50-52.

[5] Masue Y，Loeppert R H，Kramer T A. Arsenate and arsenite adsorption and desorption behavior on coprecipitated aluminum：iron hydroxides [J]．Environmental Science & Technology，2007，41 (3)：837-842.

[6] Yang Y，Wang X，Wang M，et al. Recovery of iron from red mud by selective leach with oxalic acid [J]．Hydrometallurgy，2015，157：239-245.

[7] 沈凯旋．纳米铁改性水葫芦生物碳的制备表征及对镉的吸附性能研究 [D]．广州：华南理工大学，2017.

[8] 邹成龙，徐志威，聂发辉，等．Fe_3O_4@SA/GO 凝胶球的制备及对亚甲基蓝的吸附性能 [J]．环境工程学报，2022，16 (1)：121-132.

[9] 熊道陵，李金辉，李英．废铬资源再利用技术 [M]．北京：冶金工业出版社，2012.

[10] Huang D，Drummond C H，Wang J，et al. Incorporation of chromium (Ⅲ) and chromium (Ⅵ) oxides in a simulated basaltic，industrial waste glass- ceramic [J]．Journal of the American Ceramic Society，Blackwell Publishing Inc.，2010，87 (11)：2047-2052.

[11] 王慧慧，朱炳龙，童霏，等．PEG 改性制备高分散白炭黑的研究 [J]．硅酸盐通报，2015，34 (12)：3717-3720.

[12] Chen S，Guo Y，Zhang J，et al. $CuFe_2O_4$/activated carbon adsorbents enhance H_2S adsorption and catalytic oxidation from humidified air at roomtemperature [J]．Chemical Engineering Journal，2021：134097.

[13] Wynnyk K G，Hojjati B，Pirzadeh P，et al. High-pressure sour gas adsorption on zeolite 4A [J]．Adsorption，2017，23：149-162.

[14] Xu J，Cao Z，Zhang Y，et al. A review of functionalized carbon nanotubes and graphene for heavy metal adsorption from water：preparation，application，and mechanism [J]．Chemosphere，2018，195：351-364.

[15] Wang X，Li Y，Zhang W，et al. Simultaneous SO_2 and NO removal by pellets made of carbide slag and coal char in a bubbling fluidized-bed reactor [J]．Process Safety and Environmental Protection，2020，134：83-94.

[16] Wang T，Qian T，Huo L，et al. Immobilization of hexavalent chromium in soil and groundwater using synthetic pyrite particles [J]．Environmental Pollution，2019，255：112992.

[17] Cao Y，Zheng X，Du Z，et al. Low-temperature H_2S removal from gas streams over γ-FeOOH，γ-Fe_2O_3，and α-Fe_2O_3：effects of the hydroxyl group，defect，and specific surface area [J]．Industrial & Engineering Chemistry Research，2019，58 (42)：19353-19360.

[18] 周小燕．β-FeOOH 纳米材料制备及其性能研究 [D]．合肥：安徽大学，2010.

[19] Tian H，Wu J，Zhang W，et al. High performance of Fe nanoparticles/carbon aerogel sorbents for H_2S Removal [J]．Chemical Engineering Journal，2017，313：1051-1060.

[20] Shen L, Cao Y, Du Z, et al. Illuminate the active sites of γ-FeOOH for low-temperature desulfurization [J]. Applied Surface Science, 2017, 425: 212-219.
[21] Raabe T, Mehne M, Rasser H, et al. Study on iron-based adsorbents for alternating removal of H_2S and O_2 from natural gas and biogas [J]. Chemical Engineering Journal, 2019, 371: 738-749.
[22] 李彬，张宝华，宁平，等. 赤泥资源化利用和安全处理现状与展望 [J]. 化工进展，2018，37 (2)：714-723.
[23] 陈其慎，于汶加，张艳飞，等. 点石：未来 20 年全球矿产资源产业发展研究 [M]. 北京：科学出版社，2016：527-536.
[24] 敦妍冉，荆海鹏，洛桑才仁，等. 全球镓矿资源分布、供需及消费趋势研究 [J]. 矿产保护与利用，2019，39 (5)：9-15+25.
[25] 詹海鸿，李伯骥，农佳蓓，等. 三水铝土矿炼铁高硅渣中钒的焙烧浸出 [J]. 世界有色金属，2016，(22)：80-81.
[26] 李长江. 中国金属镓生产现状及前景展望 [J]. 轻金属，2013，(8)：9-11.
[27] 赵卓. 氧化铝生产流程中钒的提取研究 [D]. 长沙：中南大学，2010.
[28] 王克勤，于永波，王皓，等. 赤泥盐酸浸出提取钪的试验研究 [J]. 稀土，2010，(1)：95-98.
[29] 郑莉芳，王晓刚，岳丽娜，等. 稀有轻金属铍及其合金的应用进展 [J]. 稀有金属，2021：1-9.
[30] 刘文春. 铬天青 R 分光光度法测定铝土矿中的铍 [J]. 岩矿测试，2010，29 (3)：328-330.
[31] 钟海仁，孙艳，杨岳清，等. 铝土矿 (岩) 型锂资源及其开发利用潜力 [J]. 矿床地质，2019，38 (4)：898-916.

第5章　赤泥基环境材料多途径利用技术

5.1　赤泥基环境材料研究进展

5.1.1　废气净化材料进展

1. 赤泥基材料在烟气脱硫中的应用现状

赤泥脱硫主要可分为干法脱硫和湿法脱硫两种形式，干法脱硫主要是将赤泥与其他材料制成的脱硫剂及含硫废气进行反应；湿法脱硫是将含硫废气通入赤泥浆液中进行多次循环后达到脱硫的效果[1]。拜耳法赤泥颗粒分散性好、比表面积大、有效固硫成分（Fe_2O_3、$A1_2O_3$、CaO、MgO、Na_2O 等）含量高，对 H_2S、SO_2、SO_3 等污染气体有较强的吸附能力和反应活性，利用赤泥脱硫不仅脱硫效果好，还可以使赤泥本身脱碱[2]。

G. W. Land 的研究表明：干法脱硫时，1kg 的赤泥对 SO_2 吸附量为 11.3g，脱硫率约为 50%；湿法脱硫时，1kg 赤泥对 SO_2 吸附量为 16.3g，脱硫率约 90%[3]。Tao 等[4]也将拜耳法赤泥用于烟气脱硫，研究发现：当 O_2 含量高于 7% 时，O_2 含量对脱硫效率的影响较小，SO_4^{2-} 的累积会抑制脱硫效率，碱液吸收、液相催化氧化共占据脱硫进程中总贡献的 98.61%。孙详彧等[5]将赤泥与矿井废水联合制成脱硝吸收液，考察了不同 SO_2 浓度对复合吸收液脱硝效率的影响，结果表明：低浓度的 SO_2 可以促进 NO_x 的吸收，高浓度的 SO_2 对脱硝效率有抑制作用。

左晓琳等[6]在赤泥浆液脱硫机理研究中发现，赤泥脱硫分为两个阶段：当赤泥浆液 pH>4 时，起脱硫作用的主要是赤泥浆液中的碱性物质；当赤泥浆液 pH ≤4 时，浆液中铁离子催化氧化促进了脱硫反应的进行。高碱性赤泥处理吸收 SO_2、SO_3、H_2S 等酸性气体，其净化效果佳，且处理掉这些酸性气体后，可使赤泥达到无害化[7]。宁平和王学谦[8]采用赤泥附液吸收 H_2S，具有吸收效率高、吸收量大、操作控制方便等优点，在相当长的时间内，H_2S 的吸收效率保持在 90% 以上。Sahu 等[9]提出赤泥吸收 H_2S 并通过反应前后物化分析对比，发现铁氧化物选择性与 H_2S 反应将其固化，NaOH、$Ca(OH)_2$ 等碱性物质也可将 H_2S 转化为硫化物，赤泥吸附 H_2S 容量为 2.1g/100g。用赤泥废碱液代替一部分 NaOH，Na_2CO_3 等作为 H_2S 的吸收液，可以获得较为可观的环境和经济效益，达到以废治废的目的，是氧化铝生产等过程用于治理废液、废气的一条有效途径[10]。

国外 Oliveira 等[11]用纳米颗粒负载在三种基于赤泥废物的不同基质的表面上：①纯赤泥-Au/Rm；②还原赤泥-Au/RmH_2；③部分碳涂敷的赤泥-Au/RmEt，以产生用于脱硫反应的不同催化剂。研究结果表明金纳米颗粒直径约为 30nm，成功地支持和分布在赤泥基材料表面。催化剂 Au/RmEt 与其他赤泥基催化剂相比具有显著的效率，尽管 Au/Rm 和 Au/RmH_2 是亲水性的并且保持在水相中，但 Au/RmEt 对位于两相系统界面处的有机相和水相具有较高的亲和力，这使得赤泥的金和铁相具有协同作用。正因如此，该催化剂对含硫污染气体具有很强的吸附能力。Prado 等[12]通过合成基于赤泥（RM）/聚对苯二甲酸乙二醇酯（PET）复合材料的催化剂，发现在赤泥上的 PET 浸渍增加了催化剂与其中污染物溶解的非极性相（燃料）的亲和力，获得较高的转化率（高达 80%）和对相应的二苯并噻吩砜的选择性，表明基于 PET 和 RM 的催化剂对二苯并噻吩（DBT）的氧化脱硫反应具有积极作用。

2. 赤泥基材料在烟气脱硝中的应用现状

因为 NO 性质稳定、难溶于水，而赤泥本身的特性难以将其催化还原或氧化吸收，这制约了赤泥的脱硝性能。近年来，有研究学者通过高温焙烧或加酸等物理化学手段对赤泥进行了活化，发现活化后赤泥的吸附性能、胶结性能和催化性能比未处理的赤泥有明显提高。曾红[13]采用水洗和酸处理的工艺制备了赤泥催化剂，脱除赤泥中的碱金属元素，提高催化剂活性组分的分散度，进而提高了催化剂脱硝活性，硫化过程中 SO_2 与催化剂组分反应，生成了 $Fe_2(SO_4)_3$，增加了催化剂的活性反应位点，促进 NH_3 的吸附，进而提高了催化剂的活性。赵红艳[14]引入助剂 Mn 和 Ce 改性，制备赤泥催化剂，发现温度小于 250℃时，Mn 助剂掺杂改性的赤泥催化剂活性较优，温度大于 250℃时，Ce 助剂掺杂改性的赤泥催化剂活性较优，Mn、Ce 共同改性的赤泥催化剂具有更宽的脱硝活性窗口。Li 等[15]采用球磨和加酸的方法对赤泥进行改性，制成的脱硝催化剂在 300～400℃范围内具有较好的催化活性，其中，350℃时裂解活性与稳定性最好。

Wu 等[16]将拜耳法赤泥经过酸洗煅烧使赤泥改性，降低赤泥碱性物质含量，并扩大催化剂孔隙，从而获得较优的颗粒分散状态。在 300～400℃的条件下，由酸洗涤煅烧过的赤泥催化剂（ARM）脱硝效率超过 70%。研究表明掺杂稀土元素 Ce 的赤泥能显著增强赤泥的脱硝能力，该脱硝剂 Ce0.3/ARM 在 300℃上脱硝效率可达到 88%。与之类似，Li 等[15]采用球磨和酸碱中和的方法对赤泥改性，制成的脱硝催化剂在 300～400℃的条件下具有较好的催化活性，最佳温度 350℃

时裂解活性与稳定性最好。除了直接用改性赤泥作催化剂外，济南大学汤琦[17]与北京化工大学陈千惠[18]以预处理后的赤泥为载体，采用浸渍法负载不同的金属氧化物。相比于直接用赤泥作催化剂，该赤泥基催化剂在活性金属分散度、比表面积、催化剂结晶度、氧化还原能力等方面都有明显的优势，具备更强的脱硝能力。

此外，由于赤泥中含有大量的游离碱和化学结合碱，Jones 等发现赤泥可以快速吸收大量的 CO_2[19]。在此基础上，李海宾和韩敏芳[20]利用拜耳法赤泥捕集吸附 CO_2，同时达到赤泥脱碱的目的，在最佳实验条件下每克赤泥可吸附 0.0263g 的 CO_2，同时拜耳法赤泥的最大脱碱率为 42.43%。

目前，赤泥用于脱硫脱硝具有吸收能力强；选择性好；化学稳定性好；廉价易得；不易产生二次污染；既使赤泥脱碱，又使 H_2S、SO_2、SO_3 等废气无害化；投资少；运行费用低等优点，因此，利用赤泥治理酸性废气有着良好的经济效益和社会效益，具有很广阔的前景[21]。

5.1.2 赤泥基废水净化材料进展

赤泥颗粒细小，比表面积大，具有多孔骨架结构，是一种很好的潜在的吸附材料。目前赤泥可采用酸活化、热处理、铁改性、负载稀土、有机改性等单种或多种预处理方式来增强其吸附活性，吸附溶液中的重金属离子、有机染料、磷酸根离子和氟离子等。

对 Cu^{2+} 的吸附：赤泥 Cu^{2+} 的吸附研究已经处于成熟稳定阶段，经过简单的机械处理、热处理或者酸化后，赤泥对 Cu^{2+} 的吸附能力都会得到明显改善。随着比表面积的提高，内部水的分解以及更多空隙的生成，吸附材料的可吸附位点增多，对铜的吸附率几乎达 99% 以上。Nadaroglu 等[22]用 1g 赤泥作为吸附剂，处理污染河水和 $Cu(NO_3)_2$ 溶液样品中的铜，结果表明活性赤泥对 Cu^{2+} 离子具有较高的吸附能力。研究结果普遍表明，赤泥可以在较宽的浓度范围内成功地去除 Cu^{2+}。

对 Zn^{2+} 的吸附：Sahu 等[23]采用 CO_2 平衡法对碱性赤泥进行中和，研究了活性 CO_2 中和赤泥（ANRM）对水溶液中 Zn^{2+} 离子的吸附能力，加入 ANRM、方解石、石英等，赤泥易溶于酸性环境，且经过热处理，吸附材料的孔隙率增加，比表面积增大。结果表明，在 pH 为 6 时，ANRM 对 Zn^{2+} 的最大吸附量为 14.92mg/g。Dong 等[24]以抗坏血酸为还原剂，采用水热法回收赤泥制备磁性吸附剂。赤泥中含铁物质经水热处理后，被抗坏血酸还原溶解，转化为磁铁矿和莫来石。结果表明，就对 Zn^{2+} 的吸附来说，所制备的磁性吸附材料的吸附性能提高了 8 倍，吸附机理主要是离子交换。

对 As^{3+}/As^{5+} 的吸附：He 等[25]采用赤泥和 Fe^{3+} 协同净化高浓度砷溶液，研究表明：亚砷酸根阴离子与 Fe^{3+} 反应生成亚砷酸铁，附着在赤泥颗粒表面，生成的“red mud/Fe_{1-x}（As）$_x$（OH）$_3$”比纯亚砷酸铁具有更好的沉降性能，赤泥的碱性和表面性质对砷的吸附过程发挥了作用，对砷的去除率达到 98%。Lopezgarcia 等[26]通过将赤泥和磁铁矿分散在壳聚糖中，合成了新型聚合物/无机杂化吸附剂，解决了原料粉状稠度大的问题，酸碱度依赖性研究表明，接近中性的环境有利于 As^{5+} 的消除。Li 等[27]针对农村废水中低浓度砷，开发了铁砷共沉淀和高砷吸附特性相结合的铁基赤泥污泥。由此可以看出 Fe^{3+} 在赤泥吸附砷的过程中起到重要作用，主要是通过将 As^{5+} 转化为 As^{3+}，同时还有 As^{3+} 的复合物吸附，以达到去除 As^{5+} 的目的。

对 Cd^{2+} 的吸附：Yang 等[28]用热处理方法制备得到了具有增强 Cd^{2+} 吸附性能的最佳热处理赤泥，最高的吸附容量达 42.64mg/g，且动力学研究表明，吸附机制是金属离子交换和特定吸附（形成内球体络合物），其中，特异性吸附被认为是主要机制。Khan 等[29]在最优条件下，测得 293K 时单分子膜对 Cd^{2+} 的最大吸附量为 117.64μg/g。为了改善赤泥对 Cd^{2+} 离子的化学吸附性能，Liu 等[30]采用反相悬浮液中原位接枝聚合的新方法，首次合成了赤泥/聚丙烯酸（RM/PAA）复合材料，最大吸附容量为 96.15mg/g，远高于原始赤泥的最大吸附容量 21.70mg/g。综合研究结果表明，根据镉表面负载和吸附剂类型，镉可以通过内球络合的特定吸附和外球络合的非特异性吸附进行吸附。

对 Cr^{3+}/Cr^{6+} 的吸附：Cr^{6+} 相对 Cr^{3+} 来说，具有更高的毒性。Cr^{6+} 化合物具有高水溶性和高迁移率[31,32]，对生态环境有很大的危害。环境中吸附态铬的存在形式主要有：氧化铁结合态铬（40.80%~87.85%）、硫化物结合态铬（4.04%~20.28%）和残渣（6.60%~33.72%）[31]。由此得出，对于 Cr^{6+} 的去除，主要是通过对氧化铁结合态铬以及硫化物结合态铬的吸附来进行的。

研究表明，赤泥中 Fe_2O_3 和含铝组分是去除 Cr^{6+} 的主要活性相[33]。Qi 等[31]的研究同样表明，赤泥中所含的氧化铁是铬的主要活性移除成分，且柱实验表明，赤泥去除废水中的铬，出水能达到《污水综合排放标准》（DB 31/199—2018）中一级标准（0.1mg/L）。Li 等[34]将纳米零价铁负载在赤泥上，制备了分散纳米零价铁（nZVI）的赤泥（RM）/炭材料，用于废水中 Cr^{6+} 固定、富集和回收。制备的材料对 Cr^{6+} 具有良好的去除效果，并且在碳热处理条件下，形成高稳定性的铬矿（$FeCr_2O_4$），使得 Cr^{6+} 固定并逐渐积累，形成的铬矿可回收用于钢铁行业。

对 Pb^{2+} 的吸附：利用赤泥去除废水中的重金属铅是切实可行的。化学沉淀法和吸附法是处理含铅废水最常见的技术方法[35]。赤泥中的 Na^+、Ca^{2+} 和 Mg^{2+} 等阳离子可与 Pb^{2+} 发生交换，促进 Pb^{2+} 的稳定化。此外，赤泥中 CO_3^{2-} 中含有的碱性物质也可与 Pb^{2+} 发生沉淀反应，生成 $Pb(OH)_2$ 和 $PbCO_3$ 沉淀物，促进 Pb^{2+} 的去除[36,37]。Omer 和 Tor[38]以赤泥为原料对酒糟进行共水热处理，制备了一种新型磁性氢炭材料，赤泥中 Fe_2O_3 转化为 Fe_3O_4，所得炭材料实现了原位磁化，对 Pb^{2+}进行吸附实验研究表明，其可有效地去除 Pb^{2+}，主要吸附机制为阳离子交换。

其他重金属离子的吸附：过去，研究者对 Pb^{2+}、Cr^{3+}/Cr^{6+}、Cd^{2+}、As^{3+}/As^{5+}、Cu^{2+}等重金属离子关注度较高。近年来，部分学者也逐渐开始关注 Mn^{2+}、Ni^{2+}、U^{6+}、Sb^{3+}等重金属离子。大量研究表明对赤泥改性可在很大程度上提高其吸附性能，对重金属的吸附量相比于未改性赤泥都会增大。赤泥去除废水中重金属离子的研究很广泛，所去除的重金属离子种类繁多，大多数研究是同时针对两种或者两种以上的重金属离子[36,39-42]。Xue 等[42]创新性地在水热条件下引入氯化钠（NaCl），将赤泥合成了磁性 4A 沸石，其能同时吸附混合重金属（Zn^{2+}、Cu^{2+}、Cd^{2+}、Ni^{2+}、Pb^{2+}）。由于其具有特殊的孔径和结构，赤泥合成沸石引起了广泛关注[43,44]，不仅能回收赤泥中的有价值的成分，还能用于吸附剂、催化剂等[45-48]。

5.1.3 赤泥基固废稳定化材料进展

赤泥含有大量的铝、硅、铁、钙等氧化物，这些物质都是建筑原材料的重要成分。如果能将固化体制成可利用的固化体材料，如水泥、免烧砖、烧结砖、透水砖、路基材料、陶瓷滤料、绝热材料等，更能符合当下固废利用趋势。

赤泥制备水泥：水泥和水泥基建材是消耗最大的建筑材料，将赤泥与水泥熟料掺混，可以减少赤泥的堆存，降低赤泥的处理成本，被认为是实现赤泥有效资源化的途径之一[49]。虽然赤泥可掺入矿渣水泥、硅酸盐水泥和硫铝酸盐水泥三类不同的水泥中，但是都会随着赤泥掺入量的增加而导致水泥强度的下降[51]。目前主要将赤泥焙烧活化、加入少量的缓凝剂与水泥进行掺和，添加的赤泥含量为 10% ~ 30%[51-53]。潘志华等[54]利用质量分数分别为 30%、70% 的赤泥、矿渣，配合碱性激发剂成功制得一种具有良好性能的水泥。与普通硅酸盐水泥相比，该矿渣水泥早期强度升高，凝结时间缩短，且后期强度持续增长，力学强度优于强度等级为 52.5 的硅酸盐水泥。

赤泥基微晶玻璃：赤泥中含有丰富的铝和钙，二者都是烧制微晶玻璃必不可缺的原料。所以赤泥可以代替一部分天然黏土进行微晶玻璃制备。Peng 等[55]利用赤泥协同二氧化硅、氧化钠和氧化硼制备了主要晶相为硅灰石（$CaSiO_3$）的两种不同的纳米微晶玻璃。赤泥中的氧化铁、氧化钛等氧化物可作为成核剂引发晶体析出。作者发现 Fe_2O_3 首先从玻璃基体中析出。当含有 Fe^{3+}离子的玻璃基体被加热到高温时，Fe^{3+}离子的配位数将从 4 转移到 6，并形成 $[FeO_6]^{9-}$基团。当玻璃加热到晶化温度时，原来四面体位置的 Fe^{3+}被迫占据八面体位置，破坏了玻璃网络[56]。Kritikaki 等[57]则利用赤泥协同粉煤灰和镍铁渣制备 $CaO-Al_2O_3-Fe_2O_3$-

SiO_2 微晶玻璃。硅灰石、尖晶石（铬铁矿）、顽火辉石和磷透辉石均匀地分散在玻璃基体中。Yang 等[58]利用赤泥协同粉煤灰制备了 $CaO-SiO_2-Al_2O_3$ 系微晶玻璃。结果表明，母材玻璃经过两段式热处理后可转变为辉石和磷辉石，获得更致密的晶粒结构。这种微晶玻璃的制备方法原料成本低，经济效益和环境效益显著，可有效利用工业固废。

其他赤泥产品：杨家宽等[59]利用赤泥、粉煤灰、石渣为主要原料进行了蒸压免烧砖的中试生产，自然养护和蒸汽养护的免烧砖分别达到了《非烧结普通黏土砖》（JC/T 422—1991）（1996）① 中 15 级和《蒸压灰砂砖国家标准》（GB/T 11945—1999）② 中优等品 MU15 级的要求。刘忾等[60]委托相关单位对改性赤泥用于道路建设的路用性能和环境风险进行评估，结果显示改性赤泥用于道路建设路用性能可靠、污染可控。Mukiza E 等[61]以赤泥、粉煤灰等材料作为道路建设材料，结果显示：固化 7 天和 28 天后抗压强度分别达到 5.92MPa 和 6.66MPa，浸出性所有参数均低于《生活饮用水卫生标准》（GB 5749—2006）饮用水标准限值。宋国卫等[62]利用赤泥生石灰、硅质材料及增强纤维、促凝剂，经浆化、挤压、蒸养、烘干而生产的一种新型环保节能绝热制品。该实验样品、工业化试制品以及正常生产产品经检测各项性能均达国标要求，主要指标导热系数、强度、体密优于同类制品。巴西帕拉纳联邦技术大学的 Mymrin 等[63]利用印刷电路板污泥，赤泥、钢渣烧制了环保清洁陶瓷。原始的三种原料的浸出毒性都已经达到了危险废物的标准，但经过高温烧结，金属以不溶状态固封在成品中，最终产品的浸出毒性达到巴西的相关卫生标准。因此，这些陶瓷可投入使用，且在使用寿命到期时可以当作一般建筑垃圾处理。

可见利用赤泥以废治废且最终产品投入使用这一思路是可行的。赤泥用于建筑材料能大规模地消纳赤泥，实现赤泥资源化，解决赤泥堆存带来的占用土地和环境污染的风险问题，也能减少建筑材料使用而降低成本。

5.1.4 赤泥基生态修复材料进展

赤泥是强碱性固体废弃物，一般需要脱碱后进行综合利用。但王重庆等[64]利用赤泥的碱性进行酸性渣堆场的修复，可以减少工序，降低成本。其主要以赤泥和生物质为原料，制备碱性的复合生物炭，用于解决酸性渣堆场采用碱中和后仍存在 pH 逐渐降低难以稳定的问题，并具有廉价、高效及协同处置的优势。此外，赤泥作为生态修复材料一般应用于土壤。钟云峰等[65]将赤泥、盐泥脱碱，

① 现行标准为《非烧结垃圾尾矿砖》（JC/T 422—2007）。

② 现行标准为《蒸压灰砂实心砖和实心砌块》（GB/T 11945—2019）。

污泥组分离散重组，形成初坯料，把初坯料结合炉渣、泥煤等辅料进行重组生产出的产品用于盐漠化、石漠化的海边及山地土壤改良、农林业肥料等。夏威夷等[66]利用赤泥改性蓝藻基炭质、煤制气废渣、钛石膏等制备新型环境友好型土壤修复剂，在实现工业和生物废弃物再生利用的同时，固定土壤中重金属及有效吸附分解有机污染物，有望高效解决土壤的复合污染问题。赤泥基生态修复材料主要是由废物间相互作用而制备成的材料，从而达到以废治废、大大降低废物处置成本、变废为宝的目的，具有良好的应用前景。

5.2　赤泥基铁碳材料吸附重金属技术

赤泥作为一种大宗工业固废，具有廉价、产量大以及优良理化特性等特点，具有替代商业吸附剂的潜质，为废水中重金属的去除提供了无限可能。近年来，铁基复合材料在水处理方面显示出独特的优势，其具有比表面积大、空隙率高、大量基团等特点。纳米零价铁材料因为强氧化性被广泛用于污染物的去除，然而其制备过程要求较高、材料易氧化，且处理后不易回收。因此，一种制备简单、易于存储的铁基材料显得非常重要。在最大程度利用赤泥自身的特性的基础上，施以适当改性处理来制备系列环境功能型材料是提高赤泥价值的途径之一，赤泥提铁制备铁基复合材料即非常符合这一理念。基于赤泥优良的理化性质以及废水中重金属污染的严峻性，就赤泥酸浸提铁制备铁碳复合材料 Fe_xO_y-BC（RM）及对重金属的吸附进行了研究。

5.2.1　Fe_xO_y-BC（RM）对 Cd（Ⅱ）的吸附参数的确定

1. 吸附剂添加量的影响

前期探索得知吸附剂添加量大于4g/L 时，Fe_xO_y-BC（RM）对 Cd（Ⅱ）的吸附效率趋于稳定。为了探究 Fe_xO_y-BC（RM）对 Cd（Ⅱ）的最佳吸附剂添加量，研究了吸附剂添加量为 0.5～5g/L 时吸附效率的变化，结果如图 5.1（a）所示。随着吸附剂添加量从 0.5g/L 增加至 5g/L，吸附效率也升高，当吸附剂添加量增加至 4g/L 时，吸附效率增加缓慢，这与第 4 章实验结果相同。当吸附剂添加量达到 4g/L 时，吸附效率呈现出前 5min 内高于 95%，随后降低至 85% 左右再上升的趋势。根据查阅文献，可能是吸附在 Fe_xO_y-BC（RM）表面的 Cd（Ⅱ）再释放的原因，根据 TEM 分析，Fe_xO_y-BC（RM）制备过程中存在氧化不彻底的情况，可能还存在少量 nZVI。Calderon 等[67]的研究表明，nZVI 对 Zn、Cd、Ni、Cu、Cr 的吸附，除了 Cr 外，其余金属都有吸附的污染物再释放的现象，随着吸附的进行，nZVI 被氧化，导致 pH 下降和 nZVI 表面结晶，出现吸附效率降低的现象，而对于低吸附剂添加量，此种现象减弱。为了保证较高的吸附效率，并且降低吸附成本，吸附剂添加量选择 4g/L。

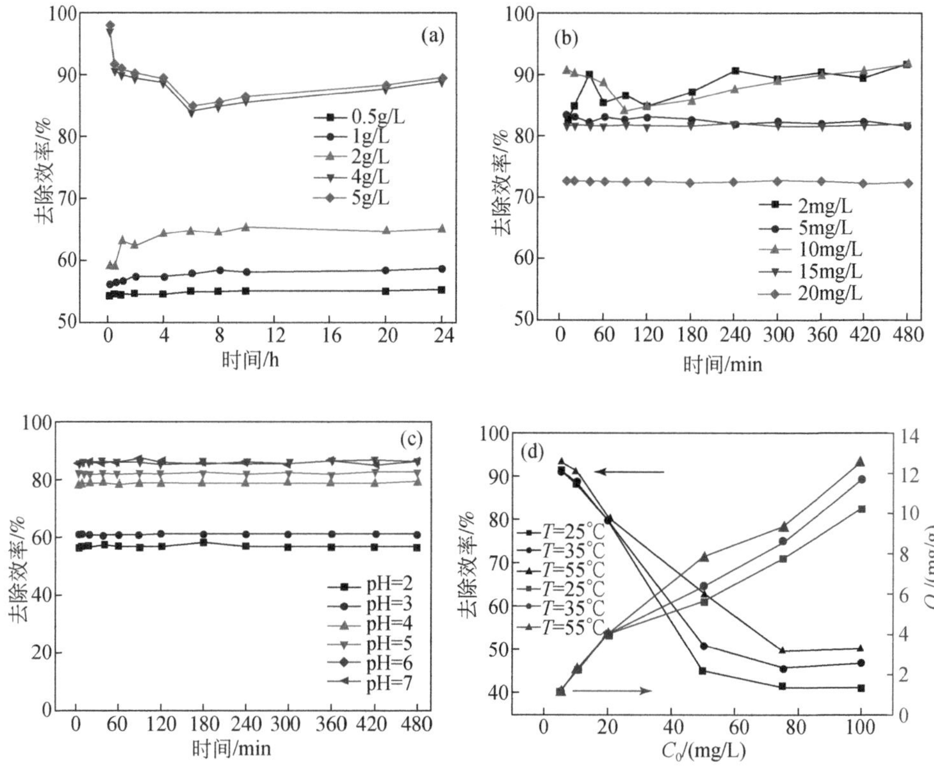

图 5.1　不同吸附条件下（a）吸附剂添加量（M），（b）Cd（Ⅱ）初始浓度（C_0），（c）pH，（d）温度（T）Fe_xO_y-BC（RM）对重金属镉 Cd（Ⅱ）的吸附效率和吸附量（M=4g/L，t=8h，T=25℃，C_0=10mg/L，pH=6）

2. Cd（Ⅱ）初始浓度的影响

Cd（Ⅱ）初始浓度对吸附效率的影响如图 5.1（b）所示，随着 Cd（Ⅱ）初始浓度的增加，Fe_xO_y-BC（RM）对 Cd（Ⅱ）的吸附效率呈现逐渐下降的趋势。具体为：当 Cd（Ⅱ）初始浓度为 2mg/L 时，吸附效率可达到 90% 以上；当 Cd（Ⅱ）初始浓度为 5mg/L 时，吸附效率可达到 85% 左右；当 Cd（Ⅱ）初始浓度为 10mg/L 时，吸附效率可达到 85% 以上，这可能是由于随着 Cd（Ⅱ）初始浓度的增大，Cd（Ⅱ）和吸附剂之间的驱动力也增加，导致吸附剂表面活性中心的利用率增加，于是吸附效率相较于 Cd（Ⅱ）初始浓度为 5mg/L 时上升；当

Cd（Ⅱ）初始浓度为15mg/L和20mg/L时，活性中心逐渐降低对金属离子的亲和力，直至达到饱和点，总的有效吸附位点被限制在固定数量的吸附剂上[68]，因此吸附效率逐渐降低。因此为了取得更高的吸附效率，后续实验Cd（Ⅱ）初始浓度选择10mg/L。

3. pH对吸附效率的影响

pH对吸附效率的影响如图5.1（c）所示，可看出Fe_xO_y-BC（RM）对Cd（Ⅱ)的吸附在短时间内即可达到平衡，随着pH的增大，吸附效率不断增大，当pH增加至6以上时，吸附效率几乎保持不变，表明pH为6时，即可达到最佳吸附效率。当pH增加至4时，吸附效率的增长速率加快，当pH增加至4以上时，吸附效率增长缓慢，且当pH增加至6以上时，吸附效率达到稳定。为了达到更高的吸附效率且节约实验资源，pH选择6。

4. 温度对吸附效率的影响

温度对吸附效率和吸附量的影响如图5.1（d）所示，总体来说，相同Cd（Ⅱ)初始浓度下，随着温度从25℃升高至55℃，Fe_xO_y-BC（RM）对Cd（Ⅱ)的吸附效率增大，吸附量提高。表明Fe_xO_y-BC（RM）对Cd（Ⅱ）的吸附属于吸热反应，温度升高有利于溶液中Cd（Ⅱ）的分散和转移，可促进Cd（Ⅱ）吸附在Fe_xO_y-BC（RM）表面，对Fe_xO_y-BC（RM）去除Cd（Ⅱ）起促进作用[69]。另外，随着Cd（Ⅱ）初始浓度从5mg/L增加至100mg/L过程中，Fe_xO_y-BC（RM）对Cd（Ⅱ）的吸附效率快速下降，直至50mg/L吸附效率下降缓慢，当Cd（Ⅱ）初始浓度小于20mg/L时，吸附效率可保持在80%以上，且温度对吸附效率的影响并不明显。因此为了节约资源和能量，在实验研究的范围内，温度选择25℃。

5.2.2 Fe_xO_y-BC（RM）吸附Cd（Ⅱ）响应面优化实验

1. 响应面分析的因素和水平设计

为了探究Fe_xO_y-BC（RM）吸附Cd（Ⅱ）的最优吸附条件，在单因素探究的基础上，选择了对吸附效率影响较大的几个条件，采用Design Expert 8.0.6 Trial中的Box-Behnken（BBD）模型建立响应面分析。根据动力学分析可知，Fe_xO_y-BC（RM）吸附Cd（Ⅱ）在半小时内即可达到平衡，因此不选择时间条件进行优化，再者，当温度从25℃升高至55℃时，Fe_xO_y-BC（RM）对Cd（Ⅱ）的吸附效率也增大，在探究的温度梯度内，温度对吸附效率的影响明显，为了在保证优化实验条件的基础上减少实验工作量，响应面设计选择三因素，分别是吸附剂添加量、Cd（Ⅱ）初始浓度、pH。响应面设计因素和水平如表5.1所示，吸附剂添加量（*A*）分别为2g/L、4g/L、6g/L，Cd（Ⅱ）初始浓度（*B*）分别为5mg/L、10mg/L、15mg/L，pH（*C*）分别为2、4、6，进行三因素三水平的响应面实验设计。根据响应面三因素设计，共有17组实验。按照响应面设计进行实验，统计吸附效率，结果如表5.2所示。

表5.1　响应面设计因素和水平

变量数	吸附剂添加量（*A*）/(g/L)	Cd（Ⅱ）初始浓度（*B*）/(mg/L)	pH（*C*）
-1	2	5	2
0	4	10	4
1	6	15	6

表5.2　响应面实验设计与结果

运行	吸附剂添加量（*A*）/(g/L)	Cd（Ⅱ）初始浓度（*B*）/(mg/L)	pH（*C*）	吸附效率 R_1/%
1	4	10	4	77.58
2	2	10	2	42.38
3	4	5	2	51.33
4	6	15	4	82.44
5	4	10	4	77.55
6	6	10	2	54.06
7	4	15	6	84.19
8	6	5	4	84.32
9	4	10	4	77.58
10	4	15	2	68.11
11	2	15	4	60.37
12	2	5	4	57.32
13	2	10	6	67.68
14	4	5	6	90.11
15	4	10	4	77.63
16	6	10	6	93.66
17	4	10	4	77.64

2. 二次回归模型拟合及方差分析

根据响应面实验设计与结果，可得出多元回归拟合的分析结果，二次模型为

$$\text{Cd 吸附效率}(\%)=77.60+10.84A+1.50B+14.97C-1.23AB+3.57AC-5.68BC-7.74A^2+1.25B^2-5.41C^2 \quad (5.1)$$

通过对该模型的评估和统计分析，确定了选取的各因素对重金属 Cd（Ⅱ）吸附效率（R_1,%）的影响。方差分析结果如表 5.3 所示。若 P（prob）>F，对应变量的显著程度越高（$P<0.001$，差异极显著；$P<0.01$，差异高度显著；$P<0.05$，差异显著；$P>0.1$，差异不显著）[70]。将实验结果进行响应面二次模型的方差分析，结果如表 5.3 所示。该模型的显著性水平为 $P<0.0001$，说明该模型具有高度显著性和统计学意义。F 检验方差分析用于检验精度的二次方程，P 值越小（$P>F$），相应变量的显著程度越高（$P<0.001$，差异极显著；$P<0.01$，高度显著；$P<0.05$，显著；$P>0.1$，不显著）。

表 5.3　二次回归方程方差分析结果

来源	平方和	自由度(df)	均方	F 值	P 值	显著性
模型	3333.46	9	370.38	63.83	<0.0001	显著
A（吸附剂添加量）	940.26	1	940.26	162.05	<0.0001	
B [Cd（Ⅱ）初始浓度]	18.09	1	18.09	3.12	0.1208	
C（pH）	1792.81	1	1792.81	308.98	<0.0001	
AB	6.08	1	6.08	1.05	0.3402	
AC	51.12	1	51.12	8.81	0.0209	
BC	128.82	1	128.82	22.2	0.0022	
A^2	252.03	1	252.03	43.44	0.0003	
B^2	6.61	1	6.61	1.14	0.3211	
C^2	123.43	1	123.43	21.27	0.0024	
剩余误差	40.62	7	5.8	—	—	
失拟项	40.61	3	13.54	9466.37	<0.0001	显著
纯误差	0.0057	4	0.0014	—	—	
总离差	3374.07	16	—	—	—	
变异系数（C. V. %）	3.35					
R^2	0.9880					
R^2 adj	0.9725					
R^2 pred	0.8074					

分析表明，模拟一阶 A（吸附剂添加量）、C［Cd（Ⅱ）初始浓度］对 Cd（Ⅱ）吸附效率影响极其显著，$P<0.0001$；模拟二次型 AC、BC、A^2、C^2 显著，$P<0.05$，模拟一阶 B 不显著，$P>0.1$。F 值能直观地反映实验因素对吸附效率 $R1$ 影响的大小，F 值越大，对吸附效率 R_1 的影响越大，对比各个因素的 F 值，可知 $F_C>F_A>F_B$，即各因素对 Cd（Ⅱ）吸附效率的影响顺序为 pH>吸附剂添加量>Cd（Ⅱ）初始浓度。

此外，R^2 系数给出了模型预测的响应总方差的比例，表示为回归平方和（SSR）与总平方和（SST）的比率。模型相关系数（R^2）为 0.9880，表明 98.80% 的实验数据可以用该模型来解释。模型调整性相关系数（R^2adj）为 0.9725，说明模型能解释响应值变化的 97.25%，$R^2\text{adj}-R^2\text{pred}=0.9725-0.8074=0.1651<0.2$，相关系数 R^2 和调整性相关系数 R^2adj 这两个值高并且接近，说明该模型具有科学性和可靠性，可用于解释该实验并预测实验结果，模型的变异系数 C. V. % = 3.35% <10%，说明实验误差相对较小，因此模型的拟合程度较好[71]。根据上述分析结果可知，利用该回归方程模型对 Fe_xO_y-BC（RM）去除重金属 Cd（Ⅱ）的吸附效率进行的初步预测和分析是相对可靠的。

预测 Cd（Ⅱ）吸附效率与实验结果之间的比较如图 5.2 所示。它反映了实验结果与预测模型值之间的线性相关性。从图中可以看出在实验误差允许的范围内，实际值与预测值基本一致，表明模型相对合理。

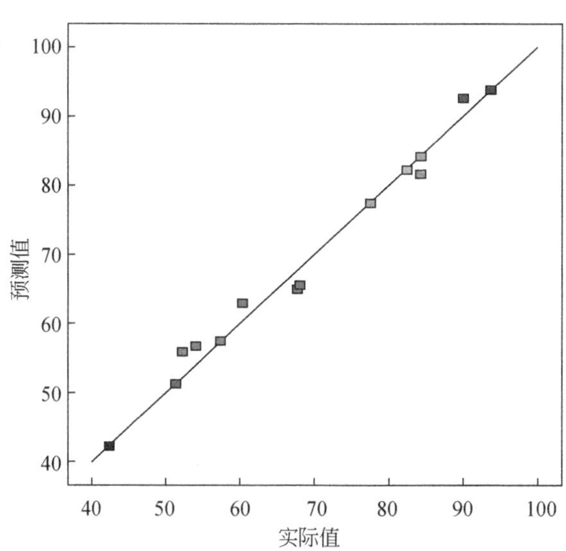

图 5.2　吸附效率的预测值和实验值

3. 等高线图和三维（3D）响应面图分析

为了进一步分析吸附剂添加量、Cd（Ⅱ）初始浓度、pH对响应值吸附效率的影响，直观地分析两个因素之间的相互作用。使用Design Expert软件绘制两个因素之间相互作用等高线和3D响应面，如图5.3～图5.5所示。通过观察等高线图和3D响应面的颜色及倾角变化，可直观地看出各因素对响应值Cd（Ⅱ）吸附效率的影响。等高线的形状接近圆形，表明这两个因素的相互作用并不显著，越接近椭圆形，表明两因素的相互作用越明显；三维响应面倾角越大，这两个因素之间的相互作用越显著，等高线的中心与响应面的最高点都是吸附效率最大的点，且颜色越深，表明Fe_xO_y-BC（RM）对重金属镉Cd（Ⅱ）的吸附效率越高[72]。从图5.3可以看出，AB的等高线是接近圆形的，3D响应面的倾斜角不是很大，表明*A*（吸附剂添加量）和*B*［Cd（Ⅱ）初始浓度］之间的交互效果不是很显著。*AC*和*BC*的轮廓线是椭圆形的，证明*A*（吸附剂添加量）和*C*（pH）或*B*［Cd（Ⅱ）初始浓度］和*C*（pH）之间存在显著的相互作用，如图5.4和图5.5所示。等高线和3D响应面的分析结果与二次回归方程方差分析结果吻合，表明分析结果可靠。

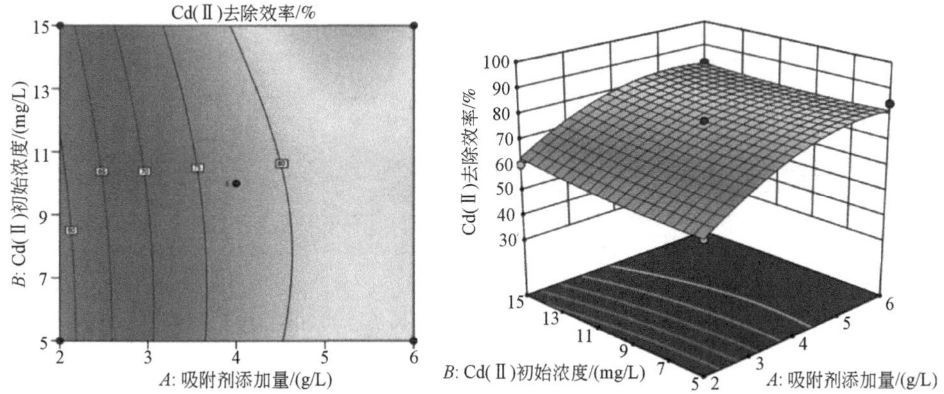

图5.3　*A*、*B*对吸附效率影响的等高线和响应面图

4. 最优条件确定及验证

根据Design Expert 8.0.6 Trial中的Box-Behnken（BBD）模型中的因素分析来预测各反应条件的最佳值，并预测最佳Cd（Ⅱ）吸附效率。基于响应面优化模型，优化实验条件为：吸附剂添加量为6g/L（*A*），Cd（Ⅱ）初始浓度为10mg/L（*B*），pH为6（*C*），Cd（Ⅱ）吸附效率（R_1）为93.831%。为了验证

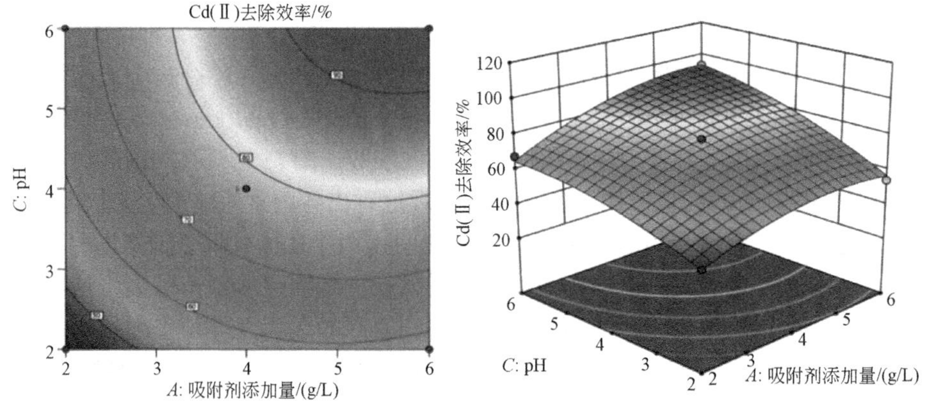

图 5.4　A、C 对吸附效率影响的等高线和响应面图

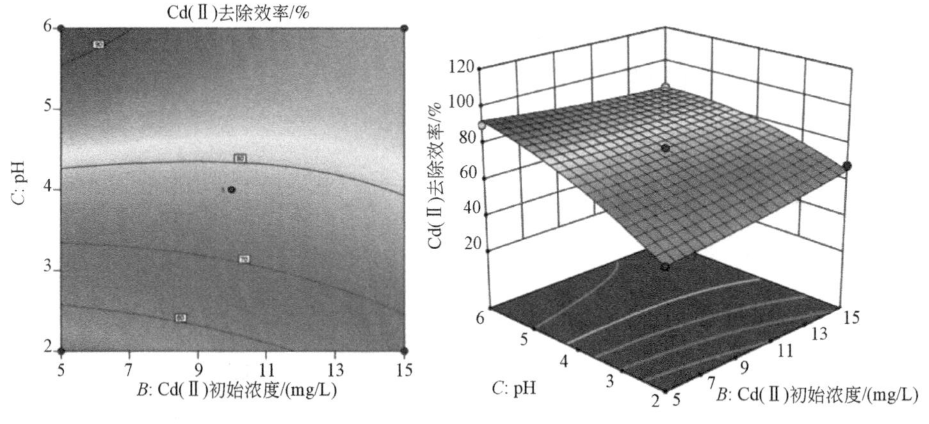

图 5.5　B、C 对吸附效率影响的等高线和响应面

响应面所预测最优实验条件的可靠性，在所优化的条件下进行了四次平行吸附实验，结果如表 5.4 所示。结果表明，在最佳条件下，Cd（Ⅱ）吸附效率平均为 92.59%，与预测值 93.83% 接近，表明响应面最优条件预测结果较准确。

表 5.4　根据响应面优化后确定的最佳吸附条件

限制条件	—	降低	升高	降低	升高	—
名称	目标	限度	限度	重量	限度	重要性
A	最大化	2	6	1	1	3
B	在范围内	5	15	1	1	3

续表

限制条件	—	降低	升高	降低	升高	—
C	在范围内	2	6	1	1	3
R_1	最大化	42.38	93.66	1	1	4
解决方案						
数量	A	B	C	R_1		
12	6	10	6	93.831		
平行实验		1	2	3	4	平均数
数量		93.13%	93.66%	91.02%	92.54%	92.59%

5.2.3 Fe_xO_y-BC（RM）吸附动力学与热力学

1. 吸附动力学

称取一定量 Fe_xO_y-BC（RM）于棕色瓶中，向60mL棕色瓶中加入25mL Cd（Ⅱ）溶液，置于水浴恒温振荡器中反应，反应一段时间后取样用0.45μm水系过滤器过滤，测定溶液中Cd（Ⅱ）的浓度。Fe_xO_y-BC（RM）添加量为0.5～5g/L，取样时间点分别为10min、30min、60min、120min、240min、360min、480min、600min、1200min、1440min，每个时间点设置两个平行样，一个吸附剂空白对照（不添加吸附剂），一个镉离子空白对照（添加相同吸附剂，加入的溶液为纯水）测定结果取平均值。

其他实验条件为：温度25℃，吸附剂添加量为4g/L，Cd（Ⅱ）溶液初始浓度为10mg/L，初始pH为6，振荡器转速为140r/min。

从动力学拟合图5.6中可以得出，铁碳复合材料 Fe_xO_y-BC（RM）对Cd（Ⅱ）的吸附量迅速增加并达到平衡，对Cd（Ⅱ）的吸附能迅速达到平衡可能是由于吸附剂上有丰富的吸附位点和传质作用[73]。从表5.5列出的动力学模型拟合参数可以看出，当吸附剂添加量为0.5～5g/L时，准一级动力学拟合模型和准二级动力学拟合模型的相关系数 R^2 都较高且数值接近，从总体模型相关系数来看，拟二级动力学模型高于一级动力学模型（$R_2^2 \geqslant R_1^2$），因此推断反应为物理吸附与化学吸附共同作用，化学吸附可能是主要限速步骤。动力学模型拟合的最大吸附容量与实际吸附容量大致相同，说明模型拟合较为成功。

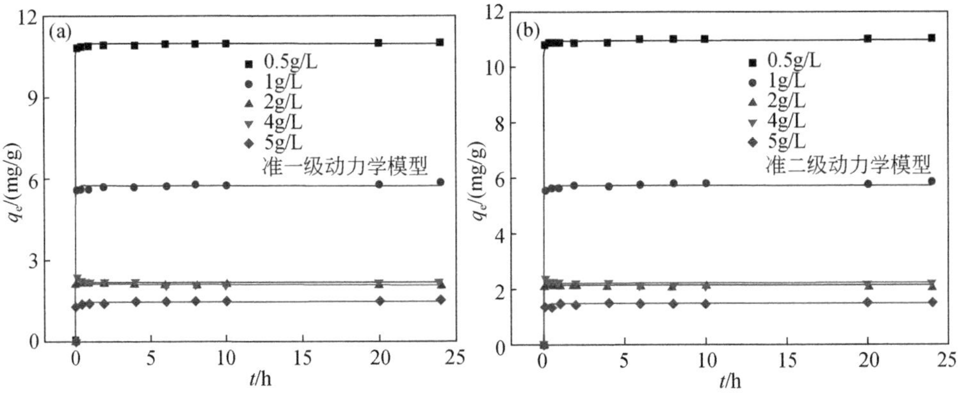

图 5.6　准一级模型（a）和准二级模型（b）拟合的 Fe_xO_y-BC（RM）对 Cd（Ⅱ）的吸附动力学（pH=6，C_0=10mg/L，t=25℃，M=0.5～5g/L）

表 5.5　铁碳复合材料 Fe_xO_y-BC（RM）吸附 Cd（Ⅱ）动力学模型拟合参数

吸附剂	M/(g/L)	q_e/(mg/g)	准一级动力学			准二级动力学		
			k_1/(h^{-1})	q_e/(m/g)	R_1^2	k_2/(h^{-1})	q_e/(mg/g)	R_2^2
Fe_xO_y-BC（RM）	0.5	11.0430	28.6338	10.9578	0.9997	41.0452	10.9719	0.9998
	1	5.8779	22.2747	5.7622	0.9981	26.1861	5.7848	0.9988
	2	2.0611	3.2855	2.1271	0.9948	1.6366	2.1271	0.9948
	4	2.2241	7.0987	2.2178	0.9812	5.8045	2.2178	0.9812
	5	1.5392	15.2119	1.4824	0.9883	31.6031	1.4998	0.9942

2. 吸附等温线

分别配置 pH 为 6，初始浓度为 0mg/L、5mg/L、10mg/L、20mg/L、50mg/L、75mg/L、100mg/L 的 Cd（Ⅱ）溶液。向 60mL 棕色瓶中加入 25mL Cd（Ⅱ）溶液，置于水浴恒温振荡器中反应，反应 8h 后取样用 0.45μm 水系过滤器过滤，测定溶液中 Cd（Ⅱ）的浓度。每个时间点设置两个平行样，一个吸附剂空白对照（不添加吸附剂），一个镉离子空白对照（添加相同吸附剂，加入溶液为纯水）测定结果取平均值。其他实验条件为：温度 25℃、35℃、55℃，吸附剂添加量 4g/L，振荡器转速 140r/min。

Fe_xO_y-BC（RM）对 Cd（Ⅱ）的吸附等温线模型如图 5.7 所示，随着温度的升高，Fe_xO_y-BC（RM）对 Cd（Ⅱ）的吸附容量呈现出明显的上升趋势，这意味着较高的温度可以促进 Fe_xO_y-BC（RM）对 Cd（Ⅱ）的吸附。表 5.6 列出了

Cd（Ⅱ）吸附的 Freundlich 和 Langmuir 模型参数。通过比较相关系数，发现 Fe_xO_y-BC（RM）对 Cd（Ⅱ）的吸附等温线更符合 Freundlich 模型，因此 Fe_xO_y-BC（RM）对 Cd（Ⅱ）的吸附特性为多层吸附，且为化学吸附。Freundlich 模型的参数 $1/n$ 为 0.1～0.5，表明该材料易于吸附镉[74]。

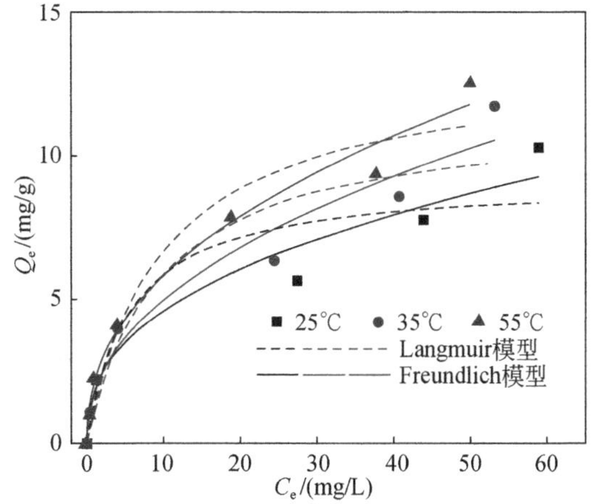

图5.7　Fe_xO_y-BC（RM）对 Cd（Ⅱ）的吸附等温线 Langmuir 和 Freundlich 模型拟合（M=4g/L，pH=6，C_0=5～100mg/L，T=25℃，35℃，55℃）

表5.6　Freundlich 和 Langmuir 吸附等温线模型拟合参数

吸附剂	T/℃	Langmuir 模型			Freundlich 模型		
		q_m/(mg/g)	K_L/(L/mg)	R_1^2	K_f/(mg/g)	n/(g/L)	R_2^2
Fe_xO_y-BC（RM）	25	9.1658	0.1797	0.8783	1.8470	2.5258	0.9492
	35	11.5310	0.1043	0.8901	1.7746	2.2276	0.9581
	55	13.2383	0.1015	0.9451	2.1358	2.2893	0.9820

3. Fe_xO_y-BC（RM）对 Cd（Ⅱ）的吸附机制

为了研究吸附实验前后 Fe_xO_y-BC（RM）表面结构、元素类型和价态变化，采用 SEM、TEM、XRD 和 XPS 等表征分析，并以此研究 Fe_xO_y-BC（RM）对 Cd（Ⅱ）的吸附机理，XPS 分析如图5.8所示。通过 XPS 光谱对吸附前后 Fe_xO_y-BC（RM）进行了进一步的分析。吸附前 XPS 全谱中出现的峰为 C、O 和 Fe 的代表峰，在反应后，出现了 Cd 3d 结合能相对应的新光电子峰，表明 Cd（Ⅱ）已附着到 Fe_xO_y-BC（RM）颗粒的表面［图5.8（a）和（b）］，Fe_xO_y-BC（RM）

对 Cd（Ⅱ）的吸附有效。

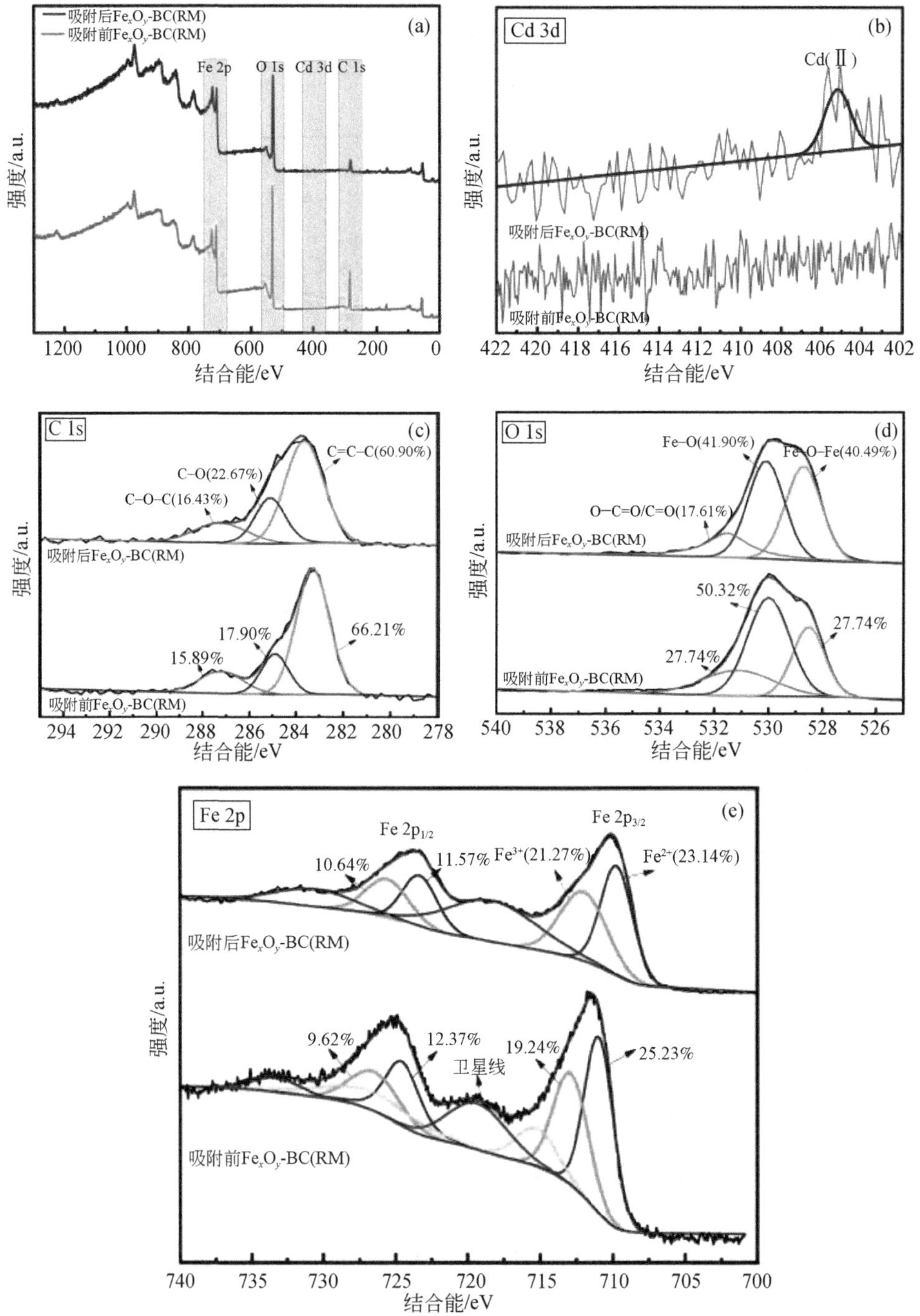

图 5.8　Fe_xO_y-BC（RM）吸附前后 XPS 图谱

图5.8（c）显示了Fe_xO_y-BC（RM）吸附前后C 1s的高分辨率光谱，结合能为283.3eV、285.0eV和287.3eV时出现的峰分别是C═C—C、C—O、C—O—C的特征峰[75]。吸附Cd（Ⅱ）后，官能团的相对含量发生变化，基于得到的C 1s包络线，C═C—C的相对含量从66.21%下降到60.90%，C—O的含量从10.70%上升到22.67%，C—O—C的含量从15.89%上升到16.43%，表明Fe_xO_y-BC（RM）吸附后，材料表面生成了C—O和C—O—C，但是C═C—C占比减少。这可能是由于吸附Cd（Ⅱ）后，材料结构发生变化，表面被堵塞，使C═C—C暴露机会减少；也可能是由于在吸附过程中C═C—C氧化为其他官能团[76]。

图5.8（d）显示了Fe_xO_y-BC（RM）吸附前后O 1s的高分辨率光谱（high resolution spectra），结合能为528.5eV、530.0eV、531.5eV，对应的峰为Fe—O—Fe（metal oxides）、Fe—O、O—C═O/C—O[77]。官能团拟合结果间接证明了Fe_xO_y-BC（RM）XRD物相分析结果的准确性。吸附Cd（Ⅱ）后，官能团的相对含量发生变化，基于得到的O 1s包络线，Fe—O—Fe的相对含量从27.74%上升到40.49%，Fe—O的含量从50.32%下降到41.90%，O—C═O/C═O的含量从27.74%上升到17.51%。表明Fe_xO_y-BC（RM）吸附后，材料表面生成了Fe—O—Fe和O—C═O/C—O，但是Fe—O含量减少。这可能是由于C═C—C在吸附过程中发生氧化转化为O—C═O/C—O，Fe—O参与Cd（Ⅱ）吸附后转化为金属氧化物，因此Fe—O—Fe的含量增加。

图5.8（e）显示了Fe_xO_y-BC（RM）吸附镉前后的Fe 2p高分辨率光谱。分析结果表明，吸附剂Fe_xO_y-BC（RM）表面Fe的价态有+2价和+3价，Fe_xO_y-BC（RM）吸附前后Fe^{2+}百分比都略高于Fe^{3+}。吸附Cd（Ⅱ）后，Fe $2p_{3/2}$光电子峰向低结合能方向移动，Zhu等[76]的研究表明这种现象可能是Fe^{2+}在吸附过程中捕获了电子的原因，根据前述分析，捕获电子可能来源于生物炭表面的官能团。Fe^{2+}在捕获电子的同时就会有官能团失去电子形成含氧官能团，含氧官能团的增加对Cd（Ⅱ）在生物炭表面的进一步络合和固定具有积极意义。

SEM分析可知，Fe_xO_y-BC（RM）吸附Cd（Ⅱ）后，表面的层状结构呈现出聚集状态，堵塞了生物碳的孔道，结合动力学分析可知，吸附过程发生了物理和化学反应，生物碳通道的阻塞恰恰表明Cd（Ⅱ）通过物理吸附作用沉淀在生物碳空隙中。TEM分析表明，合成的纳米磁性颗粒呈现出典型的核壳结构。XPS分析表明，C1s的高分辨率光谱中C═C—C含量降低，可能是由于材料堵塞或氧化为其他官能团（C—O和C—O—C），与SEM分析结果一致；基于得到的O 1s包络线，吸附后材料表面生成了Fe—O—Fe，但是Fe—O和O—C═O/C—O含量减少，可能是由于O—C═O/C—O类含氧官能团与Cd（Ⅱ）发生络合，Fe—O参与Cd（Ⅱ）吸附后转为金属氧化物；根据吸附镉前后的Fe 2p高分辨率光谱分析，Fe^{2+}在吸附过程中捕获了可能来源于生物炭表面官能团的电子，同时形成的含氧官能团对 Cd（Ⅱ）在生物炭表面的进一步络合和固定具有积极意义。

吸附剂原料对吸附效果的影响很大，为了达到较高的吸附容量和吸附效率，研究者多采用化学半成品或化学试剂和低成本材料（农林废弃物、工业废渣）结合制备吸附剂，如表 5.7 所示，然而少有研究采取两种废弃物制备吸附剂。从吸附机理可以看出，本节研究 Fe_xO_y-BC（RM）对 Cd（Ⅱ）的吸附途径与表中其他研究同样复杂多样。本节研究利用铝土矿废渣和农林废弃物核桃壳制备了性能优良的铁碳复合材料 Fe_xO_y-BC（RM），不仅降低了吸附剂的制备成本，还展示出吸附 Cd（Ⅱ）的巨大潜力。

表 5.7　不同吸附材料对水溶液中 Cd（Ⅱ）的吸附机理

吸附剂	吸附剂原料	主要吸附机理	参考文献
LDH	Mg-Al-CO_3^{2-}+磁性 Fe_3O_4/Mg-Al-CO_3^{2-}	$CdCO_3$ 沉淀、表面吸附和表面络合	[78]
FMBC	生物碳+$KMnO_4$+Fe（NO_3）$_3$	络合物、阳离子-π 键	[79]
MBC800-0.6$_{300}$	玉米秸秆+Fe（NO_3）$_3$	化学吸附、静电相互作用和单层吸附	[80]
RM	铝土矿渣	碱性沉淀	本节研究
Fe_xO_y-BC	$FeSO_4 \cdot 7H_2O$+生物碳	吸附、络合	本节研究
Fe_xO_y-BC（RM）	铝土矿渣（Fe）+生物碳	吸附、络合、还原	本节研究

4. 铁碳材料吸附重金属总结

主要探讨了 Fe_xO_y-BC（RM）在不同条件下对 Cd（Ⅱ）的吸附效率，确定最优吸附条件，同时进行了动力学和吸附等温研究，为吸附机理的研究提供依据。使用 Design Expert 8.0.6 Trial 中的 Box-Behnken（BBD）模型建立响应面分析，确定最优实验条件。结合铁碳复合材料的分析表征，阐述吸附机理。主要得到以下结论。

（1）随着吸附剂添加量从 0.5g/L 增加至 5g/L，吸附效率也升高，当吸附剂添加量增加至 4g/L 时，吸附效率增加缓慢。随着 Cd（Ⅱ）初始浓度的增加，Fe_xO_y-BC（RM）对 Cd（Ⅱ）的吸附效率呈现逐渐下降的趋势。随着 pH 的增大，吸附效率不断增大，当 pH 增加至 6 以上时，吸附效率几乎保持不变，表明 pH 为 6 时，即可达到最佳吸附效率。随着温度从 25℃ 升高至 55℃，Fe_xO_y-BC（RM）对 Cd（Ⅱ）的吸附效率逐渐上升，推测反应属于吸热反应，当 Cd（Ⅱ）初始浓度小于 20mg/L 时，温度对吸附效率的影响并不明显，都可保持较高的吸附效率，温度选择 25℃。

（2）动力学研究表明，铁碳复合材料 Fe_xO_y-BC（RM）对 Cd（Ⅱ）的吸附量迅速增加并达到平衡，根据相关模型的综合考量得出结果，反应为物理吸附与化学吸附共同作用，准二级动力学模型高于准一级动力学模型（$R_2^2 \geqslant R_1^2$），因此推断化学吸附可能是主要限速步骤。吸附等温线研究表明，随着温度的升高，Fe_xO_y-BC（RM）对 Cd（Ⅱ）的吸附容量呈现出明显的上升趋势，Cd（Ⅱ）吸附的 Freundlich 和 Langmuir 模型参数表明，Fe_xO_y-BC（RM）对 Cd（Ⅱ）的吸附更符合 Freundlich 模型，因此 Fe_xO_y-BC（RM）对 Cd（Ⅱ）的吸附特性为多层吸附，且为化学吸附。

（3）响应面优化实验选取的因素为 A（吸附剂添加量）、B［Cd（Ⅱ）初始浓度］、C（pH），根据响应面实验设计与结果，可得出多元回归拟合的分析结果，二次模型为

$$\text{吸附效率（\%）} = 77.60+10.84A+1.50B+14.97C-1.23AB+3.57AC-5.68BC -7.74A^2+1.25B^2-5.41C^2$$

将实验结果进行响应面二次模型的方差分析，该模型的显著性水平为 $P<0.0001$，说明该模型具有高度显著性和统计学意义。各因素对 Cd（Ⅱ）吸附效率的影响顺序为 pH>吸附剂添加量>Cd（Ⅱ）初始浓度。模型相关系数（R^2）为 0.9880，表明 98.80% 的实验数据可以用模型来解释。模型调整性相关系数（R^2adj）为 0.9725，说明模型能解释响应值变化的 97.25%，R^2adj－R^2pred＝0.9725－0.8074＝0.1651<0.2，R^2 与 R^2adj 值高且接近，因此说明该模型对实验的解释与预测是合理的，模型的变异系数 C.V.%＝3.35%<10%，说明实验误差相对较小，模型的拟合程度较好。

根据响应面优化模型，优化实验条件为：吸附剂添加量为 6g/L，Cd（Ⅱ）初始浓度为 10mg/L，pH 为 6，Cd（Ⅱ）吸附效率为 93.831%。在该条件下进行 4 组平行实验，平均值为 92.59%，预测值与实际值相差较小，表明利用响应面法优化 Fe_xO_y-BC（RM）吸附重金属 Cd（Ⅱ）预测性较好。

（4）结合 Fe_xO_y-BC（RM）的 SEM 分析表明，Fe_xO_y-BC（RM）具有优良的物理化学性能，吸附前为链结构，吸附后层状结构呈现出聚集状态，堵塞了生物碳的孔道，表明吸附 Cd（Ⅱ）后材料的分散性降低，出现了团聚现象。XPS 分析表明，Fe_xO_y-BC（RM）吸附前后官能团发生变化，吸附、络合等反应同时进行以去除重金属 Cd（Ⅱ）。

5.3 赤泥基吸附剂净化羰基硫技术

5.3.1 工艺技术运行设计与计算

在以下研究中无特殊说明时，实验在 COS 浓度为 100ppm（约 286mg/m^3）的条件下研究改性 RM 的吸附效果，分别探究反应温度（T）、相对湿度（RH）和空速（SV）对吸附的影响。COS 吸附实验装置由三部分组成，分别为配气系统、反应系统和检测系统。COS 原料气体由 N_2 和 COS 气体组成。气体流量用质量流量计控制。水饱和器为水浴锅控温的孟氏洗瓶，本节实验认为 N_2 从洗瓶中排出时为水饱和状态，相对湿度通过改变水饱和器的温度控制。混合气体通入气体混合罐中，在混合罐中充分混合均匀。固定床反应器包括温度控制装置和石英管，吸附剂装于石英管中，反应温度通过温度控制装置控制。改变空速时，保持吸附剂的用量不变，改变气体流量实现空速的改变。将出气口的气体通入气袋中，使用进样针将气袋中的气体抽出，送入气相色谱仪分析 COS 含量。实验全程在常压下进行。图 5.9 为实验装置图。

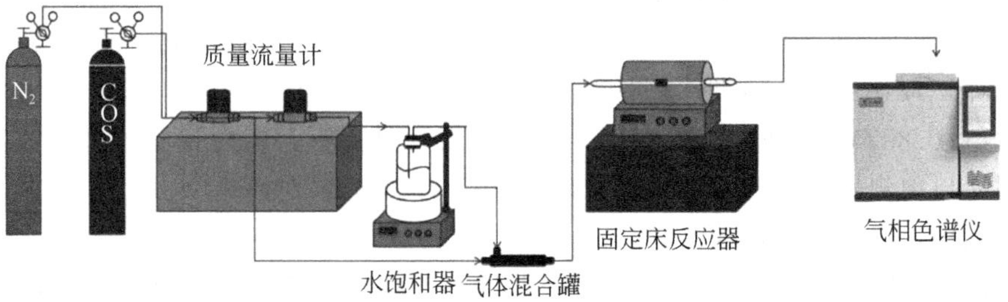

图 5.9 实验装置图

改性 RM 吸附剂的脱硫效率计算公式为

$$\eta_{\mathrm{COS}}=\frac{C_0-C_t}{C_0}\times 100\% \tag{5.2}$$

式中，C_0 为 COS 入口浓度，mg/m^3；C_t 为 t 时刻 COS 出口浓度，mg/m^3；η_{COS} 为 COS 脱硫效率。

相对湿度计算方法：本节实验采用改变水饱和器温度的方式控制吸附过程的相对湿度。水饱和器的原理为：在孟氏洗瓶中加入适量超纯水，将氮气从长玻璃管通入超纯水中，再从短玻璃管出气口排出。研究中认为从水饱和器中排出的氮气达到了水饱和器温度下的水饱和状态，即实际水汽压为水饱和器温度下的饱和

水汽压。相对湿度的计算公式为

$$\mathrm{RH}=\frac{E}{E_0}\times 100\% \tag{5.3}$$

式中，E 为当前温度下的实际水汽压，kPa；E_0 为当前温度下的饱和水汽压，kPa；RH 为当前温度下的相对湿度。

在本实验中，原料气从进气口到达固定床反应器中时，当前温度为固定床反应器所控制的温度，因此当前温度下的饱和水汽压对应为固定床反应器温度下的饱和水汽压，气体中的实际水汽压为水饱和器温度下的饱和水汽压。式（5.3）可变为

$$\mathrm{RH}=\frac{\text{水饱和器温度下的饱和水汽压}}{\text{固定床反应器温度下的饱和水汽压}}\times 100\% \tag{5.4}$$

吸附容量计算方法：在实验中，同一组实验中原料气的成分不变，固定床反应器进气口的 COS 浓度不变，将每个时段的吸附速率视为相同。因此改性 RM 吸附剂的吸附容量计算公式为

$$q=f(t)=\int_0^t v(t)\,\mathrm{d}t \tag{5.5}$$

其中，

$$v(t)=Q_t(C_0-C_t) \tag{5.6}$$

式中，q 为改性 RM 吸附剂从 0min 起到 t min 为止的 COS 吸附容量，mgCOS/g；v（t）为时间为 t min 时的吸附速率，mg/min；Q_t 为 t min 时取样时段间隔内原料气流量，m^3/min；C_0 为 COS 入口浓度，m g/m^3；C_t 为 t 时刻 COS 出口浓度，mg/m^3。

5.3.2　原赤泥对 COS 的吸附效果

本节研究了未处理的 RM 对 COS 的吸附效果，分别进行不同焙烧和搅拌处理。搅拌和焙烧对吸附 COS 的影响见图 5.10。未经过处理的 RM 吸附 COS 效果一般，最高吸附效率只有 60% 左右，且误差很大，最高与最低差距能达到将近 30%。这是因为未经处理的 RM 的成分组成分布不均，孔隙堵塞，所以吸附效率不高，重复性较差。实验采取加水搅拌的方法提高 RM 吸附 COS 的稳定性，实验操作与第 2 章提到的操作相同，不添加 PEG 改性。将 RM 放入烧杯中加水搅拌后，经过 400℃焙烧 8h 的 RM 吸附 COS 效果最好，最高达到 90% 左右。结果表明，在同样的焙烧条件下，未加水搅拌的 RM 在重复实验下误差较大，加水搅拌后稳定性大大提升，同时吸附效率也有较大提升，因为 RM 表面物质分布不均匀，孔隙被堵塞，搅拌打开了 RM 的孔隙结构，并将可溶性物质在表面均匀分布，提升了稳定性和吸附效率。在同样的搅拌条件下，经过焙烧的 RM 吸附 COS

的能力提升。在 PEG 处理后，若不进行焙烧处理，吸附 COS 效果也有一定提升，但提升幅度不如焙烧。因此搅拌对于提高 RM 吸附性能的稳定性具有很大作用，焙烧能够较大幅度地提高吸附效率。在实验过程中未发现 H_2S。

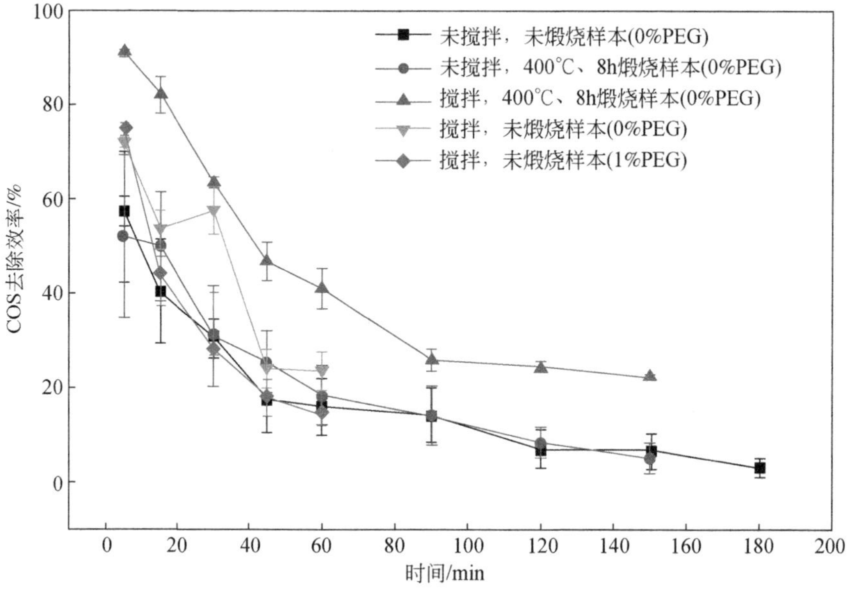

图 5.10　搅拌和焙烧对吸附 COS 的影响

反应条件：T=80℃，RH=3.50%，SV=10000h^{-1}

在 RM 加水搅拌后，取 RM 上清液进行 ICP 元素分析。RM 在 25℃ 搅拌 12h 后上清液的元素含量见表 5.8。溶出部分主要为 Na 和 Al 元素，Na 含量达到 249mg/L，Al 含量达到了 58mg/L。其成分主要为可溶性碱，加水搅拌使碱性物质在 RM 表面重新分布均匀，减小了 RM 吸附 COS 的误差，而铁的化合物几乎均为不溶物，因此上清液中 Fe 的含量仅有 0.04mg/L。

表 5.8　RM 搅拌后上清液元素含量

上清液元素种类	含量/（mg/L）
Na	249
Al	58
Ca	4.74
Fe	0.04

5.3.3　净化羰基硫影响因素研究

1. 吸附操作温度对净化效果的影响

吸附温度对吸附效率的影响见图 5.11。实验分别研究了吸附温度为 60 ~ 100℃条件下的 COS 吸附效率。当吸附温度为 60 ~ 80℃时，吸附效率随吸附温度的升高而上升。当吸附温度为 80 ~ 100℃时，吸附效率随吸附温度的升高而下降。其中，80℃条件下的吸附效果最好。可以发现温度从 80℃升高或降低相同幅度时，温度降低对吸附效果影响更大，证明了存在化学吸附，且化学吸附的影响大于物理吸附。这是因为一定的温度可以激活 FeOOH 的活性，激发羟基，产生氧空位，促进化学吸附的速率[81]。除此之外，也是因为 RM 的孔隙较小，温度低时，COS 分子在微孔中的扩散较慢，限制了吸附效率。温度过高时，则会导致分子的热运动更加剧烈，吸附在 RM 表面孔隙的 COS 分子易脱附，导致吸附效果下降。吸附温度在 60 ~ 80℃时，温度越高，吸附效率越高，证明存在化学吸附，且化学吸附为主导。在 80 ~ 100℃时，温度越高，吸附效率越低，但降幅较小，说明在此温度区间内，物理吸附的影响超过了化学吸附。证明了改性 RM 对 COS 的吸附过程为物理吸附和化学吸附的共同作用。

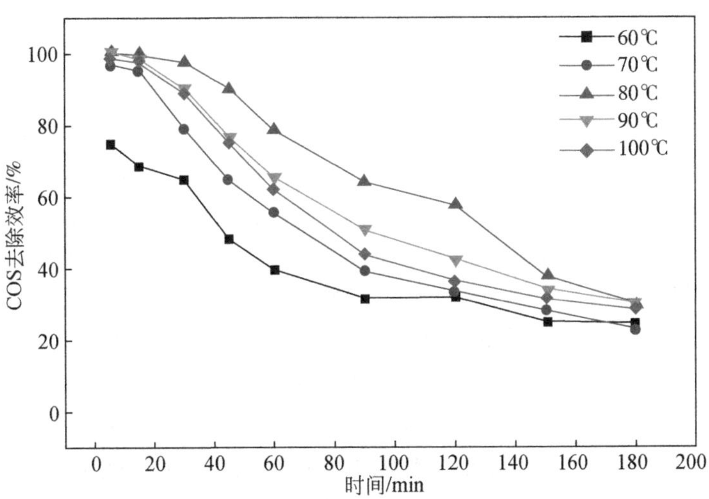

图 5.11　吸附温度对 COS 吸附效率的影响

反应条件：RH = 3.50%，SV = 10000h^{-1}

2. 相对湿度对净化效果的影响

实验中通过改变水饱和器的方式改变原料气的相对湿度，分别探究了不过水饱和器和水饱和器温度为 10℃、15℃、25℃、35℃、45℃、80℃、100℃的条件对改性 RM 吸附 COS 的影响。依据式（5.3）可计算本实验中探究的水饱和器各个温度所对应的相对湿度。实验中所研究的水饱和器各温度所对应的相对湿度见表 5.9 所示。

表 5.9　相对湿度对应表

水饱和器温度/℃	饱和水汽压/kPa	反应器中（80℃）相对湿度
10	1.2281	2.59%
15	1.7056	3.60%
25	3.1690	6.69%
35	5.6267	11.88%
45	9.5898	20.24%
80	47.373	—
100	101.325	—

图 5.12 为不同相对湿度对改性 RM 吸附的影响。实验中未发现 H_2S 存在。图中可以得到不同相对湿度在 5min 时的吸附效率相差不大。相对湿度为 0% 和 2.59% 时的最高吸附效率大致相同，在前 60min 内的吸附效率几乎相同，但是在后续变化中，相对湿度为 2.59% 时，吸附效率下降更慢。相对湿度比 2.59% 更高时，相对湿度越高吸附效率下降得越快。这是因为一定的含水量可以增强羟基的碱性，可更有效地吸收 COS，但过量的水会与 COS 争抢改性 RM 的吸附位点，甚至在吸附剂表面和孔隙中形成水膜，阻碍了 COS 的吸附。

为研究相对湿度对改性 RM 吸附容量的影响，进行了穿透实验。图 5.13 为相对湿度为 2.59% 和 20.24% 条件下的穿透曲线和吸附容量。当相对湿度为 20.24% 时，改性 RM 吸附剂在约 300min 时便穿透了。当相对湿度为 0% 时，虽然最开始吸附效率较高，但是很快被吸附产物所覆盖表面，掩盖了吸附位点，阻碍了吸附过程。当相对湿度为 2.59% 时，吸附实验一直持续了 810min 才逐渐穿透。这是因为适量的水分可以溶解部分累积在吸附剂表面可溶的硫化物，增强吸附剂的抗毒性，增加吸附容量。

3. 设计空速对净化效果的影响

空速为单位时间单位体积催化剂处理的气体量，是气体流量与催化剂体积的

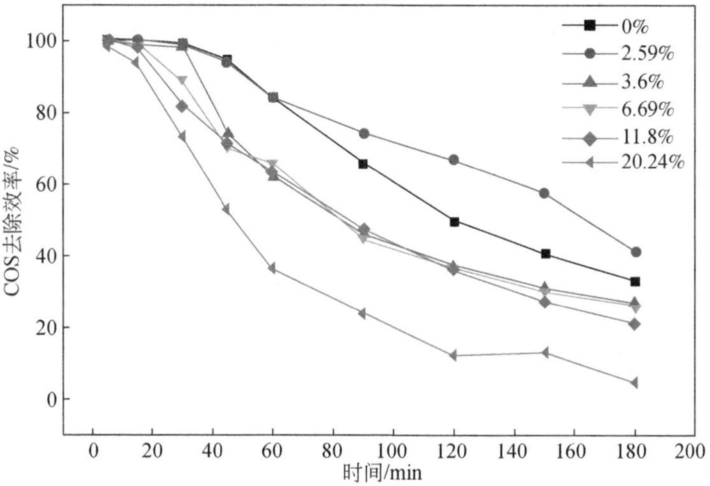

图 5.12　不同相对湿度对改性 RM 吸附的影响

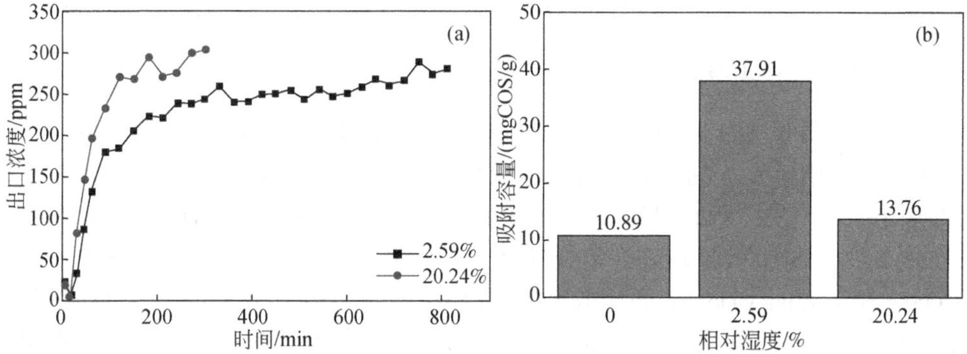

图 5.13　不同相对湿度对应的吸附容量

(a) 吸附穿透曲线；(b) 吸附容量

反应条件：C=300ppm，T=80℃，SV=10000h^{-1}

比值。空速直接影响了气体与吸附剂的接触时间，对吸附性能有很大的影响。实验在 4000～14000h^{-1}范围内设定了不同的空速，其对吸附的影响见图 5.14。空速在 4000～14000h^{-1}范围内，空速为 4000h^{-1}时的吸附容量最高，14000h^{-1}时的吸附容量最低，总体呈现吸附容量随空速的增加而减小的趋势。因为空速增大时，会导致气体在吸附剂中的停留时间过短，COS 与改性 RM 吸附剂的吸附位点接触不充分，对吸附效率的影响较大[82]。虽然空速较小时，改性 RM 的吸附容量较高，但相对地处理气体量减少，处理效率下降。因为 6000 ~ 8000h^{-1} 过程中吸附容量出现了快速下降，因此后续实验中采用空速为 6000h^{-1}。

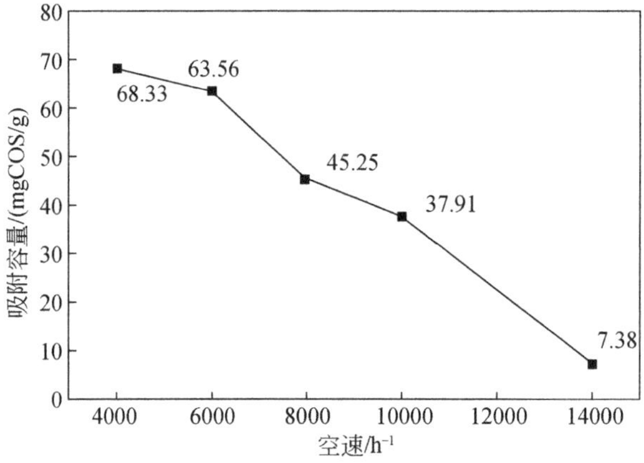

图 5. 14　不同空速时的吸附容量

反应条件：T=80℃，RH=2. 59%

4. 吸附剂再生后重复利用效果

实验使用 N_2 吹扫吸附饱和的改性 RM。将改性 RM 置于固定床反应器中，在 25℃下向其中通入 500mL/min 的 N_2，吹扫 1h。图 5. 15 为 N_2 吹扫再生后改性 RM 的吸附效果。第 1 次再生后，改性 RM 的吸附容量为 59. 28mg COS/g，再生效率为 93. 27%，再生效果较好。但在第 2、第 3 次再生时，吸附容量仅为 7. 98mg COS/g 和 8. 92mg COS/g，再生效率为 12. 56% 和 14. 03%。这是因为 N_2 吹扫将改性 RM 表面物理吸附的 COS 和化学吸附产物去除，露出了更多的活性吸附点位。第 1 次 N_2 吹扫再生后，改性 RM 吸附剂上的活性点位为吸附穿透时未反应的活性物质，较为充足，在第 2、第 3 次再生时，活性物质已经被消耗殆尽，不足以吸附 COS。除此之外，N_2 吹扫对吸附剂表面的吹扫效果较好，对孔隙内部的吹扫效果一般不佳，因此多次 N_2 吹扫再生效果不好。

实验中，将吸附饱和的改性 RM 放入管式炉，在 N_2 氛围中焙烧 8h，取出后进行 COS 吸附实验。实验探究了焙烧温度为 300℃和 500℃时的再生效果。图 5. 16 为改性 RM 的热解析再生效果。图 5. 16（a）探究了 300℃和 500℃焙烧 8h 的吸附效率，发现虽然吸附容量相当，但 500℃下焙烧的吸附效率更高，这是因为更高的温度有利于物理吸附的 COS 气体排出，也有利于吸附产物的脱落，也能够促使 Fe_3O_4 的生成。因此在 500℃焙烧 8h 的条件下，探究了再生 5 次的吸附容量，见图 5. 16（b）。第 1 次再生的吸附容量为 17. 28mg COS/g，再生效率为

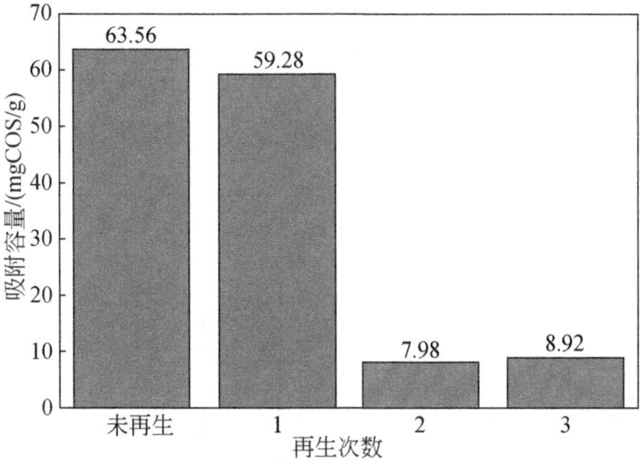

图5.15 氮气吹扫再生后吸附容量

反应条件：$C=500$ppm，$T=80$℃，RH=2.59%，SV=6000h^{-1}

27.19%，5次的再生效果大致相同，第3次再生效果稍差。热解析法第1次再生效率比氮气吹扫法更低，但可再生次数更多。这是因为热解析主要促进活性物质的生成，不能有效去除吸附剂表面的吸附产物。

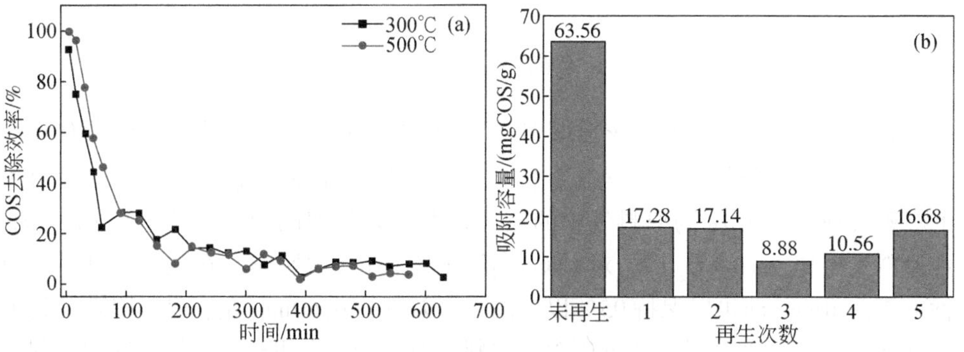

图5.16 热解析再生后RM的吸附效果

(a) 不同温度再生的吸附效率；(b) 500℃再生的吸附容量

反应条件：$C=500$ppm，$T=80$℃，RH=2.59%，SV=6000h^{-1}

实验在热解析再生的基础上，增加了水洗处理步骤。先将吸附饱和的改性RM吸附剂用超纯水洗6～10遍，将吸附剂放入真空干燥箱在50℃烘干2h，然后进行热解析再生操作，即水洗—热解析再生。图5.17为水洗—热解析再生后改性RM的吸附效果。第1次再生后，改性RM的吸附容量为47.2mg COS/g，再生效率为 74.26%。第 2 次和第 3 次再生效果差别不大，再生效率分别为 69.89% 和 75.94%。第 4 次再生效率降低到 44.76%，第 5 次再生效率为 24.04%，再生效果有较大下降。相比于热解析再生，水洗将改性 RM 吸附剂表面的吸附产物脱除。再生次数增多时，改性 RM 孔隙结构改变，活性物质减少，吸附容量下降。

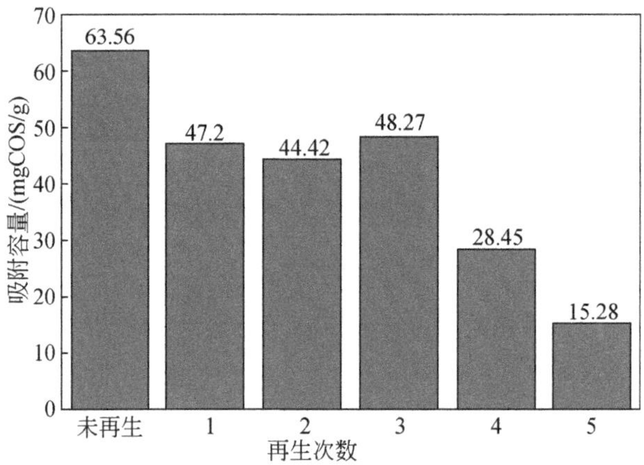

图 5.17　水洗—热解析再生后吸附容量

反应条件：C=500ppm，T=80℃，RH=2.59%，SV=6000h^{-1}

5. 烟气中氧含量对净化效果的影响

在高炉煤气中会含有很少量的 O_2。O_2 在废气的吸附和催化过程中会存在一定的影响。在原料气中加入含量为 10% 的 O_2，探究在原料气含氧条件下改性 RM 的吸附表现。图 5.18 为原料气中的氧含量对吸附效率的影响。从图 5.18 可知，在原料气中加入 10% O_2 后，对 COS 吸附效率存在一定影响。在无氧条件下，改性 RM 在 40min 前可以保持 95% 以上的吸附效率，在 60min 左右时吸附效率仍能达到 90% 以上。当改性 RM 处理含氧原料气时，能够在更长的持续时间内，保持较高的吸附效率，在 50min 内吸附效率在 95% 以上。这是由于少量 O_2 的存在，氧化反应促进 COS 在改性 RM 表面上的吸附反应，加快了吸附速率。但是与此同时，这也导致了改性 RM 的 O_2 中毒现象，吸附效率下降迅速。在 60min 左右时，比无氧条件下的吸附效率更低。这是因为在较快的吸附速率下，吸附产物在改性 RM 表面迅速累积，覆盖活性组分，减少吸附位点。在 100min 左右时，两种情况下的吸附效率下降速度均变缓，因为改性 RM 表面孔隙较小，气体在吸附剂内部扩散较慢，在孔隙内部吸附位点的作用下，减缓了吸附剂的失活过程。含氧条件下吸附效率更高，但紧接着再次出现了吸附效率的迅速下降。

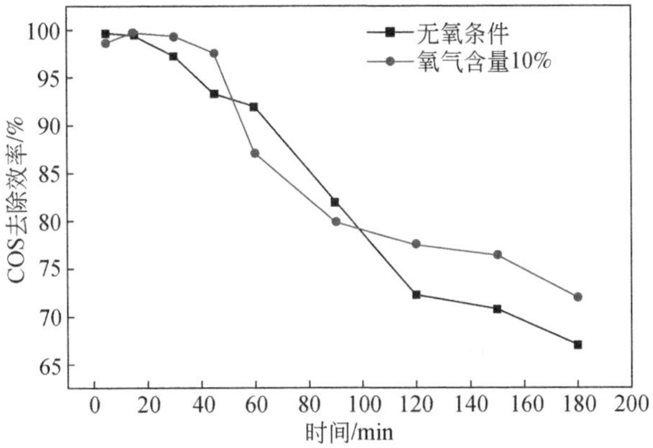

图5.18 原料气中的氧含量对吸附效率的影响

反应条件：$T=80℃$，RH=2.59%，SV=6000h^{-1}

本节进行了在原料气不含氧和10% O_2 两种条件下的吸附穿透实验，其穿透曲线和吸附容量见图5.19。图5.19（a）中可以看出，原料气中10% O_2 的条件下，出口浓度的上升速度比不含氧条件下的更快，在1050min时达到穿透。这是不含氧条件下的改性RM吸附COS实验在1590min时达到穿透。因为 O_2 会促进吸附过程，使吸附产物在吸附剂表面快速累积，导致吸附能力较快下降。两种条件下穿透曲线的变化趋势均为出口浓度先快速升高，然后再缓慢升高，达到穿透。这是由改性RM的孔隙结构多为微孔，气体在孔道中扩散速度较慢导致的。原料气中无氧时吸附容量为63.56mg COS/g，含氧条件下仅为42.66mg COS/g。O_2 对改性RM的吸附容量存在一定的影响，会导致吸附容量减小。因为虽然 O_2 加快了FeS和 FeS_2 的氧化，促进了FeOOH和 Fe_3O_4 的消耗，有利于增加吸附容量，但 O_2 会与COS竞争吸附位点，与 Fe_3O_4 等活性物质结合，降低了改性RM吸附剂的吸附容量。

实验对比了有氧和无氧环境中吸附前后的XRD图谱，并进行了分析，见图5.20。结果显示，相比于无氧的情况，原料气中含 O_2 时，达到吸附饱和的改性RM中所含的FeOOH和 Fe_3O_4 明显更少，FeS_2 的含量更多。这是因为 O_2 更有利于硫化物的氧化，促进FeOOH和 Fe_3O_4 与COS的化学反应，使得活性组分的剩余含量更少，吸附产物的含量增加。另外，Fe_2O_3 的含量也有一定程度的增加，这是由于 Fe_3O_4 被 O_2 氧化，O_2 与COS的竞争吸附也导致了COS的吸附容量减小。

实验对在10% O_2 条件下吸附达到穿透的改性RM吸附剂进行了再生实验，实验采用热解析再生法，在 N_2 氛围的管式炉中500℃焙烧8h。图5.21为进行5

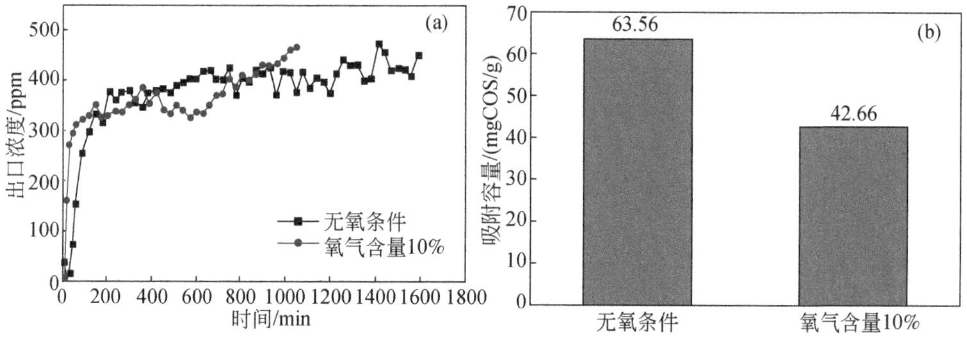

图 5.19　不同氧气含量对应的吸附效果

(a) 吸附穿透曲线；(b) 吸附容量；反应条件：$C=500\text{ppm}$，$T=80℃$，$RH=2.59\%$，$SV=6000h^{-1}$

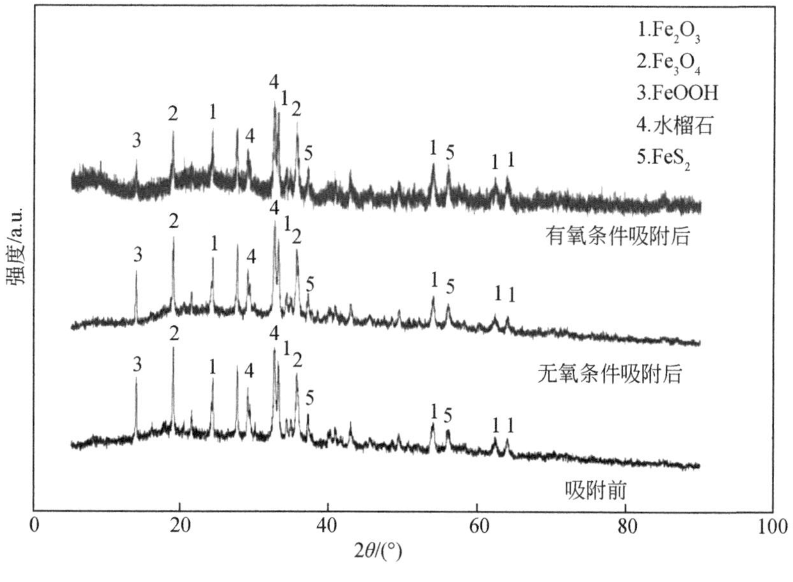

图 5.20　含氧条件下吸附前后改性 RM 的 XRD 图谱

次再生实验的吸附容量。新制备的改性 RM 吸附剂在吸附 10% O_2 的原料气时，吸附容量为 42.66mg COS/g。第 1 次热解析再生的吸附容量为 24.91mg COS/g，再生效率为 58.39%。在后续的再生中，吸附容量逐渐降低，第 5 次再生的吸附容量仅为 9.66mg COS/g，与无 O_2 再生时的吸附容量相当。此条件下的再生效果整体相较无 O_2 时的再生效果更好，这是由于在吸附穿透实验中，部分 Fe_3O_4 与 O_2 结合，在热解析时除了将物理吸附的气体解吸之外，与活性物质结合的 O_2 也分离出来，使部分 Fe_3O_4 重新具备 COS 吸附活性。

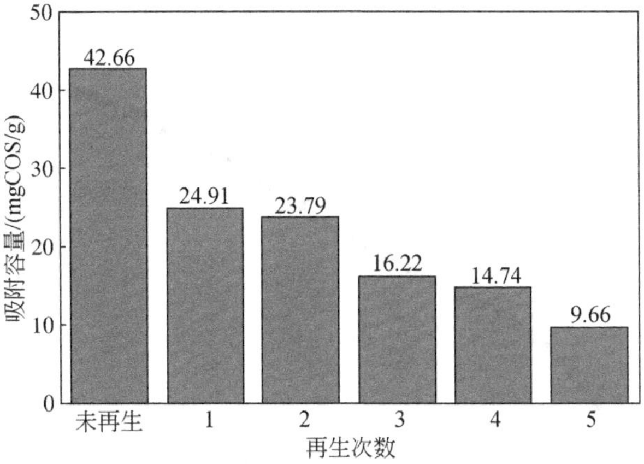

图 5.21　热解析再生后 RM 的吸附效果

反应条件：C=500ppm，T=80℃，RH=2.59%，SV=6000h^{-1}，10% O_2

5.3.4　羰基硫吸附动力学与过程分析

1. 吸附动力学

本节研究了时间和吸附容量的关系。实验应用准一级和准二级反应速率方程对改性 RM 吸附 COS 的实验结果进行拟合，准一级和准二级吸附动力学模拟方程分别为

$$q_t = q_e(1 - e^{k_1 t}) \tag{5.7}$$

$$q_t = \frac{k_2 q_e^2 t}{1 + k_2 q_e t} \tag{5.8}$$

式中，k_1 为准一级动力学常数，min^{-1}；k_2 为准二级动力学常数，g/(mg · min)；q_e 为吸附到达平衡时的吸附量，mg/g；q_t 为 t 时间的吸附量，mg/g；t 为吸附反应时间，min。

图 5.22 为改性 RM 吸附 COS 的吸附动力学拟合曲线图。图中可以看出改性 RM 吸附剂的吸附容量在前 180min 内吸附性能增长较快，随后逐渐变慢。这是因为最初改性 RM 的碱性更强，孔隙较多，吸附位点较多，吸附速率较快。在 1590min 时逐渐达到吸附平衡，改性 RM 的吸附性能下降。表 5.10 为吸附动力学方程参数。在对改性 RM 吸附 COS 过程的分析中，准二级吸附动力学方程拟合的 R^2 更高，因此改性 RM 吸附 COS 过程更符合准二级吸附动力学方程，以化学吸

附为主[83,84]，主要为 COS 与碱、FeOOH 和 Fe_3O_4 的反应。

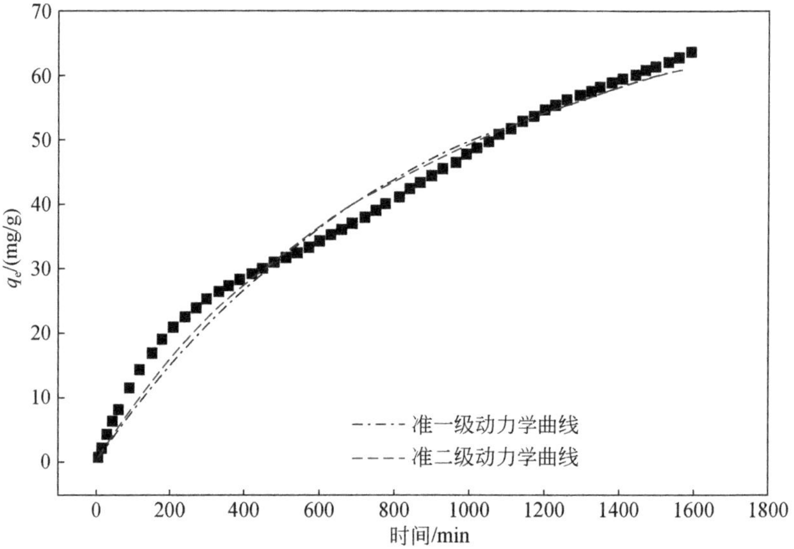

图 5. 22　改性 RM 吸附动力学拟合曲线

表 5. 10　动力学方程参数

动力学	准一级吸附动力学方程			准二级吸附动力学方程			平衡时间/min
	R^2	k_1	q_e	R^2	k_2	q_e	
改性 RM	0. 9788	0. 00116	72. 45112	0. 98395	8.72887×10^{-6}	103. 85031	1590

2. FTIR 特征图谱分析

改性 RM 吸附剂吸附前后的 FTIR 曲线如图 5. 23 所示。吸附前和吸附后的红外特征峰基本不变，说明吸附剂的骨架并没有发生变化。3460cm^{-1}左右的峰归属于水的氢键羟基 O—H 键的伸缩振动峰[85]，反应气中含有水分，且改性 RM 的碱性亲水较强，反应后的水的氢键羟基 O—H 键振动峰明显增大；1640cm^{-1}左右的峰是由—C═O 的伸缩振动引起的，反应后的—C═O 振动峰减小，1420cm^{-1}左右的峰是由—COO 的对称伸缩振动引起的，反应后的—COO 振动峰减小，含氧官能团减少，说明部分产物被氧化[86]；1500cm^{-1}左右的峰是由 C═C 的伸缩振动引起的，反应后的 C═C 振动峰增大，这是因为 COS 吸附后附着了部分 C 元素；1100cm^{-1}、1000cm^{-1}、621cm^{-1}处出现了三个明显的吸收峰，这对应着 S═O、S—O键和 SO_3^{2-} 基团，为硫化物的吸收峰；688cm^{-1}左右的峰是由 O—H 面外弯曲引起的，反应后 O—H 面外弯曲引起的峰减小，可能是改性 RM 的碱被消耗[87]。可以推测，在实验气氛下，被吸附的硫元素部分被碱吸收，另一部分被 RM 的活性物质吸附，同时还有物理吸附的作用。含氧官能团将部分吸附的产物氧化。

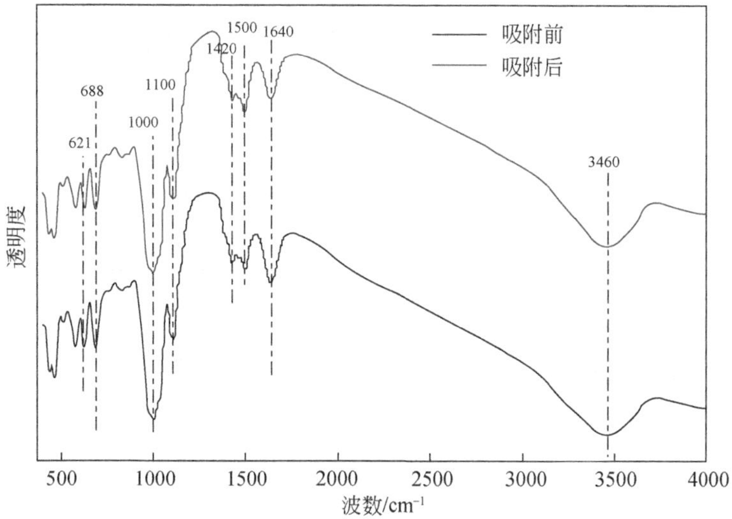

图 5.23　吸附前后改性 RM 的 FTIR 曲线

3. 氧气含量的 XPS 分析

原料气无氧气：改性 RM 吸附 COS 前后样品的 XPS 图像见图 5.24。RM 的 Fe 价态和电子轨道复杂，反应后 Fe 的峰面积明显减少[88]，而 S 在反应后的峰面积明显增加，且峰出现了偏移。通过分析，反应前的主要物质为 FeO、Fe_2O_3、Fe_3O_4、FeOOH、FeS_2 等，反应后物质为 Fe_2O_3、FeS、FeS_2 等。铁的氧化物被消耗，FeOOH 和 Fe_3O_4 与 COS 发生反应，转化为了 FeS 和 FeS_2。在高温下 FeS_2 较稳定，在 RM 中少量存在，在较低温度下生成的产物主要成分为 FeS[89]。在含氧基团的作用下，S 被氧化的产物主要为 $Na_2S_2O_3$、Na_2SO_3、Na_2SO_4 和 FeS_2 等，COS 除了被含氧官能团氧化以外，还会与晶格中的氧结合，生成氧化物[90]，且对可溶性物质的氧化性更强。

原料气含 10% 氧气：当气体中含有氧气时，改性 RM 吸附 COS 前后样品的 XPS 图像见图 5.25。图 5.25（a）为通氧反应后 Fe 2p 轨道的 XPS 光谱，XPS 用于进一步验证样品中 Fe 的价态，结果显示了在 710.67eV 和 724.08eV、732eV 处的峰中心，存在 Fe^{2+} 2p3/2、Fe^{3+} 2p3/2 和 Fe^{3+} 2p1/2 轨道[91]，说明通氧吸附后材料表面有 +2 价、+3 价铁氧化物存在。其中，710.67eV、713.04eV、

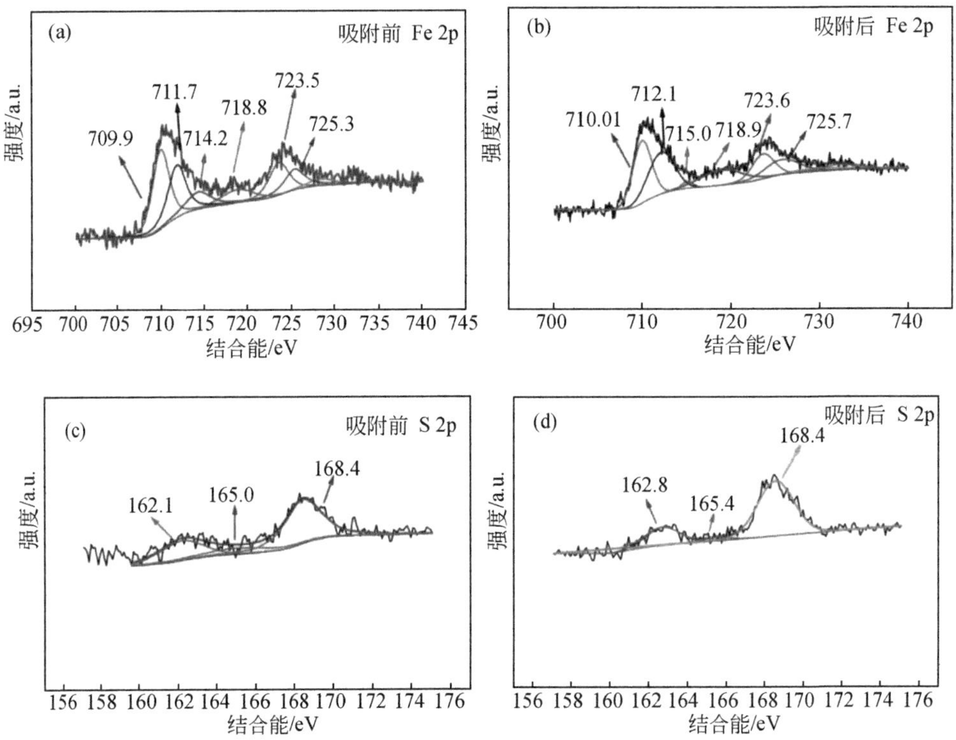

图 5.24 改性 RM 吸附前后 XPS 图像

(a) 反应前 Fe；(b) 反应后 Fe；(c) 反应前 S；(d) 反应后 S

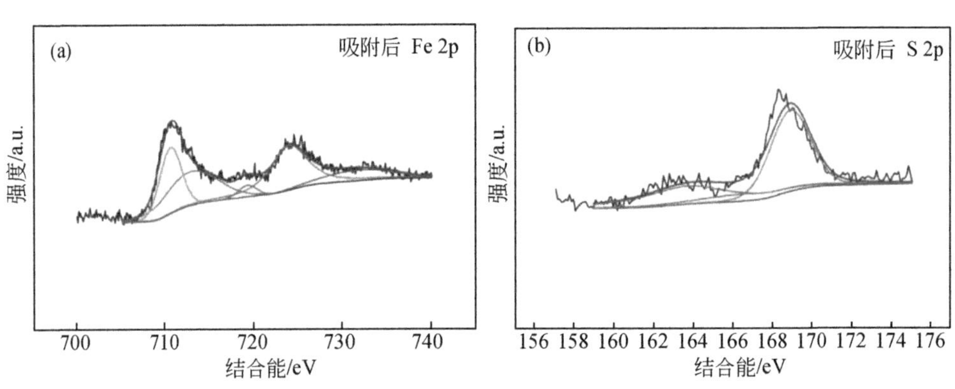

图 5.25 氧气氛围下吸附后 XPS 图像

(a) 反应后 Fe；(b) 反应后 S

719.38eV、724.08eV、732eV 对应的物质可能分别为 Fe_2O_3、$FeSO_4$、FeOOH、Fe_3O_4、Fe（Ⅱ）—O。图5.25（b）为通氧反应后 S 2p 轨道的 XPS 光谱，结果显示在 168.9eV、163.68eV 处的峰中心，其中，168.9eV、166.4eV、163.68eV 对应的物质可能为 $FeSO_4$、Na_2SO_4 和 $Na_2S_2O_6$，表明所制备的材料中含有 Fe、S 元素。当吸附的气体中含有 10% 氧气时，吸附后材料表面上，硫分的主要存在形式为硫酸亚铁和钠盐，吸附过程存在一定程度的氧化。

4. TEM 和 EDS 特征分析

改性 RM 的 TEM 图像如图 5.26 所示。图 5.26（a）描绘了所制备吸附剂的 TEM，能清楚地观察到形成了片状薄片堆积的结构，多为斜方晶型。图 5.26（b）所示的 TEM 图像中，观察到了归属于 Fe_3O_4 的（0 2 2）和（2 0 2）平面的 $d_1 = 0.2427$nm 和 $d_6 = 0.2417$nm 的晶格间距。归属于 FeOOH 的（1 1 1）、（0 3 1）、（0 6 0）平面的 $d_2 = 0.2356$nm、$d_4 = 0.2471$nm 和 $d_5 = 0.2091$nm 的晶格间距。归属于 FeS_2 的（−1 0 2）和（−1 −1 2）平面的 $d_3 = 0.2423$nm、$d_7 = 0.222$nm 的晶格间距。这与 XRD 和 XPS 结果一致，也证实了改性 RM 吸附剂的主要晶体组成和活性物质。

图5.26（c）和图5.26（d）为 EDS 面分析。在改性 RM 吸附剂表面检测到 Al、Ca、Fe，证实了材料以 Fe 为主，图片证实了 Al、Ca、Fe 元素分布在材料表面。EDS 谱图可以看出 Ca 和 Al 分布位置基本相同，主要集中在图像右下角，应为水钙铝榴石。Fe 在改性 RM 吸附剂表面分布较均匀，是 RM 经改性后吸附性能更加稳定的原因之一。EDS 扫描部分元素含量见表 5.11。Al 和 Ca 的含量分别

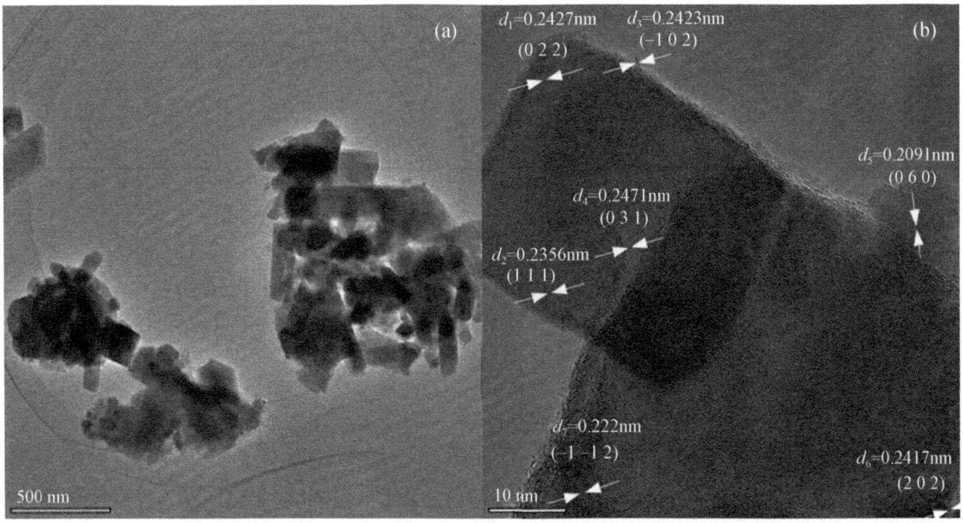

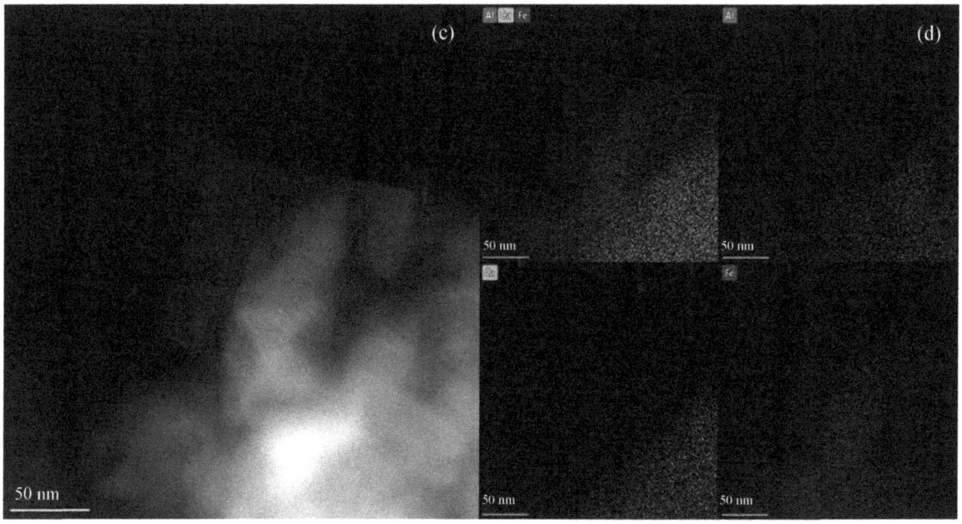

图 5.26　改性 RM 的 TEM 和 EDS 图像

为 18.38% 和 14.95%，而 Fe 的含量达到了 66.67%，为主要元素。而 Fe 作为主要活性组分，高含量也解释了吸附容量较大的实验现象，与本节之前的表征相互印证。

表 5.11　EDS 扫描部分元素含量

元素	族	原子分数/%	原子误差/%	质量分数/%	质量误差/%	拟合/%
Al	K	18.38	3.19	10.29	1.08	1.00
Ca	K	14.95	3.26	12.44	2.10	0.51
Fe	K	66.67	14.55	77.27	13.05	0.10

5.4　水热体系制药废水资源化研究

5.4.1　赤泥催化剂有效性实验

为了探究在水热体系下活化赤泥对于诺氟沙星抗生素模拟制药废水是否具有资源化降解的催化活性。本节在反应温度 90℃、反应时间 0.5h、初始浓度为 40mg/L、超声处理 0.5h、3h 的实验条件下，研究空白样、添加 0.01g 赤泥、添加0.1mL H_2O_2 和同时添加0.01g赤泥与0.1mL H_2O_2 这四种情况下抗生素的资源化降解效率。实验结果如图5.27所示。

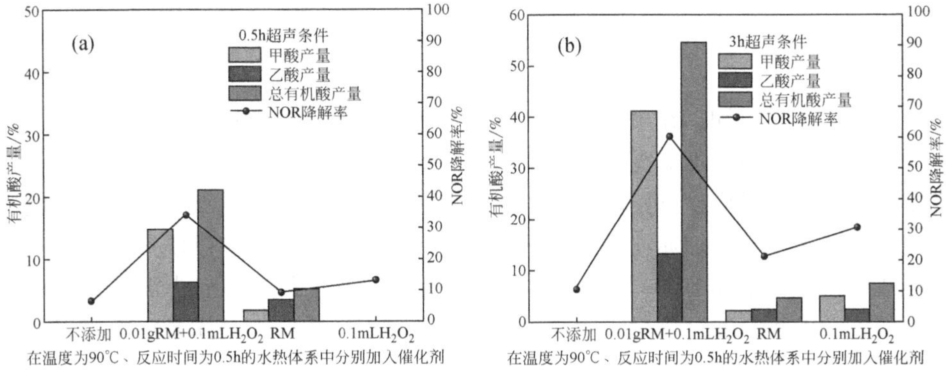

图5.27　赤泥催化剂的有效性实验

由图5.27可知，在不添加赤泥和 H_2O_2 时，诺氟沙星的降解率极低。经超声0.5h和3h后的模拟制药废水的降解率分别为6.52%和10.66%，并且所降解的诺氟沙星无法转化成有机酸类产物。由图5.27（a）可知，经超声处理0.5h的模拟制药废水在上述反应条件下，添加0.01g赤泥可以生成以甲酸和乙酸为主的有机酸，其中甲酸产率可达1.88%，乙酸产率可达到2.56%，总有机酸产率可达到4.44%。但是其抗生素降解率较低，约为9.54%。这是因为在水热体系下，赤泥中的铁、铝等金属离子溶出，而在这些金属离子的催化作用下可以实现抗生素的资源化转化。单独添加0.1mL H_2O_2 可以加速体系中的氧化反应，获得较高的抗生素降解率，降解率可达到13.56%，但其无法实现抗生素的定向催化资源化产甲酸。通过同时添加0.1mL双氧水和0.01g赤泥可以在获得较高降解率（约34.56%）的同时获得较高的有机酸产率，其中，甲酸产率可达14.81%，乙酸产率可达6.34%，总有机酸产率可达到21.16%。造成这一现象的原因是，双氧水的添加既可以通过提供·OH、·H等自由基以促进体系的氧化降解反应，提高抗生素的降解率，又可以促进赤泥中金属离子溶出，以增强体系的催化定向资源化产甲酸性能。

图5.27（b）与图5.27（a）实验结果的变化趋势相同，但是经超声处理3h的诺氟沙星模拟制药废水的有机酸产率和降解率整体相比图5.27（a）有所提升。添加0.01g赤泥时，甲酸产率可达2.22%，乙酸产率可达2.64%，总有机酸产量可达4.86%，抗生素降解率可达21.36%。添加0.1mL H_2O_2 时，甲酸产率可达5.16%，乙酸产率可达2.46%，总有机酸产量可达7.62%，抗生素降解率可达30.54%。而同时添加0.1mL双氧水和0.01g赤泥时，抗生素的资源化降

解效率发生明显提升，甲酸产率达 41.20%，乙酸产率达 13.29%，总有机酸产量达 54.49%，抗生素降解率为 60.21%。这是因为超声处理的过程中，溶液中存在的气泡会通过空化效应形成高温高压环境，并产生 · OH 自由基以间接氧化诺氟沙星，破坏其复杂的化合物结构，为后续实现高效催化资源化降解奠定实验基础。

由实验结果可知，在单独添加赤泥条件下，所生成的有机酸中乙酸的产率高于甲酸，而在同时添加赤泥和双氧水时甲酸的产率高于乙酸。已知乙酸在氧化条件下可通过多步反应，分别转化成乙烯与甲醛后，再通过提供氧分子与其反应后生成甲酸。在单独添加赤泥的条件下，水热体系的氧化性不足以使产物中的乙酸转化成甲酸。在添加 H_2O_2 后，体系的氧化性增强，使得在原有赤泥催化生成产物中的乙酸可能会通过该反应生成甲酸。因此，上述反应也是体系中生成甲酸的反应途径的重要步骤。

因此，本节研究在后续水热体系下赤泥催化资源化降解诺氟沙星模拟制药废水的实验中，选取 3h 作为超声处理时间，以便后续资源化降解。水热体系下通过添加赤泥和氧化剂等手段能够有效提升诺氟沙星抗生素的资源利用率和降解率，具有广阔的研究前景。因此，本节实验通过设置不同反应时长、反应温度、氧化剂添加量等实验条件下的对比实验，结合分析测试手段对诺氟沙星降解溶液中组分的分析，不断优化实验参数，从而实现利用赤泥在水热体系下的高效催化资源化降解诺氟沙星模拟制药废水。

5.4.2 影响催化活性的因素探讨

1. 赤泥催化剂活化温度的影响

由于拜耳法氧化铝生产工艺和赤泥堆场的储存方式会导致赤泥中含有大量的含水矿物。通过高温活化的方法既可以去除赤泥表面的结合水和自由水，从而增大赤泥的比表面积和活性位点。且高温热活化赤泥中的含水矿物所具有的稳定的硅氧四面体和铝氧八面体结构转化成亚稳态结构以增加活性。但是当活化温度过高时，赤泥会发生烧结和晶相转变，从而使得催化效率降低[92]。因此，本节实验在反应温度 90℃、反应时间 0.5h、初始浓度为 40mg/L 的诺氟沙星抗生素模拟制药废水的水热体系下，采用不同活化温度活化后的赤泥进行催化降解实验。实验结果如图 5.28 所示。

由图 5.28 可知，赤泥活化温度对实验结果的影响较小。但其中，未经活化后的赤泥催化效果较差，在该实验条件下，降解率可达到 60.21%，甲酸产率为 41.20%，乙酸产率为 13.29%，总有机酸产率为 54.49%。经高温活化 100 ~ 200℃后的赤泥能小幅度提升实验催化效果，且实验结果较为稳定，降解率可达

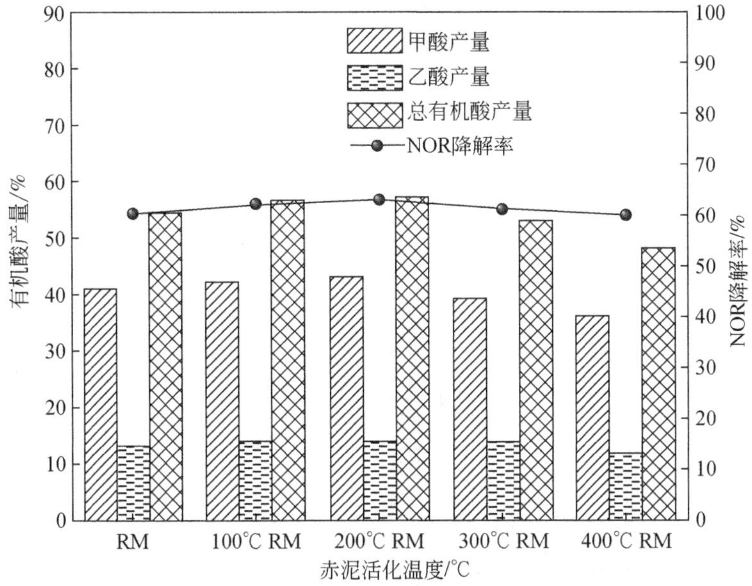

图5.28　活化温度对水热体系抗生素模拟制药废水的资源化降解的影响

62%～63%，甲酸产率为42%～43%，乙酸产率为14%左右。这可能是因为该活化温度可去除赤泥表面的结合水和自由水，增加赤泥的比表面积和活性位点，并通过破坏含水矿物的晶体结构而提升催化效率。但是当活化温度到达300～400℃时，通过结合XRD分析，由于高温导致赤泥中矿物晶相的转变，导致其催化性能有所降低，降解率下降至60%～61%，甲酸产率为36%～39%，乙酸产率为11%～13%。综合考虑能耗和降解率等因素，后续实验将采用100℃作为赤泥催化剂的活化温度。

2. 反应时间的影响

在水热反应的过程中，反应时间是影响实验结果的重要因素。一般来说，增加反应时间能够延长传质过程，增加反应体系中分子与自由基等活性组分的接触机会，充分降解抗生素污染物。但仅通过反应时间的延长，体系中的物质趋于稳定状态，且压力和温度等因素形成的能量壁垒使反应无法持续进行[93,94]。并且，长时间的高温条件不利于本研究中定向催化生成的有机酸类产物的保存。因此，适度增加反应时间有助于抗生素污染物的无害化处理，但过度增加反应时间会导致能耗和成本的浪费。

因此，本节研究在反应温度90℃、初始浓度40mg/L诺氟沙星抗生素模拟制药废水的水热体系下，设置反应时间分别为0h、0.25h、0.5h、0.75h、1h的五组对比实验以考察最佳反应时间。其中，反应时间是从反应釜温度达到实验所设定温度后开始计算。实验结果如图 5.29 所示。

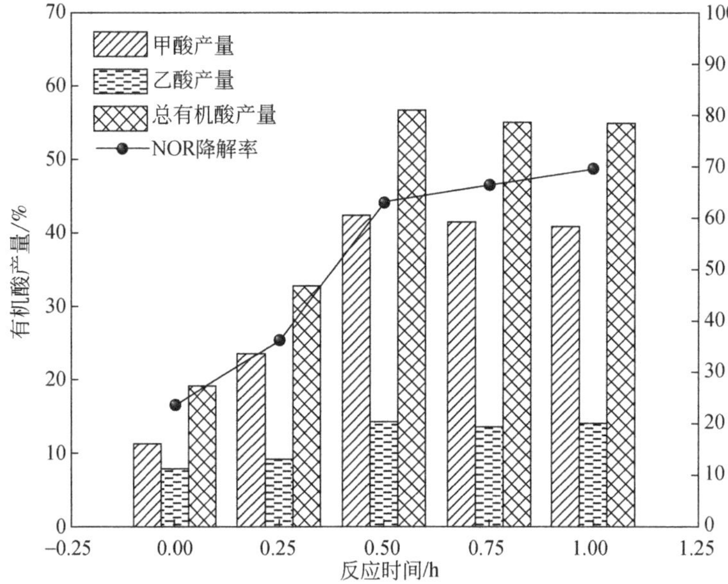

图 5.29　反应时间对水热体系抗生素模拟制药废水的资源化降解的影响

从图 5.29 可知，诺氟沙星的降解率随反应时间的增加而不断增大，但在不同停留时间区间内增加速率有所不同。在反应时间 0.5h 内，诺氟沙星的降解率快速增加。反应时间从 0 延长 0.5h 时，诺氟沙星的降解率可从 23% 迅速增长至 63% 以上。但随着反应时间继续增加，诺氟沙星降解率增长缓慢。当反应时间从 0.5h 延长至 1h 时，诺氟沙星降解率仅增长 6%。同时，甲酸和乙酸等有机酸产率在反应时间 0.5h 时达到峰值，甲酸产率达到 42.36%，乙酸产率达到 14.29%，总有机酸产率达到 56.65%，抗生素降解率达到 63.14%。随着反应时间继续延长，有机酸的产率整体趋向稳定，但是会小幅度下降 2%。

导致这一现象的原因：一方面是随着反应时间的延长，反应体系中温度、压力等工艺参数趋于稳定，其导致的能量壁垒使体系反应无法继续进行，使得反应速率下降；另一方面是随着反应的进行，体系中所添加的 H_2O_2 也在逐渐消耗。在反应中 H_2O_2 既作为氧化剂以降解抗生素，又作为自由基的引发剂使得反应持续进行。因此，随着 H_2O_2 不断消耗，反应物的浓度不断降低，氧化降解反应速率也会逐渐下降，体系趋向稳定。但是，体系中产生的自由基会对有机酸类产物进行持续降解，从而导致在反应时间 0.5h 后，有机酸产率小幅度下降。

以上原因也可以用于解释为何在反应起始阶段的反应速率较大。在反应初期，随着温度升高，一方面氧化剂能够迅速分解生成自由基引发抗生素降解反应；另一方面在氧化剂消耗和抗生素降解等过程中会发生气化，从而使得反应釜中温度和压力不断提升，突破能量壁垒从而获得较高的反应速率。因此，在后续实验采取0.5h作为最佳反应时间。

3. 反应温度的影响

反应温度是影响水热体系下水热氧化反应的一重要因素。温度的变化会导致水的理化性质发生改变。在常温、常压下水具有较大的介电常数，约为80。但温度上升至100℃左右，介电系数会急剧下降至50左右，抗生素溶解性提升，反应中的传质效率提高。温度的升高会增加体系能量，提供反应活化能，以突破压力和温度造成的能量壁垒，促进反应的进行。

为考察反应温度对赤泥催化资源化降解诺氟沙星模拟制药废水的影响，本节研究在反应时间0.5h、H_2O_2添加量为0.1mL、初始浓度为40mg/L的诺氟沙星抗生素模拟制药废水的水热体系下，分别设置反应温度在50℃、70℃、90℃、110℃、130℃的五组对比实验。实验结果如图5.30所示。

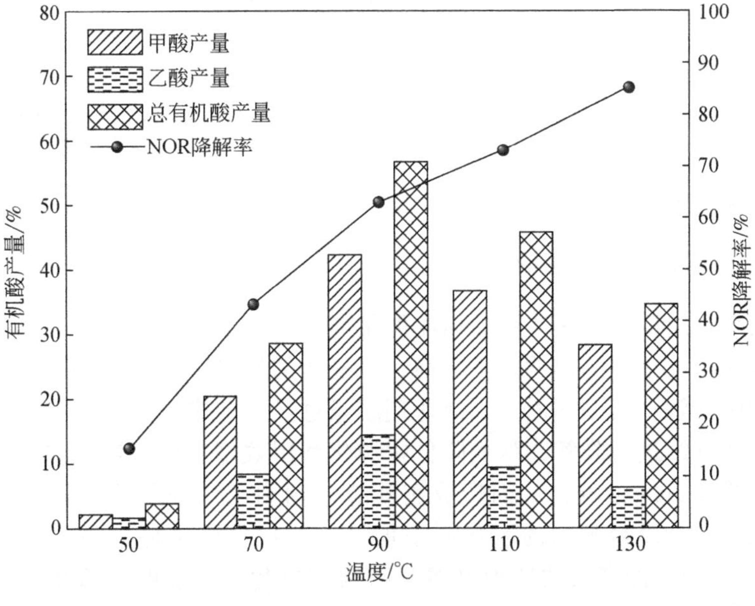

图5.30　反应温度对水热体系抗生素模拟制药废水的资源化降解的影响

由图 5. 30 可知，反应温度对水热体系下赤泥催化资源化降解诺氟沙星水溶液的资源化产率影响较大。在一定温度范围内，温度与资源化降解率呈正相关。反应温度为 50℃时，甲酸产率仅为 2. 22%，乙酸产率仅为 1. 64% 总有机酸产率仅为 3. 86%。当反应温度达到 90℃时，有机酸产率迅速提升并达到峰值，甲酸产率为 42. 36%，乙酸产率为 14. 29% 总有机酸产率为 56. 65%，诺氟沙星降解率可达 63. 14%。但是，当反应温度超过 100℃时，有机酸产率开始下降。当反应温度达到 90℃时，甲酸产率仅为 28. 36%，乙酸产率仅为 6. 29%，总有机酸产率仅为 34. 65%。与此同时，诺氟沙星的降解率与反应温度呈正相关。当反应温度从 50℃提升至 130℃时，诺氟沙星的降解率从 13% 提升至 68%。

造成这种情况的主要原因是，本实验涉及的氧化反应主要是利用 · OH、· H 等具有强氧化性的自由基来氧化降解有机物。而 H_2O_2 在实验过程中既作为 · OH 的重要提供者，又是一系列反应的引发剂。但 H_2O_2 在常温下不易分解，在温度达到 60℃时，H_2O_2 分解率可达到 50% 左右。当温度达到 90 ~ 100℃时 H_2O_2 分解率可达到 50%。当加热到 100℃以上时，H_2O_2 会发生急剧分解。因此，在 100℃以内，随着温度升高，本节实验体系的氧化性逐渐增强，其反应也愈发高效，从而有效提升资源化效率。

而造成反应温度超越 100℃时，有机酸产率开始下降的原因主要有以下两方面。一方面，目标产物甲酸的气化温度为 100℃、乙酸的气化温度为 117℃。当反应温度低于 100℃时，密封性能良好的反应釜能够有效地保存有机酸产物。当反应温度超过 100℃时，有机酸会发生气化现象，从而使得反应釜中所生成的有机酸难以保存而损失。另一方面，反应温度增加能够提高活化能，并且 H_2O_2 的急剧分解会产生大量的强氧化性自由基。这些自由基的产生会与甲酸等有机酸发生氧化反应，从而降低该实验的资源化产率。

4. 氧化剂添加量的影响

氧化剂添加量在水热体系下赤泥催化资源化降解诺氟沙星模拟制药废水的过程中有着至关重要的影响。一方面，当氧化剂用量不足时，会使得诺氟沙星无法被彻底降解；另一方面，当氧化剂用量过量会造成氧化剂的浪费，并会对资源化产物继续进行降解，从而降低资源化利用效率。抗生素资源化降解实验受多种实验参数的影响，从而造成实际氧化剂利用效率与理论计算量存在差别。因此，本节设置不同的氧化剂添加量的对比实验来探索最佳氧化剂添加量。H_2O_2 作为一种高效便捷而又容易获得的氧化剂，能够在氧化反应体系中充当电子受体。并且 H_2O_2 的氧化还原电位为 1. 776V，而其在水热条件下分解后生成的 · OH 的氧化还原电位为 2. 85V，属于强氧化剂。因此本节选取 H_2O_2 作为添加的氧化剂。

为考察氧化剂添加量对水热体系下赤泥资源化降解诺氟沙星模拟制药废水的影响，在反应时间0.5h、反应温度90℃、初始浓度为40mg/L的诺氟沙星抗生素模拟制药废水的水热体系下，设置氧化剂添加量在0mL、0.1mL、0.2mL、0.3mL、0.4mL的5组对比实验。实验结果如图5.31所示。

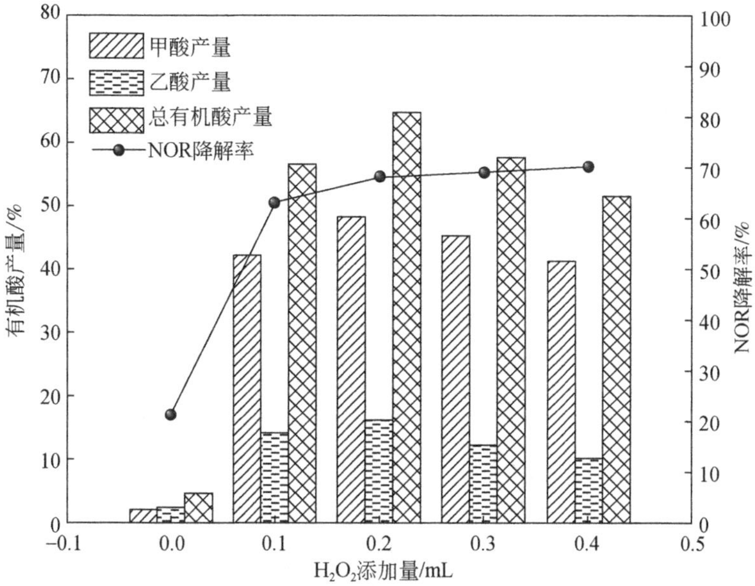

图5.31　双氧水添加量对水热体系抗生素模拟制药废水的资源化降解的影响

从图5.31可知，氧化剂添加量对抗生素降解率影响显著。随着 H_2O_2 添加量从0mL增加至0.3mL，诺氟沙星的降解率从21.36%迅速增加至68%左右。但是当 H_2O_2 添加量从0.3mL增加至0.4mL时，诺氟沙星的降解率增加速率放缓，仅增加2%。

但从有机酸产率角度来看，当 H_2O_2 添加量从0mL增加至0.2mL时，有机酸产率显著提升，甲酸产率从2.22%增加至48.36%，乙酸产率从2.64%增加至14.29%。而当 H_2O_2 添加量从0.2mL增加至0.4mL时，有机酸产率开始下降，甲酸产率从48.36%减少至41.26%，乙酸产率从14.29%减少至10.26%。

造成这种现象的原因：一方面，过多的氧化剂有可能会对产物中的有机酸类物质继续进行降解，使得有机酸产率降低。另一方面，赤泥中含有大量的硅酸盐类物质，当 H_2O_2 浓度提升时，硅酸盐会与 H_2O_2 反应生成硅酸，在赤泥颗粒的表面生成硅酸，从而阻碍赤泥与反应物的接触，减少赤泥中金属离子的溶出，降低了资源化效率。

5. 赤泥催化剂添加量的影响

此部分考查的是赤泥催化剂的添加量对诺氟沙星资源化降解实验的影响，实验中分别称取 0. 2g、0. 3g、0. 4g、0. 5g 的赤泥催化剂加入到 10mL 的含有 0. 2mL H_2O_2 的 40mg/L 诺氟沙星溶液。在 90℃ 的水热体系下反应 0. 5h 后采集诺氟沙星降解溶液，对其液相产物和降解率进行测定，测定结果如图 5. 32 所示。

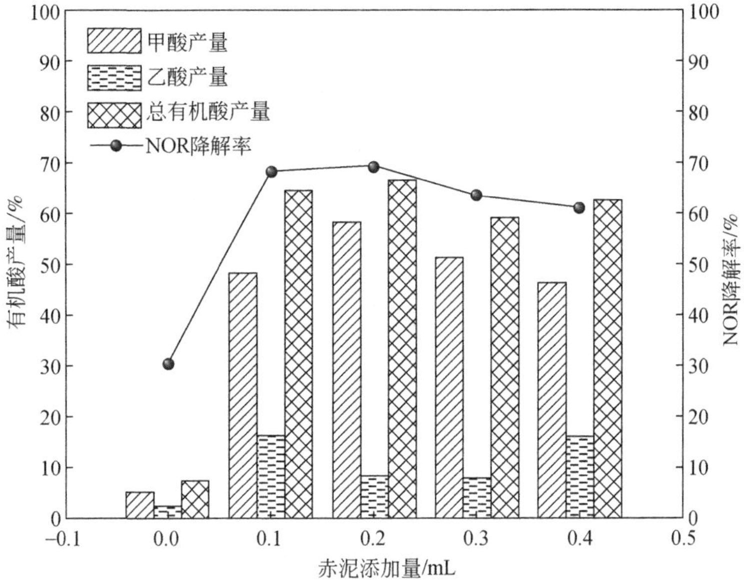

图 5. 32　赤泥添加量对水热体系抗生素模拟制药废水的资源化降解的影响

随着赤泥催化剂用量从 0g 增加到 0. 2g，其降解率也逐渐增大，分别达到 30. 54%、68. 32% 和 69. 26%。且有机酸产率也在增加，甲酸产率分别达到 5. 16%、48. 36% 和 58. 36%，乙酸产率分别达到 2. 46%、16. 29% 和 8. 29%。但是当赤泥催化剂的用量从 0. 3g 增加到 0. 4g 时，抗生素降解率和有机酸产率均有所下降，抗生素降解率分别为 63. 68% 和 61. 21%，甲酸产率分别为 51. 36% 和 46. 36%、乙酸产率分别为 7. 89% 和 16. 45%。这可能是因为赤泥作为一种强碱性的固废，其中的碱性物质主要由可溶性碱和结合碱组成。当催化剂用量在 0. 1 ~ 0. 2g 时，赤泥中碱性物质对体系的 pH 影响不大，但是当赤泥催化剂用量增加至 0. 2 ~ 0. 4g 时，赤泥中的可溶性碱会使得反应物的 pH 偏弱碱性。由图 5. 33 可知，一方面诺氟沙星在碱性体系下的电离态 NOF^- 比较难降解，另一方面弱碱性的环境不利于有机酸类产物的生成。因此，本节实验在 0. 02g 赤泥催化剂条件下可以获得最佳资源化降解率。

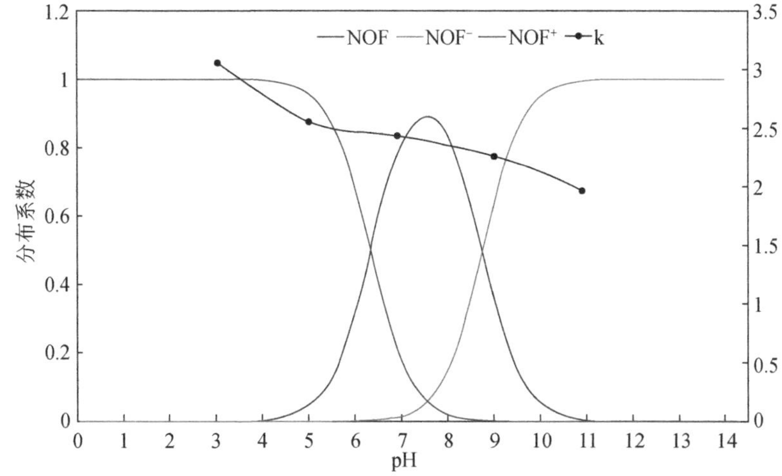

图5.33　不同pH的NOR电离态

5.4.3　赤泥催化剂活性稳定性实验

水热体系具有高温高压的特性，因此，所采用的赤泥催化剂的重复利用性和稳定性是限制催化剂在实际生产生活中应用的一大关键因素。利用最优条件回收催化剂，并通过上述实验中所探寻的最佳实验条件，研究新鲜赤泥催化剂和回用赤泥催化剂在水热体系下催化资源化诺氟沙星模拟制药废水实验效果的差异，实验结果如图5.34所示。

由图5.34可知，在反应时间0.25h内，回用赤泥催化剂和新鲜赤泥催化剂的催化性能差异较小，诺氟沙星降解率均可达22%以上。在反应0.5～0.75h时，两者的诺氟沙星降解率差距有所拉大，差距在5%左右。当反应时间延长至1h时，回用赤泥催化剂和新鲜赤泥催化剂的催化性能差距缩小，诺氟沙星的降解效率均能达到67%以上。

回用赤泥催化剂的水热实验结果与新鲜赤泥催化剂的水热实验结果相比，有机酸产率略有下降，但是整体变化趋势相似。在反应时间为0.5h时达到峰值，并保持温度90℃。在0.5h的最佳反应时间下，新鲜赤泥催化剂甲酸产率为42.36%，乙酸产率为14.29%，有机酸产率为56.65%。回用赤泥催化剂的甲酸产率为38.24%，乙酸产率为12.14%，有机酸产率为50.38%。由此可知，回用赤泥催化剂与新鲜赤泥催化剂的催化性能相比仅有小幅度下降，在5%左右。结果表明，赤泥催化剂在水热体系下具有较强的稳定性。

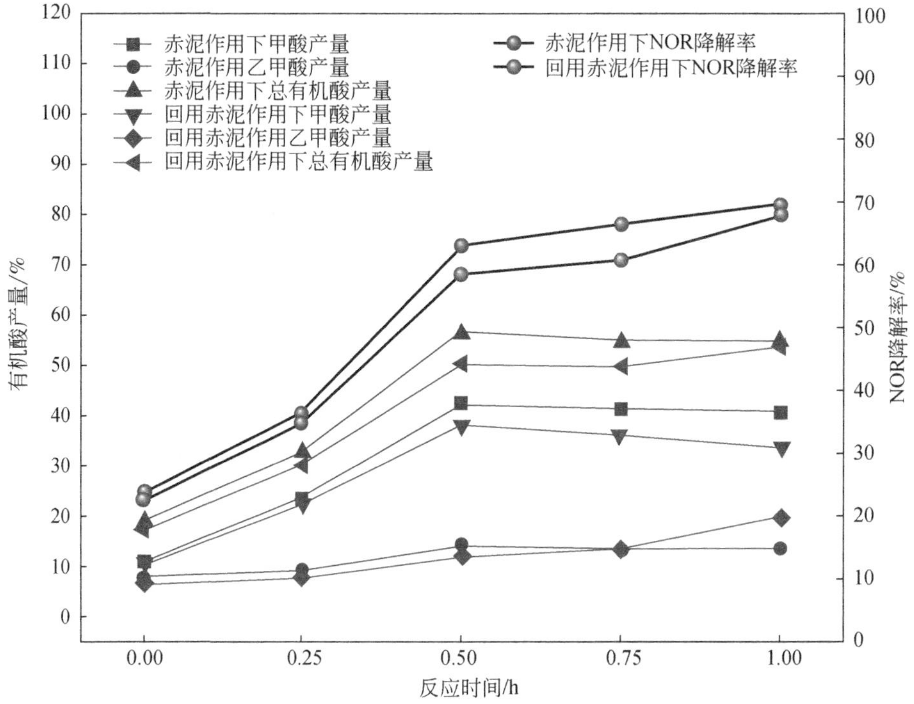

图 5.34　赤泥催化剂稳定性实验结果

5.4.4　小结

在关于有机物资源化降解的领域中，虽然有研究表明甘油、葡萄糖等结构较为简单的有机物的甲酸产率较高，但是在对于结构复杂的有机污染物，如椰子壳、纤维素等甲酸产率并不高，基本保持在30%左右（表5.12）。

表 5.12　有机污染物的有机酸产率汇总

污染物	有机酸产率/%	催化剂	反应温度/K	反应时间/h
葡萄糖	49	$H_5PV_2Mo_{10}O_{40}$	363	3
木糖胶	33			26
葡萄糖	60	HPA-5、P-toluenesulfonic acid	363.15	6
纤维素	28			24
甘油	60	Ru（OH）$_4$/r-GO，$FeCl_3$	433	1

续表

污染物	有机酸产率/%	催化剂	反应温度/K	反应时间/h
椰子壳	23.6	预处理 1.2mol/L HCl	433.15	0.67
		氧化反应 1mol/L NaOH	573.5	0.01
纤维素	13	$FeCl_3$	383.15	1.83
诺氟沙星	56.65	赤泥	363.15	6

诺氟沙星作为一种结构复杂、稳定的有机污染物，在水热体系中赤泥催化剂的催化下，能够提高有效抗生素的转化率，甲酸产率为42.36%，乙酸产率为14.29%，有机酸产率为56.65%。本节实验的最佳有机酸产率相比其他研究更为优越，且反应条件更加温和。而在保持一定资源化利用率的同时，具有较高的降解率。由此本书认为本研究能够提供抗生素污染物资源化降解的全新思路。希望能在后续的研究中通过不断提升甲酸、乙酸等有机酸产率，为制药行业绿色发展和抗生素的资源化降解提供有力的理论依据。

5.5　赤泥其他开发利用途径

5.5.1　肥料化研究

1. 硅肥

硅是继氮、磷、钾之后的第四种植物营养元素，是禾本科和根块类等喜硅作物的必需养分。自然界中，硅元素的分布极广，主要以石英和次生黏土矿物存在，但溶解度极低，仅仅依靠硅元素的自然循环远远不能满足作物的生长需要。我国缺硅耕地面积约占耕地面积的50%～80%，由于大量施用氮、磷、钾肥料后没有及时补充硅肥，造成缺硅的区域逐渐扩大。因此，我们必须重视硅肥的研究与使用。

硅肥的研究虽然较氮、钾、磷肥晚，但它的历史悠久，1840年德国农业化学家李比希提出硅是重要的植物必需养分之一。之后英国、美国、德国等相继取得一些成就，最先将硅素研究和硅肥开发相结合，投入工业化生产的是日本土壤肥料界的科学家。我国对硅肥的研究起步较晚，发展相对比较缓慢，20世纪80年代末和90年代，我国实现了小规模的硅肥工业化生产，使用原料主要是增改粉煤灰、黄磷炉渣、碳化煤造气炉渣等，生产的硅肥中有效硅的含量不高，见效慢，不易推广，不能实现大规模产业化。河南省科学院蔡德龙博士将我国实际情况（土壤作物等）与日本的硅肥生产技术相结合，在中国建立了第一个以炼铁水淬渣为原料的大型硅肥厂，并主持完成硅营养及硅肥的研制和应用研究，同时，对我国的河流、土壤缺硅状态进行了调查，为硅肥的发展提供了科学依据。1995 年中国硅肥生产及应用技术研讨会在郑州召开，我国硅肥的研究进入了一个崭新的阶段。

2016 ~ 2018 年全球硅肥产量稳定增长，2018 年硅肥产量达 3716 万 t，同比增长 8.37%。预计 2019 ~ 2025 年全球硅肥产量保持稳定增长趋势，6 年间复合增长率约为 2.8%，2025 年全球硅肥产量有望突破 4700 万 t。近年来，硅素肥料在全国越来越受到重视。目前，硅肥的生产技术日趋成熟，不仅可以采用人工化学合成，同时还可以利用工业废渣加工而成，生产硅肥的工业废渣主要有赤泥、电炉炼钢渣、炼铝炉渣、炼铁高炉渣、电炉黄磷渣、制氨煤球炉渣、粉煤灰等。脱碱后的赤泥可以作为生产硅肥的原料，这也是大规模综合利用的新途径，不仅变废为宝，为企业和农业创造较好的经济效益和社会效益，也为我国创造了良好的环境效益和生态环境。

2. 国内外硅肥生产工艺

目前硅肥生产主要有两种倾向，一种认为硅肥中有效二氧化硅的含量越高越好，即高浓度硅肥，可以减少单位使用量，减少运输费用；另一种则认为利用工业废渣制硅肥，不仅降低硅肥生产成本，还可以保护环境。相对应的硅肥生产工艺主要有以下两种。

（1）人工合成法：人工合成的高效硅肥是偏硅酸钠和硅酸钠的混合物，主要成分有硅酸二钙、硅酸钙镁、硅酸一钙、偏硅酸钠等。基本工艺为：采用水玻璃为原料，经离心脱水、喷雾热风干燥后制成粉末，其活性硅含量大于 50%，纯度较高。但人工合成生产成本高，产品价格昂贵，而且不能发挥硅肥综合增产的作用。

（2）工业固体废弃物加工法：生产硅肥所需原料主要来自炼铁的高炉熔渣，总硅含量在 30% ~ 35%；黄磷或磷酸生产的废渣，总硅含量在 18% ~ 22%；燃煤锅炉的粉煤灰，总硅含量达 20% ~ 30%；烧结法赤泥中，总硅含量在 20% ~ 25%之间，脱碱活化后有效硅含量也能达到 20% 以上，是一种良好的生产硅肥的工业废弃物原料。

赤泥中含有丰富的氧化硅、氧化钙和多种对作物生长有用的元素，可以作为生产硅肥的原料，但赤泥具有强碱性，未经处理直接用于生产制造硅肥会导致土壤碱化、板结，脱碱以后的赤泥比表面积增大，水化反应的界面增大，活性提高。脱碱后赤泥中含有大量的β-C_2S、$CaSO_4 \cdot 2H_2O$、$CaSO_4 \cdot 0.5H_2O$等物质，有很大的活性，其中的活性硅和活性钙总含量可达到50%以上，且含有Mg、P、K等植物所需的养分，干燥后可直接用于生产硅钙肥，也可加入一定量的添加剂和氮磷钾等机械混合制成肥料。

赤泥制成的硅肥是一种微碱性玻璃体肥料，产品颗粒较细，颜色为灰褐色，因赤泥的成分随铝土矿和生产工艺的不同而有所变化，所以没有明确的分子式和相对分子质量，脱碱后的赤泥活性高，使得有效硅和活性钙的含量较高，具有无味、无毒、无腐蚀性、不变质、长效性好、流失少的特点。因此，赤泥硅钙肥具有巨大的市场潜力，必须重视其研究与开发。

3. 赤泥硅肥化研究进展

赤泥中少量及微量元素K_2O、P_2O_5、$CaSO_4$、Cu、Zn、Mn、Mo等也有一定量的溶出。由于赤泥存在着这种枸溶性，施于土壤后可以被农作物根部分泌出的相当于2%浓度的柠檬酸溶液溶解，直接被农作物吸收而成为营养成分。烧结法赤泥经120~300℃烘干活化，磨至90%通过150μm，即可成为农用肥料。产品中硅、钙、镁、铁等元素具有较高的弱酸溶性，含有大于16%的可溶性硅，40%以上的有效钙和1%左右的枸溶性镁，有害成分镍小于0.01%，铬小于0.02%，钛小于1.5%，镉小于0.0002%，汞小于0.00001%。

Pan Hu等[101]以赤泥、水镁石和K_2CO_3酸浸残渣为原料，在1000℃烧结2h制备缓释矿用肥料$K_2MgSi_3O_8$，肥料中主要矿物为$K_2MgSi_3O_8$，呈不规则块状形态，该矿物肥料为柠檬酸盐可溶肥料。在蒸馏水、0.50mol/L HCl和20g/L柠檬酸中，K_2O的溶出率分别为13.13%、96.36%和81.46%，MgO的溶出率分别为2.03%、70.94%和66.03%。K_2O和MgO在第1天的累积释放率分别为6.98%和0.01%，第28天的累积释放率分别为56.12%和1.70%，缓释率满足国家缓释肥料标准。因此，基于赤泥副产物的矿物肥$K_2MgSi_3O_8$是一种有潜力的缓释肥料。

朱炳桥等[102]取100g脱碱后的赤泥液固比1∶1加入到白炭黑水乳液中并用大功率搅拌器进行充分搅拌反应。利用赤泥自身所含游离碱为主要反应物，加入固体酸气相法白炭黑，使之快速反应形成硅酸钠，以赤泥为载体的硅酸钠是良好的钠硅肥，可广泛运用于土壤改良和植物增效。因此，经过气相法白炭黑处理后的赤泥不仅可直接用作中量化肥使用，也可以直接用于土壤复垦和土壤修复。

赤泥制造肥料的方法比较简单，通常是将赤泥浆液，经过脱水之后在烘干机中低温烘干（120~300℃）活化，研磨后即成为农用化肥。经活化的赤泥有良好的弱酸溶性。刘作霖[103]用浓度为2%的柠檬酸溶液浸出赤泥，其中的硅、钙、镁、铁等元素构溶率可达85%~90%，溶出组分形成弱酸盐化合物和可溶性硅酸，溶于土壤溶液后为根部吸收。这种肥料含有大于16%的有效硅，大于40%的可溶性钙和1%左右的枸溶性镁，是一种以硅钙为主要成分并含有多种营养元素的复合肥料。经过田间小区和大面积肥效实验表明赤泥硅钙肥可以促进作物生长，增强作物抗逆性能，减弱土壤酸度，提高产量，对水稻、小麦、玉米、花生、地瓜等均有一定增产效果。一般，水稻亩①施肥量200kg，增产率5%～10%，每千克肥料增加稻谷产量0.4kg，小麦亩施肥量80～120kg，增产率6%～8%，每斤肥料增加小麦产量0.5kg。对于粮食质量，可以提高稻谷出米率和粗蛋白含量，施用赤泥硅钙肥的粮食成分，其有害元素不高于普通食用粮食。赤泥硅钙肥宜作为基肥使用。尤适宜于缺硅的酸性、中性、微碱性土坡和酸性的缺钙土壤，在氮肥用量水平较高条件下，增施硅钙肥还可以提高肥料的效果。

张以河[104]公开了一种利用赤泥絮凝剂酸浸渣制备硅肥的方法。以赤泥絮凝剂酸浸渣为原料，得到符合国家标准的硅肥，弥补了用赤泥絮凝剂酸浸渣制备硅肥研究的空白，制备方法方便快捷，原料来源广泛，生产成本低，应用范围广，生产出的硅肥对植物的生长及增产具有显著的效果，符合绿色环保理念。针对赤泥絮凝剂酸浸渣，利用其特定的性质，通过水洗、与活化剂混合煅烧，捏合造粒，制备出一种赤泥絮凝剂酸浸渣硅肥。

刘凯平[105]发明了一种利用赤泥制造的复合肥料及其制备方法。用赤泥、有机液体肥、蚯蚓粪或土、稻壳粉、红薯粉、秸秆粉、锯末、煤灰、炉渣、磷矿粉、有机酸、钾矿粉、次粉、EDTA、黄腐酸钾、混合菌种粉和尿素制成。制成的复合肥料为作物的生长提供了丰富的营养成分，促进了作物的生长，减少了病虫害的发生，可以改善酸碱地的理化性质，增加作物的产量；本发明的复合肥料经过各原料的共同作用，可以改善土壤团粒结构，疏水土壤，降低土壤中重金属的含量，强化植物根系的附着力和快速吸收能力，具有抗风防沙的作用。赤泥复合肥料既可以补充土壤中的有机质，改善微生态环境，又可以弥补有机肥肥效缓慢的不足，同时提高了农作物的产量，由于赤泥复合肥廉价易得，因此，也降低了肥料的成本。

李敬等[106]发明了一种用磷石膏和赤泥制铝联产尿基复合肥的工艺，将磷石膏、赤泥、添加剂和改性剂混合并研磨制成生料，窑内焙烧，制得熟料；将制得的熟料进行溶出，并进行固液分离；分离得到的溶液中加入CO_2至白色沉淀不再产生，将白色沉淀滤出后清洗烘干并灼烧，得到氧化铝；分离得到的残渣经浮选，分离得硫化物；分离出的硫化物加工制取浓硫酸；将制备得到浓硫酸与尿素、水反应生成硫酸脲溶液；利用硫酸脲氨化、造粒制备得到的一种尿基复合

① 1亩≈666.67m^2。

肥。制成的尿基复合肥成本低，磷石膏和赤泥废渣利用率高，铝回收率高，纯度高，尿基复合肥品质高。

陈美霞[107]发明了一种粉状多元素肥料添加剂及其制备方法，向赤泥中加入废硫酸，搅拌混合，静置后过滤，将滤出物烘干，研磨细化得赤泥粉料，再向赤泥粉料中加入粉煤灰、碳粉，混合均匀后鼓入电热转炉中炭化处理，得混合粉料，将混合粉料与污水处理厂污泥混合，加入池塘淤泥、动物粪便，转入封闭式料仓中进行厌氧发酵；发酵处理完成后，将发酵料转出，加入重金属吸附剂，加热灭菌处理，得到肥料添加剂；该发明不仅能够实现固体废弃物的合理的资源化利用，还可以为土壤中的农作物提供丰富的营养元素，作为传统肥料的补充，从而显著地降低传统肥料的使用量和农作物的生产成本。

5.5.2　土壤修复材料研究

目前，我国区域农业环境恶化与农产品重金属污染十分严重，特别是在经济发达的地区。据不完全统计，我国受镉、砷、铅、铬、汞等重金属污染的耕地近 2000 万 hm^2，约占总耕地面积的 1/5。因此，钝化去除土壤中的重金属意义重大。

1. 赤泥修复土壤机理

土壤重金属污染是土壤污染中最值得关注的问题之一。土壤中的重金属有难迁移、残留时间长、毒性大、隐藏性强等特点，土壤中重金属污染将持续存在且很难进行自身修复。土壤中的重金属若不加以治理，会通过迁移等运动进入水体，土壤中的重金属还可以通过食物链或其他方式发生传递，直接或者间接地影响人类的健康，所以土壤重金属的治理一直备受关注。土壤中重金属污染物主要包括毒性较大的镉（Cd）、铅（Pb）、铬（Cr）、汞（Hg）以及具有一定毒性的锌（Zn）、铜（Cu）和镍（Ni）等元素。与其他重金属元素相比，镉和铅污染现象普遍，因此通常作为研究土壤中重金属修复的典型的代表[108]。

由于赤泥具有较强的碱性和吸附性，赤泥可用于土壤重金属污染的修复。修复重金属污染土壤时，强碱性的赤泥施入土壤，土壤 pH 升高是降低土壤重金属移动性和生物有效性的重要机制[109]。土壤的 pH 升高，可降低重金属在土壤中的移动性和生物可利用性，减少植株对重金属的吸收。另外，赤泥中大量的铁铝氧化物，可作为赤泥结合重金属的表面活性位点，阻碍重金属被植株吸收。

由于赤泥具有较强的碱性和吸附性，可以修复重金属土壤，赤泥溶出液可使重金属形成氢氧化物或碳酸盐沉淀而起到钝化土壤中重金属活性的作用，另外，赤泥中富含铁铝氧化物，这些铁铝氧化物可为重金属提供表面活性吸附位点，减少植物对重金属的吸收。但将赤泥直接施入土壤中，会使土壤 pH 短时间内迅速上升，可能出现碱液过剩而改变土壤理性环境和影响土壤中植物与微生物的生长的风险。

2. 赤泥修复土壤进展

Lombi 等[109]研究了 pH 对棕闪粗面岩、赤泥及石灰处理土壤不同重金属稳定性的影响。实验结果表明，这几种改良剂在整体上都能有效提高土壤中镉、锌和铜的稳定性。再次酸化土壤后，在全部测试的 pH 范围内，赤泥处理土壤的重金属都保持相同的稳定性。范美蓉[110]在重金属土壤中添加赤泥处理后降低了土壤中交换态 Pb、Zn 和 Cd 占总 Pb、Zn 和 Cd 的比例。当赤泥用量为 4%（W/W）时，培养 30d、60d 和 90d 后，交换态 Pb 含量分别比不施加赤泥的对照处理下降了 39.25%、41.3% 和 50.19%；交换态 Zn 含量分别比对照处理下降了 49.26%、57.32% 和 47.16%；交换态 Cd 含量分别比对照处理下降了 19.53%、24.06% 和 25.70%。

张贺[111]采用合成的羟基磷灰石树脂包裹在赤泥颗粒表面，从而缓释赤泥所释放的碱液来降低可能出现的碱液过剩而引起的风险。其研究制备了一种可用于修复重金属污染土壤且对土壤理化环境不存在不利影响或不利影响较小的复合颗粒材料。这种材料不仅具有不错的修复能力，还具有一定的保水性和缓释性。李东洁等[112]系统研究了施用污泥和赤泥对土壤理化性质、油菜生长、品质和养分状况的影响。实验结果表明：施加污泥及赤泥有利于改善油菜生长状况，提高油菜产量；可以提高油菜对氮、磷、钾等元素的吸收，改善油菜的营养状况；有利于改善土壤性状，有利于调节土壤的 pH 和电导率，提高土壤有机质及氮、磷养分含量。

李鹏等[113]为探索赤泥对蔬菜生产的影响，开展了高肥料投入条件下，原状赤泥及焙烧赤泥掺混土壤对油菜生长影响的盆栽试验。结果表明：在较高肥料投入条件下添加 2.4g/kg 赤泥不但未造成油菜减产，而且赤泥的施用使油菜地上部的全氮含量提高 16.5%，但污泥及赤泥所产生的生物效应很复杂，高施用量的污泥及赤泥会对油菜生长产生抑制作用，具体的一些机理有待于进一步研究。罗惠莉[114]用 5% 磷、6.80% 赤泥制备赤泥–磷复合颗粒，结果表明，土壤中铅的化学转化促进最显著，其中残渣态铅（Pb-Ⅴ）增加 81.26%，有机结合态（Pb-Ⅵ）、铁锰氧化态（Pb-Ⅲ）、碳酸盐态（Pb-Ⅱ）分别减少了 78.74%、85.62%、73.46%。控制赤泥–磷复合颗粒中可溶性磷含量 1.70%，可保证植株正常生长并能有效抑制韭菜对铅的吸收，抑制率高达 86.88%。在土柱淋溶实验中，添加可溶磷在早期磷淋出量最高，为 25.89mg/L。而添加赤泥–磷复合颗粒的实验组中 5～20d 内水溶磷持续释放优势明显，高出添加可溶磷的 23.34%。实验结果表明，赤泥–磷复合颗粒不仅能修复重金属污染土壤，又能缓释磷，持续提供有效磷素。王逸轩等[115]将赤泥与Pb污染土壤修复耦合，分别添加0、0.1%、0.5%、1%、2%和5%的赤泥于Pb污染土壤中进行连续培养，在5d、10d、20d、30d、60d和90d取样。结果表明，施用赤泥中的OH^-对Pb污染土壤修复起主要作用。在培养30d，赤泥施加量为1%左右，pH控制在8左右的条件下钝化效果最佳。施用赤泥后，铅污染土壤中可交换态和生物有效态Pb含量有明显下降趋势，而残渣态Pb含量则显著增加。

罗惠莉等[116]按照水灰比0.5，石膏、水泥各5%，表面活性剂（OP）0.1%，采用转鼓制粒机制备赤泥颗粒，修复含铅土壤，结果发现赤泥颗粒施用量控制在1%~5%，对铅污染土壤有较好的修复效果。施用量小于1%，生物有效态减少和残渣态增加都不显著；施用量过大，超过5%，土壤碱性增强，培养修复中后期生物有效态含量反而增加。田杰等[117]通过盆栽试验研究了赤泥不同施用量时对镉污染稻田水稻光合特性及产量的影响。结果表明：赤泥施用量为50g/盆时水稻产量达到最高，其主要作用是促进了水稻有效穗形成，提高了千粒重、结实率和每盆粒重等产量相关性状；同时得出：利用赤泥修复酸性土壤镉污染能改善稻田土壤生态环境，可实现水稻增产，但赤泥施用量要考虑水稻生长特性和栽培环境，适量施入。

谢运河等[118]利用Cd污染稻田改制玉米的大田试验，研究了施用赤泥、石灰对玉米吸收积累Cd的影响。结果表明，施用赤泥、石灰皆显著提高了土壤pH、显著降低了土壤有效态Cd含量，减少了玉米对Cd的吸收积累；春玉米、秋玉米施用赤泥后其籽粒Cd含量分别比对照组降低了27.5%和21.1%，施用石灰后则分别降低了26.4%和31.1%；施用赤泥、石灰皆抑制了玉米对Cd的富集和转运，且赤泥抑制玉米茎、叶、籽粒富集Cd的能力优于石灰，但石灰阻控玉米由茎向籽粒及叶片中转运Cd的能力优于赤泥。史力争等[119]采用土壤培育实验，研究赤泥、酸改性赤泥、沸石、石膏和硫酸亚铁及其复配对复合污染土壤铅、镉、砷有效性的影响。结果表明，赤泥经酸改性处理后铝、钙和铁进一步释放，表面结构发生变化；与对照组相比，添加0.5%酸改性赤泥、赤泥与硫酸亚铁复配、酸改性赤泥与沸石复配后，土壤有效态铅含量分别降低1.96%~76.47%、4.94%~75.01%和5.47%~68.44%；加入0.5%酸改性赤泥、赤泥与硫酸亚铁复配后，土壤有效态镉含量分别降低27.78%和15.4%；赤泥与石膏复配和赤泥与硫酸亚铁复配处理降低土壤有效态砷含量的效果优于其他钝化材料，培育7d、15d、30d和60d后砷有效态分别降低0.41%、37.87%、5.41%、3.72%和55.60%、13.81%、37.85%、25.36%；赤泥与硫酸亚铁复配对铅-镉-砷复合污染土壤重金属钝化效果最佳。

崔节虎等[120]利用赤泥为原料制备赤泥陶粒，以模拟镉污染土壤为对象，研究发现：吸附时间为20d、镉质量浓度为56.014mg/kg、溶液pH为5.0，镉去除率为40.69%，赤泥陶粒成为土壤镉污染修复的又一选择。廖育林等[121]采用田间试验，研究了镉污染稻田土壤上赤泥与猪粪配施对水稻生长、水稻生理特性和镉吸收效果的影响。结果表明，稻谷产量在一定赤泥/猪粪施用量范围内增加，但超过一定施用量后反而有所下降。早、晚稻株高、有效穗、结实率和千粒重的变化趋势与稻谷产量的变化趋势基本一致；随着赤泥/猪粪的增加，早、晚稻土壤有效态 Cd 含量逐渐降低。赤泥与猪粪配施可维持叶片中超氧化物歧化酶（SOD）和过氧化物酶（POD）的较高生理活性，降低丙二醛（MDA）在叶片中的积累，改善细胞内活性氧产生与清除之间的平衡关系。随着赤泥/猪粪的增大，水稻糙米中镉含量逐渐减少。赤泥与猪粪配施对重金属 Cd 污染土壤的改良效应存在最适配比。

夏威夷等[122]按照钛石膏改性煤制气废渣20% ~40%，赤泥改性蓝藻基炭质材料20% ~40%，钢铁酸洗废液20% ~60%，发明生态友好型土壤复合修复剂，其可协同处理土壤中重金属和有机污染物，修复效率高，土壤理化特性显著改善，步骤简单，设备要求低，过程易控制，易于实现规模产业化生产。

5.5.3　赤泥建材化研究进展

1. 赤泥基微晶玻璃

微晶玻璃是由特定组成的基础玻璃在一定的温度下控制结晶而制得的晶粒细小并均匀分布于玻璃体中的多晶复合材料。它与玻璃、陶瓷相比，其结构和性质均不相同。它集中了玻璃、陶瓷两者的特点，具有更好的强度、耐磨性、电绝缘性和硬度等，又称为玻璃陶瓷或结晶化玻璃。赤泥中的 Fe_2O_3 和 TiO_2 可以作为微晶玻璃的成核剂使用。

赤泥富含 CaO，可满足 $CaO\text{-}A1_2O_3\text{-}SiO_2$ 系统微晶玻璃的 CaO 组分。因此，从理论上分析，以赤泥为主要原料制备 $CaO\text{-}A1_2O_3\text{-}SiO_2$ 系统微晶玻璃，在组分上是符合要求的[123]。另外，赤泥颗粒细小，在原料处理中不需粗碎、中碎就可直接配料。烧结法虽然可制出具有漂亮的结晶花纹的建筑装饰用微晶玻璃，但赤泥利用率较低；而熔融法可最大限度地利用工业废渣赤泥，制备出性能较好的微晶玻璃。闫冬梅等[124]以炼铁高炉废渣和赤泥为主要原料，氧化铬为晶核剂制备了以尖晶石为主要晶型的微晶玻璃，短链柱状结构的晶粒交织成十字花状，结构较致密，材料整体性能良好。

陈彩珠用赤泥和铬渣代替黏土，协同二氧化硅制备微晶玻璃，以达到以废治废和最终产品高价值的目的。当赤泥与铬渣的质量比为9∶1，二氧化硅用量为赤泥与铬渣总质量的50%，通过乙醇将三者分散混匀后，移入氧化铝坩埚，于马弗炉中以10℃每分钟升温至1200℃，保温2h，再以10℃每分钟降温至600℃，冷却至室温，制得的成品总铬浸出浓度可达到 0.004mg/L 以下。为了研究赤泥中各成分对固化体系的作用，用金属盐模拟赤泥进行微晶玻璃烧制，实验结果表明，赤泥中的碱金属钠可大幅降低二氧化硅的熔点，铁和钛可作为成核剂，促进晶体析出，钙和铝作为微晶玻璃的原料生成新的物相。以赤泥作为原料烧制微晶玻璃大大降低了微晶玻璃的综合能耗和生产成本。关于赤泥-铬渣微晶玻璃固化铬的机理：XRD 和 SEM-EDS 结果表明，部分铬进入了晶格，其余铬包裹在硅酸盐玻璃中。固化样品的浸出毒性实验数据表明，六价铬和总铬浸出浓度均低于检出限。

2. 赤泥制备建筑陶瓷

随着人们生活水平的不断提高，对建筑装饰的要求越来越高，建筑陶瓷的应用越来越广泛，需求量也越来越大。利用赤泥制备建筑陶瓷有较好的经济价值，但赤泥成分复杂，含铁量很高，很难制备档次较高的建筑陶瓷，常需要添加一些助剂来改善其加工性能和产品的性能。助剂的选择和复合是决定赤泥制备性能优良的陶瓷的关键。主要生产工艺过程为：原料-预加工-配料-料浆制备（加稀释剂）-喷雾干燥-压型-干燥-施釉-煅烧-成品。

汪文菱[125]利用赤泥和黏土为原料通过一次快烧工艺成功制备了吸水率、抗冻性、热稳定性、抗折强度和光泽度都超过了《卫生陶瓷》（GB/T 6952—1999）① 的要求的琉璃瓦。贺深阳[126]用平果铝赤泥、高岭土和石英砂可制备出性能优良的琉璃瓦素坯。当赤泥用量为 40%、高岭土为 30%、石英砂为 30% 时，制备的琉璃瓦素坯性能最佳，该坯体在 1100℃烧结以后抗压强度可达 144.4MPa，弯曲强度可达 29.3MPa，吸水率为 6.35%。利用赤泥制备建筑陶瓷的研究较少，尚未应用于工业化生产，有较好的发展空间。

冉红涛等[127]通过低温发泡和高温煅烧工艺制备了赤泥粉煤灰添加量达 90% 以上且具有除油功效的泡沫陶瓷。当烧结温度为 1150℃，赤泥和粉煤灰的比例为 1∶1 时制备的泡沫陶瓷可满足废水滤料的要求，其显气孔率达 60% 以上，抗压强度超过 2MPa。用 KH-550 进行表面氨基改性后的泡沫陶瓷在 60min 内的除油效率高达 80%，其除油效果不亚于商业陶瓷滤料，因此，它具有很高的商业应用价值。

3. 赤泥制备高聚物

赤泥可以填充聚氯乙烯树脂，聚氯乙烯（PVC）是一种重要的热塑性塑料，

---

① 现行标准为《卫生陶瓷》（GB/T 6952—2015）。

具有阻燃、耐腐蚀、耐磨损等优点，被广泛地应用于管材、防腐材料、建筑材料等方面。然而，聚氯乙烯（PVC）的加工性能、热稳定性和冲击性能均较差，使其应用受到很大限制。用赤泥填充 PVC，能够使 PVC 的上述性能得到改善[128]。

于永波等[129]对山西铝厂赤泥进行了检测，结果表明：由于烧结赤泥特有的化学组成，其具有良好的抗老化性能及热稳定性能，对 PVC 具有补强作用。因为赤泥的流动性要好于其他填料，这就使塑料具有赤泥聚氯乙烯复合塑料良好的加工性能。李良波等[130]使用超高相对分子质量的聚氯乙烯与微细赤泥、炭黑、增塑剂以及其他助剂共混制备复合导电材料，得出结论：使用超微细赤泥为填料，可以提高导电相分布形态，提升复合材料的导电性能；超细赤泥填充的 PVC 导电材料的机械性能较优异，其热稳定性明显提高，且随着用量的增加动态稳定时间延长。

4. 赤泥建坝

我国赤泥的处理主要是筑坝堆存。为减少堆场建设费用，常以赤泥为主要原材料来建坝。赤泥含有一定量的 β-硅酸二钙等水硬性成分。赤泥中的无定形态物相能胶凝和晶化，具有潜在的凝固性能。赤泥在自身干燥和固化过程中在以上的一系列的物理化学作用下形成一定机械强度和抗渗能力。赤泥符合建坝的基本要求。乔英卉[131]对拜耳法赤泥和烧结法赤泥混合堆坝的研究表明，混合赤泥坝有较好的抗渗性，有比黏土坝更高的抗剪切强度，建坝高度能比黏土坝更高。张华英[132]对建坝赤泥的促凝和固化进行了一系列的研究。她不仅研究了石膏、无水氯化钙、六偏磷酸钠、铁氰化钾和硫氰酸钾对赤泥的促凝机理，还分别对石灰、粉煤灰、石膏和碳酸钙对赤泥的固化进行了研究。这些研究都表明赤泥本身或者在一定的促凝剂和胶凝剂的作用下能用于建坝。

5. 赤泥用于建筑用砖

在我国，黏土砖的使用历史悠久，但因生产普通黏土砖会毁坏良田、能耗高且不利于机械化施工，因此目前全国各地都在逐步减少和限制使用普通黏土砖。国家十分重视对工业固体废物的回收利用，以赤泥为原料开发新型墙体材料对节用耕地及固废处理有着十分重大的意义[133]。中国铝业集团有限公司利用烧结法赤泥、粉煤灰、矿山排放废石硝或建筑用砂为主要原料（总含量>85%），在石灰、石膏等胶结作用配合下经预混、陈化、轮碾搅拌、压制成型等工艺处理后，砖坯自然养护 15～28d，最终制成的赤泥粉煤灰免烧砖强度可达到 MU15 级优等品免烧砖的标准。但由于未能解决免烧砖的“泛霜”现象，该项目也没有继续产业化。赤泥制砖不仅技术上有进展，在赤泥砖的品种上也有很大的创新。一些具有特殊功能及特性的赤泥砖（如免蒸烧砖、空心砖、黑色颗粒料装饰砖、陶瓷釉面砖、保温陶瓷砖、透水砖等）被研究与开发。这些研究以节能、节土、利废为目的，为赤泥的利用开辟了新的途径，具有重大的现实意义。

烧结砖：以赤泥作为主要原材料，同时掺入其他工业废渣，如粉煤灰、煤矸石和河沙等，经过球磨、陈化、成型、干燥、焙烧、冷却等工序烧制。王德永[134]用100%赤泥、20%炉渣、10%膨润土，预烧后进行混料粉磨30min再进行过筛陈化过程；当成型压力为3.0MPa时，赤泥烧结砖的整体性能最佳；最佳的煅烧温度为940℃，另外，升温速率为6℃/min时适宜，赤泥烧结砖的抗压强度为16.05MPa。何红桃[135]以烧失量、密度、烧缩值、吸水率和抗压强度等确定赤泥-黏土烧结砖的最佳制备条件为：烧结温度1050℃，烧结时间2h，赤泥添加量20%，得到的赤泥-黏土烧结砖烧失量为10.32%，密度为1.69g/cm^3，烧缩值为5.71%，吸水率为19.91%，抗压强度为36.5MPa。赤泥-黄河泥沙烧结砖的最佳制备条件为：烧结温度1050℃，烧结时间2h，赤泥添加量40%。得到的赤泥-黄河泥沙烧结砖烧失量为8.91%，密度为1.69g/cm^3，烧缩值为7.49%，吸水率为17.91%，抗压强度为39.1MPa。研究发现烧结温度越高、赤泥添加量越大，赤泥、黄河泥沙基烧结砖的断面就越均匀致密。因为赤泥中含有大量的助熔成分，高温下烧结砖内部会有许多熔融相生成，熔融相可填充原料颗粒间的空隙，并将原料颗粒黏结，使砖块的孔隙率减小，砖体均匀致密。1000℃条件制备的烧结砖有严重掉渣现象的原因是烧结温度相对偏低，不足以使砖块内部生成足够多的玻璃相，导致原料颗粒间不能紧密结合。

段光福[136]用25%赤泥、15%粉煤灰、38%锅炉渣、10%消石灰、12%水泥，在成型压力为20MPa，180℃、0.8MPa高压蒸汽养护炉8h的条件下制得的赤泥砖样品，经检验质量符合《蒸压灰砂砖》（GB/T 11945—1999）① 中15C的要求，放射性核素符合《建筑材料放射性核素限量》（GB 6566—2001）② 中建筑主体材料的要求，碳化系数为1.00，干燥收缩值为0.48mm/m。以生石灰替代消石灰、降低水泥掺量、另添加少量石膏的配方在80℃低压蒸汽养护16h条件下制得赤泥砖样品的抗压性能、抗折强度和抗冻性能也能达到《蒸压灰砂砖》（GB 11945—1999）中15C的要求。于巧娣等[137]用赤泥、粉煤灰为原料制备烧结砖，研究了不同原料配比，不同成型压力以及在不同烧结温度和保温时间下的赤泥-粉煤灰烧结砖的抗压强度。通过单因素实验得出，赤泥掺量为70%，成型压力为19MPa，烧结温度为1050℃，保温2h时制得的烧结砖抗压强度最高，可达到20.1MPa，且其他性能均符合《烧结普通砖》（GB/T 5101—2017）的要求。

韩东旭等[138]用赤泥70%+淤泥20%+依安黏土10%，分别在900℃、

---

① 现行标准为《蒸压灰砂实心砖和实心砌块》（GB/T 11945—2019）。

② 现行标准为《建筑材料放射性核素限量》（GB 6566—2010）。

1000℃、1100℃、1200℃下烧结，测定样品吸水率分别为 20.2%、17.9%、13.0%、6.0%。烧结温度为 1000～1200℃时，吸水率满足国标要求<18%，因烧结温度为 1000℃时吸水率接近 18%，考虑实验测量误差及烧结工艺参数等因素的影响，建议烧结温度范围为 1100～1200℃，对 1100℃条件下烧结的样品进行抗压强度测试得出，赤泥烧结砖抗压力值为 24.9kN，抗压强度为 15.6MPa，达到《烧结普通砖》（GB/T 5101—2017）对普通黏土砖 MU15 的抗压强度要求最低标准。

免烧砖：赤泥免烧砖是以赤泥和粉煤灰为主要原料，经常温混合、成型、硬化而成的新型建筑材料。赤泥免烧砖原料中含有大量水硬性矿物，如硅酸二钙、硅酸三钙和铝酸三钙等水硬性胶结矿物，还有钙霞石、水化石榴石、一水硬铝和石针铁矿等。常态下，赤泥中的 β-C_2S 和 C_3A 等无定型硅铝酸盐类物质发生水化反应生成水化凝胶。赤泥中活性氧化物与空气中 CO_2 生成碳酸盐类沉淀或胶体物质，并最终由文石转化为方解石。固化剂不但对赤泥、粉煤灰和河砂起到胶凝作用，同时还作为激发剂与原料中的活性氧化物发生化学反应，生成凝胶，提高强度。赤泥免烧砖的早期强度由固化剂的胶凝作用提供，而中、后期强度主要由赤泥及粉灰中的活性物质反应所生成的硅胶和铝胶提供。活性 $SiO_2+X Ca(OH)_2+aq \longrightarrow +X CaO\cdot SiO_2+aq$；活性 $Al_2O_3+Y Ca(OH)_2+aq \longrightarrow Y CaO\cdot Al_2O_3+aq$。配合料经过胶结作用，形成以胶结为主，结晶联结为次的多孔架空结构。虽然赤泥密度相对较小，但固结硬化的赤泥免烧砖的结构由不稳定变为稳定状态，抗压强度增加[139]。赤泥免烧砖的放射性较高，一般情况下内外照射指数 I_{Ra}、I_r 均大于 1.0，限制了赤泥免烧砖的使用范围。可以通过增加一些放射性屏蔽措施来降低赤泥免烧砖的放射性[140]。

季文君等[141]用赤泥、粉煤灰，并添加石膏、石灰、骨料和水泥等辅助材料制备赤泥-粉煤灰免烧砖。对其工艺过程的陈化时间、成型压力及保压时间进行了探究，并进行了免烧砖性能测试和 XRD、SEM 分析。实验结果表明：在自然养护条件下，最佳工艺过程的参数为成型压力 20MPa，陈化时间 7h，保压时间 30s；免烧砖抗压强度可达 26.76MPa。李春娥等[142]以赤泥、粉煤灰及河砂为主要原料，添加适量生石灰、石膏、水泥为固化剂和激发剂，配比为赤泥 25%～27%、粉煤灰 21%～27%、水量 10%～15%、河砂 20%～27%、固化剂+激发剂 14%，经预处理、人工混匀、加水水化、压制成型、自然养护等一系列工艺制备出了赤泥免烧砖。制备的免烧砖抗压强度为 18.5～19.2MPa。

刘中凯等[143]以脱硫赤泥、拜耳法赤泥、粉煤灰和炉渣为主要原料，外掺石灰和水泥制备了免烧砖，研究了拜耳法赤泥与脱硫赤泥不同配比以及炉渣、石灰和水泥加入量对赤泥免烧砖性能的影响。最佳配比下，免烧砖常温养护 28d 的抗压强度为 22.5MPa，达到了《非烧结垃圾尾矿砖》（JC/T 422—2007）的 MU20

强度等级要求，体积密度为1.57g/cm^3，砖体表面无泛霜。山东大学提出的专利申请“一种以煤矸石和赤泥为主料的免烧砖及其制备方法”，用赤泥15～35份，煤矸石10～30份，粉煤灰2～10份通过特定压力（0.12～0.35MPa）、特定温度的蒸养，免烧砖结构更加致密，平均抗压强度进一步提高，该方法可以提高砖的强度、生坯的塑性以及制品的抗压强度[144]。

透水砖：透水砖与传统烧结砖的显著区别在于，透水砖可以使雨水、地表径流透过砖体流入地下，它是建设海绵城市的必不可少的基础材料之一。近年来我国海绵城市建设方兴未艾，透水砖正是在这样的背景下获得迅速发展。目前市面上的透水砖有烧结型和非烧结型两类。赤泥含有Na_2O、SiO_2、Al_2O_3、Fe_2O_3、CaO等成分，加入合适的添加剂后，经高温下煅烧，这些物质及各种重金属氧化物，可以形成玻璃化的硅酸盐物质，重金属离子在玻璃化的硅酸盐相中完全固结“惰性化”，不具备水溶性，不会再下渗污染地下水系统。赤泥的这一特性使得它完全具备在透水砖行业中作为原料使用的可能。赤泥在透水砖领域的应用正是利用这一原理，通过研制合适的添加剂成分，制备赤泥骨料颗粒，并使其在中低温条件下实现玻璃化烧结，制成赤泥透水砖[145]。

李国昌和王萍[146]用赤泥55%、粉煤灰35%、膨润土10%制备透水砖骨料；骨料的烧结温度以1150℃为宜。透水砖的固体原料中骨料占82%，膨润土占8%，玻璃粉占10%；水玻璃按固体原料的8%添加；烧结温度1080℃，烧结时间60min，砖坯成型压力40MPa下，赤泥透水砖的抗压强度为35.32MPa，透水系数为0.028cm/s，磨坑长度为27.35mm。张洪波等[147]发明了一种赤泥透水砖及其制备方法，主要是为了提高赤泥透水砖的耐用性。赤泥透水砖的制备方法包括：采用赤泥粉料造粒制备赤泥颗粒；将玻璃粉成型于所述赤泥颗粒外表面，形成赤泥玻璃核；采用所述赤泥玻璃核和造孔剂成型，烧制赤泥透水砖。该发明实施例是关于一种赤泥透水砖及其制备方法，透水砖体由赤泥玻璃核形成，赤泥玻璃核包括赤泥颗粒以及包裹在赤泥颗粒外表面的玻璃层，玻璃层对赤泥颗粒高效包裹，使其不易返碱；另外，由于玻璃层的强度远远高于赤泥颗粒的强度，可提高赤泥透水砖整体抗高压能力，经测试，其压缩强度可达42MPa，相对于现有技术，提高了其耐用性。

6. 赤泥作为水泥添加剂

由于烧结法赤泥中含有一定量的无定型硅酸盐物质，可与水泥水化过程中产生的$Ca(OH)_2$作用产生胶凝性，同时含有硅酸二钙等矿物，与硅酸盐水泥生料接近，可以用来代替其进行水泥生产。因此，国内外研究者对赤泥可用于生产硅酸盐水泥、油井水泥等多种型号的水泥进行了研究。赤泥生产水泥与普通水泥厂的生产工艺流程和技术条件大体相同。氧化铝厂排出的赤泥先经过过滤、配料、磨制成生料浆。调配合格的生料浆煅烧成水泥熟料并配以一定的混合材和石膏即可磨制成水泥产品。中国铝业集团有限公司于20世纪60年代开始用赤泥代替黏土等工业原料生产普通硅酸盐水泥，生产出具有早期强度高、抗硫酸盐侵蚀性强、抗冻融性强、抗渗性好、水化热低、快硬等优点的水泥产品深受好评，累计消耗赤泥800余万吨。因国家实行新的水泥标准，对水泥含碱量的要求提高，所以水泥生产中赤泥的掺配量不断减少[148]。

李阳[149]按水泥：砂：碎石：赤泥=1：0.34：2.72：0.77配比水泥赤泥混凝土路缘石，28d抗压强度达到35.3MPa，28d抗折强度达到5.3MPa，超过水泥混凝土C30的设计要求。研究发现水泥赤泥混凝土路缘石有5.3%的吸水率，属于优等品，具有良好的耐久性；水泥赤泥混凝土路缘石有较小的收缩率，在应用中更不容易产生裂缝；具有良好的抗冻性，经过冻融循环后，其强度损失为10.2%，质量损失率仅为2.8%，均满足规范要求，可在寒冷地区使用；水泥赤泥碎石基层具有良好的承载能力，推荐水泥赤泥碎石混合料的配合比为水泥：赤泥：碎石=4：20：80，合适含水量为9.46%，水泥赤泥碎石基层28d无侧限抗压强度可达到3.57MPa。李绍纯等[150]通过研究拜耳法赤泥的活化方式对水泥基材料凝结时间、安定性与力学性能的影响，发现机械活化赤泥缩短了水泥浆体的初凝时间，但延长了终凝时间；热活化赤泥则缩短了水泥浆体的初凝和终凝时间。机械活化赤泥有利于水泥基材料早期强度的发展，掺量为15%时，水泥净浆试样的3d抗折、抗压强度分别提高了11.9%、14.1%，而水泥砂浆试样的3d抗折、抗压强度分别提高了61.3%、63.6%。相比机械活化赤泥，热活化赤泥不但有利于水泥基材料的早期强度，更有利于其后期强度的发展。

吴芳等[151]研究发现普通硅酸盐水泥浆体和硫铝酸盐水泥浆体孔溶液碱度均随赤泥掺量的增加而增大。但掺入赤泥并不会引起水泥水化后期孔溶液碱度的增加。为了使水泥既具有一定的强度，又能避免碱度过高给水泥性能带来的不利影响，普通硅酸盐水泥中赤泥掺量控制在30%内，而硫铝酸盐水泥中赤泥掺量则不能超过20%。普通硅酸盐水泥孔溶液碱度发展与强度之间存在明显的相关性。随着赤泥掺量的增加，关系曲线逐渐向左移动，最大pH对应的强度相应减小。28d龄期之前水泥浆体的pH随着净浆强度的增长而增加，之后随净浆强度增加而减小。不同赤泥掺量的硫铝酸盐水泥浆体孔溶液碱度与强度之间则不存在明显的规律，波动较大。王晓等[152]以赤泥、砂岩和石灰石为原料进行赤泥道路硅酸盐水泥的制备研究，分析了赤泥的掺加对道路硅酸盐水泥矿物组成和基本性能的影响。结果表明：以赤泥为部分原料可以成功制备以C_3S、C_2S和C_4AF为主要矿物相的道路硅酸盐水泥熟料；赤泥道路硅酸盐水泥熟料掺加5%（质量分数）的二水石膏可以制备出各项性能优异的赤泥道路硅酸盐水泥；与普通道路硅酸盐水泥相比，赤泥道路硅酸盐水泥的早期抗压强度偏低；虽然预先对赤泥进行了脱碱处理［脱碱后赤泥中总碱含量（质量分数）<1%］，但当其掺量（质量分数）超过 26% 时，赤泥道路硅酸盐水泥熟料中的碱仍会对水泥矿物的形成产生不利影响；赤泥道路硅酸盐水泥熟料中的碱大部分以硫酸钾（钠）的形式存在于水泥熟料的中间相中；随着赤泥道路硅酸盐水泥水化龄期的延长，放射性核素 ^{226}Ra 的放射性比活度不断升高，^{232}Th 变化不大，^{40}K 则不断降低；赤泥道路硅酸盐水泥的外照指数为 0.87，对环境的放射性影响处在安全范围内。

娄星等[153]将低熟料 M32.5 水泥为胶凝材料，利用赤泥中碱辅助激发水泥中大量掺合料，研究不同赤泥碱含量对砂浆新拌性能、抗压强度等基本性能的影响，通过 XRD 表征技术分析赤泥碱含量对水泥水化产物的影响。研究表明赤泥碱含量增大会小幅延缓水泥凝结，随着碱含量的增加，3d 龄期时砂浆抗压强度先增加后降低，最大增幅为 19.63%，28d 龄期时其抗压强度随着碱含量的增加逐渐降低，这与赤泥的稀释效应较为相关。另外，在水泥水化早期，赤泥中的碱与 M32.5 水泥中大量辅料发生了地质聚合反应，提高了次要水化产物的产量。

7. 赤泥作为筑路材料

在公路建设过程中，道路基层和底基层材料需要大量消耗砂砾、石头、水泥、沥青等道路材料。利用赤泥替代日渐紧俏的水泥、沙石资源生产道路，不仅消除了大量堆存的赤泥，而且节省了建设工程造价，具有紧迫的现实意义和巨大的经济价值。矿冶科技集团有限公司与中国铝业股份有限公司广西分公司联合利用赤泥、粉煤灰和石灰，在掺入少量外加剂的基础上制成性能优良的高等级道路材料。赤泥固化体回弹模量值最高可达到 1140MPa，平均回弹模量值为 465.089MPa，研制的赤泥道路基层优于一般的半刚性基层道路[154]。

包惠明等[155]探讨了赤泥对温拌沥青的改性作用，制备了 5 种不同掺量的赤泥改性沥青试样，主要研究赤泥对改性沥青黏度及温度敏感性的影响，在控制剪切率、掺量的基础上进行不同温度下的布氏黏度实验，通过不同温度下的黏温指数分析了赤泥掺量对沥青温度敏感性的影响。结果表明：温度高于 135℃时，改性沥青的黏度受剪切率的影响逐渐变小；赤泥掺量为 5% 时，改性沥青黏度最大，温度敏感性最小；赤泥掺量为 3% 时，可在一定程度上起到降黏的效果。

孙兆云等[156]通过采用承载板法、PFWD 和 FWD3 种不同实验方法对改性拜耳法赤泥路基的模量与变形进行测试分析，得到如下结论：拜耳法赤泥经过改性处理后，具有良好的路用工程特性，经压实养生后的改性拜耳法赤泥路基静态回弹模量大于 80MPa，动态回弹模量大于 120MPa；改性拜耳法赤泥路基强度和模量高于传统石灰或水泥改良土路基，在路基动态变形模量实验测试中，非弹性变形对总变形影响较小，在不同的荷载作用下路基表现出一定的线弹性性质。通过对改性拜耳法赤泥路基的定点测试，由承载板、PFWD 和 FWD3 种测试方法所测得的回弹模量、反算模量和弯沉值（变形）之间均具有良好的相关关系，为改性拜耳法赤泥路基的设计与质量控制提供应用参考；PFWD 测试落锤的冲击荷载作用力与行车荷载传递到路基顶面压力接近，比承载板法更有效地接近路基实际工作状态，可应用于改性拜耳法赤泥路基的质量评价。

耿汝超[157]研究发现适当地掺加赤泥能有效提高水泥赤泥稳定碎石的路用性能。赤泥能促进水泥赤泥稳定碎石早期强度的形成，当赤泥含量为 10% 和 20% 时，试件的 7d 无侧限抗压强度分别提高 19.7% 和 18.2%，劈裂强度提高约 20%；赤泥掺量为 10% 的试件比水稳试件的单轴压缩模量提高 9.1% 左右；赤泥的掺加还能有效提高试件的弯拉强度，但对其抗冻性影响不大，可忽略不计；试件中赤泥等细集料占比增加且结构发生变化会导致试件的干缩性能和温缩性能均有不同程度的降低。利用室外方模成型的方法模拟试验路取得了良好的效果，根据养生 7d 后取芯测得的强度、弯沉值等指标进行分析，实验结果表明，水泥赤泥稳定碎石材料成型的方模具有强度高、整体性强、均匀性好等优点。水泥赤泥稳定碎石的室内性能试验及室外方模成型试验结果表明，水泥赤泥稳定碎石具有良好的路用性能，可以大规模应用于路面基层建设中。同时，基于公路等级、赤泥利用率等因素给出了赤泥的推荐掺量为 10% ~20%。

5.5.4　赤泥土壤化研究进展

1. 堆场演化

赤泥堆场经风化、干燥和再润湿循环作用，容重降低，孔隙度增加，促进颗粒团聚体的形成；干燥导致赤泥从类泥物质转变为固体物质，黏土、砂粒颗粒大小增加，同时影响持水量的变化，该过程存在土壤发生现象并逐渐形成一种类土壤基质。自然风化过程可提高颗粒大团聚体的含量。随着堆存时间的增加，赤泥颗粒由片状结构转化为团粒结构，增加了有机碳含量。提高可交换钙离子含量有助于促进稳定团聚体的形成。此外，团聚体的形成和稳定以及有机碳储备和稳定都与团聚体内颗粒有机碳含量有关。随着堆存时间的延长，赤泥总有机碳含量增加，同时也增加了赤泥团聚体颗粒有机碳分配比例，通过增加不稳定性有机碳含量来提高赤泥团聚体的稳定性。自然风化过程砂粒含量增加，孔隙度从 43.88% 增至 58.24%，水稳定性团聚体含量从 43.32% 增至 93.20%，赤泥结构稳定性指数从 1.33% 增至 5.46%，表明在自然风化过程中实现了赤泥理化性质的改善，这将有利于赤泥形成类土基质。随着存放时间的延长，赤泥堆场物理化学特性和微生物群落发生了变化。赤泥堆放 20 年后，由于 Na^+ 和 OH^- 的减少，其 pH 和电导率成比例下降。自然风化过程影响了细颗粒表面沉积物，引起二次碳化并形成较大团聚体，进而导致赤泥堆场容重有所降低，这有利于赤泥良好结构的形成。

在自然风化作用下，土壤中交换性阳离子的含量也会发生变化，矿物风化和碱度降低也可能促进赤泥堆场交换态 Ca^{2+}、Mg^{2+} 和 K^{+} 的释放。土壤微生物群落组成和多样性受土壤养分和碱度的调节，而总有机碳是主要因素[158]。

高燕春等[159]以中国铝业集团有限公司山东分公司第一赤泥堆场的赤泥为例，参考常规土壤理化指标，对长期自然状态堆存过程中赤泥的土壤演化特征进行分析，结果见表5.13，由表可见，随着堆存时间的延长，在自然因素作用下赤泥的物理特性逐渐趋于自然土壤相关指标值，表明山铝烧结法赤泥具有土壤化演化和改良的潜力。

表5.13　不同堆场时间的赤泥物理特性

时间	密度/(mg/m³)	容重/(g/cm³)	孔隙率/%	持水量/%	粒径分布/%		
					<0.002mm	0.002～0.02mm	0.02～2mm
K1	1.51	0.94	37.5	71.96	0.13	65.69	34.18
K2	2.08	1.39	33.2	66.95	0.13	68.00	31.87
K3	1.72	1.23	28.2	65.92	0.01	59.07	40.92
K4	2.27	0.96	57.6	66.85	0.19	58.03	41.78
K5	2.41	1.14	52.8	53.84	0.10	43.55	56.35
K6	2.58	1.19	53.9	53.08	0.02	40.96	59.02
K7	2.66	1.37	48.5	51.43	0.06	53.78	46.16
K8	2.70	1.39	48.6	52.06	0.00	52.39	47.61

注：K1：赤泥堆置年限为5a左右；K2：赤泥堆置年限为10a左右；K3：赤泥堆置年限为15a左右；K4：赤泥堆置年限为20a左右；K5：赤泥堆置年限为30a左右；K6：赤泥堆置年限为40a左右；K7：赤泥堆置年限为50a左右；K8：赤泥堆置年限为60a左右。

2. 土壤调控剂

赤泥成分复杂，但严重缺乏有机质和营养成分，且透气性差、易板结，颗粒物不能形成合理的团聚体，持水保肥能力差。因此，还需要在赤泥脱碱后进行土壤化调控。土壤化调控主要集中在石膏、有机质改良剂和微生物筛选等方面，可在一定程度改善赤泥的土壤特性。

梁辉[160]利用酒糟对赤泥土壤化改良进行研究，发现石膏与酒糟都能够降低赤泥pH，在90d实验结束后，添加5%石膏处理赤泥的pH从11.25降低到9.19，添加石膏与30%酒糟的处理后赤泥的pH降低到7.80。石膏加酒糟的共同作用还能够有效地降低赤泥可溶性钠离子的含量，从而达到降低赤泥盐碱的效果。酒糟对赤泥中有效磷、铵态氮和硝态氮提升明显，但是出现了铵态氮与硝态氮流失的现象。通过酒糟的添加赤泥中的过氧化氢酶活性与脱氢酶活性都有所增强，说明在酒糟添加后赤泥中的微生物活性都有明显的提升。酒糟与石膏都能够增加赤泥中 phoD 功能菌的数量。在实际赤泥堆场复绿中，酒糟对赤泥堆场原位土壤化修复有着较好的表现，赤泥理化性质得到很好改善，植被生长茂盛，能够运用到实际赤泥堆场的生态修复中去。张嘉超等[161]发明了一种含酸性有机残渣（酒糟、甘蔗渣或乙酸）和石膏的赤泥改性剂，在赤泥堆场上修建阻隔层并将赤泥改性剂与赤泥混合得到的混合物堆放在阻隔层上，混合物的表面铺设秸秆，静置陈化。该阻隔层能够有效阻挡阻隔层下方土壤层的盐随毛细管作用上升到赤泥层，有效降低赤泥中的盐碱含量，从而防止种植在赤泥层的植被根系被高盐碱破坏，有利于植物的生长。

房超等[162]选用蛭石、珍珠岩和泥炭土为改良剂，以适宜黑麦草生长为目标，对赤泥进行土壤化，以期解决赤泥难以利用的问题。选用泥炭土、珍珠岩、蛭石改良剂混配进行黑麦草种植实验。结果表明：泥炭土、珍珠岩、蛭石均改善赤泥基质粒径组成；蛭石和珍珠岩明显改善赤泥物理机械结构，且混配物理改良效果要优于单独添加泥炭土；添加泥炭土能够显著降低赤泥本身的强碱性，并明显提升黑麦草的 7d 发芽率。实验结论：经泥炭土与蛭石或珍珠岩混配改良后的拜尔法赤泥可满足黑麦草的生长需求。董梦阳等[163]选用蛭石、粉煤灰为基质改良剂，以园林落叶作为改良基质的有机质来源，赤泥基质改良处理能显著降低赤泥比重，增加其孔隙率；经近 1 年的室外培育，基质的 pH、Ec 分别由 11.25 和 1.05ms/cm 降至 8.49 和 0.27ms/cm，硝态氮含量也由 8.72mg/kg 增至 72.17mg/kg；相应地，脱氢酶、脲酶及碱性磷酸酶活性也日趋接近对照土壤，微生物群落多样性逐渐增加，群落结构显著变化，其整体代谢功能逐渐恢复。在相同有机质添加量下，添加粉煤灰的处理效果优于添加蛭石，可加速赤泥的土壤化进程。

曾华等[164]利用硫酸+含钙复盐 CAM 对赤泥进行脱碱，并就脱碱赤泥进行了土壤化研究。结果表明，赤泥中钠含量从 11.709% 降至 0.302%，其脱碱率高达 97.42% 脱碱后的赤泥可直接应用于土壤修复、建筑材料、尾矿充填等工业用途。SEM 分析和盆栽试验结果表明，赤泥粒度从 1.25μm 增加到 17.5μm，脱碱后团粒体结构变大，土壤性能优良，能够满足耐性植物的生长要求。复垦后的赤泥团粒体结构进一步变大，可加速赤泥的土壤化进程，为赤泥堆场原位生态修复提供技术支撑。万芹莉等[165]利用磷石膏和黄腐酸为联合脱碱剂及联合脱碱赤泥的方法，联合脱碱剂包括磷石膏和黄腐酸。联合脱碱的大粒径团聚体赤泥多于磷石膏脱碱，且颗粒间空隙更大，质地更紧密，加入黄腐酸更有利于赤泥大粒径团聚体的形成，并增加了团聚体的稳定性和赤泥中营养物质的含量，为后续赤泥土壤化提供基础。

3. 赤泥用于土壤改良

开展赤泥土壤化处置技术研究，实现赤泥堆场的植被重建和生态恢复是一种有发展前景的赤泥规模化处置方法，但是赤泥物理结构不良，严重影响植物根系生长。改良赤泥的物理结构，使其转变为一种类似土壤的生长基质，是赤泥堆场植被重建的关键因素之一。

赤泥的土壤改良主要依靠就近找到合适的改良剂和筛选到适合生长的植物品种，用作大面积改良种植的植物的利用途径也是需要考虑的一个问题。Jonathab等[166]研究用石膏和污泥作为赤泥的改良剂来绿化赤泥堆场，证明了污泥能为植物的生长提供丰富的营养物，产物的干重增加明显，同时土壤的性质也得到了改善。李小平[167]采用客土连续覆盖、植被护坡工艺对中国铝业股份有限公司广西分公司露天堆放的赤泥进行了现场试验，实现边坡植被覆盖度80%以上，改善了坝区生态环境。周富华[168]长期研究赤泥堆场边坡绿化防护，提出了改良客土喷播绿化技术。王国贞等[169]添加生物质能够显著提高赤泥改良土壤的持水率。添加生物质对保持土壤的含水率有明显效果。添加生物质锯末改善了土壤物理结构，有利于种子出苗和根系的生长。

邓惠强和聂呈荣[170]利用碱性物质（如石灰、赤泥等）提高土壤pH，抑制重金属活性并减少农作物对重金属的吸收。有机物料不仅对土壤重金属的有效性具有一定抑制作用，而且具有改善土壤结构、调节土壤养分、促进植物生长的功能。在镉严重污染的微酸性土壤上，各种改良剂处理均在一定程度上促进了油麦菜的生长，其株高和生物量均显著高于对照，其中，石灰+赤泥+泥炭、石灰+泥炭、石灰+赤泥的效果最显著。吴亚君等[171]利用有机与无机混合体改良剂对赤泥土壤改良效果良好，使固废物赤泥变成植物能够正常生长的基质氟石膏的加量起重要作用。与有机改良剂相比，无机土壤改良剂对赤泥的土壤改良效果不够理想，但是基本上满足了植物生长的条件。

赤泥在土壤改良方面具有良好的优势，可用于对酸性、含重金属以及微量元素缺乏土壤的改良。Gautam等[172]发现，添加5%赤泥和10%污泥改良土壤提高了柠檬精油的质量和产量。房超等[173]从改良赤泥性质上看：泥炭土在降低赤泥酸碱度方面有明显的效果；蛭石和珍珠岩则在提升赤泥持水能力，改良理化指标方面作用显著。黄建洪等[174]提出了一种利用硫铁矿烧渣土壤化赤泥的方法，添加软锰矿粉增加其氧化速度，降低赤泥的碱度，与赤泥混合的有机质可以增加赤泥土壤化后的肥力，改良后的赤泥pH可达7.4，有机质含量为4%。

薛生国[175]提出了一种应用工业废弃物降低赤泥碱性的方法，将过滤后的氨氮废水与赤泥混合，在室温下进行培育得到低碱赤泥，处理后的赤泥可资源化利用以及进行堆场植被重建，具有良好的社会效益和经济效益。

4. 赤泥直接土壤化

李辉等提出赤泥土壤化是赤泥堆场生态修复的关键。早期研究普遍认为人工改良是赤泥土壤化的前提。但近期有研究发现，在没有采取任何人工修复的前提下，赤泥堆场的表层赤泥发生了自然成土现象。Santini 等通过对 1986 年开始运营的圭亚那某赤泥堆场进行野外调查，发现自然风化过程能够改良赤泥的理化特性，降低赤泥碱度、盐度、Al^{3+} 和 Na^{+} 含量，支持自然植被的定植。李辉等对贵州拜耳法赤泥堆场进行实地调研，也发现赤泥的自然成土现象，赤泥堆场表层出现了大面积的微生物结皮和藻苔结皮，蕨类植物开始定居。与人工修复相比，自然成土无需额外添加改良剂，无需人力财力介入，且能够建立自维持的生态系统，其在尾矿废弃地的生态修复方面有较高的应用潜力。

成土过程的实质是地质淋溶过程与生物积累过程在同一空间的矛盾统一，微生物在成土过程中起参与，甚至是主导作用。迄今，与赤泥相关的微生物学研究有一定进展，包括菌种分离鉴定、群落组成分析等。新鲜赤泥因盐类物质结晶析出而发生泛霜现象，因盐碱度、腐蚀性和金属毒性过高，无任何生物结皮和植被定居。但是随赤泥泥龄增加，在没有采用任何人工修复措施的前提下，生物结皮出现在堆场中部及底部区域。堆置 10 年、15 年和 23 年的赤泥表层分别出现大量藻类结皮、藻苔结皮和苔藓结皮斑块。隐花植物入侵堆场底部苔藓结皮部位，表明此区域赤泥能够支持土著植被生长，已经发生自然成土现象。

微生物通过各种机制参与赤泥的自然成土过程。结合赤泥的理化生物指标变化、微生物群落结构变化、微观形态分析等，推测微生物通过以下途径主导或参与赤泥的成土过程：①通过光合、固氮及矿化作用等代谢活动为赤泥注入营养物质，改善贫营养状态；②通过分泌有机酸及呼吸作用产生的 CO_2 溶蚀赤泥中的碱性矿物，降低赤泥的碱度、盐度和 ESP（如释放水铝钙石、方解石中的 Ca^{2+} 和 Mg^{2+}），缓解赤泥的生物毒性；③通过菌丝、细胞及代谢产物的吸附、链接、缠绕及包裹作用促使赤泥微细颗粒形成团聚体，改善赤泥质地结构；④微生物及其黏性代谢产物截留周边环境带来的土壤、气溶胶及赤泥粗砂等外来物质，通过提升空间异质性加速赤泥自然成土过程。

张嘉超[159]公开了一种赤泥土壤化的方法，包括如下步骤：①提供赤泥改性剂，所述赤泥改性剂含有酸性有机残渣和石膏；②在赤泥堆场上修建阻隔层并将所述赤泥改性剂与赤泥混合得到的混合物堆放在所述阻隔层上，然后在所述混合物的表面铺设秸秆，静置陈化。该发明的方法较为简单，且经该方法得到的赤泥土壤盐碱含量大幅度降低，更适于后期植被的种植，且经济成本较低。

参考文献

[1] 张利祥，高一强，黄建洪，等．赤泥资源化综合利用研究进展［J］．硅酸盐通报，

2020，39（1）：144-149.
［2］何伯泉，周国华，薛玉兰．赤泥在环境保护中的应用［J］．轻金属，2001（2）：24-26.
［3］Land G W. Trials of additives for sulfur dioxide removal in Industrialplants［J］．Journal of Engineering for Gas Turbines&Power，1970，92（1）：30.
［4］Tao L，Wu H，Wang J，et al. Removal of SO_2 from flue gas using Bayer red mud：influence factors and mechanism［J］．Journal of Central South University，2019，26（2）：467-478.
［5］孙详彧，盛彦清，张培青．赤泥与矿井废水在烟气脱硝中的应用［J］．环境工程，2017，35（1）：93-97.
［6］左晓琳，李彬，胡学伟，等．拜耳法赤泥脱硫特性研究［J］．硅酸盐通报，2017，36（05）：1512-1517.
［7］左晓琳，李彬，胡学伟，等．氧化铝厂赤泥烟气脱硫的研究进展［J］．矿冶，2017，26（2）：52 -55.
［8］宁平，王学谦．氧化铝厂硫化氢废气燃烧法处理研究［J］．环境工程，2001，19（2）：27-29.
［9］Sahu R C，Patel R，Ray B C. Removal of hydrogen sulfide using red mud at ambient conditions［J］．Fuel Processing Technology，2011，92（8）：1587-1592.
［10］王学谦，宁平．氧化铝厂赤泥附液湿法脱硫研究［J］．化工环保，2004，24（Z1）：330-331.
［11］Oliveira A A S，Costa D A S，Teixeira I F，et al. Gold nanoparticles supported on modified red mud for biphasic oxidation of sulfur compounds：a synergisticeffect［J］．Applied Catalysis B Environmental，2015，162：475-482.
［12］Prado N T D，Heitmann A P，Mansur H S，et al. PET- modified red mud as catalysts for oxidative desulfurizationreactions［J］．Journal of Environmental Sciences，2017，57（7）：312-320.
［13］曾红．低成本烟气脱硝催化剂的制备与应用技术研究［D］．湘潭：湘潭大学，2017.
［14］赵红艳．赤泥负载锰铈脱硝催化剂的制备及性能研究［D］．济南：济南大学，2013.
［15］Li C，Zeng H，Liu P，et al. The recycle of red mud as excellent SCR catalyst for removal of NO_x［J］．Rsc Advances，2017，7（84）：53622-53630.
［16］Wu J，Gong Z，Lu C，et al. Preparation and performance of modified red mud-based catalysts for selective catalytic reduction of NO_x with NH_3［J］．Catalysts，2018，8（1）：35.
［17］汤琦．赤泥负载金属氧化物催化剂的制备及其脱硝性能研究［D］．济南：济南大学，2015.
［18］陈千惠．赤泥基 SCR 催化剂的制备及其脱硝性能研究［D］．北京：北京化工大学，2017.
［19］Jones G，Joshi G，Clark M，et al. Carbon capture and the aluminum industry：preliminarystudies［J］．Environmental Chemistry，2006（3）：297-303.
［20］李海宾，韩敏芳．拜耳法赤泥催化煤焦-CO_2 气化反应特性［J］．煤炭学报，2015，（SI）：235-241.

[21] 吕常胜，王家伟，路长远，等．拜耳法赤泥脱硫概述［J］．广州化工，2012，40（018）：20-22.

[22] Nadaroglu H，Kalkan E，Demir N，et al. Removal of copper from aqueous solution using red mud.［J］. Desalination，2010，251（1）：90-95.

[23] Sahu R C，Patel R K，Ray B C，et al. Adsorption of Zn（Ⅱ）on activated red mud：neutralized by CO_2［J］. Desalination，2011，266（1）：93-97.

[24] Dong W，Liang K，Qin Y，et al. Hydrothermal conversion of red mud into magnetic adsorbent for effective adsorption of Zn（Ⅱ）in water［J］. Applied ences，2019，9（8）：1519.

[25] He D D，Xiong Y M，Wang L，et al. Arsenic（Ⅲ）removal from a high-concentration arsenic（Ⅲ）solution by forming ferric arsenite on red mud surface［J］. Minerals，2020，10（7）：583.

[26] Lopezgarcia M，Martinezcabanas M，Vilarino T，et al. New polymeric/inorganic hybrid sorbents based on red mud and nanosized magnetite for large scale applications in As（Ⅴ）removal［J］. Chemical Engineering Journal，2017：117-125.

[27] Li Y，Wang J，Luan Z，et al. Arsenic removal from aqueous solution using ferrous based red mud sludge［J］. Journal of Hazardous Materials，2010，177（3）：131-137.

[28] Yang T，Wang Y，Sheng L，et al. Enhancing Cd（Ⅱ）sorption by red mud with heat treatment：Performance and mechanisms of sorption［J］. Journal of Environmental Management，2020，255（Feb. 1）：109866. 1-109866. 10.

[29] Khan T A，Chaudhry S A，Ali I，et al. Equilibrium uptake，isotherm and kinetic studies ofCd（Ⅱ）adsorption onto iron oxide activated red mud from aqueous solution［J］. Journal of Molecular Liquids，2015：165-175.

[30] Liu J，Xie Y，Li C，et al. Novel red mud/polyacrylic composites synthesized from red mud and its performance on cadmium removal from aqueous solution［J］. Journal of Chemical Technology & Biotechnology，2019，95（1）：213-222.

[31] Qi X，Wang H，Zhang L，et al. Removal of Cr（Ⅲ）from aqueous solution by using bauxite residue（red mud）：identification of active components and column tests［J］. Chemosphere，2020，245（Apr.）：125560. 1-125560. 9.

[32] Wang L，Hu G，Lyu F，et al. Application of red mud in wastewatertreatment［J］. Minerals，2019，9（5）：281.

[33] Wang H，Cai J，Liao Z，et al. Black liquor as biomass feedstock to prepare zero-valent iron embedded biochar with red mud for Cr（Ⅵ）removal：mechanisms insights and engineering practicality［J］. Bioresource Technology，2020，311：123553.

[34] Li C M，Yi J，Li W S，et al. Immobilization，enrichment and recycling of Cr（Ⅵ）from wastewater using a red mud/carbon material to produce the valuable chromite（$FeCr_2O_4$）［J］. Chemical Engineering Journal，2018，350：1103-1113.

[35] Narayanan S L，Venkatesan G，Potheher I V，et al. Equilibrium studies on removal of lead（Ⅱ）ions from aqueous solution by adsorption using modified redmud［J］. International

Journal of Environmental Science and Technology, 2018, 15 (8): 1687-1698.
[36] Tsamo C, Djonga P N, Dikdim J M, et al. Kinetic and equilibrium studies of Cr (Ⅵ), Cu (Ⅱ) and Pb (Ⅱ) removal from aqueous solution using red mud, a low-cost adsorbent [J]. Arabian Journal for Science and Engineering, 2018, 43 (5): 2353-2368.
[37] Geyikci F, Kilic E, Coruh S, et al. Modelling of lead adsorption from industrial sludge leachate on red mud by using RSM and ANN [J]. Chemical Engineering Journal, 2012: 53-59.
[38] Omer K O, Tor A. *In situ* preparation of magnetic hydrochar by co-hydrothermal treatment of waste vinasse with red mud and its adsorption property for Pb (Ⅱ) in aqueous solution [J]. Journal of Hazardous Materials, 2020, 393: 122391.
[39] Pietrelli L, Ippolito N M, Ferro S, et al. Removal of Mn and As from drinking water by red mud and pyrolusite [J]. Journal of Environmental Management, 2019, 237 (May 1): 526-533.
[40] Chen X, Guo Y G, Ding S, et al. Utilization of red mud in geopolymer-based pervious concrete with function of adsorption of heavy metalions [J]. Journal of Cleaner Production, 2019, 207 (PT. 1-1180): 789-800.
[41] Xie W, Zhou F, Bi X, et al. Accelerated crystallization of magnetic 4A-zeolite synthesized from red mud for application in removal of mixed heavy metalions [J]. Journal of Hazardous Materials, 2018: 441-449.
[42] Xue S, Zhu F, Kong X, et al. A review of the characterization and revegetation of bauxite residues (Red mud) [J]. Environmental Science and Pollution Research, 2016, 23 (2): 1120-1132.
[43] Belviso C, Agostinelli E, Belviso S, et al. Synthesis of magnetic zeolite at low temperature using a waste material mixture: fly ash and redmud [J]. Microporous and Mesoporous Materials, 2015: 208-216.
[44] Ma D, Wang Z, Guo M, et al. Feasible conversion of solid waste bauxite tailings into highly crystalline 4A zeolite with valuable application [J]. Waste Management, 2014, 34 (11): 2365-2372.
[45] Cheng Y, Xu L, Jiang Z, et al. Feasible low-cost conversion of red mud into magnetically separated and recycled hybrid $SrFe_{12}O_{19}$@ NaP1 zeolite as a novel wastewater adsorbent [J]. Chemical Engineering Journal, 2020 (9): 128090.
[46] Wang J, Sun P, Xue H, et al. Red mud derived facile hydrothermal synthesis of hierarchical porous α-Fe_2O_3 microspheres as efficient adsorbents for removal of Congo red [J]. Journal of Physics and Chemistry of Solids, 2020, 140: 109379.
[47] Naga B, Krishna K M, Kalpana K, Ravindhranath K. Removal of fluoride from water using H_2O_2-treated fine red mud doped in Zn-alginate beads as adsorbent [J]. Journal of Environmental Chemical Engineering, 2018, 6 (1): 906-916.
[48] Zhao Y, Yue Q, Li Q, et al. Characterization of red mud granular adsorbent (RMGA) and its

performance on phosphate removal from aqueoussolution [J]. Chemical Engineering Journal, 2012, 193-194: 161-168.

[49] 崔延帅，刘鹏飞，李文福，等. 赤泥在水泥生产中的研究进展及替代原料可行性分析 [J]. 混凝土世界，2021，(10)：74-78.

[50] 郝勇，信翔宇，黄永波，等. 工业固废赤泥在水泥制备中的应用研究进展 [J]. 中国粉体技术，2022，28 (2)：1-6.

[51] 董朋朋，尹东杰，韩玉芳，等. 赤泥活性改进及其对水泥熟料性能的影响研究 [J]. 新型建筑材料，2022，1：28-30.

[52] 赵宏伟，李金洪，刘辉. 赤泥制备硫铝酸盐水泥熟料的物相组成及水化性能 [J]. 有色金属，2006，(4)：119-123.

[53] 潘志华，方永浩，吕忆农，等. 碱矿渣赤泥水泥 [J]. 水泥工程，2000，(1)：53-56，69.

[54] Peng F, Liang K M, Shao H, et al. Nano-crystal glass-ceramics obtained by crystallization of vitrified redmud [J]. Chemosphere, 2005, 59 (6): 899-903.

[55] Duan J, Oka I, Fujiwara C. Symbol error probability of time spread PPM signals in the presence ofinterference [J]. IEEE Pacific RIM Conference on Communications, 1997, 1: 1-4.

[56] Kritikaki A, Zaharaki D, Komnitsas K. Valorization of industrial wastes for the production of glass-ceramics [J]. Waste and Biomass Valorization, Springer Netherlands, 2016, 7 (4): 885-898.

[57] Yang Y, Wang T, Zhang Z, et al. A novel method to convert Cs-polluted soil into pollucite-base glass-ceramics for Csimmobilization [J]. Chemical Engineering Journal, 2020, 385: 123844.

[58] 杨家宽，侯健，齐波，等. 铝业赤泥免烧砖中试生产及产业化 [J]. 环境工程，2006，24 (4)：52-55.

[59] 刘忾，郭群. 改性赤泥在市政道路工程中的应用 [J]. 中国市政工程，2019，202 (01)：30-32+109-110.

[60] Mukiza E, Liu X, Zhang L, et al. Preparation and characterization of a red mud-based road base material: strength formation mechanism and leaching characteristics [J]. Construction and Building Materials, 2019, 220: 297-307.

[61] 宋国卫，刘辉. 赤泥在微孔硅酸钙保温材料生产中的应用 [J]. 山东冶金，2004，26 (2)：2.

[62] Mymrin V, Guidolin M A, Klitzke W, et al. Environmentally clean ceramics from printed circuit board sludge, red mud of bauxite treatment and steel slag [J]. Journal of Cleaner Production, 2017, 164: 831-839.

[63] 王重庆，曹亦俊. 一种复合生物炭及其制备方法，工业固废的生态修复方法 [P]. 2021-03-31.

[64] 钟云峰，陈楷翰，黄紫洋，等. 污泥、赤泥、盐泥综合应用于生态修复 [Z]. 2015-

12-14.
[65] 夏威夷，曲常胜，张强，等．一种生态友好型土壤复合修复剂的制备方法 [P]．2020-12-15.
[66] Calderon B, Fullana A. Heavy metal release due to aging effect during zero valent iron nanoparticles remediation [J]. Water Research, 2015, 83 (15): 1-9.
[67] Hu J, Chen G H, Lo I M C. Removal and recovery of Cr (Ⅵ) from wastewater by maghemite nanoparticles [J]. Water Res, 2005, 39 (18): 4528-4536.
[68] 李倩，谷华春，辛颖，等．V_2O_5-WO_3/TiO_2脱硝催化剂机械强度和孔隙率的响应曲面模型 [J]．2015，(9)：3496-503.
[69] 王晶．紫贻贝粉对镉的吸附特性及其最佳吸附条件优化 [D]．沈阳：沈阳农业大学，2020.
[70] Wang J, Burken J G, Zhang X, et al. Engineered struvite precipitation: impacts of component-ion molar ratios and pH [J]. 2005, 131 (10): 1433-1440.
[71] Yx A, Xiao Y B, Zx A, et al. Fabrication of sustainable manganese ferrite modified biochar from vinasse for enhanced adsorption of fluoroquinolone antibiotics: effects andmechanisms [J]. Science of the Total Environment, 2020, 709: 136079.
[72] Deng Y, Huang S, Laird D A, et al. Quantitative mechanisms of cadmium adsorption on rice straw- and swine manure- derived biochars [J]. Environmental Science and Pollution Research, 2018, 25: 32418-32432.
[73] Li S, Yang F, Li J, et al. Porous biochar- nanoscale zero- valent iron composites: synthesis, characterization and application for lead ionremoval [J]. Science of The Total Environment, 2020, 746: 141037.
[74] John F M, Milliam F S, Peter E S, et al. Handbook of X- ray Photoelectron Spectroscopy [M]. United States of America: Physical Electronics, Inc, 1995.
[75] Zhu L, Tong L, Zhao N, et al. Coupling interaction between porous biochar and nano zero valent iron/nano α- hydroxyl iron oxide improves the remediation efficiency of cadmium in aqueous solution [J]. Chemosphere, 2018, 219: 493-503.
[76] Shan R R, Yan L G, Yang K, et al. Adsorption ofCd (Ⅱ) by Mg- Al- CO_3- and magnetic Fe_3O_4/Mg- Al- CO_3- layered double hydroxides: kinetic, isothermal, thermodynamic and mechanistic studies [J]. Journal of Hazardous Materials, 2015, 299 (15): 42-49.
[77] Zhou Q W, Lioa B H, Lin L N, et al. Adsorption of Cu (Ⅱ) and Cd (Ⅱ) from aqueous solutions by ferromanganese binary oxide- biochar composites [J]. Science of the Total Environment, 2018, 615: 115-122.
[78] Khan Z H, Gao M L, Qiu W W, et al. Mechanisms for cadmium adsorption by magnetic biochar composites in an aqueous solution [J]. Chemosphere, 2020. 246: 125701.
[79] Lu J, Wang Z, Guo Y, et al. Ultrathin nanosheets of FeOOH with oxygen vacancies as efficient polysulfide electrocatalyst for advanced lithium- sulfurbatteries [J]. Energy Storage Materials, 2022, 47: 561-568.

[80] 王海沛. 改性活性炭低温吸附羰基硫的研究 [D]. 大连：大连理工大学，2019.
[81] Zhang Y, Qian W, Zhou P, et al. Research on red mud- limestone modified desulfurization mechanism and engineeringapplication [J]. Separation and Purification Technology, 2021, 272: 118867.
[82] Zhu J, Gu H, Rapole S B, et al. Looped carbon capturing and environmental remediation: case study of magnetic polypropylenenanocomposites [J]. Rsc Advances, 2012, 2 (11): 4844-4856.
[83] He D, Yi H, Tang X, et al. The catalytic hydrolysis of carbon disulfide on Fe- Cu- Ni/AC catalyst at lowtemperature [J]. Journal of Molecular Catalysis A: Chemical, 2012, 357: 44-49.
[84] Kaspar J, Fornasiero P, Balducci G, et al. Effect of ZrO_2 content on textural and structural properties of CeO_2- ZrO_2 solid solutions made by citrate complexation route [J]. Inorganica Chimica Acta, 2003, 349: 217-226.
[85] 中本一雄. 无机和配位化合物的红外和拉曼光谱（第四版）[M]. 北京：化学工业出版社，1991.
[86] Zhao S, Yi H, Tang X, et al. Mechanism of activity enhancement of the Ni based hydrotalcite-derived materials in carbonyl sulfideremoval [J]. Materials Chemistry and Physics, 2018, 205: 35-43.
[87] Li Y, van Santen R A, Weber T H. High- temperature FeS- FeS_2 solid- state transitions: reactions of solid mackinawite with gaseousH2S [J]. Journal of Solid State Chemistry, 2008, 181 (11): 3151-3162.
[88] Laajalehto K, Kartio I, Suoninen E. XPS and SR- XPS techniques applied to sulphidemineralsurfaces [J]. International Journal of Mineral Processing, 1997, 51 (1): 163-170.
[89] 朱颖一，王城晨，王明新，等. 硫化纳米铁反应带修复硝基苯污染地下水 [J]. 中国环境科学，2020，40（02）：670-680.
[90] 海然，王帅旗，刘盼，等. 热活化温度对氧化铝赤泥反应活性的影响及机理研究 [J]. 无机盐工业，2019，51（09）：72-75.
[91] 施华顺. 亚/超临界水对诺氟沙星的氧化反应动力学及机理 [D]. 广州：华南理工大学，2011.
[92] 施华顺，韦朝海，杨清玉，等. 诺氟沙星水溶液的湿式氧化分解及其产物的生成途径 [J]. 环境工程学报，2011，5（06）：1257-1262.
[93] 付兴国，孙莉安，贺春鹏. 浅谈墙体材料放射性核素限量标准的升级 [J]. 北方建筑，2018，3（5）：61-64.
[94] 李洪达，乐红志，刘金婵，等. 赤泥放射性的研究现状与进展 [J]. 山东理工大学学报（自然科学版），2020，34（3）：5.
[95] 马挺，李建伟，张茂亮，等. 烧结法赤泥改性处理后的资源特性分析 [J]. 河南建材，2018，（3）：2.

［96］尹方娜．赤泥脱碱放大试验及硅肥标准制订［D］．郑州：郑州大学，2012.

［97］李莉，陈焕平．浅谈氧化铝废料赤泥的综合利用［J］．中州煤炭，2009，(2)：37-38.

［98］李怡帆，罗诬红，孙剑辉．赤泥对重金属污染土壤的修复效果［J］．吉林农业，2010，(6)：142.

［99］Hu P，Zhang Y，Wang X，et al. Environmental engineering science k 2 mgsi 3 0 8 in slow-releasemineral fertilizer prepared by sintering of by-product of red mud-based flocculant［J］. Environmental Engineering Science，2019，35：829-835.

［100］朱炳桥，谢刚，俞小花，等．赤泥的脱碱及钠硅肥化研究［J］．有色金属工程，2021，11（9）：7.

［101］刘作霖．利用赤泥生产硅钙复合肥料［J］．轻金属，1980，(03)：19-22+59.

［102］张以河，胡攀，王新珂，等．一种利用赤泥絮凝剂酸浸渣制备硅肥的方法［P］. CN106187550A，2016.

［103］刘凯平．一种利用赤泥制造的复合肥料及其制备方法［P］. CN110590461A，2019.

［104］李敬，谢渝春，曾羽，等．一种磷石膏和赤泥制备铝联产腐植酸复合肥的工艺［P］. CN108862206A，2018.

［105］陈美霞．一种粉状多元素肥料添加剂及其制备方法［P］. CN109232092A，2019.

［106］徐凯，吕晓峰，裔群英．土壤重金属污染现状及其治理进展［J］．科学种养，2013，16：180-181.

［107］Lombi E，Zhao F J，Zhang G，et al. *In situ* fixation of metals in soils using bauxite residue：chemical assessment［J］. Environmental Pollution，2002，118（3）：435-443.

［108］范美蓉．赤泥对污染稻田重金属钝化行为及其肥效研究［D］．长沙：湖南农业大学，2011.

［109］张贺．赤泥基复合颗粒对土壤中镉，铅的稳定化处理［D］．哈尔滨：黑龙江大学，2019.

［110］李东洁，刘树庆，李鹏，等．高肥料投入条件下不同污泥用量对油菜生长及品质的影响［J］．农业环境科学学报，2013，32（9）：1752-1757.

［111］李鹏，彭先佳，栾兆坤，等，添加固废赤泥对过量施肥下油菜的生长及品质影响［J］，环境工程，2014，(6)：97-101.

［112］罗惠莉．赤泥改性颗粒修复材料及其对铅锌污染土壤的原位稳定化研究［D］．长沙：中南大学，2012.

［113］王逸轩，田婧宜，陈玉成．赤泥对污染土壤中铅形态转化的影响分析［J］．南方农业，2018，12（17）：4.

［114］罗惠莉，黄圣生，罗琳，等．赤泥基颗粒对铅污染土壤的原位稳定化修复［J］．中南大学学报：自然科学版，2011，42（6）：6.

［115］田杰，罗琳，范美蓉，等．赤泥不同施用量对镉污染稻田水稻光合特性及产量的影响［J］．现代农业科技，2011（11）：3.

［116］谢运河，纪雄辉，黄涓，等．赤泥，石灰对 Cd 污染稻田改制玉米吸收积累 Cd 的影响［J］．农业环境科学学报，2014，33（11）：7.

[117] 史力争，陈惠康，吴川，等．赤泥及其复合钝化剂对土壤铅，镉和砷的稳定效应［J］．中国科学院大学学报，2018，35（5）：10.
[118] 崔节虎，陈进进，魏春雷，等．赤泥陶粒制备及对土壤中 Cd^{2+} 原位修复效果研究［J］．非金属矿，2019，42（5）：5.
[119] 廖育林，罗琳，陈煦，等．赤泥与猪粪配施对水稻生理特性和镉吸收效果的影响［C］．中国土壤学会第十二次全国会员代表大会暨第九届海峡两岸土壤肥料学术交流研讨会.
[120] 夏威夷，曲常胜，张强，等．一种生态友好型土壤复合修复剂的制备方法［P］．CN112680232A，2021.
[121] 李小雷，翟二安，陶丰，等．赤泥的特性及其在建材方面的应用［J］．科协论坛：下半月，2010，（2）：2.
[122] 闫冬梅，张延起，徐亚琴．高掺量赤泥 –高炉渣制备微晶玻璃［J］．科技视界，2016，（5）：10-11.
[123] 汪文凌．利用赤泥制备琉璃瓦的研究［J］．佛山陶瓷，2006，116（8）：4-6.
[124] 贺深阳．平果铝赤泥建材资源化研究［D］．桂林：桂林理工大学，2008.
[125] 冉红涛，涂姝臣，李冲，等．赤泥一粉煤灰泡沫陶瓷的制备和除油效果研究［J］．材料热处理学报，2016，37（3）：30-35.
[126] 何小芳，朱克山，刘源，等．赤泥在材料方面的利用研究进展［J］．江苏建材，2011，（4）：4.
[127] 于永波，王克勤，王皓，等．山西铝 厂赤 泥 性质 的研 究［N］．太原理工大学学报，2009，40（1）：63-66.
[128] 李良波，杜辛颖，张智理，等．UHMWPVC/微细赤泥/炭黑复合导电材料的研究［J］．上海塑料，2010，（2）：41-44.
[129] 乔英卉．拜耳法赤泥与烧结法赤泥混合堆坝的技术研究［J］．轻金属，2004，（10）：18-20.
[130] 张华英．用于筑坝的赤泥的周化试验研究［D］．桂林：桂林理工大学，2005.
[131] 王艳秀，芦东，等．“钙化-碳化”法在赤泥生产建材方面的应用前景［C］//中国有色金属学会；河南省有色金属学会．中国有色金属学会；河南省有色金属学会，2016.
[132] 王德永．赤泥烧结砖性能研究及工业化生产线设计［D］．济南：济南大学，2016.
[133] 何红桃．新型赤泥、黄河泥沙基烧结砖的制备及其性能和烧结机理的研究［D］．济南：山东大学，2013.
[134] 段光福．拜耳法氧化铝工艺废渣制备建材及机理探讨［D］．武汉：华中科技大学，2007.
[135] 于巧娣，李灿华，徐文珍，等．赤泥-粉煤灰烧结砖抗压强度影响因素分析研究［J］．新型建筑材料，2021，48（3）：3.
[136] 韩东旭，林蔚，李晓生，等．赤泥烧结砖的制备与烧结性能研究［J］．高师理科学刊，2019，39（11）：4.
[137] 李春娥，李晓生，林蔚，等．赤泥免烧砖的制备与硬化机理研究［J］．高师理科学刊，2017，37（2）：3.

［138］罗忠涛，张美香，王晓，等．建筑材料领域赤泥放射性屏蔽技术研究现状［J］．轻金属，2013（9）：16-18.
［139］季文君，刘云，李哲．赤泥及粉煤灰制备免烧砖的工艺探究［J］．中北大学学报：自然科学版，2019，40（6）：5.
［140］李春娥，李晓生，林蔚，等．赤泥免烧砖的制备与硬化机理研究［J］．高师理科学刊，2017，37（2）：52-54.
［141］刘中凯，刘万超，苏钟杨，等．利用烟气湿法脱硫赤泥和拜耳法赤泥制备免烧砖的试验研究［C］．2017亚洲工业固体废物处理与利用技术国际大会，2017.
［142］山东大学．一种以煤矸石和赤泥为主料的免烧砖及其制备方法［P］．CN104072069A，2014-10-01.
［143］刘金婵，乐红志，李洪达，等．赤泥制备生态透水砖的研究进展［J］．山东理工大学学报：自然科学版，2020，34（3）：4.
［144］李国昌，王萍．赤泥透水砖的制备及性能研究［J］．金属矿山，2009，（12）：4.
［145］张洪波，旷峰华，任瑞康，等．赤泥透水砖及其制备方法［P］．CN108675799A，2018.
［146］朱强，齐波．国内赤泥综合利用技术发展及现状［J］．轻金属，2009，（8）：7-10.
［147］李阳．水泥赤泥碎石基层及水泥赤泥混凝土路缘石应用技术的研究［D］．重庆：重庆交通大学，2017.
［148］李绍纯，张国立，赵铁军，等．拜尔法赤泥活化方式对水泥基材料性能的影响［J］．混凝土，2013，（06）：29-32.
［149］吴芳，李利，周代军，等．拜耳法赤泥对水泥浆体孔溶液碱度及强度发展的影响［J］．粉煤灰综合利用，2011，（2）：5.
［150］王晓，张磊，罗忠涛，等．赤泥对道路硅酸盐水泥性能和矿物组成的影响［J］．建筑材料学报，2017，020（005）：774-779.
［151］娄星，陈佩圆，徐颖，等．赤泥碱含量对M32.5水泥砂浆抗压强度的影响［J］．安徽理工大学学报：自然科学版，2021，41（4）：55-59.
［152］谢源，付毅，冷杰彬等赤泥道路基层材料配制与成型工 艺研究［J］．矿冶，2002，11（1）：4-7.
［153］包惠明，吕总威，张亦敏．赤泥改性沥青黏温特性分析［J］．筑路机械与施工机械化，2019，36（8）：6.
［154］孙兆云，韦金城，程钰．改性拜耳法赤泥路基的模量特性研究［J］．中外公路，2018，38（2）：4.
［155］耿汝超．水泥赤泥稳定碎石基层材料的路用性能研究［D］．济南：山东建筑大学，2020.
［156］张雪，王重庆，曹亦俊．赤泥固废土壤化修复研究进展［J］．有色金属：冶炼部分，2021，（3）：9.
［157］高燕春，牟勇霖，王明明，等．长期自然因素作用下赤泥土壤化演化特征分析［J］．农业与技术，2021，41（22）：4.
［158］梁辉．酒糟对赤泥的土壤化改良及其工程应用［D］．长沙：湖南农业大学，2020.

[159] 张嘉超，曹楚彦，王密，等．赤泥土壤化的方法［P］．CN112655515A，2021.

[160] 房超，李金鑫，余鹏，等．基于泥炭土、蛭石和珍珠岩的混配对赤泥土壤化改良的试验研究［J］．山东化工，2017，46（6）：3.

[161] 董梦阳，董远鹏，徐子文，等．赤泥改良过程中微生物群落及酶活性恢复研究［J］．中国环境科学，2021，41（02）：913-922.

[162] 曾华，吕斐，胡广艳，等．拜耳法赤泥脱碱新工艺及其土壤化研究［J］．矿产保护与利用，2019，39（3）：7.

[163] 万芹莉，彭道平，李芹，等．西南交通大学一种联合脱碱剂，联合脱碱赤泥的方法. CN202110648936. 5［P］. 2021-08-17.

[164] Wong J W C，Ho G. Sewage sludge as organic ameliorant for revegetation of fine bauxite residue［J］. Resources Cotmervation and Recycling，1994，（11）：297-309.

[165] 李小平．平果铝赤泥堆场的边坡环境问题与治理对策研究［J］．有色金属（矿山部分），2007，（2）：29-31.

[166] 周富华．改良客土喷播技术在赤泥堆场边坡防护中的应用［J］．轻金属，2006，（4）：58-62.

[167] 王国贞，朱洋民，段璐淳，等．拜耳法赤泥改良及种植黑麦草的研究［J］．安徽农业科学，2010，38（31）：17486-17487，17493.

[168] 邓惠强，聂呈荣．不同改良剂对镉污染土壤中油麦菜生物量及镉含量的影响［J］．佛山科学技术学院学报（自然科学版），2013，31（4）：6-11.

[169] 吴亚君，李小平，冷杰彬．平果铝业公司赤泥的土壤改良［J］．有色金属，2004，56（3）：130-133.

[170] Gautam M，Agrawal M. Application potential of chrysopogon zizanioides（L.）roberty for the remediation of red mud- treated soil：an analysis via determining alterations in essential oil content andcomposition［J］. International Journal of Phytoremediation，2021，23（13）：1356-1364.

[171] 房超，李金鑫，余鹏，等．基于泥炭土、蛭石和珍珠岩的混配对赤泥土壤化改良的试验研究［J］．山东化工，2017，46（6）：146-148.

[172] 昆明理工大学．一种利用硫铁矿烧渣土壤化赤泥的方法［P］. CN201910191332. 5，2019-08-06.

[173] 中南大学．一种应用工业废弃物降低赤泥碱性的方法［P］. CN201811361363. 2，2019-03-29.

[174] 李辉，曲洋，姚敏杰，等．赤泥自然成土过程及其微生物驱动机制［J］．应用生态学报，2021，32（4）：1452-1460.

[175] Santini T C，F M V. Spontaneous vegetation encroachment upon bauxite residue（red mud）as an indicator and facilitator of *in situ* remediation processes［J］. Environmental Science & Technology：ES&T，2013，47（21）：12089-12096.

第6章　赤泥资源化技术瓶颈与趋势

赤泥中含有丰富的 CaO、SiO_2、$A1_2O_3$、Fe_2O_3、Fe、Ti 等有用物质，为赤泥资源化利用提供了基础。烧结法赤泥中含有一定量的 β-C_2S 和一部分无定形铝硅酸盐物质，具有一定的活性；同时具有疏松的胶结多孔架空结构、稳定的固结结构、压缩性低等特点，具有良好的工程性能，可以应用于建筑材料的生产。拜耳法赤泥碱性强，且不同于烧结法赤泥中含有胶凝活性矿物组分，但其含铁和铝量较高，可以用来回收铁等物质。国内外研究者针对赤泥各方面的性能特点进行了大量研究，以使其得到有效的利用[1]。但赤泥的成分复杂性、政策支撑性、市场接受度限制了赤泥消纳相关技术的发展。

作为大宗工业固废的赤泥的综合利用，一直困扰着产业界和学术界。如何破解赤泥大规模、低环境次生危害的推广应用，一直是大家共同关注的热点和难点问题。邓琪等[2]综合考虑了经济、环境和资源化三个因素，借助递阶层次结构（E-E-R）模型优选资源化途径，评价的最终结果是山东某铝厂赤泥最适宜的资源化途径是生产硅酸盐水泥，其次是做流态自硬砂硬化剂；然后是做炼钢保护渣；最后是制造硅钙肥料，为资源化的优选提供了可能的方向。但作为巨量存在的大宗固废，“十三五”期间综合利用率仍不超过5%，表明赤泥资源化利用存在困境。

6.1　赤泥大规模利用的瓶颈探讨

6.1.1　高碱性的制约

高盐碱性和有机质的缺乏是赤泥堆场实现植被重建的主要限制因素。赤泥的强度碱化会扰乱植物根系正常的生理活动（如原生质变性、养分外流、酶钝化等），影响植物对养分的吸收，因此大多数植物都不适宜在赤泥堆场生长[3]。

赤泥的主要污染物为碱、氟化物、钠及铝等，其含量较高，超过了规定的排放标准《钢的等温转变曲线图的测定》（YB/T 130—1997）。由于赤泥中含有大量的强碱性化学物质，稀释10倍后其pH仍为11.25～11.50（原土为12以上），极高的pH决定了赤泥对生物和金属、硅质材料的强烈腐蚀性。高碱度的污水渗入地下或进入地表水，使水体pH升高，以致超出国家规定的相应标准，同时由于 pH 的高低常常影响水中化合物的毒性，因此还会造成更为严重的水污染。一般认为碱含量为 30 ~ 400mg/L 是公共水源的适合范围，而赤泥附液碱度高达 26348mg/L，如此高碱度的赤泥附液进入水体，其污染不言而喻，在赤泥对生态环境的不良影响方面必须给予高度的重视并进行认真的研究。

赤泥作为掺加料在低附加值的建筑材料领域中的应用方面，不但能大量消耗赤泥，而且取得了较好的结果，其中，赤泥用于生产水泥、赤泥制转和赤泥改性路基已进行工业化生产。然而，尽管赤泥在建筑材料方面的研究已经相对比较成熟，但仍然存在许多问题，如赤泥中碱含量偏高，作为建材使用时会导致泛霜现象的产生而影响其强度和美观；赤泥中放射性元素的存在也成为限制其大规模应用于建材领域的主要障碍之一。在采用赤泥用作吸附剂时，在处理废水的过程中会出现赤泥中金属的反溶现象，存在对环境体系造成二次污染的隐患[4]。

6.1.2 复杂成分的制约

赤泥矿物成分复杂，采用多种方法对其进行分析，其结果是赤泥的主要矿物为文石和方解石，含量为60% ~65%，其次是蛋白石、三水铝石、针铁矿，含量最少的是钛矿石、菱铁矿、天然碱、水玻璃、铝酸钠和火碱。赤泥矿物成分复杂，且不符合天然土的矿物组合。在这些矿物中，文石、方解石和菱铁矿，既是骨架，又有一定的胶结作用；而针铁矿、三水铝石、蛋白石、水玻璃起胶结作用和填充作用。赤泥中含有多种微量元素，而放射性主要来自镭、钍、钾，资源化利用时应特别注意。

由于赤泥的特殊性质，在其综合利用方面还存在不少问题。如利用赤泥制备建筑材料虽然性能较好，但利用率较低、成本高，存在碱性与放射性较高的弊端；赤泥在环保中的应用可将赤泥变废为宝，解决部分环境问题，但流程复杂，且对于吸附了废气和重金属的赤泥仍无法利用；从赤泥中提取有价金属元素工艺复杂，大多停留在实验室阶段[5]。稀土在赤泥中的含量大概为 0.0014% ~ 0.0015%，并且赤泥中成分复杂，矿泥和微细颗粒含量较高，杂质较多，严重干扰着赤泥中有价金属的回收。另外，从赤泥中直接提取稀土难度很大，一般最终利用萃取或离子交换工艺提取稀土元素，工艺烦琐，操作复杂[6]。

6.1.3 赤泥大规模利用技术瓶颈

国内外众多学者相继开发了多途径赤泥资源化技术，如东北大学提出无渣化赤泥全量利用技术，利用矿物解离分析和拉曼光谱-扫描电镜等手段揭示铝冶炼渣毒害/有价组元赋存状态与平衡相结构演变规律，实现氰/氟/碱等毒害组分末端安全解离与转化过程精确调控。开发源头阻断的低成本规模化赤泥水泥化与土壤化、高铁高钛赤泥钙化-涡流还原有价组分协同提取、铝电解大修渣无酸浸出深度除氰脱氟解毒全组分梯级资源化和铝灰浓碱焙烧脱氟解毒生产高品质氧化铝等关键技术，构建铝冶炼危险废物安全处置过程环境风险识别与技术评价方法，为有色行业典型危废资源化利用及安全处置的应用新模式及推广提供支撑。

针对拜耳法赤泥缺乏规模化低成本消纳技术的现状，开展基于相平衡结构转化的源头阻断规模化低成本赤泥水泥化与土壤化技术（CCM），高铁赤泥末端钙化-涡流还原协同脱碱提铁/铝/钛无渣化技术的研究，形成原创性新工艺，彻底解决赤泥综合利用的世界难题，实现氧化铝零排放清洁生产的革命性突破，破解制约氧化铝工业可持续发展的科学难题。针对铝电解大修渣（废旧阴极、废槽衬等）成分复杂，高毒性，缺乏资源化、高值化利用关键技术的现状，从末端安全解离与高效转化调控的角度出发，开展无酸浸出-氧化除氰-钙盐除氟-全组分梯级资源化的技术研究，经解毒后回收氟化盐和碳粉，形成大修渣深度除氰脱氟解毒全组分梯级资源化利用成套技术与装备。针对铝灰高毒性、处理难、缺乏低成本规模化综合利用技术的现状，开展水解除氮（氨）-浓碱焙烧脱氟-解毒生产高品质氧化铝的技术研究，形成铝灰生产高品质氧化铝的新工艺。

主要技术瓶颈表现在：典型铝冶炼渣（拜耳法赤泥、铝电解大修渣和电解铝灰）中毒害物质的形成原因和特征研究滞后，相关理论、主要组元（特别是氟/氰/碱）的赋存状态、微观组织结构、物相组成与分布规律有待探索，还没有形成氟/氰/碱矿物学分布图及热力学数据库，仍需要在铝冶炼渣中毒害/有价组元的赋存状态、矿物结构、元素嵌布关系，铝冶炼渣的表面性质、晶体结构、粒度特性及解离性和分选性方面加大基础研究。在现有技术研究铝冶炼渣的浸出毒性、反应性、易燃性、急性毒性，计算分析赤泥、大修渣、铝灰中毒害物质形成的热力学参数方面还需要大力突破。仍然需要研究拜耳法赤泥、大修渣、铝灰形成过程中毒害/有价组元的迁移相转化、反应平衡相结构特征与组织演变规律，为源头阻断和末端治理提供理论依据。

昆明理工大学主导开发了矿浆脱硫脱硝新技术，矿浆法烟气脱硫技术总体思路为以矿物/固废/粉尘替代传统脱硫剂，烟气中 SO_2 替代硫酸矿物/固废/粉尘处理与烟气脱硫工艺耦合，脱硫矿浆进入矿物加工工序，固废/粉尘进入废物资源化利用工序，实现固废减量化/资源化/无害化。根据该思路，形成了完整的技术体系，在“国家高技术研究发展计划”（简称 863 计划）等项目的支持下，研发了五类关键技术、系列关键材料、系列关键设备。相关的矿浆脱硫脱硝技术涉及赤泥矿浆、菱镁矿浆、磷矿浆、铜矿浆等，也形成了规模和社会需求。但仍然受矿浆辐射范围、运输半径和产业方向的约束。

中南大学等高校在赤泥土壤化方面进行了大量研究，并出版了赤泥土壤化技术方面的专著。尽管在赤泥土壤化调控方面已经开展了大量相关研究，但仅集中于赤泥基质有机养分、孔隙度、团聚体、容重、可交换钠等特性的调控，未能从土壤自身特性入手开展赤泥土壤化调控研究。土壤特性包括容重、孔隙度、渗透性、饱和含水量、腐殖质、坚实度、黏着力、塑性等。土壤结构能够综合反映植物生长的水、气、热条件；土壤水分是土壤内生物活动、养分转化、植物生长的必需条件；土壤渗透性与土壤孔隙、机械组成、结构、坚实度、盐分含量、含水量以及土壤湿度有关，测定土壤渗透性能可以了解土壤水分动态规律，为土壤改良，防止水土流失提供重要依据；腐殖质是植物养分的来源，可增强土壤的吸水、保肥能力，提高黏重土壤的疏松度和通气性，促进土壤微生物的活动。土壤特性决定其理化性质进而影响植物生长，未来研究需综合考虑土壤本身特性与赤泥理化性质相结合，进行更有效的土壤化调控以实现赤泥基质的改良，加快赤泥土壤化进程[7]。

6.1.4　市场困惑和扶持政策缺失

如前所述，赤泥资源化技术基本具备了大规模消纳赤泥的前提，但赤泥资源化产品缺乏响应的控制标准，导致赤泥产品的标准不统一。赤泥自有的强碱性、辐射性等属性使得公众对赤泥综合利用产品的安全性存疑。《2019—2020 年度中国大宗工业固体废物综合利用产业发展报告》数据显示，赤泥产品的市场接受度多年来低于预期。赤泥的综合利用规模和综合利用率低于 5%，远低于其他种类的大宗工业固体废物。可以说赤泥已成为工业固废最难啃的一块骨头，也是“十四五”时期，推进工业绿色发展需要解决的一项重要任务。尽管国家相继出台了《关于“十四五”大宗固体废弃物综合利用的指导意见》《“十四五”循环经济发展规划》《关于推进大宗固体废弃物综合利用产业集聚发展的通知》等相关支持大宗固废资源化的政策，为赤泥等大宗固废综合利用提出了要求，但对赤泥消纳的政策、资金和市场的扶持力度还远远不够，无法形成强有力的政策支撑。甚至没有形成赤泥处理处置到何种程度可以和原料等同使用的全国性标准。政策的不明朗和标准的不统一也使得投资公司不敢轻易进入赤泥资源化利用的大市场，这也反过来加剧了赤泥资源化利用的困局。

6.2　赤泥综合利用的相关政策

早在“十二五”时期，工业和信息化部联合印发《赤泥综合利用指导意见》将赤泥作为大宗工业固体废物重点推进，并指出了赤泥资源化利用不足的主要原因：一是缺乏大量消纳赤泥和具有产业竞争力的关键技术；二是缺乏相应标准，产品市场认可度低；三是缺乏针对性的扶持政策；四是对赤泥的综合利用重视程度有待提高。

“十三五”时期，《工业绿色发展规划（2016—2020 年）》明确指出，到

2020年，规模以上企业单位赤泥利用率从2015年的4%增加到10%；2015年出台的《资源综合利用产品和劳务增值税优惠目录》提出对符合技术标准和相关条件的赤泥综合利用产品给予50%的退税优惠。

2021年3月，国家发展和改革委员会、科学技术部、工业和信息化部、财政部和生态环境部等十部门出台的《关于“十四五”大宗固体废弃物综合利用的指导意见》明确要求，不断探索赤泥和钢渣的其他规模化利用渠道；推动提升磷石膏、赤泥等复杂难用大宗固废净化处理水平，为综合利用创造条件，该文件还指出“加强产业协同利用，扩大赤泥和钢渣利用规模，提高赤泥在道路材料中的掺用比例，扩大钢渣微粉作混凝土掺合料在建设工程等领域的利用。不断探索赤泥和钢渣的其他规模化利用渠道。鼓励从赤泥中回收铁、碱、氧化铝，从冶炼渣中回收稀有的稀散金属和稀贵金属等有价组分，提高矿产资源利用效率，保障国家资源安全，逐步提高冶炼渣的综合利用率”。

2021年7月，国家发展和改革委员会印发《“十四五”循环经济发展规划》，指出到2025年，循环型生产方式全面推行，绿色设计和清洁生产普遍推广，资源综合利用能力显著提升，资源循环型产业体系基本建立。2021年11月，国家发展和改革委员会、生态环境部等十部门发布《“十四五”全国清洁生产推行方案》，《“十四五”全国清洁生产推行方案》内容以节约资源、降低能耗、减污降碳、提质增效为导向，围绕工业、农业、建筑业、服务业和交通运输业等重点领域，提出了“十四五”时期推行清洁生产5个方面的15项重点任务。

2022年1月27日工业和信息化部、国家发展和改革委员会、科学技术部、财政部、自然资源部、生态环境部、商务部、国家税务总局联合印发《关于加快推动工业资源综合利用的实施方案》指出，到2025年，力争大宗工业固废综合利用率达到57%，其中，冶炼渣达到73%，工业副产石膏达到73%，赤泥综合利用水平有效提高。”可见对冶炼渣、石膏等工业固废均提出了明确的达标利用率，但对赤泥综合利用，仅要求“有效提高”。

国家发展和改革委员会印发的《“十四五”循环经济发展规划》，也继续引导赤泥综合利用规模化、集聚化、产业化发展。《关于推进大宗固体废弃物综合利用产业集聚发展的通知》《“十四五”时期“无废城市”建设工作方案》等政策，都对赤泥综合利用提出了要求，将大力推动赤泥综合利用。

6.3　赤泥大规模消纳前景展望

6.3.1　资源化综合利用将成为主流技术

赤泥的综合利用，是氧化铝行业发展过程中不可回避的难题，仍需各方做出大量努力，尤其需要突破关键技术难点。本着“系统化，零排放”的原则，研发联合回收新技术，优化现有工艺，实现赤泥综合回收利用的减量化、资源化和无害化[8]。

拜耳法赤泥是废渣，同时又是资源，含有大量的有价金属。赤泥的脱碱与综合利用问题已经引起了全世界的关注，也有了一些工业化的应用，但是大批量低成本零排放的赤泥综合利用还是一个世界性难题。赤泥脱碱的方法各有优缺点，但都没有达到工业化大批量脱碱工艺的要求；赤泥可用于建材领域、环境材料及有价金属的回收，但是赤泥总的利用率还是很低；赤泥中有价金属的提取处理成本高，多数还停留在实验室研究阶段，没能广泛应用到工业生产中。赤泥脱碱与赤泥综合利用及氧化铝产业是息息相关的，赤泥脱碱是赤泥综合利用的前提，赤泥综合利用又是氧化铝产业得以持续发展的必要条件。赤泥中含有大量的碱，而氧化铝生产工艺中也需要加入大量的纯碱，可以根据赤泥中碱的形态研究出一种回收碱的工艺方法并投入氧化铝生产工艺中，使回收的碱可以直接应用到氧化铝生产中，脱碱后的赤泥可以应用到建材行业或有价金属的回收等，最终达到赤泥脱碱和综合利用的目的，以及氧化铝产业实现循环利用[9]。

李艳军等[4]提出赤泥脱碱是其在建筑材料中规模化应用的主要制约因素和亟待克服的技术问题，采用经济合理的技术解决碱对建材制品性能的影响是实现赤泥大宗量资源化利用的关键要素；另外，需保证原料中有害元素清除干净，材料强度达到使用要求，一切指标均达到国家标准。赤泥利用的关键是要充分利用好周边钢铁、建材、电力等行业资源优势，积极开发赤泥短距离运输半径的产品及相关利用技术，创造企业的环境优势，降低赤泥的资源化利用成本。同时进行跨学科、多领域的技术研究，形成技术支撑体系，研发赤泥综合利用技术及减排技术，在回收有价金属的同时，进一步综合利用其他的有价成分，使综合回收达到“零排放”。

6.3.2 赤泥综合利用标准将陆续颁布实施

为大力推动赤泥规模化消纳，急切需要颁布各类标准和规范，将逐步完善生态环境部发布的《铝工业污染物排放标准》及修改单，工业和信息化部发布的《精细氧化铝绿色设计产品评价技术规范》将为赤泥综合利用提供助力。近期，《拜耳法赤泥路基工程技术标准》《公路拜耳法赤泥路基技术规程》、《拜耳法赤泥公路路基施工技术指南》和《公路工程赤泥（拜耳法）路基应用技术规程》等国家和地方标准相继出台，也将有效推进赤泥大宗利用。这些标准的出台作为探路石，将为后续赤泥消纳相关标准提供示范作用。科技人员、生产企业和政府管理部门联合发力，必将推动赤泥问题的最终解决。

参考文献

[1] 尹方娜．赤泥脱碱放大试验及硅肥标准制订［D］．郑州：郑州大学，2012.

[2] 邓琪，黄启飞，王琪，等．赤泥再生利用途径优选研究［J］．环境工程，2010，28（S1）：254-258.

[3] 吴亚君，李小平，冷杰彬．平果铝业公司赤泥的土壤改良［J］．有色金属，2004，56（3）：130-133.

[4] 李艳军，张浩，韩跃新，等．赤泥资源化回收利用研究进展［J］．金属矿山，2021，（4）：1-19.

[5] 吴世超，朱立新，孙体昌，等．赤泥综合利用现状及展望［J］．金属矿山，2019，（6）：38-44.

[6] 李义伟，付向辉，李立，等．赤泥综合回收利用研究进展及展望［J］．稀土，2020，41（6）：97-107.

[7] 张雪，王重庆，曹亦俊．赤泥固废土壤化修复研究进展［J］．有色金属（冶炼部分），2021，（3）：84-92.

[8] 李红涛．洛阳市洛华粉体工程特种耐火材料有限公司：赤泥治理如何才能“吃干榨净”［J］．中国高新科技，2021，（20）：24-27.

[9] 韩尚云，姚延伟，骆虹伟．拜耳法赤泥脱碱技术与综合利用的研究现状［J］．科技和产业，2021，21（7）：204-207.